国家级职业教育规划教材
人力资源和社会保障部职业能力建设司推荐
全国高等职业技术院校化工类专业教材

仪器分析

王英健　李振华　主编

中国劳动社会保障出版社

图书在版编目(CIP)数据

仪器分析/王英健，李振华主编．—北京：中国劳动社会保障出版社，2012
全国高等职业技术院校化工类专业教材
ISBN 978－7－5045－9464－8

Ⅰ．①仪…　Ⅱ．①王…②李…　Ⅲ．①仪器分析-高等职业教育-教材　Ⅳ．①O657

中国版本图书馆 CIP 数据核字(2012)第 032591 号

中国劳动社会保障出版社出版发行
（北京市惠新东街 1 号　邮政编码：100029）
出 版 人：张梦欣
*
北京宏伟双华印刷有限公司印刷装订　　新华书店经销
787 毫米×1092 毫米　16 开本　17 印张　402 千字
2012 年 3 月第 1 版　　2023 年 1 月第 4 次印刷
定价：29.00 元

营销中心电话：400-606-6496
出版社网址：http://www.class.com.cn
http://jg.class.com.cn

前　言

随着我国化学工业的迅速发展，化工企业对从业人员的知识结构和技能水平提出了更高的要求。为了更好地满足企业的用人需要，促进高等职业技术院校化工类专业教学工作的开展，加快高技能人才培养，我们组织有关院校的骨干教师和行业、企业专家，对专业培养目标、课程设置、教学模式进行了深入研究，开发了全国高等职业技术院校化工类专业教材。

本次开发的教材包括《基础化学》《化工安全与环保》《化工电气与仪表》《化工识图与CAD》《化工分析》《化工生产仿真实训》《化工单元操作》《化工生产技术》《化学分析》《仪器分析》《工业分析》《化验室组织与管理》《精细化工概论》，以及《基础化学习题册》和《化工识图与CAD习题册》。

本次教材开发工作的重点有以下几个方面：

第一，坚持高技能人才培养方向，突出教材的职业特色。以职业能力为本位，从职业（岗位）分析入手，根据高等职业技术院校化工类专业毕业生所从事职业的实际需要，科学确定学生应具备的知识和能力结构，避免专业知识过深、过难，同时进一步加强实践性教学，提高教材的实用性。

第二，体现化工行业发展趋势，突出教材的先进性。根据化工行业的发展现状，尽可能多地在教材中体现本行业的新知识、新技术、新工艺和新设备，并严格执行国家有关技术标准，使教材具有鲜明的时代特征。

第三，创新编写模式，突出教材的直观性。按照学生的认知规律，合理安排教材内容，并尽量采用以图代文的编写形式，注重利用图表、实物照片辅助讲解知识点和技能点，激发学生的学习兴趣。为了配合学校的教学改革，部分教材采用了任务驱动的编写思路。

本套教材可供全国高等职业技术院校化工类专业（应用化工技术专业、化工工艺专业、工业分析与检验专业、精细化学品生产技术专业等）选用，也可作为职业培训教材。本套教材的编写工作得到了山东、四川、河南、广西等省、自治区人力资源和社会保障厅及有关院校的大力支持，在此，我们表示诚挚的谢意。

人力资源和社会保障部教材办公室

2012年2月

简　介

本教材按照项目化教学、任务驱动和基于工作过程的思路组织编写，创设具体的工作情境，选择具有典型性、代表性、可操作性的工作任务，分析完成任务需要运用的工作方法和所需掌握的知识，突出完成任务的过程、步骤和工作技能。根据仪器分析工作任务，本教材共分为八个模块，包括紫外－可见分光光度法、红外吸收光谱法、原子吸收光谱法、电位分析法、库仑分析法、气相色谱法、高效液相色谱法和质谱法。

本教材可作为高等职业技术院校化工类专业教材，也可作为成人教育教材和职业培训教材。

本教材由王英健、李振华任主编，聂保振、杨艳玲、杨青、贺攀科、刘芳参加编写，巫显会审稿。王英健、李振华编写绪论、模块一、模块二、模块八，聂保振编写模块三，杨艳玲编写模块四，杨青编写模块五，贺攀科编写模块六，刘芳编写模块七。全书由王英健、李振华统稿。

目 录

绪论

一、仪器分析概述

分析化学是人们研究获取物质的组成、形态、结构等各种化学信息及其相关理论的科学，即表征与测量的科学。现代分析化学正在不断发展，并应用各种新的方法、仪器、理论和策略获取物质在空间和时间方面的组成和性质信息，有关物质的表层分析及微区分析也逐渐成为分析化学的重要内容。另外，现代分析化学与计算机技术的密切结合，更使得现代分析化学成为化学中的信息科学。因此，可将分析化学在广义上定义为各种化学信息的产生、获取、评价、挖掘和处理等的科学。

通常将分析化学分为化学分析和仪器分析两大组成部分，但两者的区分并不是绝对的，而是相互包容、相互融合的。虽然化学分析在常量分析方面起着难以取代的作用，但用发展的观点来看，化学分析将仅作为一种分析方法而存在，仪器分析将成为分析化学的主体。

仪器分析法是以测量物质的物理性质和物理化学性质为基础来确定物质的化学组成、含量以及化学结构的一类分析方法，分析时通常需要特定的仪器，故称为仪器分析法。仪器分析的学习不单纯是对各种分析仪器和方法的了解和掌握，仪器分析中的每种方法都可能涉及化学、生物学、数学、物理学、电子学、自动化及计算机等方面的知识，学习过程将是一个知识综合运用能力和分析解决问题能力的提高过程。仪器分析中，各种方法的产生与发展过程无不体现出科学研究中的原创性与创新性，是创新思想的完美体现，以培养学习者的创新能力和创新意识。

二、仪器分析法的分类

物质的物理性质或物理化学性质是多种多样的，根据分析方法的主要特征和作用，仪器分析法分为光学分析法、电化学分析法、色谱分析法及其他仪器分析法。

1. 光学分析法

光学分析法是根据物质发射的电磁辐射或电磁辐射与物质相互作用而建立起来的一类分析方法的统称。一般分为光谱法和非光谱法两大类。

光谱法是基于物质对光的吸收、发射和拉曼散射等作用，通过检测相互作用后光谱的波长和强度变化而建立的光学分析方法。因为这些光谱是物质的原子或分子的特定能级的跃迁所产生的，它带有结构的信息，所以根据特征谱线的波长可以进行定性分析；而光谱强度与物质的含量有关，故可进行定量分析。光谱法又可分为原子光谱法和分子光谱法两大类，主要包括原子发射光谱法、原子吸收光谱法、X－射线光谱法、分子荧光和磷光法、化学发光法、紫外－可见光谱法（紫外－可见分光光度法）、红外光谱法、拉曼光谱法、核磁共振波谱法等，其中红外光谱法、拉曼光谱法、核磁共振波谱法常用于化合物的结构分析，其他多用于定量分析。

非光谱法不涉及光谱的测量，即不涉及能级的跃迁。它是通过测量光的反射、折射、干涉、衍射和偏振等变化所建立的分析方法，主要包括折射法、干涉法、旋光法、X－射线衍射法和电子衍射法等。新型高强度、短脉冲、可调谐光源的研制及复杂光谱解析，多物质同时测定等都是光学分析法的前沿领域。

2. 电化学分析法

电化学分析法是根据电化学原理和溶液的电化学性质而建立的一类分析方法。这类方法通常是将待测试样溶液与适当的电极构成化学电池（原电池或电解池），通过测量电池的某些电参数，如电阻、电导、电位、电流、电量的变化等对被测物质进行分析。根据测量参数的不同，可分为电导分析法、电位分析法、库仑分析法、伏安法和极谱法等。

3. 色谱分析法

色谱分析法是利用混合物中各组分在互不相溶的两相（固定相和流动相）中的吸附能力或溶解能力、分配系数或其他亲和作用的差异而建立的分离分析方法。特别适合于复杂有机混合物的快速高效分析。色谱分析法包括气相色谱、液相色谱、离子色谱、超临界流体色谱、薄层色谱等，生物大分子与手性化合物的分析是色谱分析法研究的活跃领域，色谱与其他分析仪器联用技术的发展也十分迅速。

4. 其他仪器分析法

质谱分析法是将样品转化为运动的气态离子，然后利用离子在电场或磁场中运动性质的差异，将其按质荷比（m/z）大小进行分离记录，得到质谱图，根据谱线的位置和谱线的相对强度来进行分析的方法。质谱分析法与紫外－可见光谱法、红外光谱法、核磁共振波谱法一起组成了化合物结构分析中最常用的四种波谱分析方法。

热分析法是依据物质的质量、体积、热导率或反应热与温度之间的变化关系而建立起来的分析方法，常见的有热重分析法、差热分析法、流动注射分析法等。

此外还有放射分析法等。

三、仪器分析的特点

1. 操作简便，分析速度快，易于实现自动化、智能化

一般在数秒或几分钟内就可完成一项测试工作。仪器配有自动记录装置，可进行计算机采集和处理数据，大大缩短了分析工作的时间，及时报告分析结果，特别适合于控制生产过程的在线分析。绝大多数分析仪器都是将被测组分的浓度变化或物理性质变化转变成某种电性能（如电阻、电导、电位、电容、电流等），因此仪器分析法容易实现自动化和智能化，使人们摆脱传统的实验室手工操作。

2. 灵敏度高、选择性好

仪器分析方法的灵敏度高，其绝对灵敏度可达 1×10^{-9} g，甚至 1×10^{-12} g，远高于化学分析法。样品用量由化学分析的 mL 级和 mg 级降低到仪器分析的 μL 级和 μg 级，甚至更低。因此，仪器分析比较适合于对微量、痕量和超痕量组分的测定。

由于许多电子仪器对某些物理或物理化学性质的测试有较高的分辨能力，可以通过选择或调整测试条件，使对共存组分的测定相互间不产生干扰，因此仪器分析方法的选择性比较好。

3. 相对误差较大但准确度高

化学分析法对高含量组分测定的相对误差一般在 0.2% 以内，但对低含量组分测定的误差很大，故其不适用于低含量组分的测定。而大多数仪器分析法对低含量组分测定的相对误差一般为 1% ~5%，这样的准确度对常量组分的分析显然是不适宜的。但对痕量组分的测定，因其含量极低，还是相当理想的（因为绝对误差较小）。

4. 适应性强，应用广泛

仪器分析方法种类繁多，方法和功能各不相同，所以仪器分析的适应性很强，不仅可以作定性定量分析；还可以用于结构状态、空间分市、微观分布等有关特征分析；还可以进行微区、纵深分析以及遥测、遥控分析等。而且各种方法比较独立，可以自成体系，每种方法都有自己的功能。

多数仪器分析法需用化学纯品作标样，样品处理（溶样、干扰的分离、试液的配制等）需用化学分析法中常用的基本操作技术，在建立新的仪器分析方法时，需用化学分析法来验证、复杂物质的分析，要用仪器分析法和化学分析法进行综合分析，为此仪器分析法与化学分析法常常配合使用。

四、仪器分析的发展方向

仪器分析是分析化学的重要组成部分。仪器分析的内容丰富、发展迅速，其所体现出的“与时俱进”特征是其他化学课程所少见的，特别是20世纪中后期，更是各种新理论、新方法、新仪器不断出现的快速发展时期。

20世纪是仪器分析快速发展的主要时期，这得益于两个方面：一是电子工业、计算机、精密机械加工工业及科学研究中的重大发现为其快速发展奠定了良好的基础；二是社会的需要为其快速发展提供了机遇和动力。无论是大规模化学工业的兴起和化学学科本身的发展，还是四五十年代兴起的材料科学、六七十年代发展起来的环境科学、20世纪80年代以来快速发展的生命科学和纳米材料都对分析化学提出了新的课题和挑战，也极大地促进了仪器分析的发展。

通常将分析化学的发展历程分为三个阶段或三次变革，其中两次涉及了仪器分析。20世纪初，溶液中四大反应平衡理论的确定，奠定了分析化学的理论基础，使分析化学由一门操作技术变成一门科学，形成了分析化学的第一次变革。但一直到20世纪40年代以前，化学分析在分析化学中都占据着主导地位，仪器分析方法很少且精度较低。20世纪40年代以后，由于物理学、电子学的发展，半导体材料工业和原子能工业生产的需要，使仪器分析进入了大发展的时期。这一时期的一系列重大科学发现，也为仪器分析的建立和发展奠定了理论基础。1944年Rabi等的工作为核磁共振波谱分析法的创立奠定了基础；1952年Martin等的工作极大地推动了色谱分析法的迅速发展。仪器分析的快速发展引发了分析化学的第二次变革。在这一时期，仪器分析的自动化程度较低，仪器操作多为手工操作，谱图解析多靠经验。20世纪80年代初，出现了以计算机应用为标志的分析化学的第三次变革，实现了计算机控制下的分析数据采集与处理、计算机自动控制、计算机数据处理、专家系统与人工智能、网络技术、虚拟现实技术、信息挖掘及三维图像显示等。分析过程转向了连续、快速、实时、自动化、智能化和人性化，同时以计算机为基础的新仪器不断出现，如傅立叶变换红外光谱仪、色谱－质谱联用仪等，使计算机成为现代分析仪器不可分割的一部分。目前，仪器分析呈现出向高灵敏度、高选择性、自动化、智能化、信息化和微型化方向发展的趋势，建立了原位、活体、实时、在线的动态分析及多元多参数检测的分析方法。

五、分析仪器的性能指标

分析仪器种类繁多，各自的原理差异较大，很难有完全统一的性能指标体系，下面仅介绍一些最基本的性能指标。

1. 信号与噪声

在仪器分析中，信号定义为分析仪器对物质的响应，理想的情况是仪器仅对待测组分有响应。但由于仪器本身的不足及干扰的存在，分析过程往往会产生信号的波动，即随机噪声。通常将没有试样时仪器产生的信号称为本底信号，本底信号主要由随机噪声产生。当试样中无待测组分时仪器所产生的信号称为空白信号，空白信号与本底信号不同，前者是由于试样中除待测组分外的其他组分的干扰所引起的。定量分析前一般需要对试样进行预处理，使空白信号接近本底信号。由统计学可知，由于随机噪声呈正态分布，实验中可通过增加平行测定次数降低随机噪声。

在仪器设计时，为提高仪器性能，不但要提高仪器的灵敏度，还要设法降低噪声，即仪器应具有较高的信/噪比（S/N），因为在仪器灵敏度增加的同时，噪声也会随之增加。提高分析仪器的信/噪比十分重要，一般可通过三条途径来实现，即改进信号的测量技术，使信号经过适当处理，优化实验的条件。通过改进信号的测量技术来提高仪器的信/噪比是在仪器设计时进行的，主要采取信号的平均及信号滤波和调制的方式实现。由信号处理来改善信/噪比的方法主要有曲线拟合、曲线平滑等数字与计算机技术。

2. 灵敏度与检出限

待测组分能被仪器检出的最低量称为检出限。灵敏度则是指待测组分浓度（或量）改变一个单位时所引起的信号的变化（$\partial y/\partial c$，IUPAC 给出的定义）。两者具有不同的含义。仪器分析通常测定的是痕量组分，故要求仪器具有很高的灵敏度。但单纯灵敏度高并不能保证有低的检出限，这是因为高灵敏度仅使仪器能够分辨待测组分浓度很小的变化，但噪声的存在，可能使小信号淹没在噪声之中。待测组分能被检出的最小信号要大于噪声信号。1969 年国际光谱会议规定以 $y_B + 2\sigma_B$（y_B为空白信号的数学期望值，σ_B为标准偏差）作为原子吸收光谱分析的标准，而 1975 年 IUPAC 则建议以 $y_B + 3\sigma_B$作为标准。若以 $y_B + 3\sigma_B$作为标准，组分存在而被误判不存在的概率为 0.001 3（$y_B + 3\sigma_B$覆盖了正态分布曲线面积的 99.74%）；而以 $y_B + 2\sigma_B$作为标准时，误判概率为 0.023，似乎以 $y_B + 3\sigma_B$ 作为标准较为合理。同时考虑发生这两种错误的概率，定义了一个保证检出限：$y_B + 6\sigma_B$。

3. 分辨率

分辨率是衡量仪器分辨干扰信号与组分信号或难分离两组分信号的能力指标。不同类型仪器分辨率的定义不同。

光谱类分析仪器的分辨率是指分辨波长相邻的两条谱线的能力，定义为

$$R = \lambda/\Delta\lambda$$

式中 λ ——刚能分辨的两谱线的平均波长；

$\Delta\lambda$——两波长差。

质谱法中把区分两个可分辨质量的能力定义为分辨率，即

$$R = m/\Delta m$$

色谱法是一种高效分离技术，色谱法中将相邻两组分色谱峰保留时间的差与两峰峰底宽之和的一半的比值定义为分离度：

$$R = \frac{t_{R(2)} - t_{R(1)}}{[W_{(2)} + W_{(1)}]/2}$$

模块一　紫外－可见分光光度法

项目一　微量铁含量的测定

能力目标

能熟练使用可见分光光度计；会用标准工作曲线法测定物质含量；能根据试样的性质确定测定条件。

知识目标

掌握分光光度法的定量分析方法；掌握储备液、标准系列溶液的配制方法；掌握试样中铁含量的计算方法。

项目相关知识一　可见分光光度法

学习指南

掌握可见分光光度法的相关知识；掌握测定波长、参比溶液、吸光度测量范围的选择方法；学会各种定量分析方法。

一、可见分光光度法的相关知识

可见分光光度法是利用物质对可见光的吸收特征和吸收强度，对物质进行定性和定量分析的一种仪器分析方法。

1．物质对光的选择性吸收

（1）光的基本性质

光是一种电磁辐射，具有波粒二象性。光是一种波，具有一定的波长（λ）和频率（v），光还是一种粒子，光的最小单位是光子，光子具有一定的能量（E），它们二者之间的关系符合普朗克辐射公式（1—1—1）。

$$E = hv = h\frac{c}{\lambda} \qquad (1—1—1)$$

式中　E——能量，J；

h——普朗克常量，6.626×10^{-34} J·s；

v——频率，Hz；

c——光速，真空中约为 3.0×10^{8} m/s；

λ——波长，m。

由式 1—1—1 可知，不同波长的光具有不同的能量。光的波长越长，能量越低；光的波长越短，能量越高。各种电磁辐射的波长范围见表 1—1—1。

表 1—1—1　　各种电磁辐射的波长范围

电磁波	λ（nm）	电磁波	λ（nm）
γ 射线	$5\times10^{-4}\sim0.014$	可见光	380 ~ 780
硬 X 射线	0.014 ~ 0.14	近红外光	780 ~ 3 000
软 X 射线	0.14 ~ 10	中红外光	$3\times10^{3}\sim3\times10^{4}$
远紫外光	10 ~ 200	远红外光	$3\times10^{4}\sim3\times10^{5}$
紫外光	200 ~ 380	微波	$3\times10^{5}\sim3\times10^{9}$

（2）单色光、复合光、可见光和互补色光

理论上将具有同一波长的（或频率）光称为单色光，由不同波长的光组合而成的光称为复合光。单色光很难直接从光源获得，通过适当的手段可以从复合光中获得单色光，通常将波长范围很窄的复合光作为单色光。

凡是能被肉眼感受到的光称为可见光，可见光的波长范围为 380 ~ 780 nm。可见光具有红、橙、黄、绿、蓝、靛、紫等各种颜色，每种颜色的光具有不同的波长范围。凡是超出此范围的光，人的眼睛感觉不到。

如果把特定颜色的两种光按一定强度比例混合也可得到白光，这两种颜色的光称为互补色光。如紫色的光与绿色的光是互为补色的光，橙色的光与青蓝色的光是互为补色的光。不同颜色可见光的波长及其互补色见表 1—1—2。

表 1—1—2　　不同颜色可见光的波长及其互补色

波长（nm）	400 ~ 450	450 ~ 480	480 ~ 490	490 ~ 500	500 ~ 560	560 ~ 580	580 ~ 610	610 ~ 650	650 ~ 780
颜色	紫	蓝	绿蓝	蓝绿	绿	黄绿	黄	橙	红
互补色	黄绿	黄	橙	红	红紫	紫	蓝	绿蓝	蓝绿

（3）物质颜色的产生

物质的颜色是因物质对不同波长的光具有选择性吸收作用而产生的。当一束白光照射到某一物质上时，如果对各种波长的光都完全吸收，则呈黑色；如果完全反射即没有光的吸收，则呈白色；如果各种颜色的光透过的程度相同，则溶液无色透明；如果物质选择性地吸收了某一颜色的光，物质呈现的是互补色光的颜色。例如，$KMnO_4$溶液选择性地吸收了白光中的绿色光，透过紫红色光，所以 $KMnO_4$溶液呈现紫红色。物质分子吸收的是其他波段的光（非可见光）时，则不能用颜色来判断物质微粒是否吸收光子。

2. 光的吸收定律

（1）朗伯 - 比尔定律

光的吸收程度与光通过物质前后的光的强度变化有关，光强度是指单位时间（1 s）内照射在单位面积（1 cm^2）上的光的能量，用 I 表示。它与单位时间照射在单位面积上的光子的数目有关，与光的波长没有关系。

当一束平行的单色光通过一均匀、非散射和反射的吸收介质时，由于吸光物质与光子的作用，一部分光子被吸收，一部分光子透过介质。如图1—1—1 所示，I_0为入射光强度，I_t为透过的光的光强度，I_t与I_0之比定义为透光率，用 T 表示为：

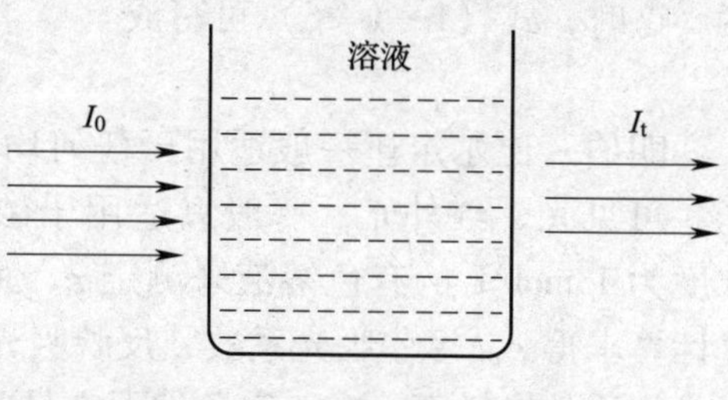

图 1—1—1　溶液吸光示意图

$$T = \frac{I_t}{I_0} \qquad (1—1—2)$$

溶液的透射比越大，表示它对光的吸收越小；相反，透射比越小，表示它对光的吸收越大。T 的取值范围为 0.00% ~100.0%，T=0.00%表示光全部被吸收；T=100.0% 表示光全部透过。

透射比倒数的对数称为吸光度，用 A 来表示，代表物质对光的吸收程度。

$$A = -\lg T = \lg \frac{I_0}{I_t} \qquad (1—1—3)$$

A 越大，物质对光的吸收越大；A 越小，物质对光的吸收越少；A 的取值范围为 0.00 ~ ∞。A=0.00，表示光全部透过；A→∞，表示光全部被吸收。

1）朗伯－比尔定律表达式　朗伯（J. H. Lamber）在 1760 年研究发现光的吸收与溶液层的厚度成正比，即朗伯定律。

$$A = k_1 b \qquad (1—1—4)$$

式中　b——液层厚度；

k_1——吸光系数。

比尔（A. Beer）在 1852 年研究发现光的吸收与溶液浓度成正比，即比尔定律。

$$A = k_2 c \qquad (1—1—5)$$

式中　c——溶液浓度；

k_2——吸光系数。

二者结合称为朗伯－比尔定律，它是光吸收的基本定律，是分光光度法进行定量的依据。当一束平行单色光垂直入射，通过表面互为平行、均匀的、不发光不散射的吸光物质的溶液时，它的稀溶液的吸光度与吸光物质的浓度及液层厚度成正比，即

$$A = Kcb \qquad (1—1—6)$$

式中　A——吸光度；

K——吸光系数；

c——溶液的浓度；

b——光路长度，即液层厚度。

2）K 的物理意义　吸光系数 K 是指待测物质在单位浓度、单位厚度时的吸光度，表示某物质对特定波长光的吸收能力。与溶液性质、温度和入射光波长有关。K 越大，表示该物质对光的吸收能力越强，测定的灵敏度就越高。

按照使用浓度单位的不同，K 分为质量吸光系数、摩尔吸光系数。当浓度用 g/L、液层厚度用 cm 为单位表示时，则 K 用另一符号 a 来表示，a 称为质量吸光系数。当浓度 c 用 mol/L、液层厚度 b 用 cm 为单位表示时，则 K 用另一符号 ε 来表示，ε 称为摩尔吸光系数，其单位为 L/（mol · cm），它表示物质的量浓度为 1 mol/L，液层厚度为 1 cm 时溶液的吸光

度。这时，式（1—1—6）可写成

$$A = \varepsilon cb \tag{1—1—7}$$

朗伯－比尔定律一般适用于任何均匀、非散射的固体、液体或气体介质，适用于紫外光、可见光、红外光，一般只适用于浓度较低的溶液，所以在实际分析中，不能直接取浓度为 1 mol/L 的有色溶液来测定 ε，而应在适当的低浓度时测定该有色溶液的吸光度，通过计算求得 ε。摩尔吸光系数 ε 反映吸光物质对光的吸收能力，也反映用分光光度法测定该吸光物质的灵敏度，在一定条件下它是常数。

应用光吸收定律时必须符合三个条件：一是入射光必须为单色光；二是被测样品必须是均匀介质；三是在吸收过程中，吸收物质之间不能发生相互作用。

例 1—1—1　用 1，10－菲啰啉分光光度法测定铁，配制铁标准溶液质量浓度为 4.00 μg/mL，用 1 cm 的比色皿在 510 nm 波长处测得吸光度为 0.813，求铁（Ⅱ）－菲啰啉配合物的摩尔吸光系数。

解：

$$c_{\mathrm{Fe}} = \frac{4.00 \times 10^{-3}}{55.85} = 7.16 \times 10^{-5}\ \mathrm{mol/L}$$

$$\varepsilon = \frac{A}{c \cdot b} = \frac{0.813}{7.16 \times 10^{-5}\ \mathrm{mol/L} \times 1\ \mathrm{cm}} = 1.1 \times 10^{4}\ \mathrm{L/(mol \cdot cm)}$$

3）吸光度的加和性　吸光度具有加和性，在某一波长下，如果样品中几种组分能够同时产生吸收，则样品的总吸光度等于各组分的吸光度之和。

$$A_{总}^{\lambda} = A_1^{\lambda} + A_2^{\lambda} + A_3^{\lambda} + \cdots + A_n^{\lambda} = \varepsilon_1 bc_1 + \varepsilon_2 bc_2 + \varepsilon_3 bc_3 + \cdots + \varepsilon_n bc_n \tag{1—1—8}$$

吸光度的加和性在多组分的定量测定中极为有用。

（2）影响朗伯－比尔定律的因素

根据朗伯－比尔定律，当吸收池的厚度恒定时，以吸光度对浓度作图应得到一条通过原点的直线。但在实际工作中，吸光度与浓度之间常常偏离线性关系，如图 1—1—2 所示。这种现象称为偏离朗伯－比尔定律。若在曲线弯曲部分进行定量，将会引起较大的误差。若曲线弯曲程度不严重，仍可用于定量分析。

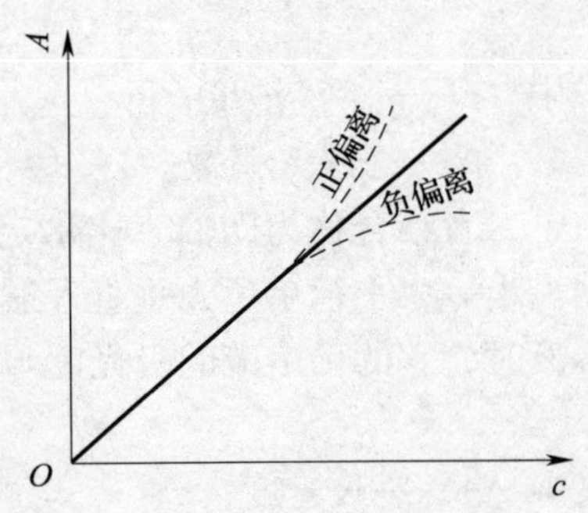

图 1—1—2　朗伯－比尔定律的偏离

1）光的因素　朗伯－比尔定律只适用于单色光，但由于单色器色散能力的限制，入射光实际上都是具有某一波段的复合光。由于物质对不同波长光的吸收程度不同，因而导致对朗伯－比尔定律的偏离。由非单色光引起的偏离一般为负偏离，也可为正偏离，这主要与测定波长的选择有关。为克服非单色光引起的偏离，应将入射光波长选择在被测物质的最大吸收处，选择适当的浓度范围，使吸光度读数在标准曲线的线性范围内。

2）化学因素　朗伯－比尔定律通常只有在稀溶液中才能成立，随着溶液浓度增大，吸光质点间距离缩小，彼此间相互作用加强，破坏了吸光度与浓度的线性关系。如果溶液中的吸光物质不稳定，发生解离或缔合等而形成其他物质，造成吸光物质的浓度发生变化，也会导致偏离吸收定律。为此，在测定时应选择稀溶液，控制吸光度在 0.2～0.8，进行样品预处理、控制显色反应、溶液 pH 值和化学平衡条件等。

如果被测溶液不均匀，是胶体溶液、乳浊液或悬浮液，入射光通过溶液后，除一部分被试液吸收外，还有一部分因散射现象而损失，使透射比减少，因而实测吸光度增加，使标准曲线偏离直线向吸光度轴弯曲。

3. 显色反应

（1）显色反应

将待测组分转化为有色物质的反应称为显色反应，与待测组分形成有色物质的试剂称为显色剂。对显色反应的要求是显色反应灵敏度足够高，有色物质的 ε 应大于 10^4，选择性好，干扰少，或干扰容易消除；有色化合物的组成恒定，符合一定的化学式；对于形成不同配比的配合反应，必须注意控制实验条件，使生成组成一定的配合物，以免引起误差；有色化合物的化学性质应足够稳定，至少保证在测量过程中溶液的吸光度基本恒定。这就要求有色化合物不容易受外界环境条件的影响，如日光照射、空气中的氧和二氧化碳的作用等，此外，也不应受溶液中其他化学因素的影响；有色化合物与显色剂之间的颜色差别要大，即显色剂对光的吸收与有色化合物的吸收有明显区别，一般要求两者的吸收峰波长之差（称为对比度）大于 60 nm。

（2）显色剂

常用的显色剂可分为无机显色剂和有机显色剂两大类。许多无机试剂能与金属离子发生显色反应，但由于灵敏度和选择性都不高，具有实际应用价值的品种很有限。

在分光光度法中应用较多的是有机显色剂，有机显色剂及其产物的颜色与它们的分子结构有密切关系。有机显色剂分子中一般都含有生色团和助色团。生色团是某些含不饱和键的基团，如偶氮基等。这些基团中的电子被激发时所需能量较小，波长 200 nm 以上的光就可以做到，故往往可以吸收可见光而表现出颜色。助色团是某些含孤对电子的基团，如氨基、羟基和卤代基等。这些基团与生色团上的不饱和键相互作用，可以影响生色团对光的吸收，使颜色加深。

多元配合物是由三种或三种以上的组分所形成的配合物。目前应用较多的是由一种金属离子与两种配体所组成的三元配合物。多元配合物在分光光度分析中应用较普遍，如三元混配合物、三元离子缔合物、三元胶束化合物等几种重要的三元配合物类型。一些常见的显色剂见表 1—1—3。

表 1—1—3　　一些常见的显色剂

类别	名称	结构	测定离子
无机显色剂	硫氰酸盐	SCN^-	Fe^{2+}，Mo（Ⅴ），W（Ⅴ）
	钼酸盐	MoO_4^{2-}	Si（Ⅳ），P（Ⅴ）
	过氧化氢	H_2O_2	Ti（Ⅳ）
有机显色剂	邻二氮菲	[structure: 1,10-phenanthroline, N N]	Fe^{2+}
	双硫腙	[structure: naphthyl—NH—NH / C=S / naphthyl—N=N]	Pb^{2+}，Hg^{2+}，Zn^{2+}，Bi^+等

续表

类别	名称	结构	测定离子
有机显色剂	丁二酮肟	$H_3C-C(=NOH)-C(=NOH)-CH_3$	Ni^{2+}，Pd^{2+}
	铬天青 S（CAS）	[structure: HO, CH_3, HOOC, Cl, Cl, SO_3H, CH_3, O, COOH]	Be^{2+}，Al^{3+}，Y^{3+}，Ti^{4+}，Zr^{4+}，Hf^{4+}
	茜素红 S	[structure: O, OH, OH, SO_3^-, O]	Al^{3+}，Ga^{3+}，Zr（Ⅳ），Th（Ⅳ），F^-，Ti（Ⅳ）
	偶氮胂Ⅲ*	[structure: AsO_3H_2, N=N, OH, OH, N=N, AsO_3H_2, ^-O_3S, SO_3^-]	UO_2^{2+}，Hf（Ⅳ），Th^{4+}，Zr（Ⅳ），Re^{3+}，Y^{3+}，Sc^{3+}，Ca^{3+}等
	4-（2-吡啶氮）-间苯二酚（PAR）	[structure: N, N=N, OH, OH]	Co^{2+}，Pb^{2+}，Ga^{3+}，Nb（Ⅴ），Ni^{2+}
	1-（2-吡啶氮）-萘（PAN）	[structure: N, N=N, HO]	Co^{2+}，Ni^{2+}，Zn^{2+}，Pb^{2+}
	4-（2-噻唑偶氮）-间苯二酚（TAR）	[structure: S, N, N=N, OH, HO]	Co^{2+}，Ni^{2+}，Cu^{2+}，Pb^{2+}

（3）显色反应条件

影响显色反应的条件主要有显色剂用量、溶液的酸度、显色时间、显色温度、溶剂的选择等，如果显色条件不合适，将会影响分析结果的准确度。

1）显色剂用量　增加显色剂用量有利于显色反应的进行，但有些显色剂太多会引起副反应，对测定不利。在实际工作中，可通过实验来确定显色剂的适宜用量。

实验方法是固定被测组分的浓度和其他条件，只改变显色剂的加入量，测定吸光度，作吸光度－显色剂用量曲线，当显色剂用量达到某一数值而吸光度无明显增大时，表明显色剂用量已足够。

2）溶液的酸度　一般显色剂是有机弱酸或弱碱，溶液酸度的变化影响显色剂的平衡浓度，并影响显色反应的完全程度，且在不同的酸度下有不同的颜色。大多数金属离子容易水解，当溶液的酸度降低时，可能形成一系列氢氧基、多核氢氧基配离子、碱式盐或氢氧化物沉淀，影响显色反应。对于某些生成逐级配合物的显色反应，酸度不同，配合物的配比往往不同，其颜色也不同。在实际工作中，通过实验来确定显色反应的适宜酸度。

固定被测组分的浓度和显色剂的用量及其他条件，只改变溶液的 pH 值，分别测定在不同 pH 值溶液的吸光度，作吸光度－pH 曲线，从图上确定适宜的 pH 值范围。

3）显色时间　不同显色反应的反应速率不同，如有些显色反应瞬间完成，溶液颜色很快达到稳定状态，并在较长时间内保持不变；有些显色反应虽能迅速完成，但有色化合物很快开始退色；有些显色反应进行缓慢，溶液颜色需放置一段时间后才稳定。在实际工作中，可通过实验来确定显色反应适宜的测定时间区间。

实验方法是其他条件不变，配制一份显色溶液，从加入显色剂起计算时间，每隔几分钟测量一次吸光度，制作吸光度－时间曲线，根据曲线来确定适宜的时间。

4）显色温度　一般显色反应在室温下进行，但是有些显色反应必须加热至一定温度才能完成。在实际工作中，可通过实验来确定显色反应温度。

实验方法是其他条件不变，改变显色温度测量吸光度，制作吸光度－显色温度曲线，根据曲线来确定适宜的显色温度。

5）溶剂的选择　一般选择有机溶剂，因有机溶剂可降低有色化合物的解离度，提高显色反应的灵敏度。有机溶剂还可能提高显色反应的速率，影响有色配合物的溶解度和组成等。对光谱分析溶剂的要求是有良好的溶解能力；在测定波长范围内没有明显的吸收；被测组分在溶剂中有良好的吸收峰形；挥发性小，不易燃，无毒性，价格便宜等。

（4）显色反应中干扰的影响

在测定时，若试样中存在干扰物质会影响被测组分的测定，一般是由于干扰物质本身有颜色或与显色剂反应，在测量条件下也有吸收，造成正干扰；干扰物质与被测组分反应或与显色剂反应，使显色反应不完全，也会造成干扰；干扰物质在测量条件下从溶液中析出，使溶液变混浊，无法准确测定溶液的吸光度。消除干扰的方法主要有以下几种：

1）控制溶液酸度　根据所形成的配合物的稳定性不同，可以利用控制溶液酸度的方法提高反应的选择性。例如用双腙法测定 Hg^{2+} 时，Ni^{2+}、Pb^{2+} 等多种离子干扰，但如果在稀酸（0.5 mol/L H_2SO_4）介质中进行萃取，则上述离子不再与二苯硫腙作用，从而消除其干扰。

2）加入掩蔽剂　加入掩蔽剂是消除干扰的常用方法，要求掩蔽剂不与待测离子作用，掩蔽剂以及它与干扰物质形成的配合物的颜色应不干扰待测离子的测定。

3）改变干扰离子的价态　如用铬天青 S 测定 Al^{3+} 时，Fe^{3+} 有干扰，加入抗坏血酸将 Fe^{3+} 还原为 Fe^{2+} 后，干扰即消除。

4）选择合适的波长　在最大吸收波长处测定时其他物质也产生吸收，从而产生干扰，则在最大吸收波长附近选择其他物质不吸收的另一波长测定，以消除干扰。

5）选择合适的参比溶液　利用参比溶液可消除显色剂和某些共存有色离子的干扰。

若上述方法均不能奏效时，只能采用适当的预先分离的方法，如沉淀、离子交换、萃取、蒸发、蒸馏和色谱分离等。

4. 测定条件的选择

（1）测量波长的选择

在定量分析中，通常选择最强吸收的最大吸收波长作为测量波长，称为“最大吸收原则”，以使测定结果有较高的灵敏度。如果在最大吸收波长处有其他吸光物质干扰测定，则应根据“吸收最大、干扰最小”的原则来选择入射光波长。

（2）参比溶液

为减少因被分析物质的溶液在空气、吸收池壁以及吸收池壁、溶液的界面间的反射，而导致入射光和透射光的损失，为准确测定吸收度，必须选择恰当的参比溶液来调节仪器的零点。

1）溶剂参比　如果试样基体、试剂及显色剂均在测定波长无吸收，则可用溶剂作参比溶液。

2）试剂参比　如果显色剂或试剂有吸收，可用空白溶液作参比溶液。

3）溶液参比　如果显色剂及溶剂不吸收，而试样基体组分有吸收，则应采用不加显色剂的试样溶液作参比溶液。

4）退色参比　如果显色剂、试剂及试样基体均有吸收，则应使用退色参比溶液。退色参比溶液是指在吸光试样溶液（或显色溶液）中加入适当试剂，将吸光物质或显色化合物破坏（或颜色退去）后的溶液。例如以 MnO_4^- 测定锰时，可在显色溶液中加入 NO_2^-，使 MnO_4^- 还原而退色。

（3）吸光度的测量范围

在测量中，除了各种化学条件所引起的误差外，任何分光光度计都有一定的测量误差。这些误差可能来源于光源不稳定、实验条件的偶然变动等。当浓度较大或较小时，测量的相对误差都较大。在实际测定时，只有使待测溶液的透光度为 15% ~65%，或使吸光度 A 为 0.2 ~0.8，才能保证测量的相对误差较小。当吸光度 $A=0.434$（或透光度 36.8%）时，测量的相对误差最小。可通过控制溶液的浓度或选择不同厚度的吸收池来达到目的。

（4）仪器狭缝宽度的选择

仪器狭缝的宽度会直接影响到测定的灵敏度和标准曲线的线性范围。狭缝宽度过大时，入射光的单色性降低，标准曲线偏离比尔定律，准确度降低；狭缝宽度过窄时，光强变弱，测量的灵敏度降低。

选择仪器狭缝宽度的方法是测量吸光度随狭缝宽度的变化，狭缝宽度在一个范围内变化时，吸光度是不变的，当狭缝宽度大到某一程度时，吸光度才开始减小。因此，在不引起吸光度减小的情况下，应选取尽量大的狭缝宽度。

（5）试样的制备

紫外－可见吸收光谱通常是在溶液中进行的，固体试样需要转化为溶液。无机试样用合适酸溶解或碱熔融，有机试样用有机溶剂溶解或提取。有时需要先经湿法或干法将试样消化，然后再转化为适合于光谱测定的溶液。

二、可见分光光度法的定量分析方法

可见分光光度法是利用测量有色物质对某一单色光的吸收程度来进行定量分析的方法。许多物质本身无色或颜色很浅，即对可见光不产生吸收或吸收很少，必须事先通过适当的化学方法，使该物质转变为能对可见光产生较强吸收的有色化合物，然后再进行测量。

1. 目视比色法

用眼睛观察、比较溶液颜色深度以确定物质含量的方法称为目视比色法。

在相同条件下，如果被测溶液与标准溶液具有相同颜色，则被测溶液与标准溶液的浓度相同。因此由式 1—1—7 可得：

被测溶液：

$$A_x = \varepsilon c_x b \qquad (1—1—9)$$

标准溶液：

$$A_s = \varepsilon c_s b \qquad (1—1—10)$$

将上两式进行比较可得：

$$\frac{A_x}{A_s} = \frac{c_x}{c_s} \qquad (1—1—11)$$

常用的目视比色法是标准系列法。其方法是使用一套由同种材料制成的、大小形状相同的平底玻璃管（比色管），其中分别加入一系列不同浓度的标准溶液和待测液，在实验条件相同的情况下，再加入等量的显色剂和其他试剂，稀释至一定体积摇匀，然后从管口垂直向下观察，比较待测溶液与标准溶液颜色的深浅。若待测溶液与某一标准溶液颜色深度一致，则说明两者浓度相等；若待测溶液颜色介于两标准溶液之间，则取其算术平均值作为待测溶液的浓度。

虽然目视比色法测定的准确度较差（相对误差为5%～20%），但目视比色法仪器简单，操作简便，适用于大批试样的分析，灵敏度较高。因在复合光（白光）下进行测定，故某些显色反应不符合朗伯－比尔定律时，仍可用该法进行测定，因而它广泛用于准确度要求不高的常规分析、中间控制分析和限界分析中。其中，限界分析是指要求确定试样中待测杂质含量是否在规定的最高含量限界以下。

由于许多有色溶液颜色不稳定，标准系列不能久存，经常需在测定时配制，比较麻烦。虽然可采用某些稳定的有色物质（如重铬酸钾、硫酸铜和硫酸钴等）配制永久性标准系列，或利用有色塑料、有色玻璃制成永久色阶，但由于它们的颜色与试液的颜色往往有差异，也需要进行校正。

例 1—1—2 移取质量浓度为 0.01 mg/mL 的铅标准溶液 0 mL、1.00 mL、2.00 mL、4.00 mL、6.00 mL、8.00 mL、10.00 mL 于 7 个 50 mL 比色管中，分别加入 0.2 mL 乙酸溶液，加入 10 mL 硫化氢水溶液，用水稀释至刻度，摇匀，为标准比色溶液。称取 4.000 0 g

氯化钠，与标准比色溶液同时处理。在无阳光直射的情况下，于 10 min 内轴向或侧向观察，与标准比色溶液进行比较。若试样溶液与 6.00 mL 标准比色溶液颜色相同，求氯化钠试样中重金属含量（以铅计）。

解：

$$c_{Pb} = \frac{0.01\ mg/mL \times 6.00\ mL}{4.000\ 0\ g} \times 100\% = 0.001\ 5\%$$

2. 单组分的定量分析

（1）工作曲线法

先配制一系列浓度不同的标准溶液，在与试样相同条件下，分别测量其吸光度。将吸光度与对应浓度作图，所得直线称工作曲线或标准工作曲线，如图 1—1—3 所示，然后测定试样的吸光度，再从标准曲线上查出试样溶液的浓度。

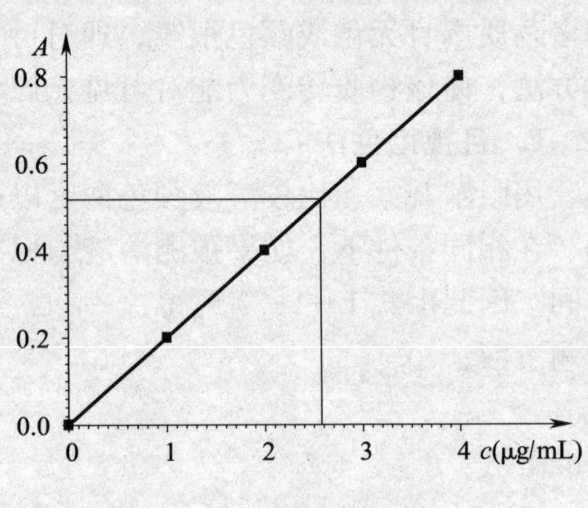

图 1—1—3　标准工作曲线

由于受到各种因素的影响，实验测出的各点可能不完全在一条直线上，采用最小二乘法来确定直线回归方程更准确。

工作曲线可以用一元线性方程表示，即

$$y = a + bx \qquad (1—1—12)$$

式中　x——标准溶液的浓度；

y——相应的吸光度；

a、b——直线的截距、斜率，回归系数，此直线称回归直线。

b 可由式（1—1—13）求出：

$$b = \frac{\sum_{i=1}^{n}(x_i - \overline{x})(y_i - \overline{y})}{\sum_{i=1}^{n}(x_i - \overline{x})^2} \qquad (1—1—13)$$

式中　$\overline{x}$、$\overline{y}$——x 和 y 的平均值；

x_i——第 i 个点的标准溶液的浓度；

y_i——第 i 个点的吸光度（以下相同）。

a 可由式（1—1—14）求出：

$$a = \frac{\sum_{i=1}^{n} y_i - b\sum_{i=1}^{n} x_i}{n} = \overline{y} - b\overline{x} \qquad (1—1—14)$$

工作曲线线性的好坏可以用回归直线的相关系数来表示，相关系数 r 可用式（1—1—15）求得。

$$\gamma = b\sqrt{\frac{\sum_{i=1}^{n}(x_i - \overline{x})^2}{\sum_{i=1}^{n}(y_i - \overline{y})^2}} \qquad (1—1—15)$$

相关系数接近1，说明工作曲线线性好，一般要求所作工作曲线的相关系数 r 要大于0.999。

例1—1—3 用邻二氮菲法测定 Fe^{2+} 得到下列实验数据（见表1—1—4），请确定工作曲线的直线回归方程，并计算相关系数。

表1—1—4 **实验数据**

标准溶液浓度 c/（mol/L）	1.00×10^{-5}	2.00×10^{-5}	3.00×10^{-5}	4.00×10^{-5}	6.00×10^{-5}	8.00×10^{-5}
吸光度 A	0.114	0.212	0.335	0.434	0.670	0.868

解：设直线回归方程为 $y=a+bx$，令 $x=10^5c$

则得 $\bar{x}=4.00$， $\bar{y}=0.439$

计算得
$$\sum_{i=1}^{n}(x_i-\bar{x})(y_i-\bar{y})=3.71$$
$$\sum_{i=1}^{n}(x_i-\bar{x})^2=34$$
$$\sum_{i=1}^{n}(y_i-\bar{y})^2=0.405$$

则：
$$b=\frac{\sum_{i=1}^{n}(x_i-\bar{x})(y_i-\bar{y})}{\sum_{i=1}^{n}(x_i-\bar{x})^2}=\frac{3.71}{34}\approx0.109$$
$$a=\bar{y}-b\bar{x}=0.439-4\times0.109=0.003$$

得直线回归方程：
$$y=0.003+0.109x$$

相关系数：
$$\gamma=b\sqrt{\frac{\sum_{i=1}^{n}(x_i-\bar{x})^2}{\sum_{i=1}^{n}(y_i-\bar{y})^2}}=0.109\times\sqrt{\frac{34}{0.405}}=0.999$$

可见实验所做的工作曲线线性符合要求。

由回归方程得
$$A_{试}=0.003+0.109\times10^5c_{试}$$

故：
$$c_{试}=\frac{A_{试}-0.003}{0.109\times10^5}$$

因而，只要在相同条件下，测出试液吸光度 $A_{试}$ 代入上式，即可得到试样浓度 $c_{试}$。

有时标准曲线不通过原点，可能是由于参比溶液选择不当、吸收池（厚度不等、位置不妥、透光面不清洁等）所引起的。以及若有色配合物的解离度较大，使被测物质在低浓度时显色不完全，其他配位剂存在时影响突出。

例1—1—4 饮用水中铁含量的测定：用10 mL吸量管分别加入0.00 mL、2.00 mL、4.00 mL、6.00 mL、8.00 mL、10.00 mL铁标准溶液（40 μg/mL）置于6个100 mL容量瓶中，加1 mL抗坏血酸，然后加20 mL乙酸－乙酸钠缓冲溶液和10 mL邻二氮菲溶液，用蒸馏水稀释至刻度，摇匀。放置15 min。用10 mL吸量管分别加入10.00 mL液体试样置于3

个 100 mL 容量瓶中，按标准溶液的配制方法配制试样溶液。用 1 cm 的吸收池，于 510 nm 波长处，以试剂空白为参比，用分光光度计测定标准系列溶液和试样溶液的吸光度，标准系列吸光度分别为 0.000、0.162、0.324、0.485、0.646、0.813，试样溶液吸光度为 0.414、0.416、0.418，求试样中铁含量。

解： 绘制标准工作曲线如图 1—1—4 所示。

在标准工作曲线上查得试样溶液吸光度 0.414、0.416、0.418 对应的质量浓度为 2.06 μg/mL、2.07 μg/mL、2.08 μg/mL。

试样中铁含量为：$c_{Fe} = \dfrac{m}{V} = \dfrac{2.07\ \mu g/mL \times 100\ mL}{10\ mL}$

$= 20.7\ \mu g/mL$

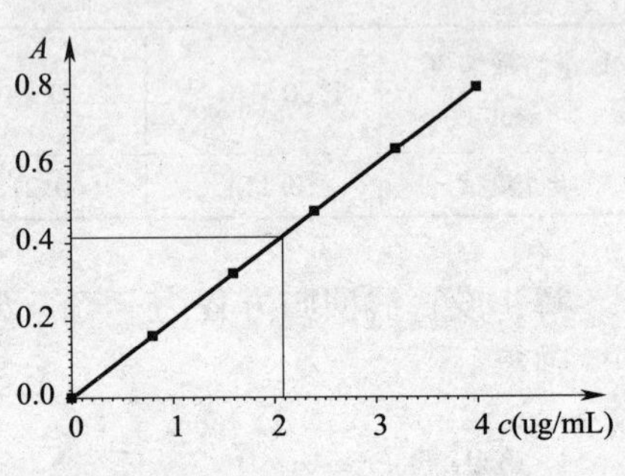

图 1—1—4 标准工作曲线

（2）直接比较法

在相同的条件下，分别测定标准溶液（浓度为 c_0）和样品溶液（浓度为 c_x）的吸光度 A_0 和 A_x，由式（1—1—16）求出待测物质的浓度。

$$c_x = \frac{A_x}{A_0} c_0 \tag{1—1—16}$$

3. 高含量组分的定量分析

高含量组分的测定采用差示分光光度法，是利用接近样品试液浓度（稍低或稍高）的参比溶液来调节分光光度计的 0% T 和 100% T 以进行光度测量的方法。用一已知浓度的标准溶液作参比溶液，$A_{相对}$ 由式（1—1—17）表示。

$$A_{相对} = \varepsilon b(c_s - c_x) \tag{1—1—17}$$

式中 c_s——标准溶液浓度；

c_x——未知溶液浓度。

式（1—1—17）表明 $A_{相对}$ 值的大小与标准溶液和未知溶液浓度差成正比，在用差示法定量时可用单一组分测定的各种方法，但以工作曲线法应用较多。

4. 双波长定量方法

双波长分光光度法是以样品溶液本身作参比，用两束强度相等的单色光 λ_1 和 λ_2 交替入射到同一样品溶液。于是，透过试样溶液的两束单色光的吸光度差值 ΔA。

$$\Delta A = A_{\lambda_1} - A_{\lambda_2} = (\varepsilon_{\lambda_1} - \varepsilon_{\lambda_2})bc \tag{1—1—18}$$

式（1—1—18）表明试样溶液在两个波长 λ_1 和 λ_2 吸光度差值 ΔA 与溶液中待测物质的浓度成正比，这就是双波长分光光度法进行定量分析的依据。

在双波长法中，波长的组合和选择是方法的关键问题，通常将 λ_1 称为测量波长，将 λ_2 称为参比波长，选择双波长的方法各有不同，在有共存干扰吸收物质时，常采用等吸收点法和系数倍率法并用电子计算机选择 $\lambda_2 - \lambda_1$ 波长组合。

三、紫外可见分光光度法的特点

1. 灵敏度高，选择性好，很少受其他物质的干扰，一般不需要烦琐的预分离手续。

2. 准确度高，相对误差一般为 1% ~3%。

3. 分析速度快，设备及操作简单，易普及推广应用。

4. 应用范围广泛，紫外吸收光谱法主要用于测定具有芳香结构的化合物及含有共轭体系的化合物。

项目相关知识二　紫外－可见分光光度计的使用

学习指南

学习紫外－可见分光光度计的类型和基本结构；熟悉721型可见分光光度计和UV－1801型等紫外－可见分光光度计的使用方法；能进行分光光度计波长、透射比、稳定度、吸收池配套性的检验。

一、紫外－可见分光光度计的类型

紫外－可见光分光光度计所使用的波长范围在180～1 000 nm。180～380 nm是近紫外，380～1 000 nm为可见光。紫外－可见分光光度计有单光束和双光束两类。

单光束分光光度计只有单色器色散后的一束单色光，它是通过改变参比池和试样池的位置进行参比溶液和试样溶液的交替测量来测定试样溶液的吸光度。721型和751型分光光度计就属于单光束分光光度计，该类仪器会因光源强度波动和检测系统不稳定而出现测量误差，故必须配备稳压电源。其优点是信噪比高，光学、机械及电子线路结构简单，价格便宜，适于在给定波长处测量吸光度，故常用于定量分析。

双光束分光光度计，是将单色器色散后的单色光分成两束，一束通过参比池，一束通过试样池，一次测量即可得到试样溶液的吸光度。其光路示意图如图1—1—5所示，双光束分光光度计的特点是便于进行自动记录，由于试样和参比信号进行反复比较，消除了光源不稳定、放大器增益变化以及光学和电子学元件对两条光路的影响。双光束分光光度计是自动记录仪器，其电子测量系统有光学零位平衡式和电学比例记录式两种类型。

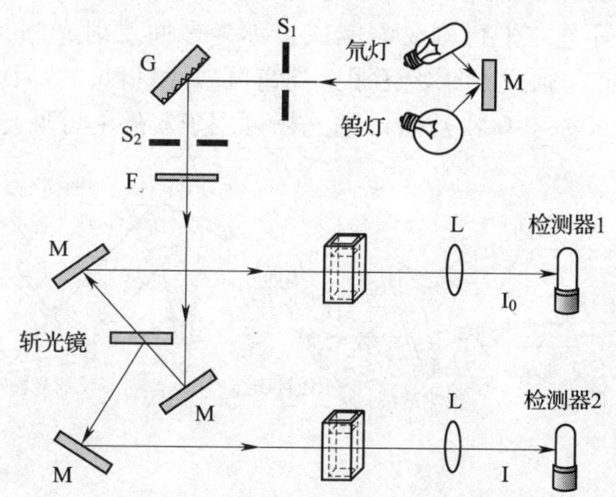

图1—1—5　双光束分光光度计光路示意图

M—反光镜　S_1—入射狭缝　S_2—出射狭缝　G—衍射光栅　F—滤光片　L—聚光镜

双波长分光光度计如图 1—1—6 所示，可同时提供两种不同波长的单色光，经切光器后，这两束光被分时交替照射于同一吸收池，然后由检测器测量和记录样品溶液对波长 λ_1 和 λ_2 两条光束的吸收差。

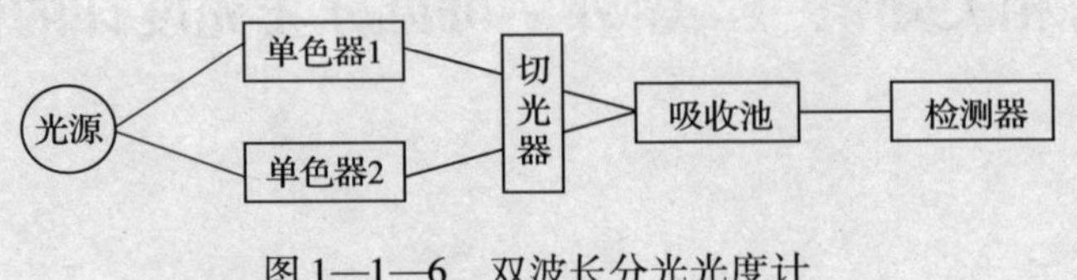

图 1—1—6　双波长分光光度计

二、紫外－可见分光光度计的组成部分

紫外－可见分光光度计通常由光源、单色器、吸收池、检测器、记录系统 5 个部分组成。

1. 光源

在可见光区和近红外光区常用光源为白炽光源，如钨灯和碘钨灯等，钨灯可使用的范围在 320 ~ 2 500 nm。

在紫外光区主要采用氢灯、氘灯和氙灯等放电灯，当氢气压力为 10^2 Pa 时，用稳压电源供电，放电十分稳定，因而光强恒定。放电灯在波长 160 ~ 375 nm 范围内发出连续光谱，但在波长 165 nm 以下发出的为线光谱。

2. 单色器

单色器是能从光源发射的光中分离出一定波长范围谱线的器件。单色器为棱镜或光栅，如图 1—1—7 所示。来自光源的光通过入射狭缝、准直装置（透镜或反射镜）由单色器（棱镜或光栅）变成单色光，经聚焦装置（透镜或凹面反射镜）、出口狭缝聚焦，经滤光片去掉杂散光，由斩光镜脉冲输送，并将光束分成两束光，一束是样品光束，另一束是参比光束，两束光再由反射镜反射进入参比池和试样池，如图 1—1—7a 所示。

同棱镜相比，光栅具有较好的色散、分辨能力，适用波长范围广等优点。光栅分为透射光栅和反射光栅。反射光栅是在真空中蒸发金属铝将它镀在玻璃平面上，然后用金刚石在铝层上压出许多等间隔、等宽的平行刻纹而制成，称为平面反射光栅，如图 1—1—7b 所示。复制光栅则便宜得多，它是通过在原始光栅上浇铸可塑性材料，然后将它剥脱下来并固定在刚性支架上制成。含有 300 ~ 2 000 条/mm 的光栅可用于紫外－可见光区。

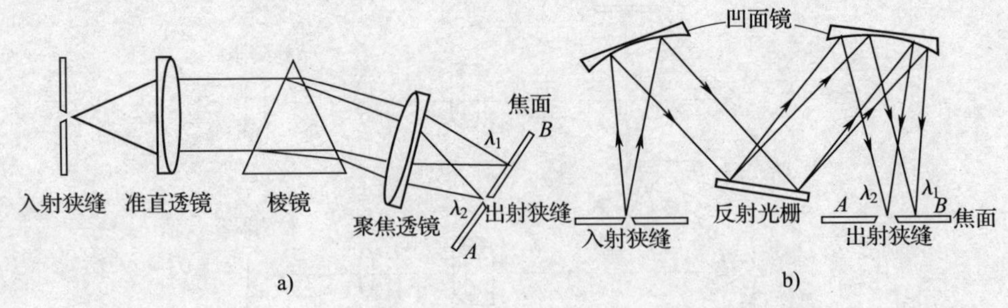

图 1—1—7　棱镜和光栅单色器的光路示意图

a）棱镜　b）光栅

3. 吸收池

吸收池也称比色皿，是盛放待测流体（液体、气体）试样的容器。吸收池主要有用于紫外和可见光区的石英池及用于可见和近红外区的玻璃池两种，吸收池的光程长度一般为1 cm，或几厘米到10 cm或更长。

吸收池的窗口完全垂直于光束，以减小反射光的损失。在测定时应注意参比池和吸收池应是一对已经校正好的匹配吸收池，吸收池应洁净，手不能接触窗口，不能用炉子或火焰干燥。

4. 检测器

检测器是能把光信号转变为电信号的器件。在紫外－可见光区常用的检测器有光电池、光电管、光电倍增管、硅光电二极管检测器等。

其中光电倍增管如图1—1—8所示，其灵敏度高、不易疲劳，是目前应用最广泛的一种检测器。光电倍增管阴极表面的组成与光电管类似，不同的是在阴极和阳极之间连有一系列的电极。当光照射在阴极上时，光敏物质发射电子，首先被电场加速，落在第一个倍增极上，并击出更多的二次电子，这些二次电子又被电场加速，落在第二个倍增极上，击出更多的二次电子。以此类推，当这一过程经过9次之后，每个光子已可形成$10^6 \sim 10^7$个电子，最后都被阳极所收集，产生的电流随后用电子学方法加以放大和测量。光电倍增管不仅起着光电的转换作用，同时还起着电流放大的作用。

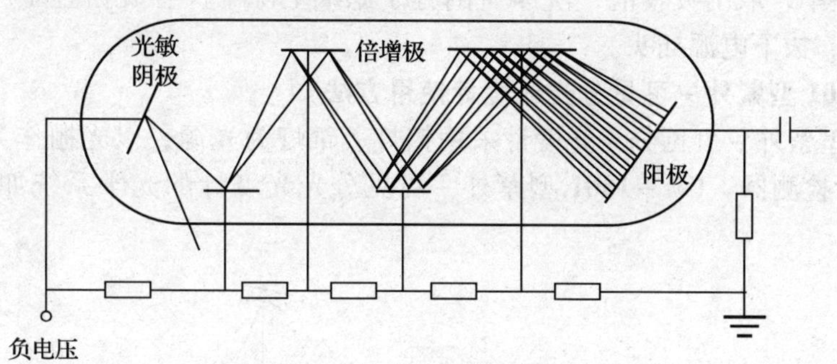

图1—1—8　光电倍增管结构示意图

5. 记录系统

记录系统是一种电子器件，它可放大检测器的输出信号，并可以把信号从直流变成交流（或相反），改变信号的相位，滤掉不需要的成分。信号处理器也可用来执行某些信号的数学运算，常用的读出器件有数字表、记录仪、电位计标尺、阴极射线管等。

三、紫外－可见分光光度计的使用方法

1. 721型可见分光光度计的使用方法

721型可见分光光度计采用钨丝灯为光源，以玻璃棱镜作色散元件，以光电管作为检测器。721型可见分光光度计的光学系统如图1—1—9所示。

具体使用方法如下：

（1）检查仪器各调节钮的起始位置是否正确，接通电源开关，打开样品室暗箱盖，使电表指针处于“0”位，预热20 min后，再选择单色光波长和相应的放大灵敏度挡，用调“0”电位器调整电表为$T=0\%$。

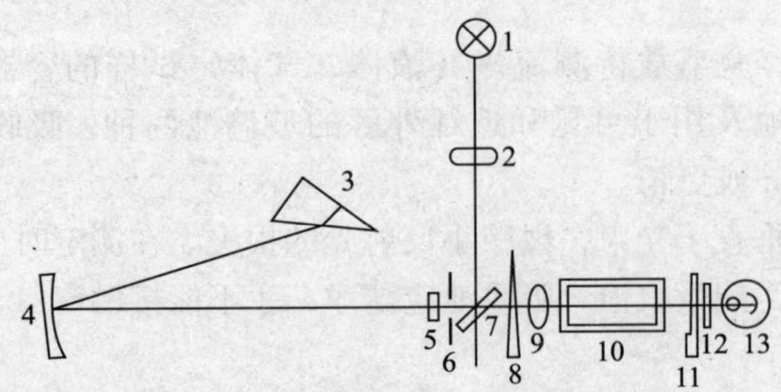

图 1—1—9　721 型可见分光光度计的光学系统

1—钨灯　2—透镜　3—玻璃棱镜　4—准直镜　5、12—保护玻璃　6—狭缝　7—反射镜
8—光栏　9—聚光透镜　10—吸收池　11—光闸　13—光电管

（2）盖上样品室盖使光电管受光，拉动吸收池拉杆，使参比溶液池（溶液装入 4/5 高度，置第一格）置光路上，调节 100% 透射比调节器，使电表指针指在 $T=100\%$。

（3）重复进行打开样品盖，调“0”，盖上样品盖，调透射比为 100% 的操作至仪器稳定。

（4）盖上样品盖，拉动吸收池拉杆，使样品溶液池置于光路上，读取吸光度值。读数后立即打开样品盖。

（5）测量完毕，取出吸收池，洗净后倒置于滤纸上晾干，各旋钮置于原来位置，电源开关置于“关”，拔下电源插头。

2. UV－1801 型紫外－可见分光光度计使用方法

UV－1801 型紫外－可见分光光度计采用钨灯、氘灯为光源，以光栅作为色散元件，以光电倍增管作为检测器。UV－1801 型紫外－可见分光光度计的光学系统如图 1—1—10 所示。

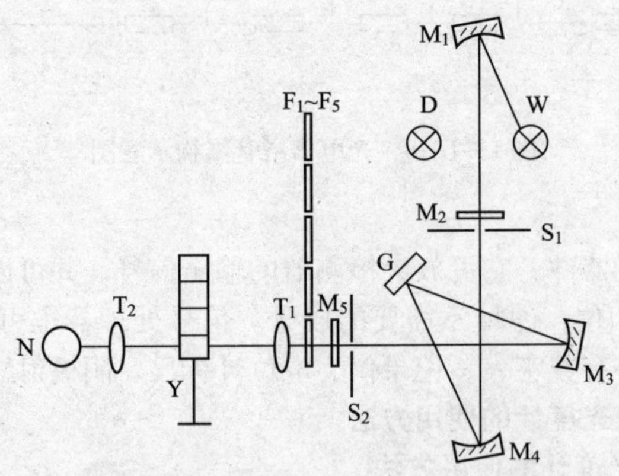

图 1—1—10　UV－1801 型紫外－可见分光光度计的光学系统

D—氘灯　W—钨灯　G—光栅　N—接收器　M_1—聚光镜　M_2、M_5—保护片　M_3、M_4—准直镜
T_1、T_2—透镜　$F_1\sim F_5$—滤色片　S_1、S_2—狭缝　Y—样品池

具体使用方法如下：

（1）仪器操作不连接计算机

打开仪器主机右侧电源开关，稍等十几秒钟，按仪器面板键盘上除“RESET”外的其

他任意键，仪器进行自检。仪器蓝色液晶大屏幕上五项都显示“OK”后，预热20 min以后，按任意键进入仪器操作主菜单。按数字键“2”进入“光度测量”，按仪器面板上参数设置键“F1”进入“参数设置”，选择或输入所需波长及其他参数，按“Enter”键进行编辑确认。根据仪器提示，将样品拉入光路，按“F2”键进行样品测定。测量完毕关闭电源，清洗比色皿并将之放入比色皿盒。

（2）仪器操作连接计算机

打开计算机桌面上的“UVSoftware”图标，点击左下方“初始化”按钮，仪器将进行反控自检。

单击工具栏菜单上的“光谱扫描”，进入光谱扫描测量方式。单击“参数”，进行参数设置。单击“测量”，根据提示拉入参比，按“确定”按钮。参比测量完成，根据提示拉入样品液，点击“OK”按钮。单击“峰谷检测”，弹出峰谷检测精度设置窗口，输入检测精度，确定最大吸收波长。测量完成后，保存并打印谱图。

单击工具栏菜单上的“定量分析”，便进入定量分析方式。单击菜单栏上的“仪器”并点击“比色皿校正”，进行比色皿校正。根据提示拉入参比，点击“确定”按钮。单击“参数”，进行参数设置。单击工具栏菜单上的“测量”，根据提示拉入标样液，点击“确定”按钮。标样测量完毕，在浓度栏内输入对应标样的浓度值，按“拟合”进行曲线拟合。界面上显示出以上测量参数所建立的曲线，并且显示拟合的相关系数和建立的曲线方程。点击界面右下方的未知样处，使“未知样”变成“未知样——正在使用”，单击“测量”，根据提示拉入未知样溶液，点击“OK”按钮，界面上显示出未知样浓度测量结果。测量完成后，保存测量结果。

3. 分光光度计的检验

（1）波长的检验

对于波长准确度小于2 nm的仪器，用汞灯光谱线或氧化锌玻璃滤光片的吸收峰作参考波长，从短波向长波方向对谱线进行测量，连续测量3次，记录波长测量值。用汞灯的仪器仍需用镨钕滤光片在528.7 nm及807.7 nm处的吸收峰作参考波长，再次测量。波长正确度为：

$$\Delta_\lambda = \frac{1}{3}\sum_{i=1}^{3}\lambda_i - \lambda_T \tag{1—1—19}$$

式中 λ_i——各次波长测量值，nm；

λ_T——相应参考波长值，nm。

波长重复性为：

$$\delta_\lambda = \max\left|\lambda_i - \frac{1}{3}\sum_{i=1}^{3}\lambda_i\right| \tag{1—1—20}$$

波长准确度为：

$$U_\lambda = \Delta_\lambda \pm \delta_\lambda \tag{1—1—21}$$

式中正负号的取用原则为与Δ_λ符号同向。

（2）吸收池配套性检验

在220 nm（石英吸收池）和440 nm（玻璃吸收池）波长处，每个吸收池中装入蒸馏水，将一个吸收池的透射比调至100% T，测量其他各吸收池的透射比值，其差值不大于

0.5% T，则吸收池的配套性合格。

（3）透射比的检验

用透射比分别为20%、40%和70%左右的光谱中性玻璃滤光片，分别在440 nm、546 nm和635 nm波长处，以空气为参比，分别测定各滤光片的透射比，连续测量3次。

透射比正确度为：

$$\Delta_T = \frac{1}{3}\sum_{i=1}^{3} T_i - T_S \qquad (1—1—22)$$

式中 T_i——每一滤光片第 i 次透射比测定值；

T_S——每一滤光片在相应波长下的透射比标准值。

透射比重复性为：

$$\delta_T = \max\left| T_i - \frac{1}{3}\sum_{i=1}^{3} T_i \right| \qquad (1—1—23)$$

式中 T_i——透射比为20%左右的滤光片在红外光区的测定值。

（4）稳定度的检验

在250 nm和500 nm波长处，将挡光杆拉入光路，调整仪器的透射比为0%，记录2 min内最大值和最小值，最大值与最小值的差值即为0% T 噪声。以空气为参比，调整仪器的透射比为100%，记录2 min内最大值和最小值，最大值与最小值的差值即为100% T 噪声。在500 nm波长处，以空气为参比，调整仪器的透射比为100%，扫描30 min，读出扫描图谱包络线中心线的最大值和最小值之差即为仪器的漂移。

项目实施　微量铁含量的测定

实施指南

学习分光光度计的使用方法；掌握工作曲线的绘制方法；掌握分光光度法的测定条件的选择；掌握试液中的 Fe^{3+} 还原成 Fe^{2+} 的方法。

用抗坏血酸（或盐酸羟胺）将试液中的 Fe^{3+} 还原成 Fe^{2+}。在pH值为2~9时，Fe^{2+} 与邻二氮菲（1，1－菲啰啉）生成橙红色络合物，在分光光度计最大吸收波长510 nm处测定其吸光度。在特定的条件下，配合物在pH值为4~6时测定。

大量的碱金属、钙、锶、钡、镁、锰（Ⅱ）、砷（Ⅲ）、砷（Ⅴ）、铀（Ⅵ）、铅、氯离子、溴离子、碘离子、硫氰酸根、乙酸根、氯酸根、硫酸根、硝酸根、硫离子、偏硼酸根、硒酸根、柠檬酸根、酒石酸根、磷酸根和100 mg以下的锗（Ⅳ）在溶液中，对测定无干扰。如溶液中存在柠檬酸根、酒石酸根、砷酸根或大于100 mg的磷酸根，显色速度变慢。

一、测定仪器

可见分光光度计（或紫外－可见分光光度计）1台；100 mL容量瓶10个；10 mL吸量管1支；5 mL量杯1个；20 mL量筒1个；精密pH试纸等。

二、测定试剂

盐酸溶液（180g/L）：将40 mL质量分数为38%的盐酸溶液用蒸馏水稀释至100 mL，

并摇匀（操作时要小心）；氨水溶液（85 g/L）：将37 mL质量分数为25%的氨水溶液用蒸馏水稀释至100 mL并摇匀；乙酸－乙酸钠缓冲溶液（在20℃时pH＝4.5）：称取164 g无水乙酸钠用500 mL蒸馏水溶解，加240 mL冰乙酸，用蒸馏水稀释至1 000 mL；抗坏血酸溶液（100 g/L）：称取10 g抗坏血酸用蒸馏水溶解稀释至100 mL（应注意，该溶液一周后不能使用）；邻二氮菲溶液（1 g/L）：称取1 g的邻二氮菲用蒸馏水溶解，并稀释至1 000 mL。避光保存，使用无色溶液；铁标准溶液（400 μg/mL）：称取3.454 g十二水硫酸铁铵［$NH_4Fe(SO_4)_2 \cdot 12H_2O$］，精确至0.001 g，用约200 mL蒸馏水溶解，定量转移至1 000 mL容量瓶中，加20 mL硫酸溶液（1＋1），稀释至刻度并摇匀；铁标准溶液（40 μg/mL）：移取10.0 mL铁标准溶液（400 μg/mL）至100 mL容量瓶中，稀释至刻度并摇匀。该溶液现用现配。

三、测定步骤

1. 准备工作

（1）清洗容量瓶、吸量管及其他玻璃器皿。

（2）按仪器说明书检查仪器，开机预热20 min。

（3）配制各种试剂溶液。

（4）检查吸收池的配套性。

2. 标准系列溶液的配制

在一系列100 mL容量瓶中，用10 mL吸量管分别加入0 mL、2.00 mL、4.00 mL、6.00 mL、8.00 mL、10.00 mL铁标准溶液（40 μg/mL）。如有必要，用蒸馏水稀释至约60 mL，用盐酸溶液调至pH值为2（用精密pH试纸检查）。加1 mL抗坏血酸，然后加20 mL乙酸－乙酸钠缓冲溶液和10 mL的邻二氮菲溶液，用蒸馏水稀释至刻度，摇匀。放置不少于15 min。

3. 试样溶液的配制

在3个100 mL容量瓶中，用10 mL吸量管分别加入10.00 mL液体试样（含铁量为40～400 μg）。如有必要，用蒸馏水稀释至约60 mL，用盐酸溶液或氨水溶液调至pH值为2（用精密pH试纸检查）。加1 mL抗坏血酸，然后加20 mL乙酸－乙酸钠缓冲溶液和10 mL邻二氮菲溶液，用蒸馏水稀释至刻度，摇匀。放置不少于15 min。

4. 吸光度的测定

用1 cm的吸收池，于510 nm波长处，以试剂空白为参比，用分光光度计测定标准系列溶液和试样溶液的吸光度。

5. 标准工作曲线的绘制

以标准系列溶液中铁含量为横坐标，以吸光度为纵坐标，绘制标准工作曲线。

6. 试样中铁含量的计算

从标准工作曲线中查得试样溶液的铁含量，将平均值代入计算公式，求出试样中铁含量。

7. 结束工作

（1）测量完毕，关闭仪器电源开关，拔下仪器电源插头。

（2）取出吸收池，插入挡光杆；清洗吸收池，擦干并放回吸收池盒。

（3）整理实验台，填写仪器使用记录，清洗玻璃仪器。

四、测定记录与结果

1．实验记录（见表1—1—5）

表1—1—5　　　　　　　　实验记录

$V_{标}$（mL）	0.00	2.00	4.00	6.00	8.00	10.00
$c_{标}$（μg/mL）	0.00	0.80	1.60	2.40	3.20	4.00
A						
$V_{样}$（mL）	10.00		10.00		10.00	
A						
$A_{平均值}$						
$c_{样}$（μg/mL）						
c_{Fe}（mg/L）						

2．标准工作曲线的绘制

根据实验数据绘制标准工作曲线。

3．计算公式

$$c_{Fe^{2+}} = \frac{cV}{V_{样}} \tag{1—1—24}$$

式中　$c_{Fe^{2+}}$——样品中铁的质量浓度，mg/L；

c——从标准工作曲线中查得试样溶液的铁含量，μg/mL；

V——配制试样溶液的体积，mL；

$V_{样}$——吸取试样溶液的体积，mL。

五、注意事项

1．加入抗坏血酸后，将容量瓶平摇，使抗坏血酸将Fe^{3+}还原成Fe^{2+}的反应速度加快。

2．溶液定容后，放置15 min，否则显色不完全，溶液吸光度会发生变化。

3．由于选择了合适的试剂空白作参比，因此标准工作曲线一定过原点。

4．从标准工作曲线查得试样溶液铁含量时，画线时要平直且线条要细，以减小因绘图而引入的误差。

六、思考题

1．如何提高标准工作曲线的线性关系？

2．如何测定固体试样中铁的含量？

项目二　分光光度法测定钴和铬

能力目标

能用分光光度法测定有色混合物组分的含量。

知识目标

了解试样中含有两个或两个以上组分的测定原理；掌握吸收光谱不重叠、吸收光谱重叠时两组分含量的测定方法。

项目相关知识　多组分的定量分析方法

学习指南

学习多组分含量的测定原理和测定方法。

吸光度具有加和性，在同一试样中可以同时测定两个或两个以上的多组分。假设要测定试样中的两个组分 x、y，首先测定两种纯组分的吸收光谱，对比其最大吸收波长，并计算出对应的吸光系数，解联立方程求出多组分的含量。两个以上吸光组分的混合物，根据其吸收峰的互相干扰情况，分不重叠和重叠两种情况，如图 1—2—1 所示。

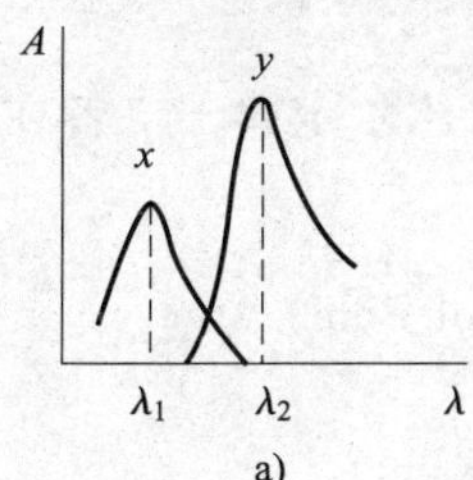

a)

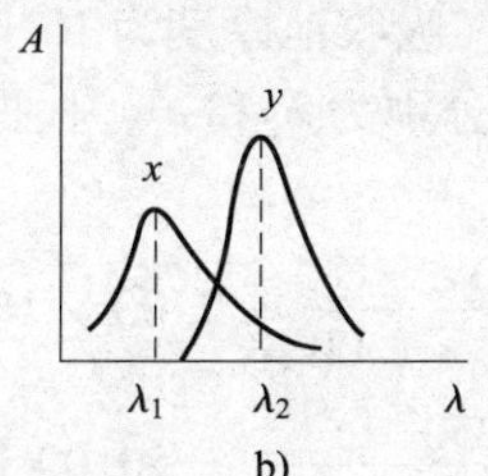

b)

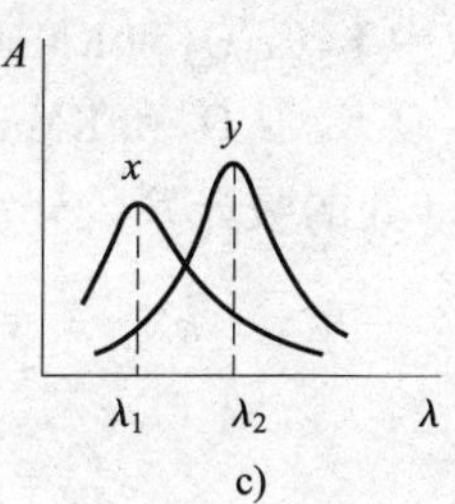

c)

图 1—2—1　多组分的吸收光谱

a）不重叠　b）部分重叠　c）相互重叠

一、吸收曲线不重叠

根据图 1—2—1a 的比较结果，表明两组分互不干扰，可以用测定单组分的方法分别在 λ_1、λ_2处测定 x、y 两组分。

二、吸收曲线重叠

1. 吸收光谱部分重叠

比较图 1—2—1b 中两种组分的吸收光谱，表明 x 组分对 y 组分的测定有干扰，而 y 组分对 x 组分的测定没有干扰。首先测定纯物质 x 和 y 分别在 λ_1、λ_2处的吸光系数 $\varepsilon^x_{\lambda_1}$ 和 $\varepsilon^y_{\lambda_1}$、$\varepsilon^x_{\lambda_2}$ 和 $\varepsilon^y_{\lambda_2}$，再单独测量混合组分溶液在 λ_1处的吸光度 $A^x_{\lambda_1}$，求得组分 x 的浓度 c_x。然后在 λ_2处测量混合溶液的吸光度 $A^{x+y}_{\lambda_2}$，根据吸光度的加和性，即得：

$$A^{x+y}_{\lambda_2} = A^x_{\lambda_2} + A^y_{\lambda_2} = \varepsilon^x_{\lambda_2} b c_x + \varepsilon^y_{\lambda_2} b c_y \qquad (1—2—1)$$

可求出组分 y 的浓度。

2. 吸收光谱相互重叠

从图 1—2—1c 中看出，两组分在 λ_1、λ_2处都有吸收，两组分彼此互相干扰。在这种情况下，需要首先测定纯物质 x 和 y 分别在 λ_1、λ_2 处的吸光系数 $\varepsilon_{\lambda_1}^{x}$ 和 $\varepsilon_{\lambda_1}^{y}$、$\varepsilon_{\lambda_2}^{x}$ 和 $\varepsilon_{\lambda_2}^{y}$，再分别测定混合组分溶液在 λ_1、λ_2 处溶液的吸光度 $A_{\lambda_1}^{x+y}$ 及 $A_{\lambda_2}^{x+y}$，然后列出联立方程：

$$\begin{aligned} A_{\lambda_1}^{x+y} &= \varepsilon_{\lambda_1}^{x} b c_x + \varepsilon_{\lambda_1}^{y} b c_y \\ A_{\lambda_2}^{x+y} &= \varepsilon_{\lambda_2}^{x} b c_x + \varepsilon_{\lambda_2}^{y} b c_y \end{aligned} \tag{1—2—2}$$

求得 c_x、c_y 分别为：

$$\begin{aligned} c_x &= \frac{\varepsilon_{\lambda_2}^{y} A_{\lambda_1}^{x+y} - \varepsilon_{\lambda_1}^{y} A_{\lambda_2}^{x+y}}{(\varepsilon_{\lambda_1}^{x}\varepsilon_{\lambda_2}^{y} - \varepsilon_{\lambda_2}^{x}\varepsilon_{\lambda_1}^{y})b} \\ c_y &= \frac{\varepsilon_{\lambda_2}^{x} A_{\lambda_1}^{x+y} - \varepsilon_{\lambda_1}^{x} A_{\lambda_2}^{x+y}}{(\varepsilon_{\lambda_1}^{y}\varepsilon_{\lambda_2}^{x} - \varepsilon_{\lambda_2}^{y}\varepsilon_{\lambda_1}^{x})b} \end{aligned} \tag{1—2—3}$$

如果有 n 个组分的光谱互相干扰，就必须在 n 个波长处分别测定吸光度的加和值，然后解 n 元一次方程以求出各组分的浓度。应该指出，这将是烦琐的数学处理过程，且 n 越多，结果的准确性越差。而用计算机处理测定结果将使运算变得简单。

例 1—2—1　1.00×10^{-3} mol/L 的 $K_2Cr_2O_7$ 溶液及 1.00×10^{-4} mol/L 的 $KMnO_4$ 溶液在 450 nm 波长处的吸光度分别为 0.200 及 0，而在 530 nm 波长处的吸收分别为 0.050 及 0.420。今测得两者混合溶液 450 nm 和 530 nm 波长处的吸光度为 0.380 和 0.710。试计算该混合溶液中 $K_2Cr_2O_7$ 和 $KMnO_4$ 的浓度（吸收池厚度为 10.0 mm）。

解： 设 $K_2Cr_2O_7$ 和 $KMnO_4$ 的浓度分别为 c_x 和 c_y，根据郎伯－比尔定律，二者在 450 nm 和 530 nm 处的吸光系数分别为：

$$\varepsilon_{450}^{x} = \frac{0.200}{1.00\times10^{-3}\times1.00} = 2.00\times10^{2}\ \text{L/(mol·cm)}$$

$$\varepsilon_{530}^{x} = \frac{0.050}{1.00\times10^{-3}\times1.00} = 50.00\ \text{L/(mol·cm)}$$

$$\varepsilon_{450}^{y} = 0$$

$$\varepsilon_{530}^{y} = \frac{0.420}{1.00\times10^{-4}\times1.00} = 4.20\times10^{3}\ \text{L/(mol·cm)}$$

$$c_x = \frac{0.380}{2.00\times10^{2}\times1.00} = 1.90\times10^{-3}\ \text{mol/L}$$

$$c_y = \frac{50.00\times0.380 - 2.00\times10^{2}\times0.710}{(0 - 4.20\times10^{3}\times2.00\times10^{2})\times1.00} = 1.46\times10^{-4}\ \text{mol/L}$$

项目实施　分光光度法测定钴和铬

实施指南

熟练使用分光光度计；掌握混合物摩尔吸光系数的求法；掌握 Cr 和 Co 含量的计算方法。

先配制 Cr 和 Co 的系列标准溶液，然后分别在 λ_1 和 λ_2 处测量 Cr 和 Co 的系列标准溶液的吸光度，并绘制工作曲线，所得 4 条工作曲线的斜率即为 Cr 和 Co 在 λ_1 和 λ_2 处的摩尔吸光系数，解联立方程式即可求出 Cr 和 Co 的浓度。

一、测定仪器

可见分光光度计（或紫外－可见分光光度计）一台；50 mL 容量瓶 9 个；10 mL 吸量管 2 支。

二、测定试剂

Co（NO_3）$_2$溶液（0.700 mol/L）；Cr（NO_3）$_3$溶液（0.200 mol/L）。

三、测定步骤

1. 准备工作

（1）清洗容量瓶，吸量管及需用的玻璃器皿。

（2）配制 0.700 mol/L Co（NO_3）$_2$溶液和 0.200 mol/L Cr（NO_3）$_3$溶液。

（3）按仪器使用说明书检查仪器。开机预热 20 min，并调试至工作状态。

（4）检查仪器波长的正确性和吸收池的配套性。

2. 系列标准溶液的配制

取四个洁净的 50 mL 容量瓶分别加入 2.50 mL、5.00 mL、7.50 mL、10.00 mL 0.700 mol/L 的 Co（NO_3）$_2$溶液，另取四个洁净的 50 mL 容量瓶，分别加入 2.50 mL、5.00 mL、7.50 mL、10.00 mL 0.200 mol/L 的 Cr（NO_3）$_3$溶液，分别用蒸馏水将各容量瓶中的溶液稀释至标线，摇匀。

3. 绘制 Co（NO_3）$_2$和 Cr（NO_3）$_3$溶液的吸收光谱曲线，并确定入射光波长 λ_1 和 λ_2

取配制的 Co（NO_3）$_2$和 Cr（NO_3）$_3$系列标准溶液中各一份，以蒸馏水为参比，在 420～700 nm，每隔 20 nm 测一次吸光度（在峰值附近间隔小些），分别绘制 Co（NO_3）$_2$和 Cr（NO_3）$_3$系列标准溶液的吸收曲线，并确定 λ_1 和 λ_2。

4. 工作曲线的绘制

以蒸馏水为参比在 λ_1 和 λ_2 处分别测定步骤 2 配制的 Co（NO_3）$_2$和 Cr（NO_3）$_3$系列标准溶液的吸收，并记录各溶液不同波长下的各相应吸光度。

表 1—2—1　　测定结果

编号	1	2	3	4
Co（NO_3）溶液体积 V　mL	2.50	5.00	7.50	10.00
Cr（NO_3）$_3$溶液体积 V　mL	2.50	5.00	7.50	10.00
A_{Co,λ_1}				
A_{Cr,λ_1}				
A_{Co,λ_2}				
A_{Cr,λ_2}				

5. 未知试液的测定

取一个洁净的 50 mL 容量瓶，加入 5.00 mL 未知试液，用蒸馏水稀释至标线，摇匀。在波长 λ_1 和 λ_2 处测量试液的吸光度 A_{Cr+Co,λ_1} 和 A_{Cr+Co,λ_2}。

6. 结束工作

测量完毕，关闭仪器电源，取出吸收池，清洗晾干后放入盒内保存，清理工作台，罩上仪器防尘罩，填写仪器使用记录。清洗容量瓶及其他玻璃器皿并放回原处。

四、测定记录与结果

1. 绘制 $Co(NO_3)_2$和 $Cr(NO_3)_3$的吸收曲线，并确定 λ_1和 λ_2。

2. 分别绘制 $Co(NO_3)_2$和 $Cr(NO_3)_3$在 λ_1和 λ_2下的四条工作曲线，并求出 $\varepsilon_{Co,\lambda_1}$、$\varepsilon_{Co,\lambda_2}$、$\varepsilon_{Cr,\lambda_1}$、$\varepsilon_{Cr,\lambda_2}$。

3. 由测得的未知试液 A_{Cr+Co,λ_1}和 A_{Cr+Co,λ_2}利用式（1—2—3）计算未知试样中$Co(NO_3)_2$和 $Cr(NO_3)_3$的浓度。

五、注意事项

作吸收曲线时，每改变一次波长，都必须重调参比溶液 $T\% = 100$，$A = 0$。

六、思考题

1. 同时测定两组分混合液时，应如何选择入射光波长？

2. 如何测定三组分混合液？

项目三　紫外吸收光谱图的绘制与应用

能力目标

会绘制紫外吸收光谱曲线；能利用吸收光谱曲线进行化合物鉴定和纯度检查。

知识目标

了解物质吸收光谱曲线的绘制方法；掌握紫外－可见分光光度法的定性分析方法。

项目相关知识　物质的吸收光谱曲线

学习指南

了解分子吸收光谱产生的原理；了解物质吸收光谱曲线；掌握定性鉴定、纯度检验和化合物结构分析方法。

一、物质吸收光谱曲线的绘制方法

1. 分子吸收光谱产生的原理

光的吸收是物质与光相互作用的一种形式，物质分子对光的吸收必须符合普朗克条件：只有当入射光能量与吸光物质分子两个能级间的能量差 ΔE 相等时，才会被吸收，即

$$\Delta E = E_2 - E_1 = hv = h\frac{c}{\lambda} \quad (1—3—1)$$

分子对光的吸收比较复杂，这是由分子结构的复杂性所引起的。紫外－可见吸收光谱主要由分子的价电子在电子能级间的跃迁而产生，是物质的电子光谱。通过测定分子对紫外－可见光的吸收，可以鉴定和定量测定大量的无机化合物和有机化合物。

2. 物质吸收光谱曲线

保持待测物质溶液浓度和吸收池厚度不变，测定不同波长下待测物质溶液的吸光度 A（或透射比 T），以波长 λ 为横坐标，吸光度 A（透射比 T）为纵坐标，绘制得到的曲线称为吸收光谱曲线，又称为吸收曲线。它能清楚地描述物质对一定波长范围光的吸收情况。

图 1—3—1 所示，为质量浓度分别为1.25 μg/mL、2.50 μg/mL、5.00 μg/mL、10.00 μg/mL 和20.00 μg/mL $KMnO_4$溶液的吸收光谱曲线。

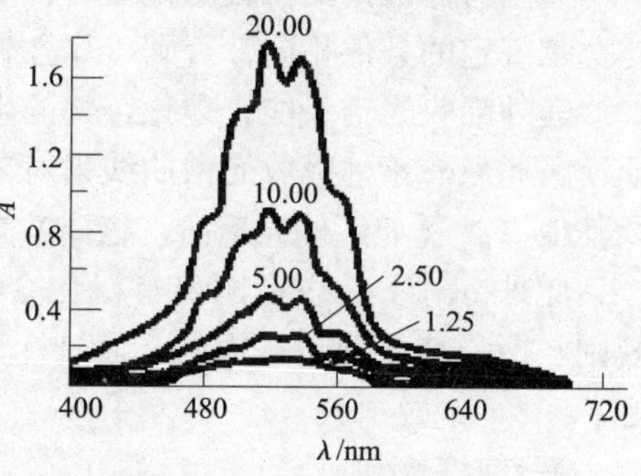

图 1—3—1 $KMnO_4$溶液的吸收光谱图

从图 1—3—1 可以看出，$KMnO_4$ 溶液对波长 525 nm附近的绿色光具有最大吸收，而对紫色光和红色光的吸收很弱，所以 $KMnO_4$ 溶液呈紫红色。吸光度 A 最大处的波长称为最大吸收波长，用符号 λ_{max} 表示。$KMnO_4$溶液的 $\lambda_{max} = 525$ nm，在 λ_{max} 处测得的摩尔吸光系数为 ε_{max}，ε_{max} 可以更直观地反映用分光光度法测定该吸光物质的灵敏度。对同一物质，浓度不同时，同一波长下的吸光度 A 不同，但其最大吸收波长的位置和吸收光谱的形状相似。对于不同物质，由于它们对不同波长光的吸收具有选择性，因此，它们的 λ_{max} 的位置和吸收光谱的形状互不相同，可以据此对物质进行定性分析。对于同一物质，在一定的波长下，随着浓度的增加，吸光度 A 也相应增大；而且由于在 λ_{max} 处吸光度 A 最大，在此波长下 A 随浓度的增大最为明显，可以据此对物质进行定量分析。

二、定性分析方法

紫外－可见分光光度法可用于有机化合物的定性鉴定、结构分析和纯度检验，而无机化合物的定性分析主要用发射光谱法。因紫外－可见光区的吸收光谱比较简单，特征性不强，大多数简单官能团只有微弱吸收或者无吸收，使其应用受到一定的局限。常用于鉴定共轭生色团，来推断未知物的结构骨架，作为配合红外光谱、核磁共振谱等进行定性鉴定及结构分析的辅助方法。

1. 定性鉴定

不同的有机化合物的紫外吸收光谱的形状、吸收峰的数目、位置和摩尔吸光系数表现出不同的特征，是进行定性鉴定的依据，其中最大吸收波长 λ_{max} 及相应的 ε_{max} 是定性鉴定的主要参数。

在相同的测定条件下，测定未知物与已知标准物的吸收光谱曲线，并进行图谱对比，如果二者完全等同（包括曲线形状、λ_{max}、λ_{min}、吸收峰数目、拐点及 ε_{max} 等），则认为未知物与已知标准物有相同的生色团。如果没有标准物也可以借助于前人汇编的以实验结果为基础的各种有机化合物的紫外与可见光谱标准谱图或有关电子光谱数据表进行比较。常用的标准图谱及电子光谱数据表如下。

[1] Sadtler. Standard - Spectra (Ultraviolet), London: Heyden, 1978。萨特勒标准图谱共收集了46 000种化合物的紫外光谱。

[2] Friedel - R - AOrchin - M. Ultraviolet - Spectra - of - Aromaric - Compounds. New - York: Wiley, 1951。本书收集了579种芳香化合物的紫外光谱。

[3] Kenzo - Hiryama. Handbook - of - Ultraviolet - and - Visible - Absorption - Spectra - of - Qrganic - Compounds. New - York: Plenum, 1967。

[4] Organic - Electronic - Spectral - Data。这是一套由许多作者共同编写的大型手册性丛书。所收集的文献资料自1946年开始，目前还在继续编写。

使用与标准谱图比较的方法时，要求仪器准确度、精密度要高，操作时测定条件要完全与文献规定的条件相同，否则可靠性较差。

紫外吸收光谱只能表现化合物的生色团、助色团和分子母核，而不能表达整个分子的特征，因此只靠紫外吸收光谱曲线来对未知物进行定性是不可靠的，还要参照一些经验规则以及其他方法（如红外光谱法、核磁共振波谱、质谱，以及化合物某些物理常数等）来确定。

此外，对于一些不饱和有机化合物也可采用一些经验规则，如伍德沃德（Woodward）规则、斯科特（Scott）规则，通过计算其最大吸收波长与实测值比较后，进行初步定性鉴定。

2. 纯度检验

紫外吸收光谱能检查化合物中是否含有紫外吸收的杂质，如果化合物在紫外光区没有明显的吸收峰，而它所含的杂质在紫外光区有较强的吸收峰，就可以检测出该化合物所含的杂质。例如要检查乙醇中的杂质苯，由于苯在256 nm处有吸收，而乙醇在此波长下无吸收，则可利用此特征检定乙醇中的杂质苯。此外，还可以用吸光系数来检查物质的纯度。一般认为，当试样测出的摩尔吸光系数比标准样品测出的摩尔吸光系数小时，其纯度不如标样。相差越大，试样纯度越低。例如菲的氯仿溶液，在296 nm处有强吸收（$\lg\varepsilon = 4.10$），用某方法精制的菲测得ε值比标准菲低10%，说明实际含量只有90%，其余很可能是蒽醌等杂质。

3. 化合物结构分析

紫外吸收光谱的化合物结构分析主要是推测官能团、结构中的共轭关系和共轭体系中取代基的位置、种类和数目。

例如官能团的鉴定，先将样品尽可能提纯，然后绘制紫外吸收光谱曲线，由所测出的光谱特征，根据一般规律对化合物作初步判断。

如果试样在200 ~ 280 nm无吸收（$\varepsilon < 1$），可推断不含苯环、共轭双键、醛基、酮基、硝基、溴或碘；如果在210 ~ 250 nm有强吸收带，表明含有共轭双键；如果ε值为1×10^4 ~ 2×10^4 L/（mol · cm）之间，说明为二烯或不饱和酮；如果在260 ~ 350 nm有强吸收带，可能有3 ~ 5个共轭π键；如果在250 ~ 300 nm有弱吸收带，$\varepsilon = 10$ ~ 100 L/（mol · cm），则含有羰基；在此区域内若有中强吸收带，表示具有苯的特征，可能有苯环；如果化合物有许多吸收峰，甚至延伸到可见光区，则可能为一长链共轭化合物或多环芳烃。这样就能缩小该化合物的归属范围，然后再作进一步确认或用其他方法配合得出可靠结论。

再如顺反异构体的确定，顺反异构体的波长吸收强度不同，由于反式构型没有立体障碍，偶极矩大，而顺式构型有立体障碍，因此反式的吸收波长和强度都比顺式的大。判别互变异构体，常见的异构体有酮 - 烯醇式、醇醛的环式 - 链式、酰胺的内酰胺 - 内酰亚胺式等。例如乙酰乙酸乙酯具有酮－烯醇式互变异构体，在极性溶剂中，酮式易与极性溶剂形成氢键，在272 nm（$\varepsilon=16$）有R吸收带。在非极性溶剂中，烯醇式易形成分子内氢键，除了在300 nm有一个弱R吸收带还在243 nm有一个强E吸收带。

项目实施　紫外吸收光谱图的绘制和应用

实施指南

掌握紫外吸收光谱的绘制方法，会利用吸收光谱对有机化合物进行鉴定和杂质检查。

利用紫外吸收光谱定性的方法，是将未知试样和标准样在相同的溶剂中配制成相同浓度，在相同条件下，分别绘制它们的紫外吸收光谱曲线，比较两者是否一致。或者将试样的吸收光谱与标准谱图（如Sadtler紫外光谱图）对比，若两光谱图λ_{max}和ε_{max}相同，表明是同种物质。

在没有紫外吸收峰的物质中检查有高吸光系数的杂质，也是紫外吸收光谱的重要用途之一。例如，检定乙醇是否存在苯杂质，只需要测定乙醇试样在256 nm处有没有苯吸收峰即可，因为乙醇在此波长无吸收。

一、测定仪器

紫外－可见分光光度计；1 cm石英吸收池；100 mL容量瓶若干。

二、测定试剂

无水乙醇；未知芳香族化合物；乙醇试样（内含微量杂质苯）。

三、测定步骤

1. 准备工作

（1）按仪器说明书检查仪器，开机预热20 min。

（2）检查仪器波长的正确性和1 cm石英吸收池的成套性。

2. 未知芳香族化合物的鉴定

（1）配制未知芳香族化合物水溶液

称取未知芳香族化合物0.100 0 g，用去离子水溶解后，转移入100 mL容量瓶，稀释至标线，摇匀。从中移取10.00 mL于1 000 mL容量瓶中，稀释至标线，摇匀（试样浓度应通过实验来调整）。

（2）鉴定

用1 cm石英吸收池，以去离子水作参比溶液，在200～360 nm范围测绘吸收光谱曲线。

3. 乙醇中杂质苯的检查

用1 cm石英吸收池，以纯乙醇作参比溶液，在220～280 nm波长范围内测定乙醇试样的吸收曲线。

四、测定记录与结果

1. 绘制并记录未知芳香化合物的吸收光谱曲线和实验条件；确定峰值波长，计算峰值波长处A值（指吸光物质的质量浓度为10 g/L的溶液，在1 cm厚的吸收池中测得的吸光度）和摩尔吸光系数，与标准谱图比较，确定化合物名称。

2. 绘制乙醇试样的吸收光谱曲线，记录实验条件，根据吸收光谱曲线确定是否有苯吸收峰，峰值波长是多少。

五、注意事项

1. 实验中所用的试剂应经提纯处理。

2. 石英吸收池每换一种溶液或溶剂都必须清洗干净，并用被测溶液或参比液荡洗三次。

六、思考题

1. 试样溶液浓度大小对测量有何影响？实验中应如何调整？

2. 如果试样是非水溶性的，应如何进行鉴定，请设计出简要的实验方法。

项目四　紫外分光光度法测定硝酸盐氮含量

能力目标

能利用紫外分光光度法测定硝酸盐氮含量，会运用各种定量方法。

知识目标

了解用双波长法测定物质含量的原理和测定方法；掌握无硝酸盐纯水的制备方法。

项目相关知识　紫外分光光度法

学习指南

学习紫外分光光度法的相关知识；了解饱和烃、不饱和烃、芳香烃、醛、酮、羧酸、酯等类型的紫外吸收光谱；掌握影响紫外－可见吸收光谱的因素。

一、紫外分光光度法的相关知识

1. 紫外吸收光谱的产生

紫外－可见吸收光谱是由于构成分子的原子的外层价电子跃迁所产生的，电子跃迁与分子的组成、结构以及溶剂等因素有关。通常电子能级间隔为1～20 eV，每一个电子能级之间的跃迁，都伴随分子的振动能级和转动能级的变化，因此，电子跃迁的吸收线就变成了内含有分子振动和转动精细结构的较宽的谱带。

由于物质对可见－紫外光的吸收一般都涉及价电子的激发，因此，可以将吸收峰的波长与所研究物质中存在的键型建立相关关系，从而达到鉴定分子中官能团的目的。

2. 电子跃迁类型

原子轨道形成分子轨道时能量较低的轨道为成键轨道（如σ成键轨道、π成键轨道），能量较高的轨道为反键轨道（如σ^*反键轨道、π^*反键轨道），如果原子轨道没有成键，称为非键轨道（如非键 n 轨道）。基态有机化合物的价电子包括成键 σ 电子、成键 π 电子和非键电子（以 n 表示）。分子的空轨道包括反键 σ^* 轨道和反键 π^* 轨道，因此，可能产生的跃迁有 $\sigma\rightarrow\sigma^*$、$\pi\rightarrow\pi^*$、$n\rightarrow\sigma^*$、$n\rightarrow\pi^*$ 等，如图 1—4—1 所示。跃迁所需能量的大小顺序为：

$$\Delta E_{\sigma\rightarrow\sigma^*} > \Delta E_{n\rightarrow\sigma^*} > \Delta E_{\pi\rightarrow\pi^*} > \Delta E_{n\rightarrow\pi^*}$$

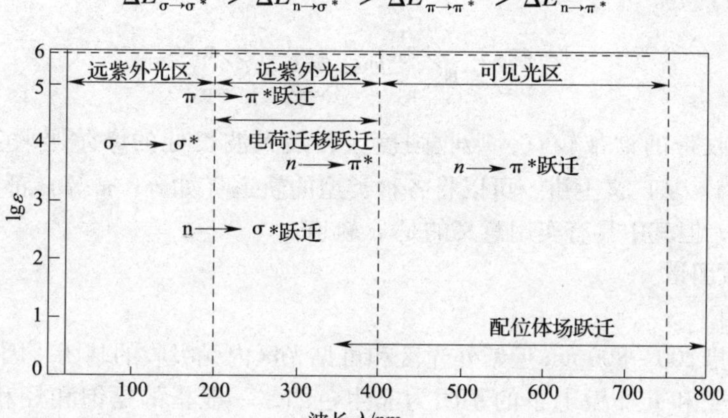

图 1—4—1 电子能级及电子跃迁产生的吸收带

（1）$\sigma\rightarrow\sigma^*$ 跃迁

分子成键 σ 轨道中的电子被激发到相应的反键轨道，这是所有有机化合物都可以发生的跃迁类型。实现 $\sigma\rightarrow\sigma^*$ 跃迁需要的能量较高，因而所吸收的辐射的波长最短，一般发生在真空紫外光区，饱和烃中的—C—C—键属于这类跃迁。例如甲烷的 λ_{max} 为 125 nm，乙烷的 λ_{max} 为 135 nm。

（2）$n\rightarrow\sigma^*$ 跃迁

非键的 n 电子从非键轨道向 σ^* 反键轨道的跃迁。它发生在含有未共用电子对（非键电子）原子的饱和有机化合物中。含有杂原子（如 N、O、S、P 和卤素原子）的有机化合物都会发生这类跃迁。$n\rightarrow\sigma^*$ 跃迁所要的能量比 $\sigma\rightarrow\sigma^*$ 跃迁小，所以吸收的波长会长一些，可由 150 ~ 250 nm 区域内的辐射引起。而大多数吸收峰则出现在低于 200 nm 处。

（3）$\pi\rightarrow\pi^*$ 跃迁

π 电子从 π 成键轨道向 π^* 反键轨道的跃迁。它发生在有不饱和键的有机化合物中，需要的能量低于 $\sigma\rightarrow\sigma^*$、$n\rightarrow\sigma^*$ 的跃迁，所以吸收辐射的波长比较大，吸收峰一般处于近紫外光区，在 200 nm 左右。其特征是摩尔吸收系数较大，10^3 ~ 10^4L/（mol · cm）为强吸收带。

（4）$n\rightarrow\pi^*$ 跃迁

n 电子从非键轨道向 π^* 反键轨道的跃迁。含有不饱和杂原子基团如—C ═O、—NO_2 的有机物分子中既有 π 电子，又有 n 电子，可以发生这类跃迁。$n\rightarrow\pi^*$ 跃迁所需的能量最低，因此吸收辐射的波长最长，它发生在近紫外光区和可见光区。它是简单的生色团，如羰基，硝基等中的孤对电子向反键轨道的跃迁。$n\rightarrow\pi^*$ 跃迁的谱带强度弱，摩尔吸收系数小，通常小于 10^2 L/（mol · cm），摩尔吸光系数的显著差别，是区别 $\pi\rightarrow\pi^*$ 跃迁和 $n\rightarrow\pi^*$ 跃迁的方法之一。

（5）电荷迁移跃迁

用电磁辐射照射化合物时，电子从给予体向与接受体相联系的轨道上跃迁，称为电荷迁移跃迁。电荷迁移跃迁实质是一个内氧化还原过程，电子给予体是一个还原基团，电子接受体是一个氧化基团，激发态是氧化－还原的产物，是一种双极分子，而相应的吸收光谱称为电荷迁移吸收光谱。例如，某些取代芳烃可产生这种分子内电荷迁移跃迁吸收带，如：

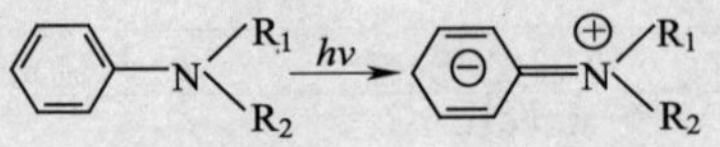

电荷迁移吸收带的谱带较宽，吸收强度大，最大波长处的摩尔吸收系数 ε_{max} 可大于 10^4 L/（mol · cm）。从广义上讲，可以将各种类型的轨道（如σ、π等）都看做是一个电子给予体或接受体，但其中具有实用意义的是π轨道。

2. 紫外吸收图谱

（1）非生色团

非生色团是指200～800 nm近紫外光区和可见光区内无吸收的基团，因此只具有σ键电子或具有σ键电子和n非键电子的基团为非生色团，一般指的是饱和烃和大部分含有O、N、S、X等杂原子的饱和烃衍生物。非生色团对应的跃迁类型为 $\sigma\to\sigma^*$、$n\to\sigma^*$ 跃迁，吸收光的波长大部分都出现在远紫外光区。

（2）生色团

有机化合物的颜色与化合物存在的某种基团有关，生色团就是能在一分子中导致在200～1 000 nm的光谱区内产生特征吸收带的具有不饱和键和未共享电子对的基团。通常把含有π键的结构单元称为生色团。如乙烯基（ >C═C< ）、乙炔基（—C≡C—）、羰基（ >C═O ）、亚硝基（—N═O）、偶氮基（—N═N—）、腈基（—C≡N）等。这类基团可引起 $\pi\to\pi^*$ 或 $n\to\pi^*$ 跃迁，某些常见生色团的紫外吸收谱带见表1—4—1。

表1—4—1　　某些常见生色团的紫外吸收谱带

生色团	实例	溶剂	λ_{max}	ε	跃迁类型
烯	$C_6H_{13}CH═CH_2$	正庚烷	177	13 000	$\pi\to\pi^*$
炔	$C_5H_{13}C═CH—CH_3$	正庚烷	178 196 225	10 000 2 000 160	$\pi\to\pi^*$ — —
羧基	CH_3COOH	乙醇	204	41	$n\to\pi^*$
酰胺基	CH_3CONH_2	水	214	60	$n\to\pi^*$
羰基	CH_3COCH_3	正己烷	186 280	1 000 16	$n\to\delta^*$ $n\to\pi^*$
	CH_3COH	正己烷	180 293	大 12	$n\to\delta^*$ $n\to\pi^*$
偶氮基	$CH_3N═NCH_3$	乙醇	339	5	$n\to\pi^*$
硝基	CH_3NO_2	异辛烷	280	22	$n\to\pi^*$

（3）助色团

通常把含有未共用电子对的杂原子基团称为助色团，如—NH_2、—OH、—NR_2、—OR、—SH、—SR、—Cl、—Br 等。它们本身没有生色功能，不能吸收 $\lambda>200$ nm 的光，但当它们与生色团相连时，基团中的 n 电子能与生色团中的 π 电子发生 n→π 共轭作用，使 $\pi\rightarrow\pi^*$ 跃迁能量降低，跃迁几率变大，从而增强生色团的生色能力，使吸收波长向长波方向移动，且吸收强度增加。助色团可分为吸电子助色团和给电子助色团。吸电子助色团是一类极性基团，给电子助色团是指带有未成键 n 电子的杂原子的基团。某些常见助色团的紫外吸收谱带见表 1—4—2。

表 1—4—2　　某些常见助色团的紫外吸收谱带

助色团	实例	溶剂	λ_{max}/nm	ε_{max}/ L/mol · cm
—	CH_4	气态	<150	—
—OH	CH_3OH	正己烷	177	200
—SH	CH_3S	乙醇	195	1 400
—Cl	CH_3Cl	正己烷	173	200
—Br	CH_3Br	正己烷	204	300
—I	CH_3I	正己烷	259	400

（4）蓝移、红移

通常因取代基的变更或溶剂的改变，会使紫外吸收图谱吸收带的最大吸收波长 λ_{max} 发生移动。使化合物的吸收峰向长波长方向移动的现象称为红移，如不饱和键之间的共轭效应、引入助色团或改变溶剂的极性等。使化合物的吸收峰向短波长方向移动的现象称为蓝移（或紫移），如改变溶剂的极性会引起蓝移现象。

（5）增色效应、减色效应

由于有机化合物的结构变化使吸收峰的摩尔吸光系数增加（减少）的现象称为增色效应（减色效应）。

（6）吸收带

1）R 带　R 吸收带是由 n→π 共轭基团 $n\rightarrow\pi^*$ 跃迁产生的。特点是强度弱（$\varepsilon<100$），吸收波长较长（>270 nm）。例如 CH_2═CH—CHO 的 $\lambda_{max}=315$ nm（$\varepsilon=14$）的吸收带为 $n\rightarrow\pi^*$ 跃迁产生，属 R 吸收带。R 吸收带随溶剂极性增加而蓝移，但当附近有强吸收带时则产生红移，有时被掩盖（不红移）。

2）K 带　K 吸收带是由共轭 π 键 $\pi\rightarrow\pi^*$ 跃迁产生的。其特点是强度高（$\varepsilon>10^4$），吸收波长比 R 吸收带短（217～280 nm），并且随共轭双键数的增加产生红移和增色效应。共轭烯烃和取代的芳香化合物可以产生这类谱带。例如：CH_2═CH—CH ═CH_2，$\lambda_{max}=217$ nm（$\varepsilon=10\ 000$），属 K 吸收带。

3）B 带　B 吸收带是由苯环共轭 π 键 $\pi\rightarrow\pi^*$ 跃迁产生的芳香族化合物的特征吸收带。其特点是在 230～270 nm（$\varepsilon=200$）谱带上出现苯的精细结构吸收峰，可用于辨识芳香族化合物。当在极性溶剂中测定时，B 吸收带会出现一宽峰，产生红移，当苯环上氢被取代后，苯的精细结构也会消失，并发生红移和增色效应。

4）E 带　E 吸收带属于苯环共轭 π 键 $\pi \to \pi^*$ 跃迁，也是芳香族化合物的特征吸收带。苯的 E 带分为 E_1 带和 E_2 带。E_1 带 λ_{max} = 184 nm（ε = 60 000），E_2 带 λ_{max} = 204 nm（ε = 7 900）。当苯环上的氢被助色团取代时，E_2带红移，一般在 210 nm 左右；当苯环上氢被生色团取代，并与苯环共轭时，E_2带和 K 带合并，吸收峰红移。例如乙酰苯可产生 K 吸收带（$\pi \to \pi^*$），其 λ_{max} = 240 nm。此时 B 吸收带（$\pi \to \pi^*$）也发生红移（λ_{max} = 278 nm）。它的 K 吸收带与苯的 E 带相比显著红移，这是由于苯乙酮中羰基与苯环形成了共轭体系。

3. 紫外吸收光谱类型

（1）饱和烃

饱和烃中只有 σ 电子，因此只能产生 $\sigma \to \sigma^*$ 跃迁，饱和烃的最大吸收峰一般小于 150 nm，已超出紫外 - 可见分光光度计的测量范围。饱和烃的取代衍生物，如卤代烃、醇、胺等，它们的杂原子上存在 n 电子，可产生 $n \to \sigma^*$ 的跃迁，吸收波长变大，如 CH_4 的 λ_{max} 为 125 nm，而 CH_3Cl 的 λ_{max}为 173 nm。此类跃迁所需的能量主要取决于原子键的种类，而与分子结构的关系较少。摩尔吸收系数通常为 100 ~ 300 L/（mol · cm）。λ_{max}随杂原子的电负性不同而不同，一般电负性越大，n 电子被束缚得越紧，跃迁所需的能量越大，吸收的波长越短，如 CH_3I、CH_3Br、CH_3Cl 的 λ_{max}分别为 259 nm、204 nm、173 nm。

直接用烷烃及其取代衍生物的紫外吸收光谱来分析这些化合物的实用价值并不大。但由于在 200 nm 以上区域没有吸收，它们是测定紫外 - 可见光谱时的良好溶剂。

（2）不饱和烃

不饱和烃不仅含有 σ 电子，还有 π 电子，它们可以产生 $\sigma \to \sigma^*$ 和 $\pi \to \pi^*$ 两种跃迁。其中 $\pi \to \pi^*$ 跃迁对应的吸收光波长比较大，一般在近紫外光区，且摩尔吸光系数较大，在分析上有实用价值。$\pi \to \pi^*$ 跃迁所需能量小于 $\sigma \to \sigma^*$ 跃迁。例如，在乙烯分子中，$\pi \to \pi^*$ 跃迁最大吸收波长 λ_{max}为 180 nm。

在不饱和烃中，如果存在着共轭体系，由于共轭效应而产生红移现象，共轭体系越大，吸收波长越长，当分子中只有五个及以上的共轭双键时，吸收波长可达到可见光区。

（3）芳香烃

苯有三个吸收带，它们是由苯环结构中三个共轭 π 键 $\pi \to \pi^*$ 跃迁引起的。E_1 带出现在 180 nm（ε_{max} = 60 000）；E_2带出现在 204 nm（ε_{max} = 8 000）；B 带出现在 255nm（ε_{max} = 200），在气态或非极性溶剂中，苯及其许多同系物的 B 谱带有许多的精细结构，如图 1—4—2 所示。这是由振动跃迁在基态电子跃迁上的叠加引起的，在极性溶剂中，这些精细结构会消失。

当苯环上引入取代基时，苯的三个特征谱带都会发生显著的变化，其中受影响较大的是 E_2带和 B 带。当苯环上引入—NH_2、—OH、—CHO、—NO_2等基团时，苯的 B 带显著红移，并且吸收强度增大。此外，由于这些基团上有 n 电子，故可能产生 $n \to \pi^*$ 吸收带。例如，硝基苯、苯甲醛的 $n \to \pi^*$ 吸收带分别位于 330 nm 和 328 nm。

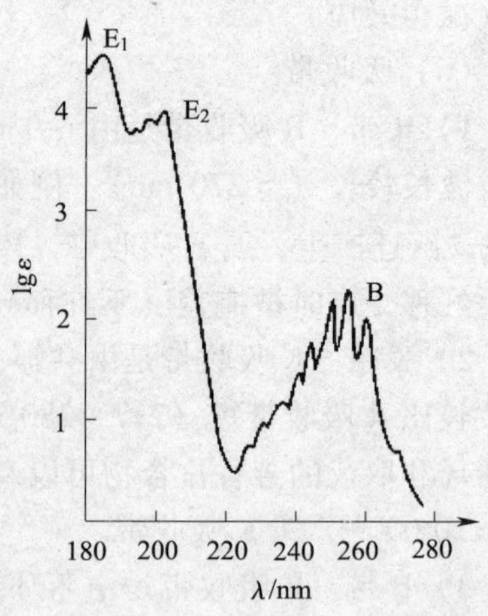

图 1—4—2　苯的紫外吸收光谱

稠环烃，如萘、蒽、并四苯、菲、芘等，均显示苯的三个吸收带。但是与苯本身相比较，这三个吸收带均发生红移，且强度增加。随着苯环数目增多，吸收波长红移越多，吸收强度也相应增加。

（4）醛、酮

醛、酮是羰基化合物，含有 σ 电子、π 电子和 n 电子，$\rangle$C═O 基团主要可以产生 n→σ*、n→π* 和 π→π* 跃迁，产生三个吸收带，其中 n→π* 吸收带又称 R 带，醛、酮的 n→π* 吸收带出现在 270～300 nm 附近，它的强度低（ε_{max}为 10～20），并且谱带略宽，吸收波长进入了近紫外光区或紫外可见光区。醛、酮、羧酸及羧酸的衍生物，如酯、酰胺、酰卤等，都含有羰基。由于醛和酮这两类物质与羧酸及其衍生物在结构上的差异，因此它们 n→π* 吸收带的光区稍有不同。

当醛、酮的羰基与双键共轭时，形成 α，β－不饱和醛酮类化合物。由于羰基与乙烯基共轭，即产生 π→π* 共轭作用，使 π→π* 和 n→π* 吸收带分别移至 220～260 nm 和 310～330 nm，前一吸收带强度高（$\varepsilon_{max} < 10^4$），后一吸收带强度低（$\varepsilon_{max} < 10^2$）。这一特征可以用来识别 α，β－不饱和醛酮。

（5）羧酸、酯

羧酸及其衍生物虽然也有 n→π* 吸收带，但是，羧酸及其衍生物的羰基上的碳原子直接连接含有未共用电子对的助色团，如—OH，—Cl，—OR，—NH_2等。由于这些助色团上的 n 电子与羰基双键的 π 电子产生 n→π* 共轭，导致 π* 轨道的能级有所提高，但这种共轭作用不能改变 n 轨道的能级。因此实现 n→π* 跃迁所需能量变大，使 n→π* 吸收带蓝移至 210 nm 左右。

4. 影响紫外－可见吸收光谱的因素

（1）共轭效应

如果一个化合物的分子含两个或两个以上不饱和键，非共轭时，各个生色团独立吸收光，对应吸收带的波长及吸收强度相互影响不大；共轭时，由于共轭后 π 电子的运动范围增大，引起 π* 轨道的能量降低，π→π* 跃迁的能级差 ΔE 减小，吸收光谱产生红移，同时摩尔吸光系数增大，这一现象称为生色团的共轭效应。共轭不饱和键数目越多，红移现象越显著。

（2）溶剂效应

物质的紫外可见光谱由于使用的溶剂不同，同一种物质得到的光谱可能不一样，即溶剂的极性不同引起某些化合物的吸收峰的波长、强度及形状产生变化，这种现象称为溶剂效应。例如异丙叉丙酮［$H_3C(CH_3)$—C ═CHCO—CH_3］分子中有 π→π* 和 n→π* 跃迁，当用非极性溶剂正己烷时，π→π* 跃迁的 λ_{max} = 230 nm，而用水作溶剂时，λ_{max} = 243 nm，可见在极性溶剂中 π→π* 跃迁产生了吸收带红移。而 n→π* 跃迁产生的吸收峰却恰恰相反，以正己烷作溶剂时，λ_{max} = 329 nm，而用水作溶剂时，λ_{max} = 305 nm，吸收峰产生蓝移。

当溶剂极性增大时，溶剂与溶质的相互作用增强，使溶质分子中 n 轨道、π 轨道和 π* 轨道的能量降低，其中，n 轨道能量降低最显著，π 轨道能量降低幅度最小，如图 1—4—3 所示。造成 π 与 π* 轨道的能量差 $\Delta E_{\pi\to\pi^*}$ 变小，n 与 π* 轨道的能量差 $\Delta E_{n\to\pi^*}$ 变大，因此，由 π→π* 跃迁产生的吸收带发生红移，n→π* 跃迁产生的吸收带发生紫移。在测定物质的紫外可见吸收光谱时，应注明所用的溶剂。

（3）溶液 pH 值

改变溶液的 pH 值，化合物的紫外吸收光谱会发生变化。因为很多化合物都具有酸性或碱性可解离的基团，在不同 pH 值的溶液中，分子或离子的解离形式可能发生变化，其吸收光谱的形状、λ_{max} 和吸收强度可能不一样。所以，在测定这些化合物的紫外可见光谱时，必须注意溶液的 pH 值。

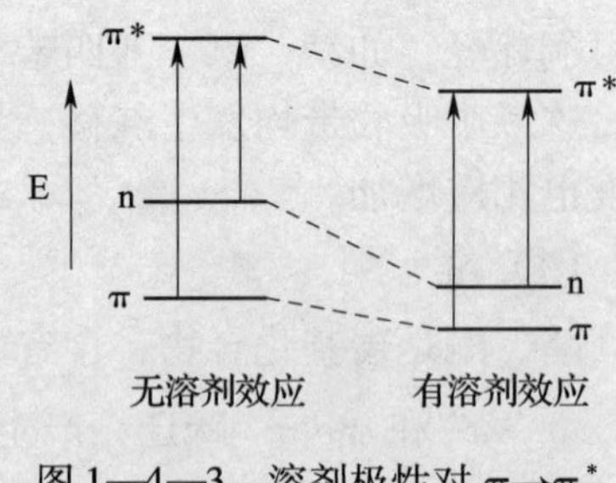

图 1—4—3　溶剂极性对 π→π* 跃迁和 n→π* 跃迁能量的影响

（4）立体效应和互变异构

立体效应如顺反异构、空间位阻和构象异构等对吸收带都有影响。另外有机化合物的互变异构体有不同的紫外吸收带位置。

二、定量分析方法

紫外分光光度定量分析与可见分光光度定量分析的定量依据和定量方法相同，在进行紫外定量分析时应选择好测定波长和溶剂。通常情况下选择 λ_{max} 作测定波长，若在 λ_{max} 处共存的其他物质也有吸收，则应另选 ε 较大，而共存物质没有吸收的波长作测定波长。选择溶剂时要注意所用溶剂在测定波长处应没有明显的吸收，而且对被测物溶解性要好，不和被测物发生作用，不含干扰测定的物质。

项目实施　紫外分光光度法测定硝酸盐氮含量

实施指南

学会紫外分光光度法的定量分析方法和操作；熟练运用标准曲线法进行定量测定。

不经显色反应，利用 NO_3^- 在 220 nm 波长的特征吸收直接测定的方法，对于一般饮用水和其他较洁净的地面水中 NO_3^- 的测定具有简单、快速、准确的优点。

本法中硝酸盐氮的最低检出浓度为 0.08 mg/L，测定上限为 4 mg/L。

一、测定仪器

紫外可见分光光度计 1 台；100 mL 容量瓶 10 个；10 mL 吸量管 1 支；5 mL 量杯 1 个；20 mL 量筒 1 个；精密 pH 试纸。

二、测定试剂

无硝酸盐纯水：采用重蒸馏或蒸馏－去离子法制备，用于配制试剂及稀释样品；盐酸溶液（1∶11，体积比）：量取 5 mL 浓盐酸，沿烧杯壁缓慢注入 55 mL 无硝酸盐纯水中，同时搅拌液体；硝酸盐氮标准溶液（100 μg/mL）：称取 0.721 8 g 经 105 ℃烘箱干燥 2 h 的硝酸钾，精确至 0.000 1 g，用约 200 mL 纯水溶解，定量转移至 1 000 mL 容量瓶中，加 2 mL 三氯甲烷，稀释至刻度并摇匀。该溶液至少可稳定 6 个月。

三、测定步骤

1. 标准系列溶液的配制

分别吸取硝酸盐氮标准溶液 100 μg/mL，0.00 mL、1.00 mL、2.00 mL、3.00 mL、

4.00 mL、5.00 mL、6.00 mL、7.00 mL 于 100 mL 容量瓶中，用纯水稀释至刻度，各加2 mL 盐酸溶液酸化，摇匀。

2. 试样处理

分别移取 50 mL 饮用水（含氮量为 0.02 ~ 0.70 mg）于 3 个 100 mL 容量瓶中，各加 2 mL盐酸溶液，摇匀。

3. 吸光度的测定

以纯水为参比，用 1 cm 石英吸收池，在 220 nm 和 275 nm 处测定参比、标准系列溶液和样品溶液的吸光度。

4. 标准工作曲线的绘制

以标准系列溶液中硝酸盐氮含量为横坐标，以 ΔA 吸光度为纵坐标，绘制标准工作曲线。

5. 试样中硝酸盐氮含量的计算

从标准工作曲线中查得样品溶液中硝酸盐氮含量，将平均值代入计算公式，求出样品中的硝酸盐氮含量。

6. 结束工作

（1）测量完毕，关闭仪器电源开关，拔下仪器电源插头。

（2）取出吸收池，插入挡光杆；清洗吸收池，擦干并放回吸收池盒。

（3）整理实验台，填写仪器使用记录，清洗玻璃仪器。

四、测定记录与结果

1. 实验记录（见表 1—4—3）

表 1—4—3　　实验记录

<table>
<tr><td>$V_{标}$（mL）</td><td>0.00</td><td>1.00</td><td>2.00</td><td>3.00</td><td>4.00</td><td>5.00</td><td>6.00</td><td>7.00</td></tr>
<tr><td>$c_{标}$（μg/mL）</td><td>0.00</td><td>1.00</td><td>2.00</td><td>3.00</td><td>4.00</td><td>5.00</td><td>6.00</td><td>7.00</td></tr>
<tr><td>A_{220}</td><td></td><td></td><td></td><td></td><td></td><td></td><td></td><td></td></tr>
<tr><td>A_{275}</td><td></td><td></td><td></td><td></td><td></td><td></td><td></td><td></td></tr>
<tr><td>ΔA</td><td></td><td></td><td></td><td></td><td></td><td></td><td></td><td></td></tr>
<tr><td>$V_{样}$（mL）</td><td colspan="3">50.00</td><td colspan="3">50.00</td><td colspan="2">50.00</td></tr>
<tr><td>A_{220}</td><td colspan="3"></td><td colspan="3"></td><td colspan="2"></td></tr>
<tr><td>A_{275}</td><td colspan="3"></td><td colspan="3"></td><td colspan="2"></td></tr>
<tr><td>ΔA</td><td colspan="3"></td><td colspan="3"></td><td colspan="2"></td></tr>
<tr><td>$\Delta A_{平均值}$</td><td colspan="8"></td></tr>
<tr><td>$\rho_{样}$（μg/mL）</td><td colspan="8"></td></tr>
<tr><td>$\rho_{(NO_3^- -N)}$（μg/mL）</td><td colspan="8"></td></tr>
</table>

注：$\Delta A = A_{220} - 2A_{275}$。

2. 标准工作曲线的绘制

根据实验数据绘制标准工作曲线。

3. 饮用水中硝酸盐氮含量的计算

$$\rho_{NO_3^- -N}=\frac{\rho\times V}{V_{样}} \qquad (1—4—1)$$

式中 $\rho_{(NO_3^- -N)}$——从标准工作曲线中查得试样溶液中硝酸盐氮含量，μg/mL；

ρ——从标准工作曲线中查得试样溶液中硝酸盐氮含量，μg/mL；

V——配制试样溶液的体积，mL；

$V_{样}$——吸取样品溶液的体积，mL。

五、注意事项

1. 浓盐酸稀释时，必须将浓盐酸缓缓沿壁加入纯水中，同时搅拌，以防造成人身伤害。

2. 波长 275 nm 处的吸光度 2 倍不得大于波长 220 nm 处吸光度的 10%，否则会有较大误差。

六、思考题

1. 配制溶液过程中，加入盐酸的目的是什么？

2. 采用双波长法测定饮用水中硝酸盐氮时，为什么选用 220 nm 和 275 nm 作为分析波长？

项目五　分光光度法测定苯酚和苯甲酸混合物

能力目标

能运用紫外分光光度法测定双组分含量；会熟练操作各种型号的紫外可见分光光度计。

知识目标

学习采用解联立方程组法同时测定混合物中双组分含量；掌握吸光系数的计算方法。

测苯酚和苯甲酸的混合物，先配制苯酚和苯甲酸的系列标准溶液，然后分别在 λ_1 和 λ_2 处测量苯酚和苯甲酸系列标准溶液的吸光度，并绘制工作曲线，所得四条工作曲线的斜率即为苯酚和苯甲酸在 λ_1 和 λ_2 处的摩尔吸光系数，代入联立方程（式 1—2—3）中即可求出苯酚和苯甲酸的浓度。

一、测定仪器

紫外可见分光光度计 1 台；1 000 mL 容量瓶 2 个；100 mL 容量瓶 3 个；10 mL 移液管 1 支。

二、测定试剂

苯酚标准溶液（0.100 mg/mL）：准确称取 0.100 0 g 苯酚，精确至 0.000 1 g，用约 50 mL蒸馏水溶解，定量转移至 1 000 mL 容量瓶中，稀释至刻度并摇匀；苯酚标准溶液（0.010 mg/mL）：移取 10.00 mL 苯酚标准溶液（0.100 mg/mL）至 100 mL 容量瓶中，稀释至刻度并摇匀；苯甲酸标准溶液（0.100 mg/mL）：准确称取 0.100 0 g 苯甲酸，精确至

0. 000 1 g，用约 50 mL 蒸馏水溶解，定量转移至 1 000 mL 容量瓶中，稀释至刻度并摇匀；苯甲酸标准溶液（0. 010 mg/mL）：移取 10. 00 mL 苯甲酸标准溶液（0. 100 g/mL）至 100 mL容量瓶中，稀释至刻度并摇匀；试样溶液（0. 002 ~ 0. 010 mg/mL）：准确称取适量试样（含苯酚和苯甲酸为 0. 2 ~ 1. 0 mg），精确至 0. 000 1 g，用约 50 mL 蒸馏水溶解，定量转移至 100 mL 容量瓶中，稀释至刻度并摇匀。

三、测定步骤

1. 准备工作

（1）清洗容量瓶、吸量管及其他玻璃器皿。

（2）按仪器说明书检查仪器，开机预热 20 min。

（3）配制各种试剂溶液。

（4）检查吸收池的配套性。

2. 吸收光谱的测绘

（1）将苯酚标准溶液（0. 010 mg/mL）装入 1 cm 石英吸收池中，以蒸馏水为参比，在 200 ~ 280 nm 范围内，每隔 10 nm 测定一次吸光度。在 200 ~ 240 nm 和 260 ~ 280 nm 范围内，每隔 2 nm 测定一次吸光度。

（2）将苯甲酸标准溶液（0. 010 mg/mL）装入 1 cm 石英吸收池中，以蒸馏水为参比，在 200 ~ 280 nm 范围内，每隔 10 nm 测定一次吸光度。在 200 ~ 240 nm 和 260 ~ 280 nm 范围内，每隔 2 nm 测定一次吸光度。

（3）以波长为横坐标，以吸光度为纵坐标，在同一张坐标纸上绘制苯酚和苯甲酸标准溶液的吸收光谱。

3. 确定测定波长

根据吸收光谱和查得的苯酚和苯甲酸的最大吸收波长，计算出该波长处的苯酚和苯甲酸的摩尔吸光系数。

4. 测定试样中苯酚和苯甲酸的含量

将试样溶液装入 1 cm 石英吸收池中，以蒸馏水为参比，在苯酚和苯甲酸的最大吸收波长处分别测定试样溶液的吸光度，再根据公式计算出试样中苯酚和苯甲酸的含量。

5. 结束工作

（1）测量完毕，关闭仪器电源开关，拔下仪器电源插头。

（2）取出吸收池，插入挡光杆；清洗吸收池，擦干并放回吸收池盒。

（3）整理实验台，填写仪器使用记录，清洗玻璃仪器。

四、测定记录与结果

1. 实验记录（见表 1—5—1）

表 1—5—1　　实验记录

苯酚	λ（nm）	200	210	220	230	240	250	260	270	280
	A									
	λ（nm）	202	204	206	208	210	212	214	216	218
	A									
	λ（nm）	222	224	226	228	230	232	234	236	238
	A									

续表

苯甲酸	λ（nm）	200	210	220	230	240	250	260	270	280
	A									
	λ（nm）	202	204	206	208	210	212	214	216	218
	A									
	λ（nm）	222	224	226	228	230	232	234	236	238
	A									

2．绘制吸收光谱及相关计算

根据实验数据绘制吸收光谱并进行相关计算。

3．苯酚和苯甲酸质量吸光系数的计算

$$a = \frac{A}{b \cdot \rho} \qquad (1—5—1)$$

式中 a——质量吸光系数，L/（g·cm）；

ρ——标准溶液的质量浓度，g/L；

b——光路长度，cm。

表 1—5—2　　计算质量吸光系数

项目	苯酚		苯甲酸	
λ（nm）				
α［L/（g·cm）］				
c（μg/mL）				

4．试样中苯酚和苯甲酸含量的计算

根据公式解联立方程组，求出试样溶液中苯酚和苯甲酸浓度，再代入式（1—5—2）。

$$\omega\% = \frac{c \cdot V \times 0.001}{m} \times 100\% \qquad (1—5—2)$$

式中 $\omega\%$——试样中苯酚和苯甲酸的质量分数；

c——试样溶液中苯酚或苯甲酸质量浓度，mg/mL；

V——试样溶液体积，mL；

m——称取试样的质量，g。

五、注意事项

1．改变波长后，必须重新调 0% T 和 100% T。

2．在解联立方程组时，要注意数字的保留，减小计算引入的误差。

六、思考题

1．苯酚的水溶液在 210 nm 和 270 nm 有最大吸收，苯甲酸的水溶液在 230 nm 和 270 nm 有最大吸收，实验中测定的苯酚和苯甲酸的最大吸收波长与紫外吸收光谱数据是否相同？如果不相同，为什么不同？

2．如何选择双组分同时测定的波长？选择其他波长会有何种影响？

思考与练习

一、选择题

1．分光光度计中检测器灵敏度最高的是（　　）。

A．光敏电阻　　B．光电管　　C．光电池　　D．光电倍增管

2．人眼能感觉到的光称为可见光，其波长范围是（　　）。

A．400 ~ 780 nm　　B．200 ~ 400 nm　　C．200 ~ 1 000 nm　　D．400 ~ 1 000 nm

3．吸光物质的摩尔吸光系数与（　　）有关。

A．吸收池材料　　B．吸收池厚度　　C．吸光物质浓度　　D．入射光波长

4．摩尔吸光系数 ε 越大，表示该物质对某波长光的吸收能力（　　）。

A．越弱　　B．越强　　C．或强或弱　　D．两者无明显关系

5．物质的颜色是由于选择吸收了白光中的某些波长的光所致。$CuSO_4$溶液呈现蓝色是由于它吸收白光中的（　　）。

A．蓝色光波　　B．绿色光波　　C．黄色光波　　D．青色光波

6．物质吸收光辐射后产生紫外－可见吸收光谱，这是由于（　　）。

A．分子的振动　　B．分子的转动

C．原子核外层电子的跃迁　　D．分子的振动和转动跃迁

7．当吸光度 $A=0$ 时，T（%）为（　　）。

A．0　　B．10　　C．100　　D．∞

8．在分光光度分析中，常出现工作曲线不过原点的情况，下列说法中不会引起这一现象的是（　　）。

A．测量和参比溶液所用吸收池不对称　　B．参比溶液选择不当

C．显色反应灵敏度太低　　D．显色反应的检测下限太高

9．经常使用的吸收池应于清洗后浸泡在（　　）中保存。

A．铬酸洗液　　B．乙醇　　C．蒸馏水　　D．以上均可

10．当溶液中只有被测组分有色，显色剂和其他试剂都无色，可用（　　）作参比。

A．溶剂　　B．试剂　　C．试样　　D．退色参比溶液

11．下列含有杂质原子的饱和有机化合物均有 $n\rightarrow\sigma^*$ 电子跃迁，（　　）出现此吸收带的波长较长。

A．甲醇　　B．氯仿　　C．一氟甲烷　　D．碘仿

12．目视比色法是将标准溶液与被测溶液在同样的条件下进行比较，当溶液（　　）且颜色的深浅一样时，两者浓度就相等。

A．质量相等　　B．液层厚度相等　　C．体积相等　　D．温度相等

13．在紫外可见光区有吸收的化合物是（　　）。

A．$CH_3—CH_2—CH_3$　　B．$CH_3—CH_2—OH$

C．$CH_2═CH—CH_2—CH═CH_2$　　D．$CH_3—CH═CH—CH═CH—CH_3$

14．某非水溶性化合物，在 200 ~ 250 nm 有吸收，当测定其紫外可见光谱时，应选用的合适溶剂是（　　）。

A. 正己烷　　　　B. 丙酮　　　　C. 甲酸甲酯　　　D. 四氯乙烯

15. 分子运动包括有电子相对原子核的运动（$E_{电子}$）、核间相对位移的振动（$E_{振动}$）和转动（$E_{转动}$），这三种运动的能量大小顺序为（　　）。

A. $\Delta E_{振动} > \Delta E_{转动} > \Delta E_{电子}$　　　　B. $\Delta E_{转动} > \Delta E_{电子} > \Delta E_{振动}$

C. $\Delta E_{电子} > \Delta E_{振动} > \Delta E_{转动}$　　　　D. $\Delta E_{电子} > \Delta E_{转动} > \Delta E_{振动}$

二、简答题

1. 分光光度计由哪几个主要部件组成？各部件的作用是什么？

2. 分光光度计对光源有什么要求？常用光源有哪些？它们使用的波长范围各是多少？

3. 吸收池的规格以什么作标志？吸收池按其材质分为哪几种？如何选择使用不同材质的吸收池？

4. 什么叫检测器？常用检测器有哪几种？

5. 为什么要对分光光度计波长进行校验？如何检验紫外－可见分光光度计上波长标示值的准确度？

6. 何谓朗伯－比尔定律（光吸收定律）？写出其数学表达式及各物理量的意义？

7. 可见分光光度法中，选择显色反应时，应考虑的因素有哪些？引起吸收定律偏离的原因是什么？

8. 分光光度法误差的主要来源有哪些？如何减免这些误差？试根据误差分类分别加以讨论。

9. 何谓助色团及生色团？试举例说明。

10. 采用什么方法可以区别 $n \to \pi^*$ 和 $\pi \to \pi^*$ 跃迁类型？

11. 某化合物在正己烷和乙醇中分别测得最大吸收波长 $\lambda_{max} = 305$ nm 和 $\lambda_{max} = 307$ nm，试指出该吸收是由哪一种跃迁类型引起的？

12. 如何进行吸收池的配对检验。

三、计算题

1. 某一溶液，每升含 47.0 mgFe。吸取此溶液 5.0 mL 于 100 mL 容量瓶中，以邻二氮菲光度法测定铁，用 1.0 cm 吸收池于 508 nm 处测得吸光度为 0.467。已知 M（Fe）=55.85 g/mol，计算质量吸光系数和摩尔吸光系数。

2. 用邻二氮菲法测定 Fe^{2+} 得到下列实验数据，请确定工作曲线的直线回归方程，并计算相关系数。

$C_{Fe^{2+}}$（mol/L）	1.00×10^{-5}	2.00×10^{-5}	3.00×10^{-5}	4.00×10^{-5}	6.00×10^{-5}	8.00×10^{-5}
吸光度 A	0.114	0.212	0.335	0.434	0.670	0.868

3. 为测定含 A 和 B 两种有色物质的溶液中 A 和 B 的浓度，先以纯 A 物质做工作曲线，求得 A 在 λ_1 和 λ_2 时 $\varepsilon_{A_1} = 4\,800$ 和 $\varepsilon_{A_2} = 700$；再以纯 B 物质做工作曲线，求得 $\varepsilon_{B_1} = 800$ 和 $\varepsilon_{B_2} = 4\,200$。对试液进行测定，得 $A_1 = 0.580$ 与 $A_2 = 1.10$。求溶液中 A 和 B 的浓度。

4. 称取 0.500 0 g 钢样溶解后将其中 Mn^{2+} 氧化为 MnO_4^-，在 100 mL 容量瓶中稀释至标线。将此溶液在 525 nm 处用 2 cm 吸收池测得其吸光度为 0.620，已知 MnO_4^- 在 525 nm 处的 $\varepsilon = 2\,235$ L/（mol·cm），计算钢样中锰的含量。

5. 在440 nm处和545 nm处，用分光光度法在1 cm吸收池中测得浓度为8.33×10^{-4} mol/L的$K_2Cr_2O_7$标准溶液的吸光度分别为0.308和0.009；又测得浓度为3.77×10^{-4} mol/L的$KMnO_4$溶液的吸光度为0.035和0.886，并且在上述两波长处测得某$K_2Cr_2O_7$和$KMnO_4$混合液吸光度分别为0.385和0.653。计算该混合液中$K_2Cr_2O_7$和$KMnO_4$的物质的量浓度。

模块二　红外吸收光谱法

项目一　苯甲酸的红外吸收光谱的测定

能力目标

能绘制红外光谱图；能熟练操作红外光谱仪；会解析红外吸收光谱图。

知识目标

了解红外光谱仪的原理、结构和使用方法；熟悉红外吸收光谱的定性方法。

项目相关知识一　红外吸收光谱法的分析方法

学习指南

学习红外吸收光谱法的相关知识；掌握红外光谱图的表示方法；熟悉常见基团的吸收频率。

一、红外吸收光谱法的相关知识

1. 红外吸收光谱的产生

英国天文学家赫谢尔（F. W. Herschel）用温度计测量太阳光可见光区内、外温度时，发现红色光以外“黑暗”部分的温度比可见光部分的高，从而意识到在红色光之外还存有一种肉眼看不见的“光”，并称之为红外光，而对应的这段光区便称为红外光区。

（1）物质对红外光的吸收

赫谢尔在温度计前放置了一个水溶液，温度计的示值下降，这说明溶液对红外光具有一定的吸收，使用不同溶液，其对红外光的吸收程度不同。赫谢尔又固定用同一种溶液，改变红外光的波长做类似的实验，发现同一种溶液对不同红外光的吸收程度不同，即物质对红外光具有选择性吸收。

（2）红外吸收光谱法

红外吸收光谱是一种分子吸收光谱，又称为分子振动－转动光谱。当试样受到频率连续变化的红外光照射时，分子吸收了某些频率的辐射，并由其振动或转动引起偶极矩的净变化，产生分子振动和转动能级从基态到激发态的跃迁，使相应吸收区域的透射光强度减弱，记录红外光的百分透射比与波数或波长关系的曲线，就得到红外吸收光谱，利用红外吸收光谱进行分析的方法即红外吸收光谱法。分子的振动能量比转动能量大，当发生振动能级跃迁时，不可避免地伴随有转动能级的跃迁，所以无法测量纯粹的振动光谱，而只能得到分子的振动－转动光谱。红外吸收光谱法是定性鉴定化合物和测定分子结构最常用的方法。

红外吸收光谱的波长范围为 0.78～1 000 μm，通常可将其分为近红外（泛频区）0.78～0.25 λ/μm、12 820～4 000 $\bar{\nu}$/cm^{-1}，如 O—H、N—H 及 C—H 键的倍频吸收；中红外（基本振动区）2.5～25 λ/μm、4 000～400 $\bar{\nu}$/cm^{-1}，如分子中基团振动、分子转动；远红外区（转动区）25～1 000λ/μm、400～10 $\bar{\nu}$/cm^{-1}分子转动、晶格振动。其中中红外区在结构分析中应用最多，该区域内的吸收是由分子的振动能级（伴随着转动能级）跃迁所引起的，故也称为振转光谱。

物质分子吸收红外辐射应满足两个条件，一是辐射应具有刚好能满足物质发生振动能级跃迁所需的能量；二是辐射与物质之间有耦合作用，即分子振动引起瞬间偶极矩变化。这样分子就由原来的基态振动跃迁到较高的振动能级，产生振动跃迁。并非所有的分子振动都会产生红外吸收，只有发生偶极矩变化的振动才能引起红外吸收，这种振动称为红外活性，反之则称为非红外活性。完全对称的双原子分子，其振动没有偶极矩变化，辐射不能引起共振，无红外活性，如对称分子（同核分子）N_2、O_2、Cl_2等的振动；非对称分子有偶极矩，辐射能引起共振，属红外活性，如 HCl、H_2O 等偶极子的振动。

2. 产生红外光谱的原因

（1）双原子的振动

分子振动可以近似地看做是分子中的原子以平衡点为中心，以非常小的振幅（与原子核之间的距离相比）做周期性的振动，即简谐振动。这种分子的振动模型用经典的方法来模拟，如双原子分子，可以把它看做一个弹簧两端连接着两个刚性小球，m_1、m_2分别代表两个小球的质量，弹簧的长度 r 就是化学键的长度，如图 2—1—1 所示。

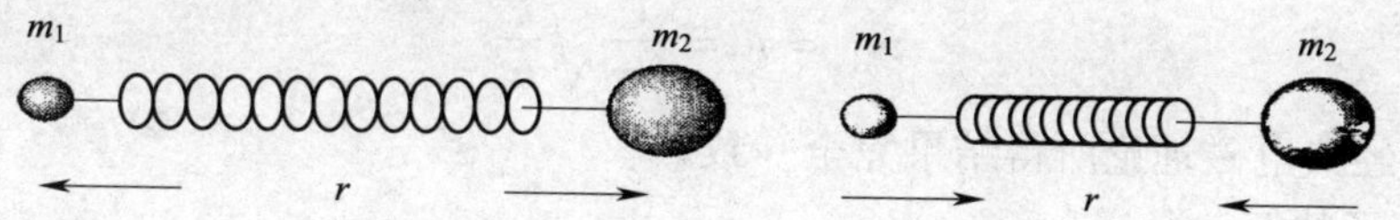

图 2—1—1　双原子分子振动模型

用经典力学的方法解释可以得到式（2—1—1）。

$$\nu = \frac{1}{2\pi}\sqrt{\frac{k}{\mu}} \tag{2—1—1}$$

或

$$\bar{\nu} = \frac{1}{2\pi c}\sqrt{\frac{k}{\mu}} \tag{2—1—2}$$

可近似为

$$\bar{\nu} \approx 1\,304\sqrt{\frac{k}{\mu}} \tag{2—1—3}$$

式中　ν——频率，Hz；

$\bar{\nu}$——波数，cm^{-1}；

k——化学键的键力常数，其定义为将两原子由平衡位置伸长单位长度时的恢复力，N/cm（牛/厘米），单键、双键和叁键的力常数分别近似为 5 N/cm、10 N/cm 和 15 N/cm；

c——光速（2.998×10^{10} cm/s）；

μ——两个小球（即两个原子）的折合质量，g。

$$\mu = \frac{m_1 m_2}{m_1 + m_2} \quad (2—1—4)$$

影响伸缩振动频率（波数）的直接因素是原子的折合质量和化学键的键力常数。键力常数越大，折合质量越小，化学键的振动频率（波数）越高。C—C、C ═C、C≡C 三种碳碳键的折合原子质量相同，而键力常数依次为单键 < 双键 < 叁键，所以波数也依次增大。C—C、C—H 都属于单键，键力常数相近，而折合原子质量 μ（C—H）< μ（C—C），因此 σ（C—H）> σ（C—C）。O—H 键的键力常数大，折合原子质量小，振动频率最大。

一个真实分子的振动能量变化是量子化的，分子的运动需要用量子理论方法加以处理。如果用量子力学来处理，则求解可得到分子的振动能级的能量。

$$E = \left(V \pm \frac{1}{2}\right)h\nu \quad (2—1—5)$$

式中　V——振动量子数，可取 0、1、2 等；

ν——分子振动频率。

分子振动能级的结构包含相同间隔为 $h\nu$ 的一系列值。分子振动能级跃迁时振子吸收的光量子能量为：

$$E_{吸} = \Delta E \quad (2—1—6)$$

而 $\Delta E = \Delta V h\nu$，$E_{吸} = h\nu$，因此

$$\nu_{吸} = \Delta V \nu \quad (2—1—7)$$

由量子力学可知，分子振动能级间的跃迁不是任意的。双原子分子谐振子模型的跃迁选择定则是非极性的同核双原子分子在振动过程中偶极矩不发生变化，$\Delta V = 0$，无振动光谱；极性分子 $\Delta V = \pm 1$。双原子分子吸收光子的频率为

$$\nu_{吸} = \nu = \frac{1}{2\pi}\sqrt{\frac{k}{\mu}} \quad (2—1—8)$$

此结论与经典电磁理论所得结果完全一致。

（2）多原子的振动

多原子分子由于组成原子数目增多，组成分子的键、基团和空间结构不同，其振动光谱比双原子分子要复杂得多。但是，可以把它们的振动分解成许多简单的基本振动。一般将振动形式分为伸缩振动和变形振动两类，如图 2—1—2 所示。

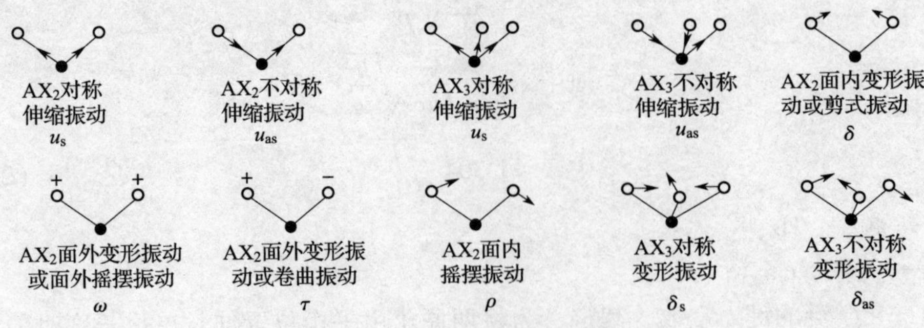

图 2—1—2　伸缩振动和变形振动

1）伸缩振动　原子沿键轴方向伸缩，键长发生变化而键角不变的振动称为伸缩振动，用符号 u 表示。它又可分为对称伸缩振动（u_s）和不对称伸缩振动（u_{as}），对同一基团来说，u_{as}的频率稍高于 u_s，这是因为不对称伸缩振动所需的能量比对称伸缩振动所需的能量高。

2）变形振动　又称弯曲振动，基团键角发生周期性变化而键长不变的振动称为变形振动。可分为面内、面外、对称变形振动和不对称变形振动等形式。

一般说来，键长的改变比键角的改变需要更大的能量，因此伸缩振动出现在高频区，而变形振动出现在低频区。

（3）振动自由度（基本振动数）

多原子分子简谐振动的数目称为振动自由度，每个振动自由度对应于红外光谱图上一个基频吸收带。在直角坐标系中，每个质点在 x、y、z 三个方向上运动，所以 N 个自由质点运动的自由度为 $3N$ 个，除去整个分子平动的 3 个自由度和整个分子转动的 3 个自由度，则分子内原子振动自由度为 $3N-6$ 个。但对于线性分子，若贯穿所有原子的轴是在 x 轴方向，则整个分子只能绕 y 轴和 z 轴转动，因此，线性分子的振动自由度为 $3N-5$ 个。由 N 个原子构成的非线性分子有 $N-1$ 个化学键，所以伸缩振动（键长变化）有 $N-1$ 种，其余的 $2N-5$ 种为变形振动（键角变化），由 N 个原子构成的线性分子的伸缩振动和变形振动分别有 $N-1$ 和 $2N-4$ 种。

例如，水分子是非线性分子，其基本振动数为 $3\times3-6=3$，故水分子有三种振动形式，如图 2—1—3 所示。

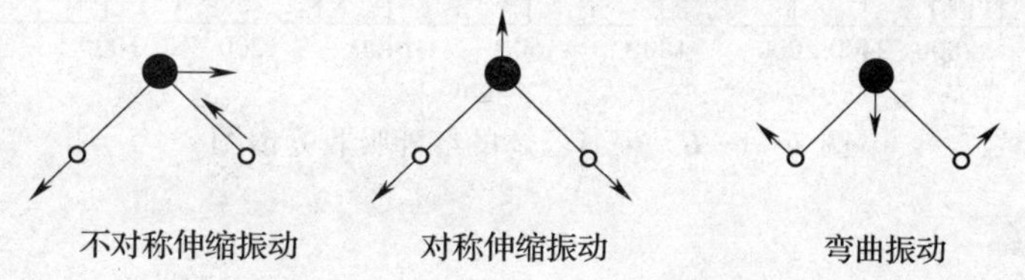

图 2—1—3　水分子的三种振动形式

CO_2分子是线性分子，基本振动数为 $3\times3-5=4$，故 CO_2分子有四种振动形式，如图 2—1—4 所示。

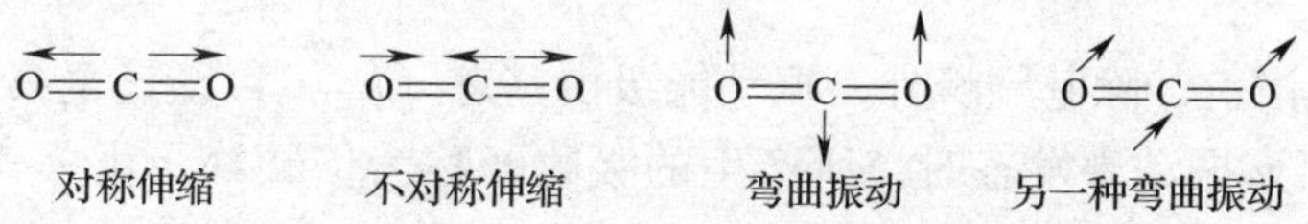

图 2—1—4　CO_2分子的四种基本振动方式

理论上，有机分子有多种基本振动方式，每种基本振动都具有一定能量，在特定的频率发生吸收，对应一种基频峰，红外光谱中基频峰数应等于基本振动数，即应有（$3N-6$）或（$3N-5$）个基频吸收峰，即每一个振动自由度（基本振动）在红外吸收光谱中出现一个吸收峰，分子振动自由度数目越多，则在红外吸收光谱中出现的峰数也就越多。

3．红外光谱图的表示方法

横坐标是波长 λ（μm）或波数 $\bar{\nu}$（cm^{-1}），$\bar{\nu}$（cm^{-1}）$=10^4/\lambda$（μm），纵坐标为该波

长下物质对红外光的吸收程度，常用百分透射比表示。聚苯乙烯的两种红外吸收光谱如图2—1—5和如图2—1—6所示。

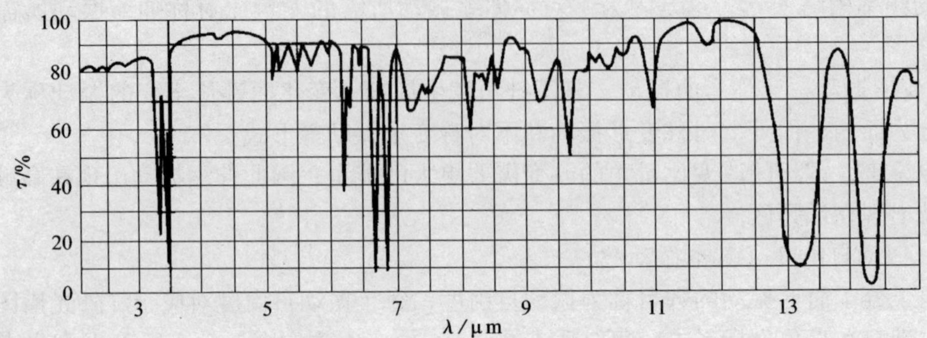

图2—1—5 聚苯乙烯的红外吸收光谱图1

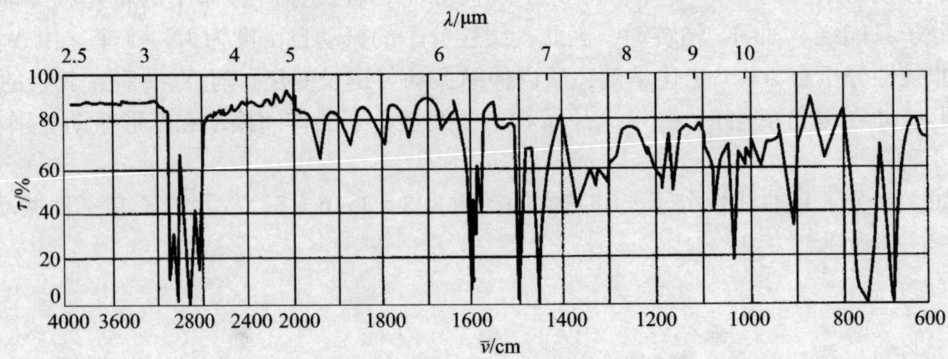

图2—1—6 聚苯乙烯的红外吸收光谱图2

4. 红外吸收峰

（1）基频峰

分子吸收一定频率的红外光，在常温下，分子几乎处于基态，振动能级由基态（$n=0$）跃迁到第一振动激发态（$n=1$）时，所产生的吸收峰称为基频峰。基频峰的强度一般都较大，红外吸收光谱主要讨论从基态跃迁到第一激发态所产生的光谱。

（2）泛频峰

在红外吸收光谱上，除基频峰外，振动能级由基态（$n=0$）跃迁至第二（$n=2$），第三（$n=3$），……，第n振动激发态时，所产生的吸收峰称为倍频峰。由$n=0$跃迁至$n=2$时所产生的吸收峰称为二倍频峰。由$n=0$跃迁至$n=3$时所产生的吸收峰称为三倍频峰。以此类推。由于相邻能级差不完全相等，所以倍频峰的频率不严格地等于基频峰频率的整数倍。倍频峰一般都很弱，一般只有二倍频峰具有实际意义，吸收峰的频率近似等于基频峰的两倍。其他倍频峰一般观测不到。

在多原子分子中，非谐性使分子的各种振动可以相互作用从而形成组合频峰，其频率等于两个或更多个基频峰的和或差。合频峰指分子吸收一个光子，同时使分子中原子的两种振动类型分别向高能态跃迁，吸收光子的能量值等于对应两种能级间距之和，即n_1+n_2，$2n_1+n_2$，……差频峰指分子吸收一个光子使两种振动类型中有一个向高能态跃迁，另一个向低能态跃迁，对应的两种能级间距的差值等于吸收光子的能量值，即差频峰 n_1-n_2，$2n_1-n_2$，……合频峰和差频峰多数为弱峰，一般在图谱上不易辨认，倍频峰、合频峰及差频峰统称为泛频峰。

（3）特征峰

具有相同官能团（或化学键）的一系列化合物有近似的吸收频率，官能团（或化学键）的存在与谱图上吸收峰的出现是对应的，可用于确定官能团的存在。凡是可用于鉴定官能团存在的吸收峰，称为特征吸收峰，简称特征峰。如—C≡N 的特征吸收峰在 2 247 cm^{-1}处。

（4）相关峰

在化合物的红外谱图中由于某个官能团的存在而出现的一组相互依存的特征峰，可互称为相关峰，用以说明这些特征吸收峰具有依存关系，并区别于非依存关系的其他特征峰，如—C≡N 基只有一个 $\nu_{(C\equiv N)}$ 峰，而无其他相关峰。一个官能团有数种振动形式，而每一种具有红外活性的振动一般相应产生一个吸收峰，有时还能观测到泛频峰，因而常常不能只由一个特征峰来肯定官能团的存在。

用一组相关峰鉴别官能团的存在是较重要的原则。在有些情况下因与其他峰重叠或峰太弱，并非所有的相关峰都能观测到，但必须找到主要的相关峰才能确认官能团的存在。

5. 红外吸收光谱的分区

一定的基团对应一定的特征吸收频率，即有机分子的官能团具有特征红外吸收频率，利用红外吸收光谱图可进行分子结构的鉴定。红外谱图有两个重要区域，即 1 300 ~ 4 000 cm^{-1}的高波数段特征谱带区和 1 300 cm^{-1}以下的低波数段指纹区。前者区域内的峰是由伸缩振动产生的吸收带，比较稀疏，容易辨认，主要反映分子中特征基团的振动，便于基团鉴定，常用于鉴定官能团，称为官能团区。后者含氢官能团（折合质量小）、含双键或叁键的官能团（键力常数大）在官能团区有吸收，如 OH、NH 以及 C ═O 等重要官能团在该区域有吸收，它们的振动受分子中剩余部分的影响小。如果待测化合物在某些官能团应该出峰的位置无吸收，则说明该化合物不含有这些官能团。不含氢的单键（折合质量大）、各键的弯曲振动（键力常数小）出现在 1 300 cm^{-1}以下的低波数区，该区域的吸收特点是振动频率相差不大，振动的耦合作用较强，因此易受邻近基团的影响，同时吸收峰数目较多，代表了有机分子的具体特征，大部分吸收峰都不能找到归属，犹如人的指纹，因此，该区域称为指纹区。指纹区的谱图较难解析，但与标准谱图对照可以进行最终确认。指纹区还包含了分子的骨架振动。

通常中红外光区分为四个吸收区域，见表 2—1—1，或八个吸收段，了解各区域或各段包含哪些基团的哪些振动，对判断化合物的结构是非常有帮助的。

表 2—1—1　　红外光区四个区域的划分

区域	基团	吸收频率（cm^{-1}）	振动形式	吸收强度	说明
第一区域	—OH（游离）	3 650 ~ 3 580	伸缩	m，sh	判断有无醇类、酚类和有机酸的重要依据
	—OH（缔合）	3 400 ~ 3 200	伸缩	s，b	
	$—NH_2$，—NH（游离）	3 500 ~ 3 300	伸缩	m	

续表

区域	基团	吸收频率（cm^{-1}）	振动形式	吸收强度	说明
第一区域	—NH_2，—NH（缔合）	3 400 ~ 3 100	伸缩	s，b	
	—SH	2 600 ~ 2 500	伸缩		
	C—H 伸缩振动				
	不饱和 C—H				不饱和 C—H 伸缩振动出现在 3 000 cm^{-1}以上
	≡C—H（叁键）	3 300 附近	伸缩	s	
	≡C—H（双键）	3 010 ~ 3 040	伸缩	s	末端═C—H_2出现在 3 085 cm^{-1}附近
	苯环中 C—H	3 030 附近	伸缩	s	强度上比饱和 C—H 稍弱，但谱带较尖锐
	饱和 C—H				饱和 C—H 伸缩振动出现在 3 000 cm^{-1}以下（3 000 ~ 2 800 cm^{-1}），取代基影响较小
	—CH_3	2 960 ± 5	反对称伸缩	s	
	—CH_3	2 870 ± 10	对称伸缩	s	
	—CH_2	2 930 ± 5	反对称伸缩	s	三元环中的 CH_2 出现在 3 050 cm^{-1}
	—CH_2	2 850 ± 10	对称伸缩	s	—C—H 出现在 2 890 cm^{-1}，很弱
第二区域	—C≡N	2 260 ~ 2 220	伸缩	s 针状	干扰少
	—N≡N	2 310 ~ 2 135	伸缩	m	
	—C≡C—	2 260 ~ 2 100	伸缩	v	R—C≡C—H，2 100 ~ 2 140；R—C≡C—R′，2 190 ~ 2 260；若 R′═R，对称分子无红外谱带
	—C═C═C	1 950 附近	伸缩	v	
第三区域	C═C	1 680 ~ 1 620	伸缩	m，w	
	芳环中 C═C	1 600，1 580 1 500，1 450	伸缩	v	苯环的骨架振动
	—C═O	1 850 ~ 1 600	伸缩	s	其他吸收带干扰少，是判断羰基（酮类、酸类、酯类、酸酐等）的特征频率，位置变动大
	—NO_2	1 600 ~ 1 500	反对称伸缩	s	
	—NO_2	1 300 ~ 1 250	对称伸缩	s	
	S═O	1 220 ~ 1 040	伸缩	s	
第四区域	C—O	1 300 ~ 1 000	伸缩	s	C—O 键（酯、醚、醇类）的极性很强，故强度强，常成为谱图中最强的吸收
	C—O—C	900 ~ 1 150	伸缩	s	醚类中 C—O—C 的 ν_{as} = 1 100 ± 50 是最强的吸收 C—O—C 对称伸缩在 900 ~ 1 000，较弱
	—CH_3，—CH_2	1 460 ± 10	—CH_3反对称变形，CH_2变形	m	大部分有机化合物都含有 CH_3、CH_2 基，因此此峰经常出现
	—CH_3	1 370 ~ 1 380	对称变形	s	
	—NH_2	1 650 ~ 1 560	变形	m，s	

续表

区域	基团	吸收频率（cm^{-1}）	振动形式	吸收强度	说明
第四区域	C—F	1 400～1 000	伸缩	s	
	C—Cl	800～600	伸缩	s	
	C—Br	600～500	伸缩	s	
	C—I	500～200	伸缩	s	
	$=CH_2$	910～890	面外摇摆	s	
	—$(CH_2)_n$—，$n>4$	720	面内摇摆	v	

注：s—强吸收，b—宽吸收带，m—中等强度吸收，w—弱吸收，sh—尖锐吸收峰，v—吸收强度可变。

6. 影响基团频率移动和基团吸收峰强度的因素

分子结构和测量环境影响基团频率的移动，特别是基团中原子的质量和原子间的化学键力常数的影响，使得同样的基团在不同的分子和不同的外界环境中基团频率变化较大。引起基团频率位移的因素大致可分为内部因素和外部因素两大类。

（1）内部因素

主要是结构因素，如相邻基团的影响、分子结构的空间分布等因素都可能导致基团频率位移。

1）诱导效应　由于取代基具有不同的电负性，通过静电诱导作用，会引起分子中电子分布的变化，从而引起键力常数的变化，改变基团的特征频率。一般来说，随着取代基数目的增加或取代基电负性的增大，诱导效应也增大，导致基团的振动频率向高频移动。

2）共轭效应　共轭效应形成多重键的 π 电子在一定程度上可以移动，共轭效应使共轭体系中的电子云密度平均化，结果使原来的双键伸长，键力常数削弱，振动频率降低。

3）偶极场效应　分子内相互靠近的官能团，产生偶极效应，作用的结果使电子云移动，电子云密度改变，键力常数改变，使官能团的频率发生移动。

4）氢键　氢键的形成使电子云密度平均化，从而使伸缩振动频率降低。

5）振动的耦合　当两个频率相同或相近的基团通过一个公共原子连接在一起时，由于一个键的振动通过公共原子使另一个键的长度发生改变，产生一个“微扰”，从而形成了强烈的相互振动作用。其结果使振动频率发生变化，一个向高频移动，一个向低频移动，谱带分裂，这种现象称为振动的耦合。

6）费米共振　当一个基团振动的倍频与另一基团振动的基频相近时，两振动发生相互作用产生很强的吸收峰或发生裂分，这种现象叫做费米共振。

7）空间效应　主要是分子内空间的相互作用、立体障碍、环张力的影响等。

（2）外部因素

外部因素主要是指测定时物质的状态以及溶剂效应等因素，试样状态、测定条件的不同及溶剂极性的影响等外部因素都会引起频率位移。

分子在气态时，其相互作用力很弱，可以观察到伴随振动光谱的转动精细结构。液态和固态分子间作用力较强，在有极性基团存在时，可能发生分子间的缔合或形成氢键，导致特征吸收带频率、强度和形状有较大的改变。

溶质分子的极性基团的伸缩振动频率随溶剂极性的增加向低波数方向移动，并且强度增大。在溶液中测定光谱时，由于溶剂的种类、溶剂的浓度和测定时的温度不同，同一种物质所测得的光谱也不同。通常在极性溶剂中，溶质分子极性基团的伸缩振动频率随溶剂极性的增加而向低波数方向移动，并且强度增大。因此，在红外光谱测定中，应尽量采用非极性的溶剂。

（3）基团吸收峰强度的影响因素

红外吸收峰的强度通常粗略地用以下 5 个级别表示。

vs	s	m	w	vw
极强峰	强峰	中强峰	弱峰	极弱峰
$\varepsilon>100$	$\varepsilon=20\sim100$	$\varepsilon=10\sim20$	$\varepsilon=1\sim10$	$\varepsilon<1$

1）吸收峰强度与分子跃迁几率有关　跃迁几率是指激发态分子所占分子总数的百分数。基频峰的跃迁几率大，倍频峰的跃迁几率小，合频峰与差频峰的跃迁几率更小。

2）吸收峰强与分子偶极矩有关　分子的偶极矩与分子的极性、对称性和基团的振动方式有关。一般极性较强的分子或基团，其吸收峰也强。例如 C═O、OH、C—O—C、Si—O、N—H、NO_3等均为强峰，而 C═C、C═N、C—C、C—H 等均为弱峰。分子的对称性越低，则所产生的吸收峰越强。例如三氯乙烯的 $\bar{\nu}_{C=C}$在 1 585 cm^{-1}处有一中强峰，而四氯乙烯因其结构完全对称，所以它的 $\bar{\nu}_{C=C}$吸收峰消失。当基团的振动方式不同时，其电荷分布也不同，其吸收峰的强度依次为：$\nu_{as}>\nu_s>\delta$。但是苯环上的 $\gamma_{\Phi-H}$为强峰，而 $\nu_{\Phi-H}$为弱峰。

二、红外吸收光谱法的分析方法

1．分析试样的制备

红外吸收光谱图的质量与仪器、制样方法等因素有关。试样应该是单一组分，纯度应为大于 98% 或符合商业规格的纯物质，多组分的试样测定前要分离提纯；因水本身有红外吸收，侵蚀吸收池的盐窗，严重干扰试样谱图，试样中应不含有游离水；试样的浓度和测试厚度应适当选择，以使光谱图中大多 数峰的透射比在 15% ~75% 范围内。太稀或太薄时，一些弱峰可能不出现，太浓或太厚时，可能使一些强峰的记录超出，无法确定峰的位置。

（1）固体试样

固体试样可以用压片法、糊剂法、薄膜法和溶液法等制备。

1）压片法　把固体试样的细粉，均匀地分散在碱金属卤化物中并压成透明薄片的一种方法。将固体试样 1 ~2 mg 与 100 ~200 mg 的 KBr 粉末，在玛瑙研钵中一起粉碎并混合均匀。加入压模内，用压片机（压力为 50 ~100 MPa）压成均匀透明厚约 1 mm 直径约为 10 mm的透明薄片，用于测定。试样和 KBr 都应经干燥处理，研磨到粒度小于 2 μm，以免受到散射光影响。

一种压片模具的示意图如图 2—1—7 所示。将其中一个压舌放在底座上，光洁面朝上，并装上压片套圈，研磨后的试样放在这一压舌上，将另一压舌光洁面向下轻轻转动以保证样品平面平整，顺序放压片套筒、弹簧和压杆，加压 10 t，持续 3 min。拆片时，将底座换成取样器（形状与底座相似），将上、下压舌及中间的样品和压片套圈一起移到取样器上，再分别装上压片套筒及压杆，稍加压后即可取出压好的薄片。

2）糊剂法　将固体试样（2 ~5 mg）放入研钵中充分研细（粒度小于 2 μm），滴 1 ~2 滴重烃油调成糊状，涂在盐片上用组合窗板组装后测定。调糊剂常用液体石蜡油，其光谱较简单，具有较大的黏度和较高的折射率。但由于其 C—H 吸收带常对试样有影响，可用全氟烃油代替。

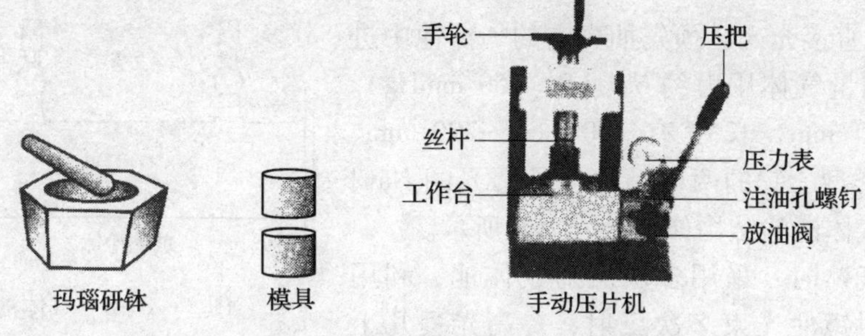

图 2—1—7　压片模具示意图

3）薄膜法　把固体试样制成薄膜有两种方法，一种是直接将试样放在盐窗上加热，将熔融试样涂成薄膜。另一种是先把试样溶于挥发性溶剂中制成溶液，然后滴在盐片上，待溶剂挥发后，试样遗留在盐片上形成薄膜。

4）溶液法　对于不易研成粉末的固体试样，溶于适当的红外用溶剂中然后注入固体池中进行测定。

5）熔融成膜法　试样置于晶面上，加热熔化，合上另一晶片，适用于熔点较低的固体试样。

6）漫反射法　试样加分散剂研磨，加到专用漫反射装置中，适用于某些在空气中不稳定，高温下能升华的试样。

（2）液体试样

液体试样可以用液膜法、液体池法和溶液法等。

1）液膜法　也称为夹片法，液体试样常用液膜法。将 1 ~ 2 滴液体试样夹在两块晶面之间，使之形成一层薄薄的液膜，置于试样架上，液膜厚度可借助于紧固螺钉作微小调节。该法操作简便，适用于高沸点（高于 80℃）及不易清洗的样品。此种方法重现性较差，不宜做定量分析。

2）液体池法　液体池由两个盐（NaCl 或 KBr）片作为窗板，中间夹一薄层垫片板，形成一个小空间，一个盐片上有一小孔，用注射器注入试样。液体池可分为固定式池（也叫密封池，垫片的厚度固定不变）、可拆装式池（可以拆卸更换不同厚度的垫片）和可变式池（可用微调螺钉连续改变池的厚度，并从池体外的测微器观察池的厚度）三种。该法适用于沸点低，挥发性较大的液体或吸收很强的固、液体需配成溶液进行测量的试样，可采用液体池法。

3）溶液法　将溶液（或固体）试样溶于适当的红外用溶剂中，如 CS_2、CCl_4、$CHCl_3$ 等，然后注入固体池中进行测定。此法重现性好，光谱的形状、结构清晰，所用溶剂在测量的光谱区域中没有吸收；溶剂对试样无强烈的溶剂化作用，通常为非极性溶剂；溶剂对窗盐没有腐蚀作用；溶剂对试样应有足够的溶解能力。

由于盐片窗口怕水，一般水溶液不能测定红外光谱。利用聚乙烯薄膜是水溶液红外光谱测定的一种简易方法，即在金属管上铺一层聚乙烯薄膜，其上压入一橡胶圈。滴下水溶液后，再盖一层聚乙烯薄膜，用另一橡胶圈固定后测定。

该法特别适用于定量分析，还能用于红外吸收很强、用液膜法不能得到满意谱图的液体试样的定性分析。

（3）气体试样

气体试样可直接充入已预先抽真空的气体池中进行测量，池内测量气体压力约 6.7 kPa（50 mmHg）。池体直径约 40 mm，长度有 100 mm、200 mm、500 mm等各种类型，它的两端粘有红外透光的 NaCl 或 KBr 窗片，气体池的结构如图 2—1—8 所示。

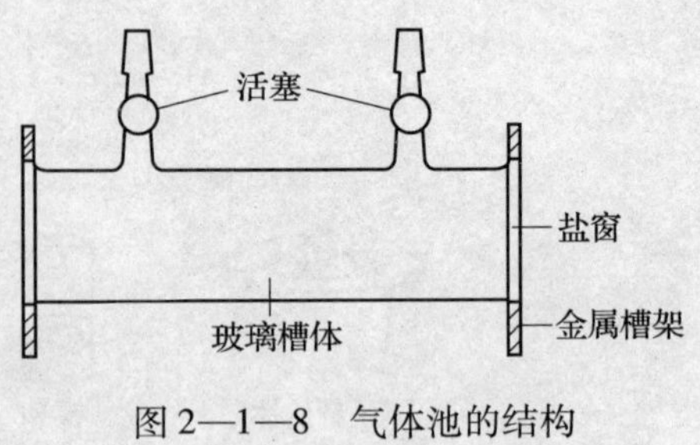

图 2—1—8　气体池的结构

测量微量气体时，采用多次反射气体池，利用池内放置的反射镜使光束多次反射，提高光程几十倍，增大组分分子吸收红外光的机会，以提高测定的灵敏度。

气体池还可用于挥发性很强的液体试样的测定。

（4）其他试样

对于聚合物试样根据物态和性质采用不同制样方法，黏稠液体用液膜法、溶液挥发成膜法、加液加压液膜法、全反射法、溶液法；薄膜状试样用透射法、镜面反射法、全反射法；能磨成粉的试样可用漫反射法、压片法；能溶解的试样用溶解成膜法、溶液法；纤维、织物等试样用全反射法；单丝或以单丝排列的纤维试样用显微测量技术；不熔、不溶的高聚物，如硫化橡胶、交联聚苯乙烯等试样用热裂解法。

2. 定性分析

定性分析的一般步骤是试样的分离和精制，收集未知试样的有关资料和数据，确定未知物的不饱和度，谱图解析首先查对 $\nu_{C=O}$1 840 ~ 1 630 cm^{-1}（s）的吸收是否存在，如存在，则可进一步查对下列羰基化合物是否存在；如果谱图上无 $\nu_{C=O}$吸收带，则可查对是否为醇、酚、胺、醚等化合物；查对是否存在 C ═C 双键或芳环；查对是否存在 C≡C 或 C≡N 叁键吸收带；查对是否存在硝基化合物；查对是否存在烃类化合物。

如在试样光谱中未找到以上各种基团的特征吸收峰，而在 ~3 000 cm^{-1}，~1 470 cm^{-1}，~1 380 cm^{-1}，和 780 ~ 720 cm^{-1}有吸收峰，则它可能是烃类化合物。对于复杂有机化合物的结构分析，往往还需要与其他结构分析方法配合使用，详细情况可查阅有关专著。

红外吸收光谱的定性分析分为官能团定性和结构分析两个方面。有机化合物官能团具有特征基团频率，其吸收峰的数目、位置、形状和强度均随化合物及其聚集状态的不同而不同。因此根据试样官能团的红外光谱，就可以像辨别人的指纹一样，确定分析的化合物是何种基团或含有哪些基团。结构分析需要由化合物的红外吸收光谱并结合其他实验资料来推断化合物的化学结构式。

如果分析目的是对已知物及其纯度进行定性鉴定，那么只要在得到试样的红外光谱图后，与纯物质的标准谱图进行对照即可。如果两张谱图各吸收峰的位置和形状完全相同，峰的相对吸收强度也一致，就可初步判定该试样为该种纯物质。

（1）官能团定性分析

在化学式中引入或除去某官能团，则其红外光谱图中相应的特征吸收峰应出现或消失，进行光谱解析即可确定。进行图谱解析时，借助基团频率表来确认基团或化学键的类型。

1）否定法　已知某波数区的谱带对某个基团是特征性的，在谱图中的这个波数区如果没有谱带存在，就可以判断某些基团在分子中不存在。

2）肯定法　在用肯定法解析图谱时应当注意，有许多基团的吸收峰会出现在同一波数区域内，因此很难作出明确的判断，这就需要从几个不同波数区域内的相关峰来综合判断某个基团。

（2）已知物鉴定

如果分析目的是对已知物及其纯度进行定性鉴定，仅仅要求证实是否为所期待的化合物，可将试样的谱图与标准样品的谱图进行对照，或者与文献中对应标准物的谱图进行对照，如果两张谱图中各吸收峰的位置和形状完全相同，峰的相对强度也一样，就可以初步判定试样是该种标准物。相反，如果两张谱图各吸收峰的位置和形状不一致，则说明两者不为同一化合物，或试样中可能含有杂质。使用文献上的谱图时应当注意试样的物态、结晶状态、溶剂、测定条件以及所用仪器类型等。

目前经常使用的红外标准谱图主要有 ASTM 穿孔卡片、萨特勒（Sadtler）红外谱图集、分子光谱文献 DMS 穿孔卡片、IRDC 卡片、API 卡片等几种。

（3）未知物结构的测定

测定未知物的结构是红外光谱法定性分析的一个重要用途。谱图解析就是根据实验所测绘的红外吸收光谱图的吸收峰位置、强度和形状，利用基团振动频率与分子结构的关系，确定吸收带的归属，确认分子中所含的基团或化学键，进而推定分子的结构。

1）化学式的确定　在进行谱图解析时，首先要确认试样的纯度（应在 98% 以上），否则要提纯（如分馏、萃取、重结晶、层析等），而且要根据试样的来源、元素分析值、相对分子质量、熔点、沸点、溶解度、有关的化学性质，以及紫外吸收光谱、核磁共振波谱、质谱等其他分析鉴定的手段，预想可能的分子结构，再结合基因（或化学键）的特征频率、谱带的相对强度以及形状作出综合的分析判断，并对所确定的分子结构加以验证。

2）不饱和度的计算　所谓不饱和度是表示有机分子中碳原子的饱和程度，从不饱和度可推出化合物可能的范围。

不饱和度 Ω 的数值为化合物中双键数与环数之和（如叁键的 Ω 为 2），它表示了有机分子中碳原子的不饱和程度。计算不饱和度 Ω 的经验公式为

$$\Omega = 1 + n_4 + \frac{n_3 - n_1}{2} \qquad (2—1—9)$$

式中 n_4、n_3、n_1 分别为分子中所含的四价元素（通常为碳）、三价元素（通常为氮）和一价元素（通常为氢及卤素）原子的数目。二价元素原子（如氧、硫等）不参与计算。

当 $\Omega=0$ 时，表示分子是饱和的，可能为链状烷烃及其不含双键的衍生物。

当 $\Omega=1$ 时，可能有一个双键或一个脂环。

当 $\Omega=2$ 时，可能有两个双键或两个脂环，可能有一个双键和一个脂环，也可能有一个叁键。

当 $\Omega=4$ 时，可能有一个苯环等，以此类推。

3）谱图解析　依照特征官能团区、指纹区及几个重要光谱区域的特性，对谱图进行解析，判断该化合物是无机物还是有机物，是饱和的还是不饱和的，是脂肪族、脂环族、芳香族、杂环化合物还是杂环芳香族。

首先辨认特征区第一强峰的起源（由何种振动所引起）及可能的归属（属于什么基团或化学键），然后找出该基团所有或主要的相关峰，以确定第一强峰的归属。再依次解析特

征区的第二强峰及其相关峰，以此类推。有必要时，再解析指纹区的第一、第二、第三等强峰及相关峰。采取确认一个峰，解析一组相关峰的方法，它们可以互为旁证，避免孤立解析造成判断错误。根据特征吸收峰的位置、相对强度及形状，参照基团频率确定分子中各个基团或化学键所邻接的原子或原子团，推测分子结构。

确定了化合物可能的结构后，应对照相关化合物的标准红外光谱图或由标准物质在相同条件下绘制的红外光谱图。当谱图上所有的特征吸收谱带的位置、强度和形状完全相同时，才能认为推测的分子结构是正确的。需要注意的是，由于使用仪器性能和谱图的表示方式（等波数间隔或等波长间隔）的不同，其特征吸收谱带的强度和形状有些差异，要允许合理性差异的存在，但其相对强度的顺序应不变。

通过谱图解析确定未知物的分子结构，是一个相当复杂的问题，没有一定的规则。对于结构复杂或待定结构的新化合物，只用红外光谱很难确定其结构，需要和紫外吸收光谱、核磁共振波谱以及质谱等分析手段结合才能确定其结构式。

（4）应用举例

某化合物分子式为 $C_{10}H_{10}O$，由核磁共振波谱指出—CH_3 与它相连的碳的不带 H，由 IR 光谱图推导出的结构如图 2—1—9 所示。

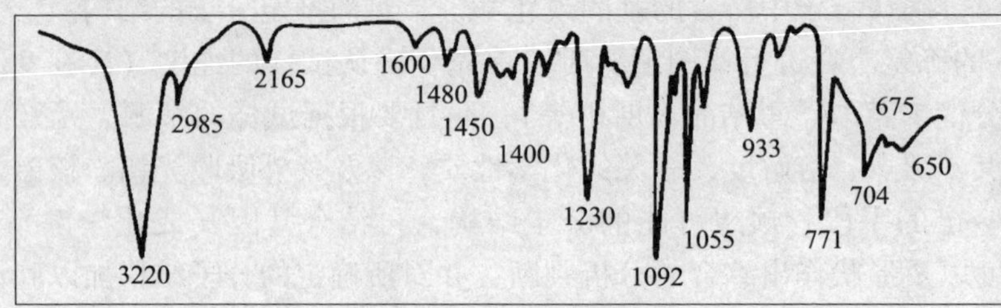

图 2—1—9　IR 光谱图

计算得不饱和度 $\Omega=6$，从 771 cm^{-1}，704 cm^{-1} 和 1 600 cm^{-1}，1 480 cm^{-1}，1 450 cm^{-1} 的吸收可以看出存在单取代苯环；由 2 165 cm^{-1} 和 675 cm^{-1}，650 cm^{-1} 的吸收可估计出有 C≡CH（高波数的尖峰被掩盖）；3 220 cm^{-1} 和 1 400 cm^{-1} 处的吸收显示有—OH，进一步查表得知为叔醇（1 092 cm^{-1}），旁边 α 位有不饱和取代，结合核磁共振波谱所指出的甲基与季碳相连，故可得出该未知化合物的结构为：

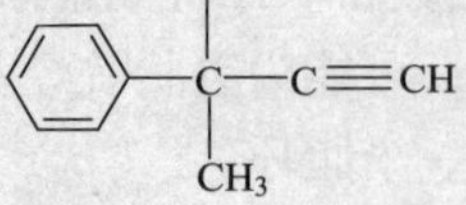

OH
C—C≡CH
CH_3

三、红外吸收光谱法的特点

1. 试样用量少、分析速度快、操作方便、不破坏试样且可回收。

2. 气体、液体、固体试样都可测定，不受熔点、沸点和蒸气压的限制。

3. 红外光谱具有高度的特征性，除光学异构体外，每种化合物的红外光谱都有自己的特征。

4. 现在已经积累了大量标准红外光谱图，研究对象和适用范围广。

有些物质不能产生红外吸收峰，还有些物质（如旋光异构体，不同分子量的同一种高聚物）不能用红外吸收光谱法鉴别。红外吸收光谱法定量分析的准确度和灵敏度均低于紫

外 - 可见吸收光谱法。

项目相关知识二　红外吸收光谱仪的使用

学习指南

学习红外吸收光谱仪的类型、结构；了解色散型红外吸收光谱仪和傅立叶变换红外吸收光谱仪的基本组成部分；掌握红外吸收光谱仪的使用方法。

一、红外吸收光谱仪的类型

红外吸收光谱仪可分为色散型和干涉型两大类。色散型又分棱镜和光栅分光型两种，干涉型为傅立叶变换红外光谱仪（FTIR）。

1. 色散型红外吸收光谱仪

色散型红外吸收光谱仪又称经典红外光谱仪，色散型红外吸收光谱仪有棱镜分光型和光栅分光型两种。一般均采用双光束设计，如图 2—1—10 所示。将光源发射的红外光分成两束，一束通过试样池，另一束通过参比池。斩光器（扇形镜）使试样光束和参比光束交替通过单色器，然后被检测器检测。当试样光束与参比光束强度相等时，检测器不产生交流信号；当试样有吸收，两光束强度不等时，检测器产生与光强差成正比的交流信号，从而获得吸收光谱。试样对于各种不同波长的红外光吸收有多少，参比光路上的光楔也相应地按比例移动，以进行补偿。记录笔是和光楔同步的，记录笔记录下试样光束被试样吸收后的强度—百分透射比，作为纵坐标直接被描绘在记录纸上。单色器内的光栅或棱镜可以移动以改变单色光的波长，而光栅或棱镜的移动与记录纸的移动是同步的，这就是横坐标。这样在记录纸上就描绘出纵坐标—百分透射比（T）对横坐标—波长或波数（λ 或 $\bar{\nu}$）的红外吸收光谱图。

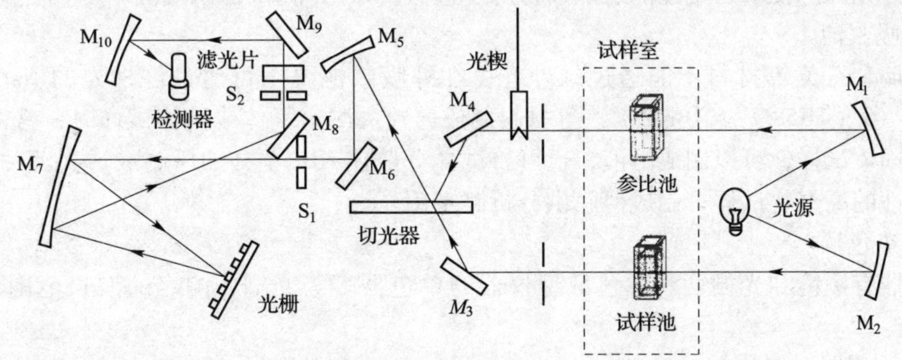

图 2—1—10　色散型红外吸收光谱仪结构示意图

2. 傅立叶变换红外吸收光谱仪

傅立叶变换红外吸收光谱仪的工作原理如图 2—1—11 所示。它与色散型红外吸收光谱仪完全不同，它是利用迈克尔逊干涉仪获得入射光的干涉图，通过数学运算（傅立叶变换）将干涉图变成红外光谱图，而无须单色器和狭缝。由红外光源发出的红外光经准直成为平行红外光束进入干涉仪系统，经干涉仪调制后得到一束干涉光。干涉光通过试样，获得含有光谱信息的干涉信号到达检测器上，由检测器将干涉信号变为电信号。此处的干涉信号是一时间函数，即由干涉信号绘出的干涉图，其横坐标是动镜移动时间或动镜移动距离。这种干涉图经过转换器（A/D）送入计算机，由计算机进行傅立叶变换的快速计算，即可获得以波数为横坐标的红外光谱图。然后通过转换器送入绘图仪而绘出标准红外光谱图。

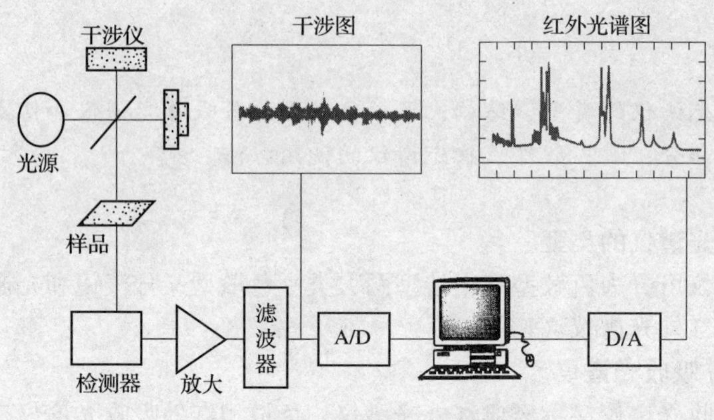

图 2—1—11　FTIR 工作原理图

傅立叶变换红外吸收光谱仪基本上为双光道单光束仪器，有测量速度极快、光源能量大、灵敏度高、分辨率高、测量精度高、测定波数范围宽以及光学部件简单等特点。

二、红外吸收光谱仪的组成部分

1. 色散型红外吸收光谱仪

色散型红外吸收光谱仪主要由光源、吸收池、单色器、检测器、记录系统五个部分组成。

（1）光源

红外光源应是能够发射高强度的连续红外光的物体。稳定的固体在加热时产生的辐射可以满足红外光源的要求，常见的有能斯特灯、硅碳（SiC）棒、白炽线圈。

（2）吸收池

因玻璃、石英等材料不能透过红外光，红外吸收池要用可透过红外光的 NaCl、KBr、CsI、KRS－5（TlI58%，TlBr42%）等材料制成窗片。测定气体或液体试样时，常需要吸收池。测定固体试样，可以制成溶液，也可将试样分散在 KBr 中并加压制成透光薄片后测定。测定热熔性的高聚物试样，制成薄膜供分析测定用。

（3）单色器

单色器有棱镜和光栅两种，色散型仪器的单色器多为光栅，测定的波长范围是 650 ~ 4 000 cm^{-1}。

（4）检测器

红外光谱区的光子能量较弱，不足以引起光电子发射，因此电信号输出很小，不能用光电管和光电倍增管作检测器。常用的红外检测器有真空热电偶、测热辐射计、热释电检测器和汞镉碲检测器。

（5）记录系统

红外吸收光谱仪由记录仪自动记录谱图，新型的仪器配有计算机控制仪器的操作和图谱的检索。

2. 傅立叶变换红外吸收光谱仪

傅立叶变换红外吸收光谱仪主要由光源、迈克尔逊（Michelson）干涉仪、检测器和计算机组成，没有色散元件。

（1）光源

FTIR 要求光源能发射出稳定、能量强、发射度小的具有连续波长的红外光。通常使用能斯特灯、硅碳棒或涂有稀土化合物的镍铬旋状灯丝。

（2）迈克尔逊干涉仪

FTIR 的核心部分是迈克尔逊干涉仪，干涉仪将光源来的信号以干涉图的形式送往计算机进行快速的傅立叶变换的数学处理，最后将干涉图还原为通常解析的光谱图，如图 2—1—12 所示。迈克尔逊干涉仪由固定反射镜 M_1（定镜）、移动反射镜动镜 M_2（动镜）、分束器（BS 由半导体锗和单晶 KBr 组成）和检测器组成。定镜和动镜相互垂直放置，分束器是一半透膜，放置在定镜和动镜之间成 45°角，可让入射的红外光一半透光，另一半被反射。当 S 光源的红外光进入干涉仪后，透过 BS 的光束入射到动镜表面，另一半被 BS 反射到定镜表面，两束光被动镜和定镜反射回到 BS 上，又被反射和透射到探测器上。

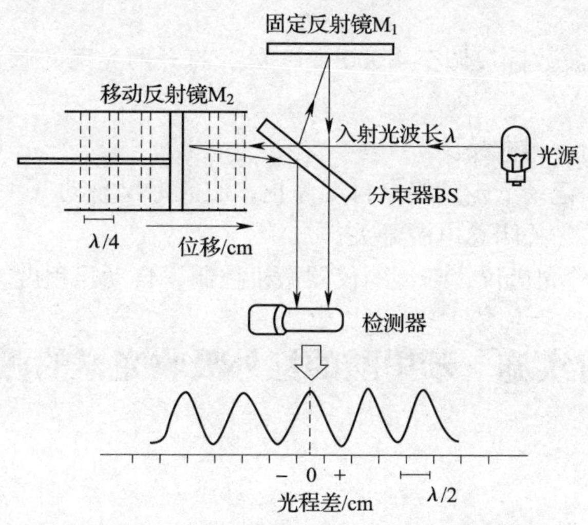

图 2—1—12　迈克尔逊干涉仪工作原理示意图

当动镜 M_2 移动距离是入射光波长 λ 的 1/4 时，则透射光的光程变化为 $\lambda/2$，在检测器上两束光的光程差为 $\lambda/2$，位相差 180°，发生相消干涉，亮度最小。当动镜移动距离是 $\lambda/4$ 的奇数倍时，都会发生这样的相消干涉，亮度最小；当动镜移动距离是 $\lambda/4$ 的偶数倍时，则发生相长干涉，亮度最大。若动镜 M_2 处于上述两种位移之间，则发生部分相消干涉，亮度介于两者之间。如果动镜 M_2 以匀速向分束器移动，即动镜每移动 $\lambda/4$ 距离，信号强度就会从暗到亮周期性改变，即在检测器上得到一个强度为余弦变化的信号。当入射光是连续频率的多色光时，得到的是中心极大而向两侧迅速衰减的对称干涉图。

当多色光通过试样时，由于样品选择吸收了某些波长的光，则干涉图发生了变化，变得极为复杂，这种复杂的干涉图是难以解释的，需要经过计算机进行快速的傅立叶变换，就可得到一般所熟悉的透射率随波数变化的普通红外光谱图。

（3）检测器

检测器一般可分为热检测器和光检测器两大类。热检测器的工作原理是把某些热电材料的晶体放在两块金属板中，当光照射到晶体上时，晶体表面电荷分布变化，由此可以测量红外辐射的功率。热检测器有氘化硫酸三甘钛（DTGS）、钽酸锂（$LiTaO_3$）等类型。光检测器的工作原理是某些材料受光照射后，导电性能发生变化，由此可以测量红外辐射的变化。最常用的光检测器有锑化铟、汞镉碲（MCT）等类型。

（4）记录系统

傅立叶变换红外光谱仪红外谱图的记录、处理一般都是在计算机上进行的。其工作软件可以直接进行扫描操作，可以对红外谱图进行优化、保存、比较、打印及对各项参数进行调整等。

三、红外吸收光谱仪的使用方法

1. 接通总电源开关，数分钟后接通光源开关。

2. 手动波数标尺指示为400 cm^{-1}，并将记录纸的4 000 cm^{-1}下对准记录笔尖。

3. 选择扫描速度，接通记录笔开关。

4. 调整零点。将波数标尺调至1 000 cm^{-1}处，慢慢关闭样品光束的遮光器，用调零旋钮调节笔尖与0%对齐。

5. 调整100%，将波数标尺调至4 000 cm^{-1}处，打开两光束的遮光器，并用100%旋钮调节笔尖对准100%处。

6. 放入参比样品和待测样品。

7. 开动启动开关，记录纸走到终点自动停止，波数标尺自动（手动）返回。

8. 关闭记录笔开关，关闭总电源开关。

应按说明书操作红外光谱仪，新型的仪器微机控制，自动化程度较高。

项目实施　苯甲酸的红外吸收光谱的测定

实施指南

熟悉试样的准备与制备方法；掌握红外吸收光谱绘制的实验技术。

一、测定仪器

红外光谱仪；压片机；压片模具；玛瑙研钵；红外干燥灯；样品勺。

二、测定试剂

苯甲酸标样；溴化钾；苯甲酸试样。所用试剂均为优级纯。

三、测定步骤

1. 仪器准备

阅读仪器使用说明书，选择本实验的操作条件，各项指标调节到测定状态，仪器预热。开启空调机，使室内温度控制在18～20℃，相对湿度≤65%。

2. 苯甲酸标样、试样和纯溴化钾晶片的制作

（1）取预先在110℃烘干48 h以上，取干燥的溴化钾150 mg左右，置于洁净的玛瑙研钵中，研磨成均匀粉末，然后转移到压片模具上。在红外干燥灯下进行操作，以使溴化钾粉末保持干燥。按顺序放好各部件后，把压模置于压片机上，并旋转压力丝杆手轮，压紧压模，顺时针旋转放油阀到底，然后一边抽气，一边缓慢上下移动压把，加压开始，注视压力表，当压力加到 $1\times10^5\sim1.2\times10^5$ kPa（100 ~ 120 kg/cm^2）时，停止加压，维持 3 ~ 5 min，逆时针旋转放油阀，加压解除，压力表指针指“0”，旋松压力丝杆手轮取出压模，小心地从压模中取出晶片，并保存在干燥器内。得到的溴化钾参比晶片厚度为 1 ~ 2 mm。

（2）另取一份 150 mg 左右的溴化钾置于洁净的玛瑙研钵中，加入 2 ~ 3 mg 苯甲酸标样，同上操作研磨均匀、压片并保存在干燥器中。

（3）再取一份 150 mg 左右溴化钾置于洁净的玛瑙研钵中，加入 2 ~ 3 mg 苯甲酸试样，同上操作制成晶片，并保存在干燥器内。

3. 测绘红外吸收光谱

如果仪器为双光束红外光谱仪，将溴化钾参比晶片和苯甲酸标样晶片分别置于主机的参比窗口和样品窗口上，测绘苯甲酸标样的红外吸收光谱。

如果仪器为单光束红外光谱仪，先将溴化钾参比晶片置于窗口，测定背景吸收。再将苯甲酸标样晶片置于窗口，测绘苯甲酸标样的红外吸收光谱。

在相同的实验条件下测绘苯甲酸样品的红外吸收光谱。

四、测定记录与结果

1. 记录实验条件。

2. 在苯甲酸标样和试样红外吸收光谱图上，标出各特征吸收峰的波数，并确定其归属。

3. 将苯甲酸试样光谱图与其标样光谱图中各吸收峰的位置、形状和相对强度逐一进行比较，并得出结论。

4. 使用分子式索引、化合物名称索引从萨特勒标准红外光谱图集中查得苯甲酸的标准红外光谱图，并与试样的红外光谱图进行比较。

五、注意事项

1. 制得的晶片必须无裂痕，无局部发白现象，如同玻璃般完全透明，否则应重新制作。

2. 晶片局部发白，表示压制的晶片厚薄不匀；晶片模糊，表示晶体吸潮，水在光谱图 3 450 cm^{-1}和 1 640 cm^{-1}处出现吸收峰。

六、思考题

1. 红外吸收光谱测绘时，对固体试样的制样有何要求？

2. 红外光谱实验室为什么要求温度与相对湿度维持一定的指标？

项目二　聚乙烯和聚苯乙烯膜的红外吸收光谱测绘

能力目标

能熟练操作红外光谱仪；会测绘红外吸收光谱曲线；能根据红外吸收光谱曲线确定化合物。

知识目标

了解红外光谱绘制的方法；掌握薄膜样品的制备方法；了解红外吸收光谱峰的类型及位置；掌握红外吸收光谱解析的一般步骤。

一、测定仪器

红外光谱仪。

二、测定试剂

样品：取厚度约为 5 μm 的 30 × 50 mm^2 的聚乙烯和聚苯乙烯膜各 1 张。另取 55 × 120 mm^2 的硬纸板 4 张，在它们中间开出长 30 mm，宽 15 mm 的长方形口，然后把薄膜分别粘夹在两张硬纸板长方形口上，即制成样品卡片。

若仪器有专用薄膜样品固定架，可直接进行样品安装。

三、测定步骤

1. 仪器准备

阅读仪器使用说明书，选择本实验的操作条件，仪器做好测定前的准备，各项指标调节到测定状态。

2. 安装试样

将聚乙烯膜试样卡片置于样品窗口前。

3. 测定

在实验条件下进行测定，测绘聚乙烯膜、聚苯乙烯膜的红外吸收光谱。

四、测定记录与结果

1. 记录实验条件。

2. 在红外吸收光谱图上标出各特征吸收峰的频率，指出各吸收峰属于何种基团的振动。

3. 比较聚乙烯和聚苯乙烯膜的红外吸收光谱，指出它们之间的差别，并说明产生这些差别的原因。

五、注意事项

在解析红外吸收光谱时，一般从高波数到低波数依次进行，但不必对光谱图中的每一个吸收峰都进行解析，只需要指出各基团的特征吸收峰即可。

六、思考题

1. 红外吸收光谱的产生原因是什么？

2. 化合物的红外吸收光谱能提供哪些信息？

项目三　正丁醇 – 环己烷溶液中正丁醇含量的测定

能力目标

能利用红外光谱法对物质进行定量分析；会计算试样的含量。

知识目标

了解吸光度的测量方法；掌握标准曲线法定量分析的技术；了解红外光谱法进行纯组分定量分析的全过程。

项目相关知识 红外吸收光谱法的分析方法

学习指南

学习峰高法、基线法测量吸光度的操作；掌握工作曲线法、比例法、内标法和差示法红外定量方法；熟悉定量分析操作条件的选择方法。

一、吸光度的测量方法

红外光谱定量分析是通过对特征吸收谱带强度的测量来求出组分含量。红外吸收光谱的定量分析也是基于朗伯－比尔定律，即在某一波长的单色光，吸光度与物质的浓度呈线性关系。根据测定吸收峰峰尖处的吸光度 A 来进行定量分析。由于红外光谱的谱带较多，选择的余地大，所以能方便地对单一组分和多组分进行定量分析。该法不受试样状态的限制，能定量测定气体、液体和固体试样。

由红外光谱直接得到的往往是入射光强度 I_0及透射光强度 I_t，需根据 $A=-\lg(I_t/I_0)$ 确定吸收峰的吸光度 A。

1. 峰高法

根据测定吸收峰峰尖处的吸光度 A 来进行定量分析。将测量波长固定在被测组分有明显的最大吸收而溶剂只有很小或没有吸收的波数处，使用同一吸收池，分别测定试样及溶剂的透光率，则试样的透光率等于两者之差，并由此求出吸光度。

2. 基线法

背景吸收较大不可忽略，并且有其他峰的影响使测量峰不对称时，可用基线法测量 I_0、I_t。如图 2—3—1 所示，通过测量峰两边的峰谷作一切线，以两切点连线的中点确定 I_0，以峰最大处确定 I_t，从而计算吸光度。

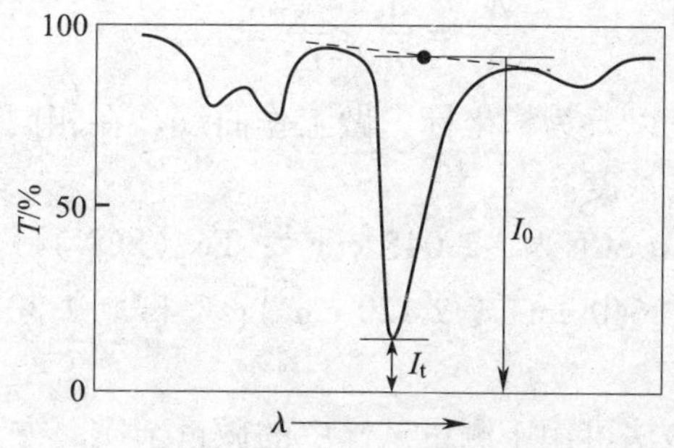

图 2—3—1 基线法测量吸光度

二、定量分析方法

1. 工作曲线法

在固定液层厚度、入射光的波长和强度的情况下，测定一系列不同浓度标准溶液的吸光度，以对应分析谱带的吸光度为纵坐标，标准溶液浓度为横坐标作图，得 $A-c$ 曲线，在相同条件下测试液的吸光度，从 $A-c$ 工作曲线上查得试液的浓度。

2. 比例法

标准曲线法要求测试试样和标准样品都使用相同厚度的吸收池，且其厚度能准确测量，如果其厚度不定或不易准确测量，可采用比例法。

比例法主要用于两组分混合物试样的分析。在两纯组分的红外光谱图中各选择一个互不受干扰的吸收峰作为测量峰。设两组分的浓度分别为 c_1、c_2，如果 c 用质量分数或摩尔分数表示，根据吸收定律，则有

$$A_1 = a_1 b c_1 \tag{2—3—1}$$

$$A_2 = a_2 b c_2 \tag{2—3—2}$$

$$R = \frac{A_1}{A_2} = \frac{a_1 b c_1}{a_2 b c_2} = K \frac{c_1}{c_2} \tag{2—3—3}$$

式中 $K = a_1/a_2$ 是两组分在各自测量峰处的吸光系数之比，通常为常数，可通过已知浓度的标准样品求得。将 R 代入 $c_1 + c_2 = 1$，则

$$c_1 = \frac{R}{K+R} \tag{2—3—4}$$

$$c_2 = \frac{K}{K+R} \tag{2—3—5}$$

由此可计算出两个组分的浓度。

3. 内标法

内标法是比例法的特例，选择一标准化合物，它的特征吸收峰与试样的分析峰互不干扰，取一定量的标准物质与试样混合，将此混合物制成 KBr 片或油糊制红外吸收光谱图，则有

$$A_S = a_S b_S c_S \tag{2—3—6}$$

$$A_r = a_r b_r c_r \tag{2—3—7}$$

将这两式相除，因 $b_S = b_r$，则得

$$\frac{A_S}{A_r} = \frac{a_S}{a_r} \cdot \frac{c_S}{c_r} = K c_S \tag{2—3—8}$$

以吸光度比为纵坐标，以 c_S 为横坐标，做工作曲线。在相同条件下测得试液的吸光度，从工作曲线上可查出试液的浓度。

常用的内标物有：$Pb(SCN)_2$，2 045 cm^{-1}；$Fe(SCN)_2$，1 635 cm^{-1}、2 130 cm^{-1}；KSCN，2 100 cm^{-1}；NaN_3，640 cm^{-1}、2 120 cm^{-1}；C_6Br_6，1 300 cm^{-1}、1 255 cm^{-1}。

4. 差示法

差示法又称补偿法，该法可用于测量试样中的微量杂质，方法是在双光束红外分光光度计的参比光路中，放入混合试样中对被测物质有干扰的组分，从而抵消其对被测组分的干扰。例如，某混合试样 a 由主要组分 b 和被测组分 c 组成，其红外光谱如图 2—3—2 所示。

显然 b 对 c 的测量有严重干扰。比较试样 a 和纯物质 b 两光谱（见图 2—3—2 中 a、b 曲线），仅在 P_A、P_B 处显示微小差别，此为 b、c 叠加的结果。如果将 b 组分加入参比光路中，并仔细调节光程厚度，可使其完全补偿样品光路中 b 的吸收，即可获得 c 组分的纯光谱（见图 2—3—2 中 c 曲线）。再由标准曲线求出组分 c 的含量。

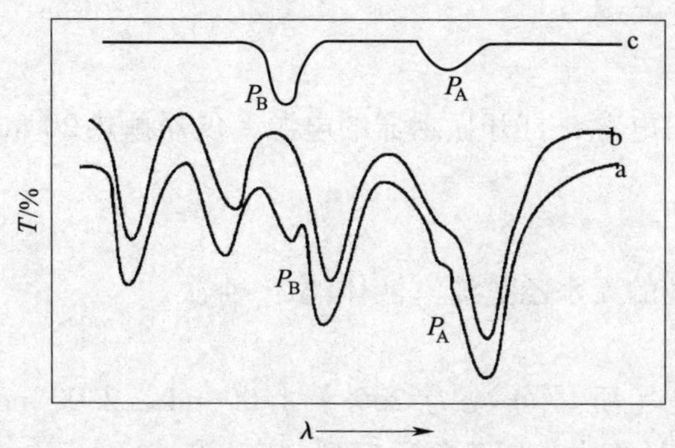

图 2—3—2　双光束差示分析法

三、定量分析操作条件的选择

1. 谱带的选择

理想的定量谱带应该是孤立的，吸收强度大，符合吸收定律，不受溶剂和试样中其他组分的干扰，尽量避免在水蒸气和 CO_2 的吸收峰位置测量。当对应不同定量组分而选择两条以上定量谱带时，谱带强度应尽量保持在相同数量级。对于固体试样，由于散射强度和波长有关，所以选择的谱带最好在较窄的波数范围内。

2. 溶剂的选择

所选溶剂应能很好地溶解试样，与试样不发生化学反应，在测量范围内不产生吸收。为消除溶剂吸收带影响，可采用差谱技术计算。

3. 透射区域的选择

透射比应控制在 20% ~65% 范围之间。

4. 测量条件

定量分析要求 FTIR 仪器的室温恒定，每次开机后均应检查仪器的光通量，保持相对恒定。定量分析前要对仪器的 100% 线、分辨率、波数精度等各项性能指标进行检查，先测参比（背景）光谱可减少 CO_2 和水的干扰。用 FTIR 进行定量分析，其光谱是把多次扫描的干涉图进行累加平均得到的，信噪比与累加次数的平方根成正比。

项目实施　正丁醇－环己烷溶液中正丁醇含量的测定

实施指南

学习不同浓度样品的配制方法；掌握液体池厚度的测定方法。

一、测定仪器

红外光谱仪；一对液体池；样品架；2 支 1 mL 注射器；红外灯；擦镜纸；1 支 5 mL 移

液管；6 个 10 mL 容量瓶。

二、测定试剂

分析纯的正丁醇与环己烷标样各 1 瓶；分析纯的无水乙醇 1 瓶；未知试样。

三、测定步骤

1. 准备工作

（1）开机

打开红外光谱仪主机电源，打开显示器的电源，仪器预热 20 min；回复工厂设置；打开计算机，进入工作软件。

（2）清洗液体池

用注射器装上分析纯的无水乙醇清洗液体池 3 ~ 4 次。

（3）配制标准溶液

分别移取标准溶液（质量分数为 20%）1.00 mL、2.00 mL、3.00 mL、4.00 mL、5.00 mL，放到 10 mL 容量瓶中，用溶剂稀释到刻度，摇匀。

2. 液体池厚度的测定

（1）在未放入试样前，扫描背景 1 次。

（2）将空的液体池作为试样进行扫描，测出空液体池的干涉条纹图。

（3）根据干涉条纹的数目计算池厚。一般选 1 500 ~ 600 cm^{-1} 的范围较好，计算公式（2—3—9）。

$$b = \frac{n}{2}\left(\frac{1}{\bar{\nu}_1 - \bar{\nu}_2}\right) \qquad (2—3—9)$$

式中 b——液体池厚度，cm；

n——两波数间所夹的完整波形个数；

$\bar{\nu}_1$、$\bar{\nu}_2$——起始和终止的波数，cm^{-1}。

3. 标准溶液的测定

用厚度较小的一个液体池作为参比池，扫描背景。将放入试样压片的试样架置于试样室中，扫描试样依次测定 5 个标准溶液的红外光谱图，保存，记录下试样名对应的文件名。用工作软件（操作方法见说明书）绘制工作曲线。

4. 未知试样的测定

用厚度较大的一个液体池作为试样池，扫描背景。按标准溶液的测定方法测定未知试样的红外光谱图，保存，记录下试样名对应的文件名。

5. 结束工作

（1）实验完毕后，先关闭红外工作软件，然后回复工厂设置，关闭显示器电源，关闭红外光谱仪的电源。

（2）用无水乙醇清洗液体池、玛瑙研钵、不锈钢药匙、镊子。

（3）整理台面，填写仪器使用记录。

四、测定记录与结果

软件自动读取试样谱图上相应的峰高（或者手动计算出试样谱图上相应峰高的吸光度），并计算未知试样的含量，最后输出结果报告（或写出完整的结果报告）。

五、注意事项

1. 每做一个标样或试样前都需用无水乙醇清洗液体池，然后再用该标样或试样润洗3~4次。

2. 配制的标准溶液要求最高浓度和最低浓度的特征吸收峰值应在0~1.5*A*之间（可根据实际情况相应调节标准溶液的浓度）。

3. 标准曲线的相关系数要求必须大于0.999 5。

六、思考题

标准曲线的相关系数与哪些因素有关?

思考与练习

一、选择题

1. 红外分光光度计常用（　　）作为光源。

A. 钨灯　　B. 硅碳棒　　C. 氢灯　　D. 空心阴极灯

2. 下列红外透光材料中，（　　）不可用在远红外光区。

A. LiF　　B. KBr　　C. NaCl　　D. KRS－5

3. FTIR 中的核心部件是（　　）。

A. 硅碳棒　　B. 迈克尔逊干涉仪　　C. DTGS　　D. 光楔

4. 在下面各种振动模式中，不产生红外吸收带的是（　　）。

A. 乙炔分子中的—C≡C—对称伸缩振动

B. 乙醚分子中的 C—O—C 不对称伸缩振动

C. CO_2分子中的 C—O—C 对称伸缩振动

D. HCl 分子中的 H—Cl 键伸缩振动

5. 有一含氧化合物，如用红外光谱判断它是否为羰基化合物，主要依据的谱带范围为（　　）。

A. 3 500~3 200 cm^{-1}　　B. 1 950~1 650 cm^{-1}

C. 1 500~1 300 cm^{-1}　　D. 1 000~650 cm^{-1}

6. 在含羰基的分子中，与羰基相连接的原子的极性增加会使分子中该键的红外吸收峰（　　）。

A. 向高波数方向移动　　B. 向低波数方向移动

C. 不移动　　D. 稍有振动

7. （　　）的不饱和度 Ω 为1。

A. 分子中有一个叁键　　B. 分子由单键构成

C. 分子中有一个双键或一个环　　D. 分子中有两个环 D/C

8. 若样品在空气中不稳定，在高温下容易升华，则红外样品的制备宜选用（　　）。

A. 压片法　　B. 石蜡糊法　　C. 熔融成膜法　　D. 漫反射法

9. 液体池的间隔片常由（　　）材料制成，起着固定液体样品的作用。

A. 氯化钠　　B. 溴化钾　　C. 聚四氟乙烯　　D. 铝箔

10. 红外光谱分析中，对含水样品的测试可采用（　　）材料作载体。

A. NaCl　　B. KBr　　C. KRS－5　　D. CaF_2

11. 在 3 030 cm^{-1}、2 960 cm^{-1}、2 930 cm^{-1}有吸收峰，表明存在________。(　　)

A. 含 C—H 基团化合物　　B. N—H 化合物

C. O—H 化合物　　D. 不确定

二、简答题

1. 试说明迈克尔逊干涉仪的组成及工作原理。

2. 试说明压片机的构造及使用方法。

3. 产生红外吸收的条件是什么？是否所有的分子振动都会产生红外吸收光谱？为什么？

4. 试说明红外定性分析的一般步骤。

5. 简单说明制备固体试样的几种常见的方法以及各种方法的特点和适用范围。

6. 进行红外定量分析对溶剂有何要求？

7. 计算下列分子的不饱和度：

(1) C_8H_{10}；(2) $C_8H_{10}O$；(3) $C_4H_{11}N$；(4) $C_{10}H_{12}S$；(5) $C_8H_{17}Cl$；(6) $C_7H_{13}O_2Br$。

8. 未知化合物 $C_6H_{15}N$，下图给出其红外吸收光谱图，推测其结构。

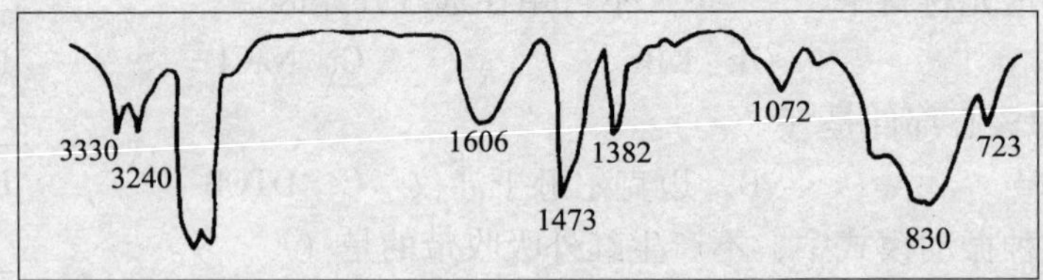

9. 有一分子式为 $C_7H_6O_2$的化合物，其红外光谱如下图所示，试推断其结构。

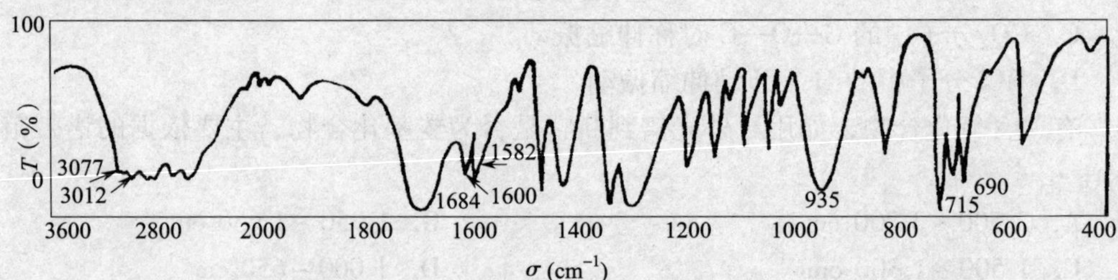

10. 某化合物分子式为 $C_{10}H_{10}O$，由核磁共振波谱指出—CH_3与它相连的碳不带 H，根据下图的 IR 光谱图推导其结构。

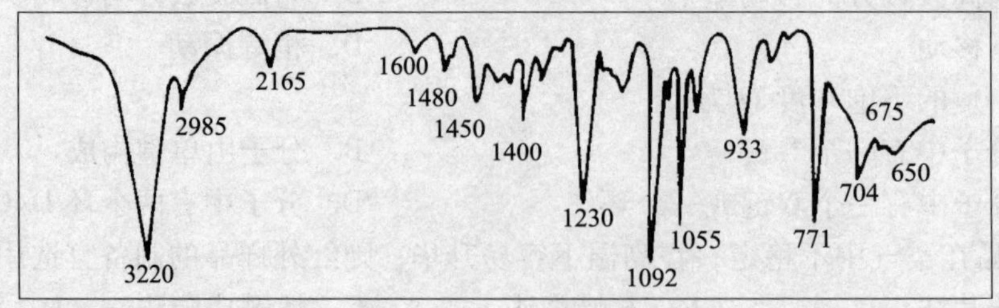

模块三　原子吸收光谱法

项目一　自来水中镁离子含量的测定

能力目标

能熟练使用原子吸收分光光度计；会用标准工作曲线法和标准加入法测定物质含量；学会最佳测量条件的选择。

知识目标

掌握原子吸收光谱法的相关知识；掌握原子吸收光谱法的定量分析方法；熟悉原子吸收分光光度计的基本组成及其作用；掌握自来水中镁离子含量的测定方法。

项目相关知识一　原子吸收光谱法的分析方法

学习指南

学习原子吸收光谱法的基础知识；掌握标准曲线法、标准加入法、稀释法、内标法等定量分析方法；熟悉测定条件的选择；了解测定中的干扰及其消除。

一、原子吸收光谱法的相关知识

1. 原子吸收光谱法

原子吸收光谱法是根据基态原子对特征波长光的吸收，来测定试样中待测元素含量的分析方法，也称原子吸收分光光度法。原子吸收光谱法不仅可测定金属元素还可测定一些非金属元素（如卤素、硫、磷）和一些有机化合物（如维生素 B_{12}、葡萄糖、核糖核酸酶等）。

2. 原子吸收光谱法分析过程

原子吸收光谱法分析过程如图 3—1—1 所示。

试液喷射成细雾与燃气混合后进入燃烧的火焰中，被测元素在火焰中转化为原子蒸气。气态的基态原子吸收从光源发射出的与被测元素吸收波长相同的特征谱线，使该谱线的强度减弱，再经分光系统分光后，由检测器接收。产生的电信号，经放大器放大，由显示系统显示吸光度或光谱图。

原子吸收光谱法与紫外吸收光谱法都属于吸收光谱分析，一个是基态原子蒸气，一个是溶液中的分子或离子。原子吸收光谱是线状光谱，而紫外－可见吸收光谱是带状光谱，这是两种方法的主要区别。

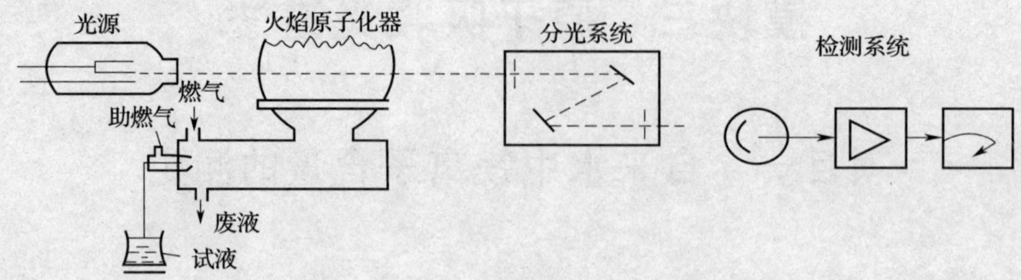

图3—1—1　原子吸收光谱分析过程

3. 原子吸收光谱法的基本原理

（1）共振线和吸收线

基态原子受到外界能量（如热能、光能等）激发时，其外层电子吸收了一定能量而跃迁到不同能态，当电子吸收一定能量从基态跃迁到能量最低的第一激发态时所产生的吸收谱线，称为共振吸收线，简称共振线。当电子从第一激发态跃回基态时，发射出同样频率的光辐射，其对应的谱线称为共振发射线，也简称共振线。

不同元素的原子结构不同，其共振线也各有特征。由于原子的能态从基态到最低激发态的跃迁最容易发生，因此对大多数元素来说，共振线也是元素的最灵敏线。原子吸收光谱法就是利用处于基态的待测原子蒸气对从光源发射的共振发射线的吸收来进行分析的，因此元素的共振线又称分析线。

（2）谱线轮廓与谱线变宽

1）谱线轮廓　任何原子发射或吸收的谱线都不是绝对单色的几何线，而是具有一定宽度的谱线。在各种频率 ν 下，测定吸收系数 K_ν，以 K_ν 为纵坐标，ν 为横坐标得到的曲线称为吸收曲线，如图3—1—2所示。曲线极大值对应的频率 ν_0 称为中心频率。中心频率所对应的吸收系数称为峰值吸收系数。在峰值吸收系数一半（$K_0/2$）处，吸收曲线呈现的宽度称为吸收曲线半宽度，以频率差 $\Delta\nu$ 表示。吸收曲线的半宽度 $\Delta\nu$ 的数量级为 $10^{-3} \sim 10^{-2}$ nm（折合成波长）。吸收曲线的形状就是谱线轮廓。

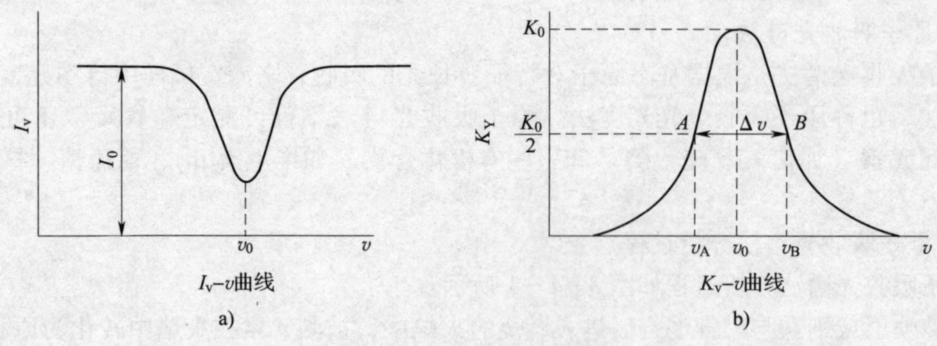

图3—1—2　吸收线轮廓

2）谱线变宽　一方面是由原子本身的性质决定了谱线自然宽度；另一方面是由于外界因素的影响引起的谱线变宽。谱线变宽效应可用 $\Delta\nu$ 和 K_0 的变化来描述。

①自然变宽 $\Delta\nu_N$　在没有外界因素影响的情况下，谱线本身固有的宽度称为自然宽度，

不同谱线的自然宽度不同，它与原子发生能级跃迁时激发态原子平均寿命有关，寿命长则谱线宽度窄。谱线自然宽度造成的影响与其他变宽因素相比要小得多，其大小一般在 10^{-5}nm 数量级。

②多普勒（Doppler）变宽 $\Delta\nu_D$　多普勒变宽是原子在空间作无规则热运动而引起的，又称热变宽，其变宽程度可用式（3—1—1）表示：

$$\Delta\nu_D = 0.716 \times 10^{-6}\nu_0\sqrt{\frac{T}{A_r}} \qquad (3—1—1)$$

式中　ν_0——中心频率；

T——热力学温度；

A_r——相对化学式量。

式（3—1—1）表明，多普勒变宽与元素的相对化学式量、温度和谱线的频率有关，由于 $\Delta\nu_D$与 T 成正比，所以在一定温度范围内，温度微小变化对谱线宽度影响较小。若被测元素的相对原子质量 A_r越小，温度越高，则 $\Delta\nu_D$就越大（多普勒变宽时，中心频率无位移，只是两侧对称变宽，但 K_0值减小）。

③压力变宽　压力变宽是由产生吸收的原子与蒸气中原子或分子相互碰撞而引起谱线的变宽，所以又称为碰撞变宽。根据碰撞种类，压力变宽又可以分为两类：一是劳伦兹（Lorentz）变宽，它是产生吸收的原子与其他粒子（如外来气体的原子、离子或分子）碰撞而引起的谱线变宽。劳伦兹变宽（$\Delta\nu_L$）随外界气体压力的增大而加剧，随温度的升高谱线变宽呈下降的趋势。劳伦兹变宽使中心频率位移，谱线轮廓不对称，影响分析的灵敏度。二是赫鲁兹马克（Holtzmork）变宽，又称共振变宽，它是由同种原子之间发生碰撞而引起的谱线变宽，共振变宽只在被测元素浓度较高时才有影响。

当采用火焰原子化器时，劳伦兹变宽为主要因素。当采用无火焰原子化器时，多普勒变宽占主要地位。

（3）原子蒸气中基态与激发态原子的分配

原子吸收光谱是以测定基态原子对同种原子特征辐射谱线的吸收为依据的。当进行原子吸收光谱分析时，首先要使试样中待测元素由化合态转变为基态原子，即原子化过程，通常是通过火焰燃烧加热或非火焰加热来实现。待测元素由化合物离解为原子时，多数原子处于基态，还有一部分原子会吸收较高的能量被激发而处于激发态。这两种不同能态原子数目的比值在一定温度下遵循波尔兹曼分布定律：

$$\frac{N_j}{N_0} = \frac{P_j}{P_0}e^{\frac{-\Delta E}{KT}} \qquad (3—1—2)$$

式中　N_j、N_0——分别为单位体积内激发态和基态原子数；

P_j、P_0——分别为激发态和基态能级的统计权重，它们表示能级的简并度；

ΔE——激发态与基态两能级间能量差；

T——热力学温度；

K——波兹曼常量。

在原子光谱中，对一定波长的谱线 P_j/P_0和 ΔE 都是已知的，因此只要火焰温度 T 确定，就可以求得激发态原子数与基态原子数之比 N_j/N_0的值。表 3—1—1 列出了某些元素的共振激发态原子数与基态原子数的比值。

表 3—1—1　　某些元素的共振激发态原子数与基态原子数

元素	谱线 λ/nm	E_j/eV	P_j/P_0	N_j/N_0		
				2 000 K	2 500 K	3 000 K
Na	589.0	2.104	2	0.99×10^{-5}	1.44×10^{-4}	5.83×10^{-4}
Sr	460.7	2.690	3	4.99×10^{-7}	1.13×10^{-5}	9.07×10^{-5}
Ca	422.7	2.932	3	1.22×10^{-7}	3.65×10^{-6}	3.55×10^{-5}
Fe	372.0	3.332		2.29×10^{-9}	1.04×10^{-7}	1.31×10^{-6}
Ag	328.1	3.778	2	6.03×10^{-10}	4.84×10^{-3}	8.99×10^{-7}
Cu	324.8	3.817	2	4.82×10^{-10}	4.04×10^{-5}	6.65×10^{-7}
Mg	285.2	4.346	3	3.35×10^{-11}	5.20×10^{-9}	1.50×10^{-7}
Pb	283.3	4.375	3	2.83×10^{-11}	4.55×10^{-9}	1.34×10^{-7}
Zn	213.9	5.795	3	7.45×10^{-15}	6.22×10^{-12}	5.50×10^{-10}

由式（3—1—2）可以看出，温度越高 N_j/N_0 值就越大。而在同一温度下，电子跃迁的两能级的能量差 ΔE 越小，共振线频率越低，N_j/N_0 值也就越大。原子化过程常用的火焰温度多数低于 3 000 K，大多数元素的共振线都小于 600 nm。因此对大多数元素来说，在原子化过程中 N_j/N_0 比值都小于 1%（见表 3—1—1），即火焰中激发态原子数远远小于基态原子数，因此可以用基态原子数 N_0 代替吸收辐射的原子总数。

（4）原子吸收值与待测元素浓度的定量关系

1）积分吸收　原子蒸气层中的基态原子吸收共振线的全部能量称为积分吸收，它相当于如图 3—1—2 所示的吸收线轮廓下面所包围的整个面积，数学式为 $\int K_\nu \mathrm{d}\nu$。根据理论推导，谱线的积分吸收与基态原子数的关系为

$$\int K_\nu \mathrm{d}\nu = \frac{\pi e^2}{mc} f N_0 \qquad (3—1—3)$$

式中　e——电子电荷；

m——电子质量；

c——光速；

f——振子强度，表示能被光源激发的每个原子的平均电子数，在一定条件下对一定元素，f 为定值；N_0 为单位体积原子蒸气中的基态原子数（基态原子密度）。

在火焰原子化法中，当火焰温度一定时，N_0 与喷雾速度、雾化效率以及试液浓度等因素有关，而当喷雾速度等实验条件恒定时，基态原子密度 N_0 与试液浓度成正比，即 $N_0 \propto c$，对给定元素，在一定实验条件下，$\frac{\pi e^2}{mc} f$ 为常量。

$$\int K_\nu \mathrm{d}\nu = kc \qquad (3—1—4)$$

式（3—1—4）表明在一定实验条件下，基态原子蒸气的积分吸收与试液中待测元素的浓度成正比。因此，如果能准确测量出积分吸收就可以求出试液浓度。然而要测出宽度只有 $10^{-3} \sim 10^{-2}$ nm 吸收线的积分吸收，就要采用高分辨率的单色器，目前技术条件很难做到。所以原子吸收法无法通过测量积分吸收求出被测元素的浓度。

2）峰值吸收　峰值吸收是指基态原子蒸气对入射光中心频率线的吸收。峰值吸收的大小以峰值吸收系数 K_0 表示，是以锐线光源为激发光源，用测量峰值系数 K_0 方法来替代积分吸收。所谓锐线光源是指能发射出谱线半宽度很窄的（$\Delta\nu$ 为0.000 5～0.002 nm）的共振线的光源。

仅考虑原子热运动，且吸收线的轮廓取决于多普勒变宽，则

$$K_0 = \frac{N_0}{\Delta\nu_D} \cdot \frac{2\sqrt{\pi \ln 2} \cdot e^2 f}{mc} \qquad (3—1—5)$$

当温度等实验条件恒定时，对给定元素，$\frac{2\sqrt{\pi \ln 2} \cdot e^2 f}{\Delta\nu_D mc}$为常量，因此

$$K_0 = kN_0 = k'c \qquad (3—1—6)$$

式（3—1—6）表明，一定实验条件下，基态原子蒸气的峰值吸收与试液中待测元素的浓度成正比。因此可以通过峰值吸收的测量进行定量分析。

测定峰值吸收 K_0，须使用锐线光源代替连续光源，即必须有一个与吸收线中心频率 ν_0 相同，半宽度比吸收线更窄的发射线作光源，如图 3—1—3 所示。

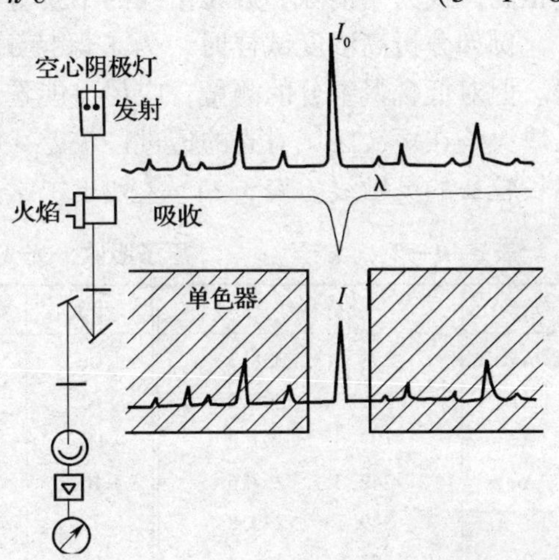

图 3—1—3　原子吸收的测量

3）原子吸收光谱定律　峰值吸收 K_0 与试液浓度在一定条件下成正比关系，但在实际测量过程中并不是直接测量 K_0 值大小，而是通过测量基态原子蒸气的吸光度，根据吸收定律进行定量的。

设待测元素的锐线光通量为 Φ_0，当其垂直通过光程为 b 的均匀基态原子蒸气时，由于被试样中待测元素的基态原子蒸气吸收，光通量减小为 Φ_{tr}，如图 3—1—4 所示，根据吸收定律：

$$\frac{\Phi_{tr}}{\Phi_0} = e^{-k_0 b} \quad 则 A = \lg \frac{\Phi_0}{\Phi_{tr}} = K_0 b \lg e$$

即 $A = \lg e K_0 b$ (3—1—7)

根据式（3—1—6）　$A = \lg e k' c b$

当实验条件一定时，$\lg e k'$是一常量，令 $\lg e k' = K$

$$A = Kcb \qquad (3—1—8)$$

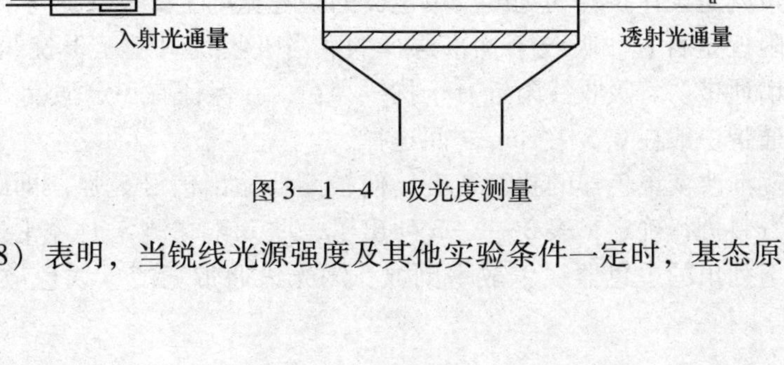

Φ_0 入射光通量　Φ_{tr} 透射光通量

图 3—1—4　吸光度测量

式（3—1—8）表明，当锐线光源强度及其他实验条件一定时，基态原子蒸气的吸光度

与试液中待测元素的浓度及光程长度（火焰法中，燃烧器的缝长）的乘积成正比。火焰法中 b 通常不变，因此式（3—1—8）可写为：

$$A = K'c \qquad (3—1—9)$$

式中 K' 为与实验条件有关的常量，式（3—1—8）和式（3—1—9）即为原子吸收光谱法的定量依据。

二、原子吸收分光光度法的分析方法

1. 测定条件的选择

（1）分析线的选择

为提高测定的灵敏度，一般情况下应选用其中最灵敏线作分析线。但如果待测元素的浓度很高，或为了消除邻近光谱线的干扰等，也可以选用次灵敏线。

例如分析高浓度试样时，为了保持工作曲线的线性范围，选次灵敏线作吸收线是有利的。但对低含量组分的测量，应尽可能选最灵敏线作分析线。若从稳定性考虑，由于空气－乙炔火焰在短波区域对光的透过性较差，噪声大，若灵敏线处于短波方向，则可以考虑选择波长较长的灵敏线。表 3—1—2 列出了常用的各元素分析线，可供使参考。

表 3—1—2　原子吸收分光光度法中常用的元素分析线　nm

元素	分析线		元素	分析线		元素	分析线	
Ag	328.1	338.3	Ge	265.2	275.5	Re	346.1	346.5
Al	309.3	308.2	Hf	307.3	288.6	Sb	217.6	206.8
As	193.6	197.2	Hg	253.7		Sc	391.2	402.0
Au	242.3	267.6	In	303.9	325.6	Se	196.1	204.0
B	249.7	249.8	K	766.5	769.9	Si	251.6	250.7
Ba	553.6	455.4	La	550.1	413.7	Sn	224.6	286.3
Be	234.9		Li	670.8	323.3	Sr	460.7	407.8
Bi	223.1	222.8	Mg	285.2	279.6	Ta	271.5	277.6
Ca	422.7	239.9	Mn	279.5	403.7	Te	214.3	225.9
Cd	228.8	326.1	Mo	313.3	317.0	Ti	364.3	337.2
Ce	520.0	369.7	Na	589.0	330.3	U	351.5	358.5
Co	240.7	242.5	Nb	334.4	358.0	V	318.4	385.6
Cr	357.9	359.4	Ni	232.0	341.5	W	255.1	294.7
Cu	324.8	327.4	Os	290.9	305.9	Y	410.2	412.8
Fe	248.3	352.3	Pb	216.7	283.3	Zn	213.9	307.6
Ga	287.4	294.4	Pt	266.0	306.5	Zr	360.1	301.2

（2）光谱通带的选择

选择光谱通带就是选择狭缝的宽度。单色器的狭缝宽度主要是根据待测元素的谱线结构和所选的吸收线附近是否有非吸收干扰来选择的。当吸收线附近无干扰线存在时，放宽狭缝，可以增加光谱通带。若吸收线附近有干扰线存在，在保证有一定强度的前提下，应适当调窄一些，光谱通带一般在 0.5 ~4 nm 之间选择。

实验方法是逐渐改变单色器的狭缝宽度，使检测器输出信号最强，即吸光度最大为止。还可以根据文献资料进行确定，表 3—1—3 列出了一些元素在测定时经常选用的光谱通带。根据仪器说明书上列出的单色器线色散率倒数，用光谱通带宽度 = 线色散率倒数 × 狭缝宽度，计算出不同的光谱通带宽度所对应的狭缝宽度。

表 3—1—3　　不同元素所选用的光谱通带　　nm

元素	共振线	通带	元素	共振线	通带
Al	309.3	0.2	Mn	279.5	0.5
Ag	328.1	0.5	Mo	313.3	0.5
As	193.7	<0.1	Na	589.0	10
Au	242.8	2	Pb	217.0	0.7
Be	234.9	0.2	Pd	244.8	0.5
Bi	223.1	1	Pt	265.9	0.5
Ca	422.7	3	Rb	780.0	1
Cd	228.8	1	Rh	343.5	1
Co	240.7	0.1	Sb	217.6	0.2
Cr	357.9	0.1	Se	196.0	2
Cu	324.7	1	Si	251.6	0.2
Fe	248.3	0.2	Sr	460.7	2
Hg	253.7	0.2	Te	214.3	0.6
In	302.9	1	Ti	364.3	0.2
K	766.5	5	Tl	377.6	1
Li	670.9	5	Sn	286.3	1
Mg	285.2	2	Zn	213.9	5

（3）空心阴极灯工作电流的选择

选择原则是在保证放电稳定和有适当光强输出情况下，尽量选用低的工作电流。空心阴极灯上都标明了最大工作电流，对大多数元素，工作电流建议采用额定电流的40%～60%。对高熔点的镍、钴、钛等空心阴极灯，工作电流可以调大些；对低熔点易溅射的铋、钾、钠、铯等空心阴极灯，使用时工作电流小些为宜。具体采用多大电流，一般要通过实验方法绘出吸光度——灯电流关系曲线，然后选择有最大吸光度读数时的最小灯电流。

（4）火焰的选择

有足够的温度才能使试样充分分解为原子蒸气状态，但温度过高会增加原子的电离或激发，而使基态原子数减少，对原子吸收不利。在确保待测元素能充分解离为基态原子的前提下，低温火焰比高温火焰具有较高的灵敏度。火焰温度由火焰种类确定，因此应根据测定需要选择合适种类的火焰。当火焰种类选定后，要选用合适的燃气和助燃气比例。燃助比（燃气与助燃气流量比）为1:(4～6）的火焰（称贫燃火焰）为清晰不发亮蓝焰，燃烧高度较低，温度高，还原性气氛差，仅适于不易生成氧化物的元素的测定，如Ag、Cu、Fe、Co、Ni、Mg、Pb、Zn、Cd、Mn等元素。燃助比为（1.2～1.5）:4的火焰（称富燃火焰）发亮，燃烧高度较高，温度较低，噪声较大，且由于燃烧不完全呈强还原性气氛，因此适于测定易生成氧化物的元素，如Ca、Sr、Ba、Cr、Mo等元素。多数元素测定使用空气－乙炔火焰的流量比在3:1～4:1之间。最佳的流量比应通过绘制吸光度－燃气、助燃气流量曲线来确定。

（5）燃烧器高度选择

应选择合适的燃烧器高度使光束从原子浓度最大的区域通过。一般在燃烧器狭缝口上方2～5 mm附近火焰具有最大的基态原子密度，灵敏度最高。最佳的燃烧器高度选择方法是先固定燃气和助燃气流量，取一固定试样，逐步改变燃烧器高度，调节零点，测定吸光度，绘制吸光度－燃烧器高度曲线图，选择最佳位置。

（6）测试溶液量的选择

1）标准溶液的配制　标准样品的组成要尽可能接近未知试样的组成。标准溶液通常使用各元素合适的盐类来配制，当没有合适的盐类可供使用时，也可直接溶解相应的高纯（99.99%）金属丝、棒、片于合适的溶剂中，然后稀释成所需浓度范围的标准溶液，但不能使用海绵状金属或金属粉末来配制。金属在溶解之前，要磨光利用稀酸清洗，以除去表面氧化层。

非水标准溶液可将金属有机物溶于适宜的有机溶剂中配制（或将金属离子转变成可萃取化合物），用合适的溶剂萃取，通过测定水相中的金属离子含量间接加以标定。

所需标准溶液的质量浓度在低于0.1 mg/mL时，应先配成比使用的浓度高1～3个数量级的浓溶液（大于1 mg/mL）作为储备液，然后经稀释配成。储备液配制时一般要维持一定酸度，以免器皿表面吸附。配好的储备液应储于聚四氟乙烯、聚乙烯或硬质玻璃容器中。质量浓度很小（小于1 μg/mL）的标准溶液不稳定，使用时间不应超过1～2天。表3—1—4列出了常用储备标准溶液的配制方法。

表3—1—4　　常用储备标准液的配制

金属	基准物	配制方法（质量浓度1 mg/mL）
Ag	金属银	溶解1.000 g银于20 mL（1+1）硝酸中，用水稀释至1 L
	$AgNO_3$	溶解1.575 g硝酸银于50 mL水中，加10 mL浓硝酸，用水稀释至1 L
Au	金属金	将0.100 0 g金溶解于数毫升王水中，在水浴上蒸干，用盐酸和水溶解，稀释到100 mL，盐酸浓度约1 mol/L
Ca	$CaCO_3$	将2.497 2 g在110℃烘干过的碳酸钙溶于1:4硝酸中，用水稀释至1 L
Cd	金属镉	溶解1.000 g金属镉于（1:1，体积比）硝酸中，用水稀释到1 L
Co	金属钴	溶解1.000 g金属钴于（1:1，体称比）盐酸中，盐用水稀释至1 L
Cr	$K_2Cr_2O_7$	溶解2.829 g重铬酸钾于水中，加20 mL硝酸，用水稀释至1 L
	金属铬	溶解1.000 g金属铬于（1:1，体积比）盐酸中，加热使之溶解完全，冷却，用水稀释至1 L

标准溶液的浓度下限取决于检出限，从测定精度的观点出发，合适的浓度范围应该是在能产生0.2～0.8单位吸光度或15%～65%透射比之间的浓度。

2）进样量的选择　试样的进样量一般在3～6 mL/min较为适宜。进样量过大，对火焰产生冷却效应。较大雾滴进入火焰，难以完全蒸发，原子化效率下降，灵敏度低。进样量过小，由于进入火焰的溶液太少，吸收信号弱，灵敏度低，不便测量。

2. 测定中的干扰及其消除

原子吸收检测中的干扰可分为物理干扰、化学干扰、电离干扰和光谱干扰。

（1）化学干扰及消除

化学干扰是原子吸收光谱分析中的主要干扰。它是由于在试样处理及原子化过程中，待测元素的原子与干扰物质组分发生化学反应，形成更稳定的化合物，从而影响待测元素化合物的解离及其原子化，致使火焰中基态原子数目减少而产生的干扰。化学干扰是一种选择性干扰，消除方法有以下几种。

1）使用高温火焰，使在较低温度火焰中稳定的化合物在较高温度下解离。

2）加入释放剂，使其与干扰元素形成更稳定、更难解离的化合物，而将待测元素从原来难解离的化合物中释放出来，有利于原子化，从而消除干扰。

3）加入保护剂，使其与待测元素或干扰元素反应生成稳定配合物，因而保护了待测元素，避免了干扰。例如加入8－羟基喹啉可以抑制Al对Mg的干扰，这是由于8－羟基喹啉与铝形成螯合物Al $[C(C_9H_6)N]_3$，减少了铝的干扰。

4）在石墨炉原子化中加入基体改进剂，提高被测物质的灰化温度或降低其原子化温度以消除干扰。例如汞极易挥发，加入硫化物生成稳定性较高的硫化汞，灰化温度可提高到300℃。测定海水中Cu、Fe、Mn时，加入NH_4NO_3则NaCl转化为NH_4Cl，使其在原子化前低于500℃的灰化阶段除去。表3—1—5列出了部分常用的抑制干扰的试剂；表3—1—6列出了部分常见的基体改进剂。

表3—1—5　　用于抑制干扰的一些试剂

试　剂	干扰成分	测定元素	试　剂	干扰成分	测定元素
La	Al，Si，PO_4^{3-}，I^-，SO_4^{2-}	Mg	NH_4Cl	Al	Na，Cr
Sr	Al，Be，Fe，Se，NO_3^- SO_4^{2-}，PO_4^{3-}	Mg，Ca，Sr	NH_4Cl	Sr，Ca，Ba，PO_4^{3-}，SO_4^{2-}	Mo
			NH_4Cl	Fe，Mo，W，Mn	Cr
Mg	Al，Si，PO_4^{3-}，SO_4^{2-}	Ca	乙二醇	PO_4^{3-}	Ca
Ba	Al，Fe，	Mg，K，Na	甘露醇	PO_4^{3-}	Ca
Ca	Al，F	Mg	葡萄糖	PO_4^{3-}	Ca，Sr
Sr	Al，F	Mg	水杨酸	Al	Ca
Mg + $HClO_4$	Al，Si，PO_4^{3-}，SO_4^{2-}	Ca	乙酰丙酮	Al	Ca
Sr + $HClO_4$	Al，P，B	Ca，Mg，Ba	蔗糖	P，B	Ca，Sr
Nd，Pr	Al，P，B	Sr	EDTA	Al	Mg，Ca
Nd，Sm，Y	N，P，B	Ca，Sr	8－羟基喹啉	Al	Mg，Ca
Fe	Si	Cu，Zn	$K_2S_2O_7$	Al，Fe，Ti	Cr
La	Al，P	Cr	Na_2SO_4	可抑制16种元素的干扰	Cr
Y	Al，B	Cr	Na_2SO_4 + SO_4^{2-}	可抑制Mg等十几种元素的干扰	Cr
Ni	Al，Si	Mg			
甘油，高氯酸	Al，Fe，Th，稀土，Si，B，Cr，Ti，PO_4^{3-}，SO_4^{2-}	Mg，Ca，Sr，Ba			

（2）物理干扰及其消除

物理干扰是指试样在转移、蒸发和原子化过程中物理性质（如黏度、表面张力、密度和蒸气压等）的变化而引起原子吸收强度下降的效应。物理干扰是非选择性干扰，对试样各元素的影响基本相同。物理干扰主要发生在试液抽吸过程、雾化过程和蒸发过程中。

消除物理干扰的主要方法是配制与被测试样组成相似的标准溶液。在试样组成未知时，可以采用标准加入法或选用适当溶剂稀释试液来减少和消除物理干扰。此外，调整撞击小球位置以产生更多细雾，确定合适的抽吸量等，都能改善物理干扰对结果产生的负效应。

表 3—1—6　分析元素与基体改进剂

分析元素	基体改进剂	分析元素	基体改进剂	分析元素	基体改进剂	分析元素	基体改进剂
镉	硝酸镁	镉	组氨酸	锗	硝酸	汞	盐酸 + 过氧化氢
	Triton X - 100		乳酸		氢氧化钠		柠檬酸
	氢氧化铵		硝酸	金	TritonX - 100 + Ni	磷	镧
	硫酸铵		硝酸铵		硝酸铵	硒	硝酸铵
锑	铜		硫酸铵	铟	O_2		镍
	镍		磷酸二氢铵	铁	硝酸铵		铜
	铂，钯		硫化铵	铅	硝酸铵		钼
	H_2		磷酸铵		磷酸二氢铵		铑
砷	镍		氟化铵		磷酸		高锰酸钾，重铬酸钾
	镁		铂		镧	硅	钙
	钯	钙	硝酸		铂，钯，金	银	EDTA
铍	铝，钙	铬	磷酸二氢铵		抗坏血酸	碲	镍
	硝酸镁	钴	抗坏血酸		EDTA		铂，钯
铋	镍	铜	抗坏血酸		硫脲	铊	硝酸
	EDTA，O_2		EDTA		草酸		酒石酸 + 硫酸
	钯		硫酸铵	锂	硫酸，磷酸	锡	抗坏血酸
	镍		磷酸铵	锰	硝酸铵	钒	钙、镁
硼	钙，钡		硝酸铵		EDTA	锌	硝酸铵
	钙 + 镁		蔗糖		硫脲		EDTA
镉	焦硫酸铵		硫脲	汞	银		柠檬酸
	镧		过氧化钠		钯		
	EDTA		磷酸	汞	硫化铵		
	柠檬酸	镓	抗坏血酸		硫化钠		

（3）电离干扰及其消除

高温下原子电离成离子，使基态原子数目减少，导致测定结果偏低，此种干扰称电离干扰。电离干扰主要发生在电离势较低的碱金属和部分碱土金属中。消除电离干扰最有效的方法是在试液中加入过量的比待测元素电离电位低的其他元素（通常为碱金属元素）。由于加入的元素在火焰中强烈电离，产生大量电子，从而抑制了待测元素基态原子的电离。

（4）光谱干扰及其消除

光谱干扰是由于分析元素吸收线与其他吸收线或辐射不能完全分开而产生的干扰。光谱干扰包括谱线干扰和背景干扰两种，主要来源于光源和原子化器，也与共存元素有关。

1）谱线干扰

①吸收线重叠　当共存元素吸收线与待测元素吸收波长很接近时，两谱线重叠，使测定结果偏高。这时应另选其他无干扰的分析线进行测定或预先分离干扰元素。

②光谱通带内存在的非吸收线　这些非吸收线可能出自待测元素的其他共振线与非共振

线，也可能是光源中所含杂质的发射线。消除这种干扰的方法是减小狭缝，使光谱通带小到可以分开这种干扰。另外也可适当减小灯电流，以降低灯内干扰元素的发光强度。

③原子化器内直流发射干扰　为了消除原子化器内的直流发射干扰，可以对光源进行机械调制，或者是对空心阴极灯采用脉冲供电。

2）背景干扰　背景干扰是指在原子化过程中，由于分子吸收和光散射作用而产生的干扰。背景干扰使吸光度增加，因而导致测定结果偏高。

分子吸收是指在原子化过程中，由于燃气、助燃气等火焰气体、试液中盐类和无机酸（主要是硫酸和磷酸）等分子或游离基等对入射光吸收而产生的干扰。

光散射是指试液在原子化过程中形成高度分散的固体微粒，当入射光照射在这些固体微粒上时产生了散射，而不能被检测器检测，导致吸光度增大。通常入射光波长越短，光散射作用越强，试液基体浓度越大，光散射作用也越严重。

石墨炉原子化法的背景干扰比火焰原子化法严重，有时不扣除背景就无法进行测量。消除背景干扰的方法有以下几种。

①用邻近非吸收线扣除背景　先用分析线测量待测元素吸收和背景吸收的总吸光度，再在待测元素吸收线附近另选一条不被待测元素吸收的谱线（称为邻近非吸收线）测量试液的吸光度，此吸收即为背景吸收。从总吸光度中减去邻近非吸收线吸光度，就可以达到扣除背景吸收的目的。

邻近非吸收线可用同种元素的非吸收线，也可以用其他不同元素的非吸收线，选用其他不同元素的非吸收线时，试样中不得含有该种元素。邻近非吸收线波长与分析波长越相近，背景扣除越有效。

②用氘灯校正背景　先用空心阴极灯发出的锐线光通过原子化器，测量待测元素和背景吸收的总和，再用氘灯发出的连续光通过原子化器，在同一波长测出背景吸收。此时待测元素的基态原子对氘灯连续的光谱的吸收可以忽略。因此当空心阴极灯和氘灯的光束交替通过原子化器时，背景吸收的影响就可以扣除，从而进行校正。

氘灯只能校正较低的背景，而且只适于紫外光区的背景校正，可见光区的背景校正可用碘钨灯和氙灯。使用氘灯校正时，要调节氘灯光斑与空心阴极灯光斑完全重叠，并调节两束入射光能量相等。

③用自吸收方法校正背景　当空心阴极灯在高电流下工作时，其阴极发射的锐线会被灯内处于基态的原子吸收，使发射的锐线变宽，吸光度下降，灵敏度也下降。这种自吸收现象是客观存在的，也是无法避免的。因此可以先让空心阴极灯在低电流下工作，使锐线光通过原子化器，测得待测元素和背景吸收总和，然后使它再在高电流下工作，再通过原子化器，测得相当于背景的吸收，将两次测得的吸光度数值相减，就可以扣除背景的影响。这种方法的优点是使用同一光源，在相同波长下进行的校正，校正能力强。不足之处是长期使用此法会使空心阴极灯加速老化，降低测量灵敏度。

④塞曼效应校正背景　塞曼效应是指谱线在外磁场作用下发生分裂的现象。塞曼效应校正背景是先利用磁场将吸收线分裂为具有不同偏振方向的组分，再用这些分裂的偏振成分来区别被测元素和背景吸收的一种背景校正法。塞曼效应校正背景吸收分为光源调制法和吸收线调制法。光源调制法是将强磁场加在光源上，吸收线调制法是将磁场加在原子化器上，目前主要应用的是后者。所施加磁场有恒定磁场和可变磁场。

塞曼效应校正背景可以全波段进行，它可校正吸光度高达 1.5 ~2.0 的背景，而氘灯只能校正吸光度小于 1 的背景，因此塞曼效应背景校正的准确度比较高。

3. 定量分析方法

（1）工作曲线法

又称标准曲线法，其方法是先配制一组浓度合适的标准溶液，在最佳测定条件下，由低浓度到高浓度依次测定它们的吸光度，然后以吸光度 A 为纵坐标，标准溶液浓度 c 为横坐标，绘制 $A-c$ 工作曲线如图 3—1—5 所示。

1）标准溶液与试液的基体（指溶液中除待测组分外的其他成分的总体）要相似，以消除基体效应（试样中与待测元素共存的一种或多种组分所引起的种种干扰）。标准溶液浓度范围应将试液中待测元素的浓度包括在内。浓度范围大小应以获得合适的吸光度读数为准。

2）在测量过程中要吸喷去离子水或空白溶液来校正零点漂移。

3）由于燃气和助燃气流量变化会引起工作曲线斜率变化，因此每次分析都应重新绘制工作曲线。

工作曲线法简便、快速，适于分析组成较简单的大批样品。

例 3—1—1 测定某样品中铜含量，称取试样 0.998 6 g，经化学处理后，移入 250 mL 容量瓶中，以蒸馏水稀释至标线，摇匀。喷入火焰，测出其吸光度为 0.320，求该样品中铜的质量分数。铜工作曲线如图 3—1—6 所示。

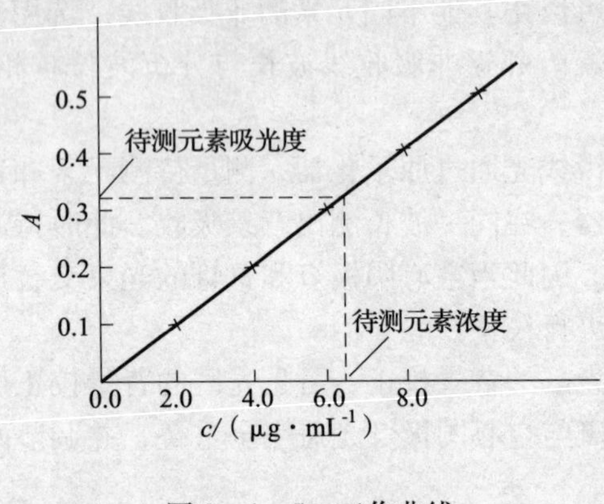

图 3—1—5 工作曲线

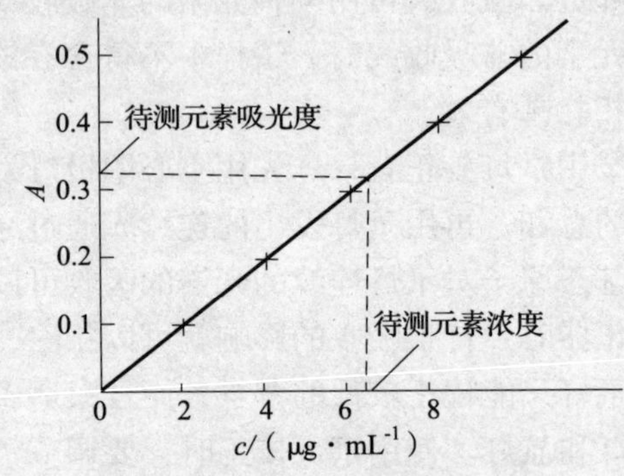

图 3—1—6 铜工作曲线

解：由工作曲线查出当 $A=0.320$ 时，$\rho=6.2\ \mu g/mL$，即所测试样溶液中铜的质量浓度，则试样中铜的质量分数为：

$$\omega(Cu)=\frac{6.2\times250\times10^{-6}}{0.998\ 6}\times100\%\approx0.16\%$$

（2）标准加入法

当试样中共存物不明或基体复杂而又无法配制与试样组成相匹配的标准溶液时，适于使用标准加入法进行分析。

标准加入法具体操作方法是吸取试液四份以上，第一份不加待测元素标准溶液，第二份开始，依次按比例加入不同量待测组分标准溶液，用溶剂稀释至同一体积，以空白为参比，在相同测量条件下，分别测量各份标准溶液的吸光度，绘出工作曲线，并将它外推至浓度轴，则在浓度轴上的截距，即为未知浓度 c_x，如图 3—1—7 所示。

使用标准加入法工作曲线时应注意以下几个问题。

1）相应的标准曲线应是一条通过坐标原点的直线，待测组分的浓度应在此线性范围之内。

2）第二份中加入的标准溶液的浓度与试样的浓度应当接近（可通过试喷试样和标准溶液比较两者的吸光度来判断），以免曲线的斜率过大或过小，给测定结果引入较大的误差。

3）为了保证能得到较为准确的外推结果，至少要采用四个点来制作外推曲线。

标准加入法可以消除基体效应带来的影响，并在一定程度上消除了化学干扰和电离干扰，但不能消除背景干扰。因此只有在扣除背景之后，才能得到待测元素的真实含量，否则将使测量结果偏高。

例 3—1—2　测定某合金中微量镁。称取 0.268 7 g 试样，经化学处理后移入 50 mL 容量瓶中，以蒸馏水稀释至刻度后摇匀。分取上述试液 10 mL 于 25 mL 容量瓶中（四份），分别加入镁 0 μg、2.0 μg、4.0 μg、6.0 μg，以蒸馏水稀释至标线，摇匀。测出上述各溶液的吸光度依次为 0.100、0.300、0.500、0.700、0.900。求试样中镁的质量分数。

解：根据所测数据绘出如图 3—1—8 所示的工作曲线，曲线与横坐标交点到原点距离为 1.0，即未加标准溶液镁的 25 mL 容量瓶内，含有 1.0 μg 镁，这 1.0 μg 镁只来源于加入的 10 mL 试样溶液，试样中镁的质量分数为

$$\omega(\mathrm{Mg}) = \frac{1.0 \times 10^{-6}}{0.268\,7 \times \dfrac{10}{50}} \approx 0.001\,9\%$$

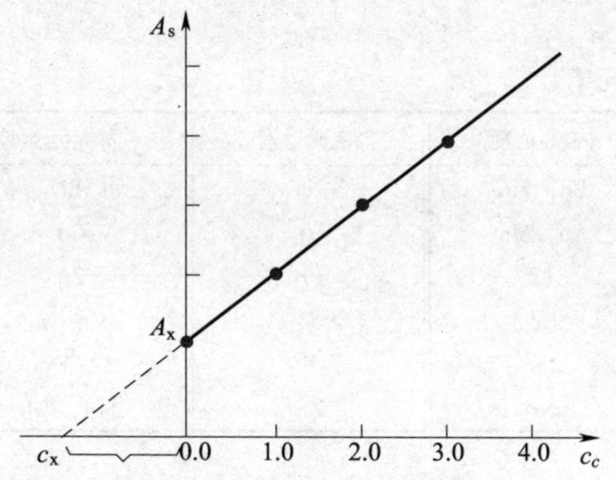

图 3—1—7　标准加入法工作曲线

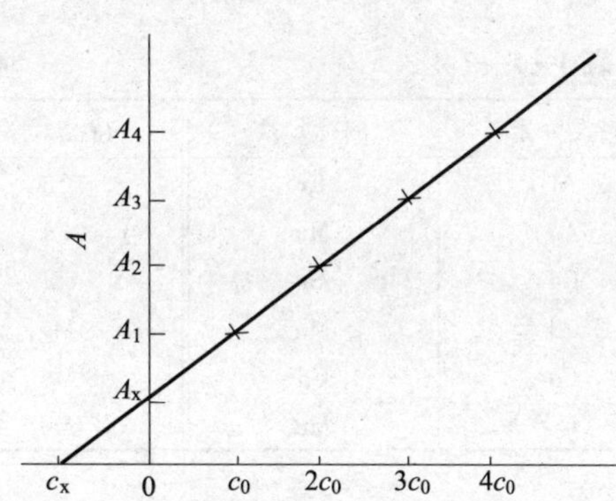

图 3—1—8　标准加入法测镁工作曲线

（3）稀释法

稀释法实质是标准加入法的一种形式。设体积为 V_s 的待测元素标准溶液的浓度为 c_s，测得吸光度为 A_s，然后往该溶液中加入浓度为 c_x 的样品溶液 V_x，测得混合液的吸光度为 $A_{(s+x)}$ 则

$$c_x = \frac{A_{(s+x)}(V_s + V_x) - A_s V_s}{A_s V_x} \tag{3—1—10}$$

如果两次测量都很准确，则这一方法是快速易行的。因为无须单独测定样品溶液，此方法需用样品溶液的体积可比标准加入法少。对于高含量样品溶液，也无须稀释，直接加入即

可进行测定，简化了操作手续。

（4）内标法

内标法是指将一定量试液中不存在元素 N 的标准物质加到一定试液中进行测定的方法，所加入的这种标准物质称为内标物质或内标元素。内标法与标准加入法的区别就在于前者所加入标准物质是试液不存在的物质；而后者所加入的标准物质是待测组分的标准溶液，是试液中存在的。

内标法的具体操作是在一系列不同浓度的待测元素标准溶液及试液中依次加入相同量的内标元素 N，稀释至同一体积。在同一实验条件下，分别在内标元素及待测元素的共振吸收线处，依次测量每种溶液中待测元素 M 和内标元素 N 的吸光度 A_M 和 A_N，并求出它们的比值 A_M/A_N，再绘制 $A_M/A_N \sim c_M$ 的内标工作曲线，如图 3—1—9 所示。

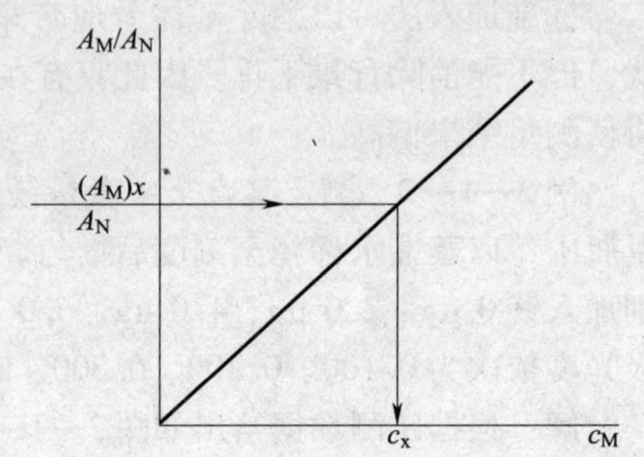

图 3—1—9　内标工作曲线

由待测试液测出 A_M/A_N 的比值，在内标工作曲线上用内插法查出试液中待测元素的浓度并计算试样中待测元素的含量。

在使用内标法时要注意选择好内标元素。该方法要求所选用内标元素在物理及化学性质方面应与待测元素相同或相近；内标元素加入量应接近待测元素的量。在实际工作中往往是通过试验来选择合适的内标元素和内标元素量。表 3—1—7 列举了部分内标元素。

表 3—1—7　常用内标元素

待测元素	内标元素	待测元素	内标元素	待测元素	内标元素
Al	Cr	Cu	Cd，Mn	Na	Li
Au	Mn	Fe	Au，Mn	Ni	Cd
Ca	Sr	K	Li	Pb	Zn
Cd	Mn	Mg	Cd	Si	Cr，V
Co	Cd	Mn	Cd	V	Cr
Cr	Mn	Mo	Sr	Zn	Mn，Cd

内标法仅适用于双道或多道仪器，单道仪器上不能用。其优点是能消除物理干扰，还能消除实验条件波动而引起的误差。

4. 测定结果的评价

原子吸收光谱分析中，常用灵敏度、检出限和回收率对定量分析方法及测定结果进行评价。

（1）灵敏度

IUPAC（国际纯粹与应用化学协会）将原子吸收分析法的灵敏度定义为 $A-c$ 工作曲线的斜率（用 S 表示），即当待测元素的浓度或质量改变一个单位时，吸光度的变化量，其数学表达式为：

$$S = \frac{dA}{dc} \tag{3—1—11}$$

或

$$S = \frac{dA}{dm} \qquad (3—1—12)$$

式中 A——吸光度；

c——待测元素浓度；

m——待测元素质量。

在火焰原子吸收分析中，通常习惯于用能产生 1% 吸收（即吸光度值为 0.004 4）时所对应的待测溶液质量浓度（μg/mL）来表示分析的灵敏度，称为特征质量浓度（c_c）或特征（相对）灵敏度。特征质量浓度的测定方法是配制一待测元素的标准溶液（其浓度应在线性范围），调节仪器最佳条件，测定标准溶液的吸光度。然后按式（3—1—13）计算：

$$c_c = \frac{c \times 0.004\,4}{A} \qquad (3—1—13)$$

式中 c_c——特征质量浓度，μg/mL/1%；

c——被测溶液质量浓度，μg/mL；

A——测得的溶液吸光度。

在电热原子化测定中，常用特征质量来表示测定灵敏度，即能产生 1% 吸收（0.004 4 A）信号所对应的待测元素量（μg），又称绝对量。对分析工作来说，显然是特征浓度或特征质量越小越好。

（2）检出限

由于灵敏度没有考虑仪器噪声的影响，故不能作为衡量仪器最小检出量的指标。检出限可用于表示能被仪器检出的元素的最小浓度或最小质量。

IUPAC 将检出限定义为，能够给出 3 倍于标准偏差的吸光度时，所对应的待测元素的浓度或质量。可用式（3—1—14）、（3—1—15）进行计算：

$$D_c = \frac{c \times 3\sigma}{A} \qquad (3—1—14)$$

$$D_m = \frac{cV \times 3\sigma}{A} \qquad (3—1—15)$$

式中 D_c——相对检出限，μg/mL；

D_m——绝对检出限，g；

c——待测溶液质量浓度，g/mL；

V——溶液体积，mL；

σ——空白溶液测量标准偏差，是对空白溶液或接近空白的待测组分标准溶液的吸光度进行不少于 10 次的连续测定后，由式（3—1—16）计算求得的。

$$\sigma = \sqrt{\frac{\sum (A_i - \bar{A})^2}{n - 1}} \qquad (3—1—16)$$

式中 A_i——空白溶液单次测量的吸光度；

$\bar{A}$——空白溶液多次平行测定的平均吸光度值；

n——测定次数（$n \geqslant 10$）。

检出限取决于仪器稳定性，并随样品基体的类型和溶剂的种类不同而变化。信号的波动来源于光源、火焰及检测器噪声，因而不同类型仪器的检测器可能相差很大。待测元素的存在量只有高出检出限，才能可靠地将有效分析信号与噪声信号分开。“未检出”就是待测元素的量低于检出限。

（3）回收率

1）利用标准物质进行测定　将已知含量的待测元素标准物质，在与试样相同条件下进行预处理，在相同仪器及相同操作条件下，以相同定量方法进行测量，求出标样中待测组分的含量，则回收率为测定值与真实值之比，即：

$$回收率 = \frac{含量测定值}{含量真实值} \tag{3—1—17}$$

2）利用标准加入法测定　在给定的实验条件下，先测定未知试样中待测元素的含量，然后在一定量的该试样中，准确加入一定量的待测元素，以同样方法进行样品处理，在同样条件下，测定其中待测元素的含量，则回收率等于加标样测定值与未加标样测定值之差与标样加入量之比，即：

$$回收率 = \frac{加标样测定值 - 未加标样测定值}{标准加入量} \tag{3—1—18}$$

显然，回收率越接近1，则方法的可靠性就越高。

例3—1—3　以火焰原子吸收法测定某试样中铅的含量，测得铅平均含量为$4.6\times10^{-6}\%$，在含铅量为$4.6\times10^{-6}\%$试样中加入$5.0\times10^{-6}\%$的铅标液，在相同条件下测得铅含量$9.0\times10^{-6}\%$，则回收率是多少？

解：

$$回收率 = \frac{(9.0-4.6)\times10^{-6}}{5.0\times10^{-6}}\times100\% = 88\%$$

三、原子吸收光谱法的特点

1. 灵敏度高

火焰原子吸收光谱法的检出限每毫升可达10^{-6} g级；无火焰原子吸收光谱法的检出限可达$10^{-14}\sim10^{-10}$ g。

2. 准确度高

火焰原子吸收光谱法的相对误差小于1%，其准确度接近经典化学方法。石墨炉原子吸收法的准确度一般为3%～5%。

3. 分析速度快

准备工作做好后，一般几分钟即可完成一种元素的测定。若利用自动原子吸收光谱仪可在35 min内连续测定50个试样中的6种元素。

4. 选择性好

用原子吸收光谱法测定元素含量时，通常共存元素对待测元素干扰少，若实验条件合适，一般可以在不分离共存元素的情况下直接测定。

5. 样品用量少

一般液体试样为1～100 μL，固体试样可少至20～40 μg。

6. 应用广泛

原子吸收光谱法被广泛应用于各领域中，它可以直接测定70多种金属元素，也可以用间接方法测定一些非金属和有机化合物。

分析不同元素，须使用不同元素灯，因此多元素同时测定尚有困难。

项目相关知识二 原子吸收分光光度计的使用

学习指南

了解原子吸收分光光度计的类型；原子吸收分光光度计的组成；原子吸收分光光度计的使用方法。

一、原子吸收分光光度计的类型

原子吸收分光光度计按光束形式可分为单光束和双光束两类，按波道数目又有单道、双道和多道之分。目前使用比较广泛的是单道单光束和单道双光束原子吸收分光光度计。

1. 单道单光束型

单道是指仪器只有一个光源，一个单色器，一个显示系统，每次只能测一种元素。单光束是指从光源中发出的光以单一光束的形式通过原子化器、单色器和检测系统，它的光学系统如图3—1—10所示。

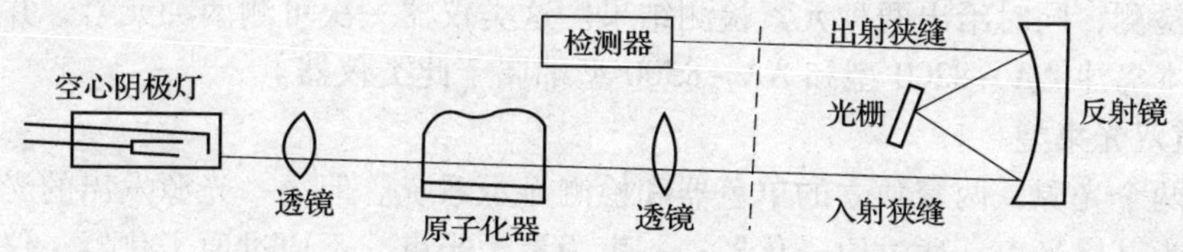

图3—1—10 单道单光束原子吸收分光光度计光学系统示意图

这类仪器简单，操作方便，体积小，价格低，能满足一般原子吸收分析的要求。其缺点是不能消除光源波动造成的影响，有基线漂移。国产WYX－1A、WYX－1B、WYX－1C、WYX－1D等WYX系列和360、360M、360CRT系列等均属于单道单光束仪器。

2. 单道双光束型

双光束型是从光源发出的光被切光器分成两束强度相等的光，一束为试样光束，通过原子化器被基态原子部分吸收；另一束只作为参比光束不通过原子化器，其光强度不被减弱。两束光被原子化器后面的反射镜反射后，交替地进入同一单色器和检测器。检测器将接收到的脉冲信号进行光电转换，并由放大器放大，最后由读出装置显示。光学系统如图3—1—11所示。

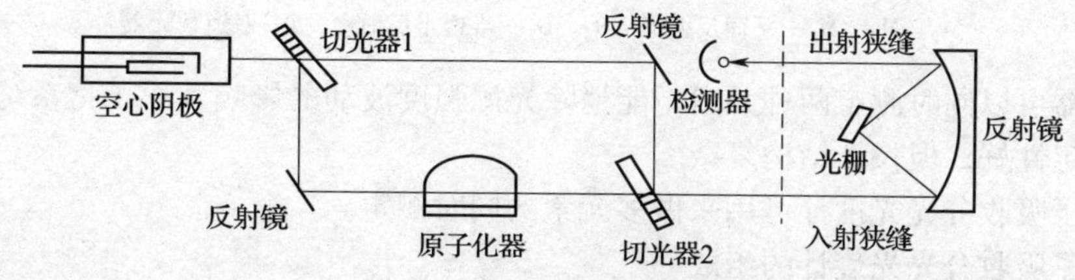

图3—1—11 单道双光束光学示意图

由于两光束来源于同一个光源，光源的漂移通过参比光束的作用而得到补偿，所以能获得一个稳定的输出信号。不过由于参比光束不通过火焰，无法消除火焰扰动和背景吸收的影响。国产310型、320型、GFU－201型、WFX－Ⅱ型均属此类仪器。

3．双道单光束型

双道单光束是仪器有两个不同光源，两个单色器，两个检测显示系统，而光束只有一路。光学系统如图3—1—12所示。

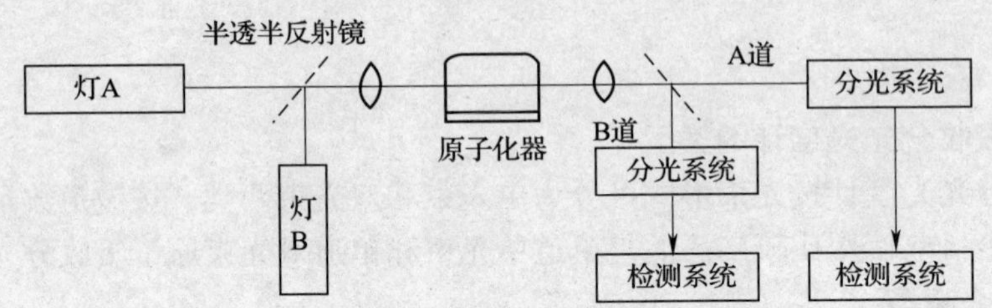

图3—1—12　双道单光束型光学系统示意图

两种不同元素的空心阴极灯发射出不同波长的共振发射线，两条谱线同时通过原子化器，被两种不同元素的基态原子蒸气吸收，利用两套各自独立的单色器和检测器，对两路光进行分光和检测，同时给出两种元素检测结果。这类仪器一次可测两种元素，并可扣除背景吸收。如日本岛津AA－8200型和AA－8500型都属于此类仪器。

4．双道双光束型

仪器有两个光源，两套独立的单色器和检测显示系统。但每一光源发出的光都分为两个光束，一束为试样光束，通过原子化器；一束为参比光束，不通过原子化器。仪器光学系统如图3—1—13所示。

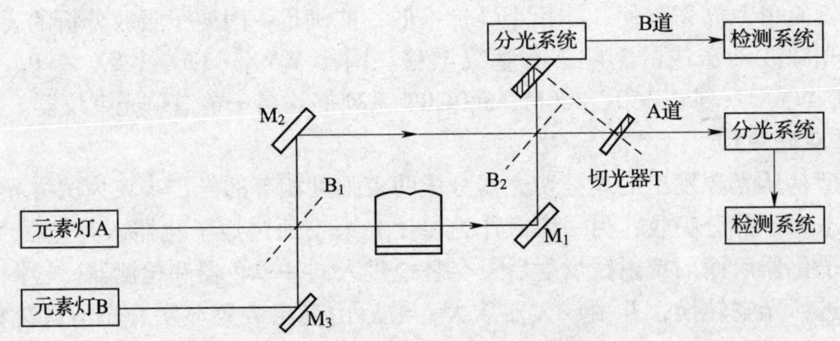

图3—1—13　双道双光束型仪器光学系统示意图

M_1、M_2、M_3—平面反射镜　B_1、B_2—半透半反射镜　T—双道切光器

这类仪器可以同时测定两种元素，能消除光源强度波动的影响及原子化系统的干扰，准确度高，稳定性好，但仪器结构复杂。

多道原子吸收分光光度计可用来做多元素的同时测定。

二、原子吸收分光光度计的组成

原子吸收分光光度计主要由光源、原子化器、单色器、检测系统等四个部分组成，如图3—1—14所示。

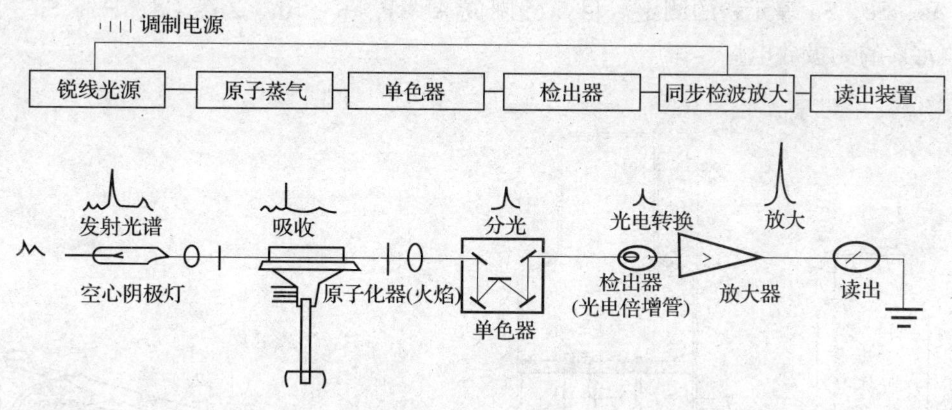

图 3—1—14 原子吸收分光光度计基本构造示意图

1. 光源

光源的作用是发射待测元素的特征光谱，要求光源必须能发射出比吸收线宽度更窄，并且强度大而稳定、背景低、噪声小、使用寿命长的线光谱。光源常使用空心阴极灯、无极放电灯、蒸气放电灯和激光光源灯等，其中应用最广的是空心阴极灯和无极放电灯。

(1) 空心阴极灯

1) 空心阴极灯的构造和工作原理 空心阴极灯又称元素灯，其构造如图 3—1—15 所示。它由一个在钨棒上镶钛丝或钽片的阳极和一个由发射所需特征谱线的金属或合金制成的空心筒状阴极组成。阳极和阴极封闭在带有光学窗口的硬质玻璃管内。管内充有几百帕低压惰性气体（氖或氩）。两电极施加 300 ~ 500 V 电压时，阴极灯开始辉光放电。电子从空心阴极射向阳极，并与周围惰性气体碰撞使之电离。所产生的惰性气体的阳离子获得足够能量，在电场作用下撞击阴极壁，使阴极表面上的自由原子溅射出来，溅射出的金属原子再与电子、正离子、气体原子碰撞而被激发，当激发态原子返回基态时，辐射出特征频率的锐线光谱。通常单元素的空心阴极灯只能用于一种元素的测定，这类灯发射线干扰少、强度高，但每测一种元素需要更换一种灯。若阴极材料使用多种元素的合金，可制得多元素灯。多元素灯工作时可同时发出多种元素的共振线，可连续测定几种元素，减少了换灯的麻烦，但光强度较弱，容易产生干扰，使用前应先检查测定波长附近有无单色器无法分开的非待测元素的谱线。目前应用的多元素灯，一灯最多可测 6 ~ 7 种元素。

2) 空心阴极灯工作电流 空心阴极灯发光强度与工作电流有关，增大电流可以增加发光强度，但工作电流过大会使辐射的谱线变宽，灯内自吸收增加，使锐线光强度下降，背景干扰增大。同时还会加快灯内惰性气体消耗，缩短灯的寿命；灯电流过小，又会使发光强度减弱，导致稳定性、信噪比下降。

(2) 无极放电灯

又称微波激发无极放电灯，其结构如图 3—1—16 所示，它是在石英管内放入少量金属或较易蒸发的金属卤化物，抽真空后充入几百帕压力的氩气，再密封。将它置于微波电场中，微波将灯的内充气体原子激发，被激发的气体原子又使解离的汽化金属或金属卤化物激发而发射出待测金属元素的吸收线。

无极放电灯的发射强度比空心阴极灯大 100 ~ 1 000 倍，谱线半宽度很窄，适用于对难激发的 As、Se、Sn 等元素的测定。目前已制成 Al、P、K、Rb、Zn、Cd、Hg、Sn、Pb、As 等 18 种元素的无极放电灯。

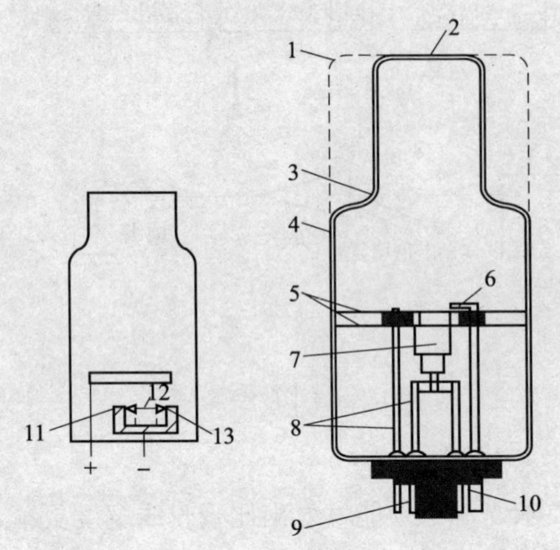

图 3—1—15 空心阴极灯结构示意图

1—紫外玻璃窗口 2—石英窗口 3—密封 4—玻璃套
5—云母屏蔽 6—阳极 7—阴极 8—支架 9—管套
10—连接管套 11、13—阴极位降区 12—负辉光区

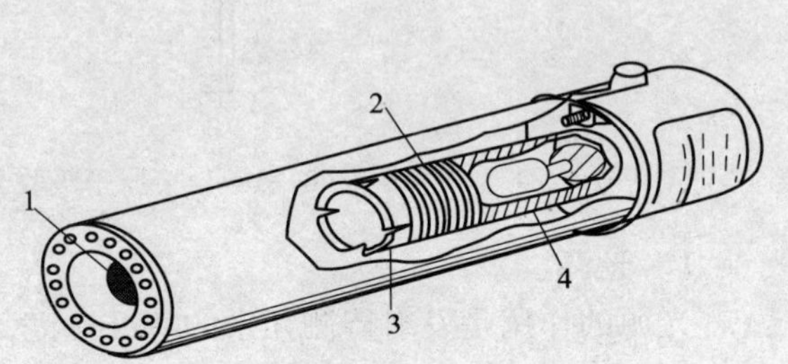

图 3—1—16 无极放电灯结构示意图

1—石英窗 2—螺旋振荡线圈
3—陶瓷管 4—石英灯管

2. 原子化系统

试样中待测元素变成气态的基态原子的过程称为试样的“原子化”。完成试样原子化的设备称为原子化器或原子化系统。原子化系统的作用是将试样中的待测元素转化为原子蒸气，方法主要有火焰和非火焰原子化法两种。火焰原子化法利用火焰热能使试样转化为气态原子，非火焰原子化法利用电加热或化学还原等方式使试样转化为气态原子。

原子化系统对原子吸收光谱分析法的灵敏度和准确度有很大影响，是分析误差的最大来源之一。

（1）火焰原子化法

1）火焰原子化器 火焰原子化包括两个步骤，首先将试样溶液变成细小雾滴（即雾化阶段），然后使雾滴接受火焰供给的能量形成基态原子（即原子化阶段）。火焰原子化器由雾化器、预混合室和燃烧器等部分组成，其结构如图 3—1—17 所示。

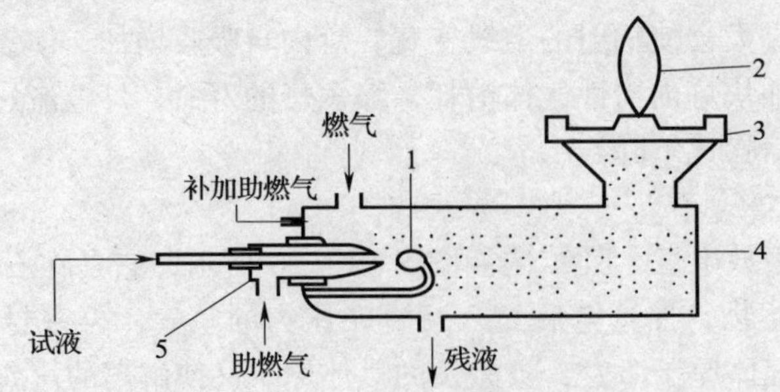

图 3—1—17 火焰原子化器示意图

1—碰撞球 2—火焰 3—燃烧器 4—雾室 5—雾化器

①雾化器　雾化器的作用是将试液雾化成微小雾滴。雾化器的性能会对仪器灵敏度、测量精度等产生影响，因此要求其喷雾稳定、雾滴细微均匀、雾化效率高。目前多使用气动型雾化器，将一定压力的压缩空气作为助燃气高速通过毛细管外壁与喷嘴口构成的环形间隙时，在毛细管出口的尖端处形成一个负压区，试液沿毛细管吸入并被快速通入的助燃气分散成小雾滴。喷出的雾滴撞击在距毛细管喷口前端几毫米处的撞击球上，进一步分散成更细小的细雾。这类雾化器的雾化效率一般为10% ~30%，影响雾化效率的因素有助燃气的流速、溶液的黏度、表面张力以及毛细管与喷嘴口之间的相对位置。

②预混合室　它的作用是进一步细化雾滴，使之与燃料气均匀混合后进入火焰。部分未细化的雾滴在预混合室凝结成为残液，残液由预混室排出口排出，以减少前试样被测组分对后试样被测组分记忆效应。为了避免回火爆炸，预混合室的残液排出管必须采用导管弯曲或将导管插入水中等水封方式，如图3—1—18所示。

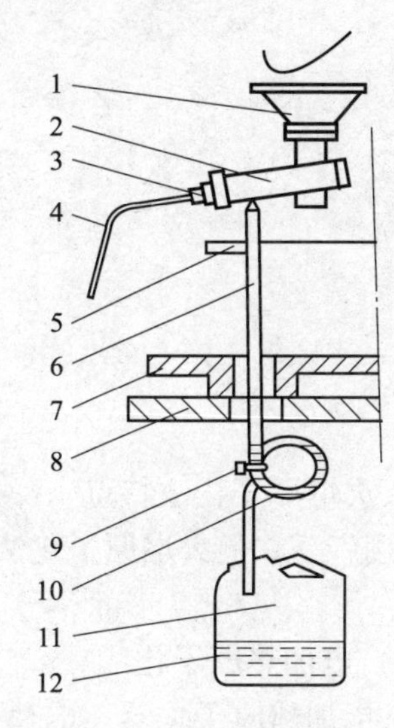

图3—1—18　预混合室废液排放系统

1—燃烧头　2—预混室　3—雾化器
4—进样毛细管　5—燃烧室底板　6—废液管
7—主机底板　8—实验台台板　9—捆扎带
10—水封圈　11—废液容器　12—废液

③燃烧器　燃烧器是将燃气在助燃气的作用下形成火焰，使进入火焰的试样微粒原子化。燃烧器应能使火焰燃烧稳定，原子化程度高，并且耐高温耐腐蚀。预混合型原子化器通常采用不锈钢制成长缝型燃烧器，对于乙炔－空气等燃烧速度较低的火焰一般使用缝长100 ~120 mm，缝宽0. 5 ~0. 7 mm的燃烧器，而对乙炔－氧化亚氮等燃烧速度较高的火焰，一般用缝长50 mm，缝宽0. 5 mm长缝燃烧器。

④火焰种类及气源设备　火焰原子化器主要采用化学火焰，常用的火焰有以下几种。

空气－煤气（丙烷）火焰。这种火焰温度约为1 900℃，适用于分析那些生成的化合物易挥发、易解离的元素，如碱金属Cd、Cu、Pb、Ag、Zn、Au及Hg等。

空气－乙炔火焰。这是一种应用最广的火焰，最高温度约为2 300℃，能测定35种以上的元素，此种火焰比较透明，可得到较高的信噪比。

N_2O－乙炔火焰。火焰燃烧速度低，火焰温度达3 000℃左右，可测定70余种元素，是目前广泛应用的高温化学火焰，这种火焰几乎对所有能生成难熔氧化物的元素都有较好的灵敏度。

空气－氢火焰。一种无色的低温火焰，最高温度约2 000℃，适用于测定易电离的金属元素，尤其是测定As、Se、Sn等元素，特别适用于共振线位于远紫外区的元素。

火焰原子吸收分析常用的燃气、助燃气主要是乙炔、空气、氧化亚氮（N_2O）、氢气、煤气等。

乙炔气体通常由乙炔钢瓶提供，N_2O俗称笑气，有麻醉作用，易爆。氧化亚氮气体通常由氧化亚氮钢瓶提供，钢瓶内装有液态气体，减压后使用。空气一般由压力为1MPa左右的空气压缩机提供。

2）火焰原子化过程　试液原子化是一个复杂的过程，它包括雾滴脱溶剂、蒸发、解离等阶段。图 3—1—19 是火焰原子化过程的图解。工作中，应选择合适的火焰类型，恰当地调节燃气与助燃气比，尽可能不使基态原子被激发、电离或生成化合物。

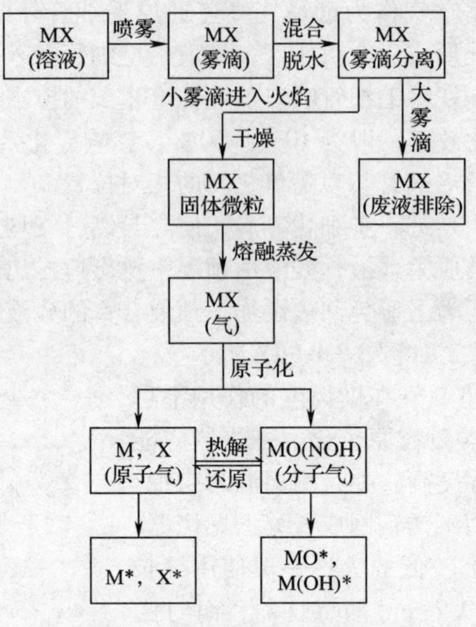

图 3—1—19　火焰原子化过程示意图

3）火焰原子化法特点　操作简便，重现性好，有效光程大，对大多数元素有较高灵敏度，应用广泛。但火焰原子化法原子化效率低，灵敏度不够高，而且一般不能直接分析固体样品。

（2）电加热原子化法

1）电加热原子化器　电热原子化器的种类很多，如电热高温管式石墨炉原子化器、石墨杯原子化器、钽舟原子化器、炭棒原子化器、镍杯原子化器、高频感应炉、等离子喷焰等。常用的是管式石墨炉原子化器，其结构如图 3—1—20 所示。它使用低压（10 ~ 25 V）大电流（400 ~ 600 A）来加热石墨管，可升温至 3 000℃，使管中少量液体或固体样品蒸发和原子化。石墨管长 30 ~ 60 mm，外径 6 mm，内径 4 mm。管上有 3 个小孔用于注入试液。石墨炉要不断通入惰性气体，以保护原子化基态原子不再被氧化，并用以清洗和保护石墨管。为使石墨管在每次分析之间能迅速降温，从上面冷却水入口通入 20℃的水以冷却石墨炉原子化器。

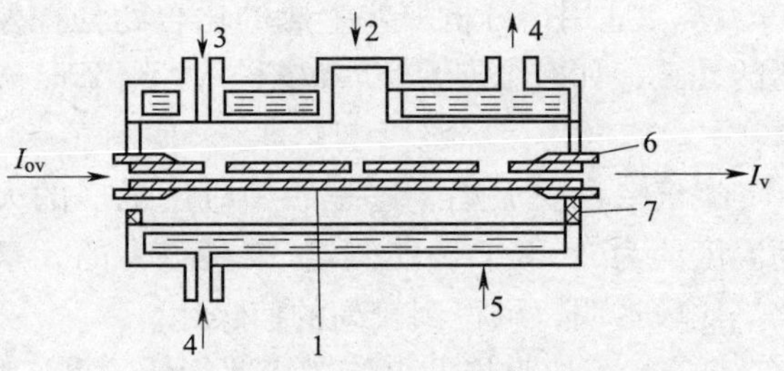

图 3—1—20　石墨管原子化器示意图

1—石墨管　2—进样窗　3—惰性气　4—冷却水　5—金属外壳　6—电极　7—绝缘材料

2）管式石墨炉原子化过程　管式石墨炉原子化法采用直接进样和程序升温方式对试样进行原子化，其过程包括干燥、灰化、原子化、净化四个阶段。

①干燥阶段　干燥的目的是除去试样中的水等溶剂，以免因溶剂存在引起灰化和在原子化过程中发生飞溅。干燥温度一般要高于溶剂的沸点，干燥时间取决于试样体积，一般每微

升溶液干燥时间约需1.5 s。

②灰化阶段　灰化的目的是尽可能除掉试样中挥发的基体和有机物或其他干扰元素。适宜的灰化温度及时间取决于试样的基体及被测元素的性质，灰化的最高温度应以待测元素不挥发损失为限。一般灰化温度100～1 800℃，灰化时间0.5 s～5 min。

③原子化阶段　目的是将以化合物形式存在的待测元素蒸发并解离为基态原子，然后解离为基态原子。原子化温度随待测元素而异，原子化时间为3～10 s。适宜的原子化温度应通过实验确定。

④净化阶段　一个试样测定结束，还需要用比原子化阶段稍高的温度加热，以除去石墨管中的残留物质，消除记忆效应，以便对下一个试样进行测定。

石墨炉的升温程序是微机控制的，进样后原子化过程按程序自动进行。

石墨炉原子化效率远比火焰原子化法高，其绝对检出限可达10^{-14}～10^{-12} g，因此绝对灵敏度也高；采用石墨炉原子化法无论是固体还是液体均可直接进样，而且样品用量少。一般液体试样为1～100 μL，固体试样可少至20～40 μg。其缺点是基体效应、化学干扰较多，测量结果的重现性较差。

（3）化学原子化法

又称低温原子化法，它是利用化学反应将待测元素转变成易挥发的金属氢化物或氯化物，然后再在较低的温度下原子化。

1）汞低温原子化法　汞是唯一可采用这种方法测定的元素。因为汞的沸点低，常温下蒸气压高，只要将试液中的汞离子用$SnCl_2$还原为汞，在室温下用空气将汞蒸气引入气体吸收管中就可测其吸光度。这种方法常用于水中汞的测定。

2）氢化物原子化法　在酸性条件下，将这些元素还原成易挥发和分解的氢化物，然后经载气将其引入加热的石英管中，使氢化物分解成气态原子，并测定其吸光度。此法适用于Ge、Sn、Pb、As、Sb、Bi、Se、Te等元素的测定。

氢化物原子化法的还原效率可达100%，被测元素可全部转变为气体并通过吸收管，因此测定灵敏度高。由于基体元素不还原为气体，因此对基体影响不明显。

此外还有阴极溅射原子化法、等离子原子化法、激光原子化法和电极放电原子化法等。

3. 单色器

单色器由入射狭缝、出射狭缝和色散元件（棱镜或光栅）组成。它的作用是将待测元素的吸收线与邻近谱线分开。由锐线光源发出的共振线，谱线比较简单，对单色器的色散率（指色散元件将波长相差很小的两谱线分开所成的角长或两条谱线投射到聚焦面上的距离的大小）和分辨率（指将波长相近的两条谱线分开的能力）要求不高。单色器既要将谱线分开，又要有一定的出射光强度。应选用适当的光栅色散率和狭缝宽度配合，以构成适于测定的光谱通带来满足上述要求。

常根据谱线结构和待测共振线邻近是否有干扰来决定狭缝宽度，不同类型单色器的线色散率倒数不同，所以不用具体的狭缝宽度，而用“单色器通带”表示缝宽。

4. 检测系统

（1）光电元件

光电元件一般采用光电倍增管，其作用是将经过原子蒸气吸收和单色器分光后的微弱信号转换为电信号。原子吸收光谱仪的工作波长通常为190～800 nm，不少仪器在短波方面可测至197.3 nm（砷），长波方面可测至852.1 nm（铯）。随着“日盲光电倍增管”的应用增多，其光谱响应范围为160～320 nm，对大于320 nm的光无反应，而用在测定吸收波长小于300 nm的元素时，可以减少干扰和噪声。

（2）放大器

放大器的作用是将光电倍增管输出的电压信号放大后送入显示器。放大器分交、直流放大器两种。由于直流放大不能排除火焰中待测元素原子发射光谱的影响，所以已趋淘汰。目前广泛采用的是交流选频放大和相敏放大器。

（3）显示装置

放大器放大后的信号经对数转换器转换成吸光度信号，再采用微安表或检流计（已不再使用）直接指示读数，也可用数字显示器显示或用记录仪打印。

新型原子吸收分光光度计都配备了微机处理系统，具有自动调零、曲线校直、浓度直读、标尺扩展、自动增益等性能，并附有记录器、打印机、自动进样器、阴极射线管荧光屏及计算机等装置。

三、原子吸收分光光度计的使用方法

以AA320型原子吸收分光光度计为例，介绍原子吸收分光光度计的使用方法。AA320原子吸收分光光度计采用模拟电路进行信号处理，具有自动调零、定时积分、信号扩展和背景校正等功能，记录仪可以记录实时图谱，并配有RS－232C接口，可升级为AA320CRT。

1. 按仪器说明书检查仪器各部件、各气路接口是否安装正确，气密性是否良好。

2. 安装空心阴极灯，选择灯的电流、波长、光谱带宽。将“方式”开关置于“调整”，信号开关置于“连续”，进行光源燃烧器对光。然后将“方式”开关置于“吸光度”。

3. 开气瓶点燃火焰

（1）空气－乙炔火焰

1）检查100 mm燃烧器和废液排放管是否安装妥当，然后将“空气/笑气”切换开关推至“空气”位置。

2）开启排风装置电源开关。排风10 min后，接通空气压缩机电源，将输出压调至0.3 MPa。接通仪器上气路电源总开关和“助燃气”开关，调节助燃气稳压阀，使压力表指示为0.2 MPa。顺时针旋转辅助气钮，关闭辅助气。此时空气流量约为5.5 L/min。

3）开启乙炔钢瓶总阀，调节乙炔钢瓶减压阀输出压为0.05 MPa。打开仪器上的乙炔开关，调乙炔气钮使乙炔流量为1.5 L/min。

4）按下点火钮（约4 s），使点火喷口喷出火焰将燃烧器点燃（若4 s后火焰还不能点燃，应松开点火开关，适当增加乙炔流量后重新点火）。点燃后，应重新调节乙炔流量，选择合适的分析火焰。

（2）氧化亚氮－乙炔火焰

1）检查燃烧头（50 mm）废液排放管是否安装，然后将“空气/笑气”切换开关推至“空气”位置。

2）调节乙炔钢瓶的减压阀至输出压力约为0.07 MPa。将氧化亚氮钢瓶的输出压力调至0.3 MPa。接通空气压缩机电源，输出压力调至0.3 MPa。接通气路电源总开关和“助燃气”开关，调节助燃气稳压阀使压力表指示为0.2 MPa。

3）顺时针旋转辅助气钮，关闭辅助气。此时流量计指示仅为雾化气流量，约为5.5 L/min。

如有必要可启动辅助气，但增大辅助气会降低灵敏度。

4）调节乙炔钢瓶减压阀使乙炔表指示为0.05 MPa，打开乙炔气开关，调节乙炔气流量至1.5 L/min左右。立即按下点火钮，使点火喷口喷出火焰将燃烧头点燃（如果4 s后火焰还不能点燃，应松开点火钮片刻，以免白金丝烧断，适当加大乙炔气流量或加入少量辅助气后重新点火）。等待至少15 s，待火焰燃烧均匀后，调节乙炔流量至3 L/min左右，并把“空气/笑气”切换开关打到“笑气”位置。

5）调节乙炔流量直至火焰的反应区（玫瑰红内焰）有1～2 cm高，外焰高30～35 cm。吸喷被测元素的标准溶液，调节乙炔气流量，根据吸光度的变化选择合适的分析火焰。

4. 点火5 min后，吸喷去离子水（或空白液），按“调零”钮调零。

5. 将“信号”开关置于“积分”位置，吸去离子水（或空白液），再次按“调零”钮调零。吸喷标准溶液（或试液），待能量表指针稳定后按“读数”键，3 s后显示器显示吸光度积分值，并保持5 s，为保证读数可靠，重复以上操作三次，取平均值，记录仪同时记录积分波形。

6. 测量完毕吸喷去离子水10 min。

7. 熄灭火焰和关机

（1）熄灭空气－乙炔火焰和关机

关闭乙炔钢瓶总阀使火焰熄灭，待压力表指针回到零时再旋松减压阀。关闭空气压缩机，待压力表和流量计回零时，关仪器气路电源总开关，关闭“空气/笑气”电开关，关闭助燃气电开关，关闭乙炔气电开关，关闭仪器总电源开关，最后关闭排风机开关。

（2）氧化亚氮－乙炔火焰熄灭与关机

将“空气/笑气”切换到“空气”位置，把笑气－乙炔火焰转换为空气－乙炔火焰（应特别注意，不可直接在笑气－乙炔火焰时熄灭）。关闭乙炔钢瓶总阀使火焰熄灭，待压力表指针回零时再旋松减压阀；关闭空气压缩机并释放剩余气体，关闭气路电源总开关，关闭各气体电源开关；关闭仪器电源开关，最后关闭排风机开关。

项目实施　自来水中镁离子含量的测定

实施指南

熟练使用原子吸收分光光度计；掌握使用标准曲线法测定镁含量。

一、测定仪器

原子吸收分光光度计；乙炔钢瓶；空气压缩机；镁空心阴极灯；100 mL容量瓶6个；10 mL吸量管1支。

二、测定试剂

镁标准溶液0.005 00 mg/mL。

三、测定步骤

1. 配制镁系列标准溶液

用10 mL吸量管分别吸取0.005 00mg/mL镁标准溶液2.00 mL、4.00 mL、6.00 mL、

8.00 mL、10.00 mL 于 5 个 100 mL 容量瓶中，用蒸馏水稀释至标线，摇匀。此溶液含 Mg 含量为 0.10 μg/mL、0.20 μg/mL、0.30 μg/mL、0.40 μg/mL、0.50 μg/mL。

2. 制备水样

用 10 mL 移液管移取水样 10 mL（可根据水质适当调节水样量）于 100 mL 容量瓶中，用蒸馏水稀至标线，摇匀。

3. 开机并调试仪器

（1）检查仪器各部件及气路的连接正确性和气密性。

（2）安装空心阴极灯，选择灯电流、波长、光谱带宽。将“方式”开关置于“调整”，信号开关置于“连续”，进行光源燃烧器对光。然后将“方式”开关置于“吸光度”。

（3）开气瓶点燃火焰

1）检查 100 mm 燃烧器和废液排放管是否安装妥当，然后将“空气－笑气”切换开关推至“空气”位置。

2）开启排风装置电源开关。排风 10 min 后，接通空气压缩机电源，将输出压调至 0.3 MPa。接通仪器上气路电源总开关和“助燃气”开关，调节助燃气稳压阀，使压力表指示为 0.2 MPa。顺时针旋转辅助气钮，关闭辅助气。此时空气流量约为 5.5 L/min。

3）开启乙炔钢瓶总阀，调节乙炔钢瓶减压阀输出压至 0.05 MPa。打开仪器上乙炔开关，调乙炔气钮使乙炔流量为 1.5 L/min。

4）按下点火钮（约 4 s），使点火喷口喷出火焰将燃烧器点燃（若 4 s 后火焰还不能点燃，应松开点火开关，适当增加乙炔流量后重新点火）。点燃后，应重新调节乙炔流量，选择合适的分析火焰。

（4）最佳实验条件选择如下

吸收线波长 285.2 nm；狭缝宽度“2”挡；空心阴极灯电流 8 mA；乙炔流量 0.8 L/min。

4. 测定系列标准溶液和水样的吸光度

根据最佳实验条件将仪器调试到最佳工作状态，由稀至浓逐个测量系列标准溶液的吸光度，最后测量水样的吸光度，并列表记录。

每次测完一个溶液，都要用去离子水喷雾调零后，再测下一个溶液。

四、测定记录与结果

1. 以吸光度 A 为纵坐标，标准溶液浓度 c 为横坐标，在坐标纸上绘制镁的 $A-c$ 工作曲线。

2. 根据试液吸光度从工作曲线中找出相应浓度，然后按取样体积求出水样中镁的质量浓度。

五、注意事项

1. 仪器工作环境要求：室温 5～35℃，相对湿度≤85%，室内保持清洁，以防止光学零件污染。

2. 为了确保安全，使用燃气、助燃气应严格按操作规程进行。如果在实验过程中突然停电，应立即关闭燃气，然后将空气压缩机及主机上所有开关和旋钮都恢复至操作前的状态。操作过程中，若嗅到乙炔气味，则可能是气路管道或接头漏气，应立即仔细检查。

3. 每次分析工作后，都应该让火焰继续点燃并吸喷去离子水 3～5 min 清洗原子化器。定期检查废液收集容器的液面，及时倒出过多的废液，但同时要保证有足够的水封。

4. 为了保证分析结果有良好的重现性，应该注意保持燃烧器缝隙的清洁、光滑。发现火焰不整齐，中间出现锯齿状分裂时，说明缝隙内已有杂质堵塞，此时应该仔细进行清理。清理方法是：待仪器关机，燃烧器冷却以后，取下燃烧器，用洗衣粉溶液刷洗缝隙，然后用水冲洗，清除沉积物。

六、思考题

1. 使用工作曲线法定量应注意哪些问题？工作曲线法适用于何种情况下的分析？

2. 如果试样成分较复杂，应怎样进行测定？

项目二　原子吸收法测水中铜

能力目标

掌握标准加入法测定元素含量的操作并绘制工作曲线，将绘制的直线延长，与横轴相交，计算待测试液的浓度。

知识目标

加深对原子吸收光谱分析法基本原理的理解；了解原子吸收线变宽的原因；掌握原子吸收的定量方法。

一、测定仪器

原子吸收分光光度计、铜空心阴极灯、50 mL 容量瓶 6 个、100 mL 容量瓶 1 个、5 mL 吸量管 2 支、10 mL 移液管 1 支、25 mL 移液管 1 支。

二、测定试剂

铜标准溶液（100 μg/mL）：称取金属铜 0.100 0 g，置于 100 mL 烧杯中，加 HNO_3（1∶1，体积比）20 mL，加热溶解。蒸至近干，冷却后加 HNO_3（1∶1，体积比）5 mL，加去离子水煮沸，溶解盐类，冷却后定量移入 1 000 mL 容量瓶中，并用去离子水稀至标线，摇匀。

三、测定步骤

1. 配制系列溶液

按表 3—2—1 中所给数据移取溶液于 4 个 50 mL 容量瓶中，以（2∶100，体积比）稀硝酸稀释至标线，摇匀。

3—2—1　　移取溶液

容量瓶编号	1#	2#	3#	4#
含 Cu^{2+} 水样　mL	25.00	25.00	25.00	25.00
100 μg/mL Cu^{2+} 标准液　mL	0.0	1.0	2.0	3.0
吸光度 A				

2. 按规范操作打开仪器，并根据下列测量条件，将仪器调至最佳工作状态。

吸收线波长 324. 8 nm；灯电流 8 mA；狭缝宽度“2”挡；燃烧器高度 5 mm；乙炔流量 0. 8 L/min；空气流量 5. 5 L/min。

3. 测量系列标准溶液吸光度

由稀至浓逐个测定各标准溶液的吸光度，并逐一记录在表中。应特别注意，每测量一次都要喷去离子水调零。

4. 实验结束，按规范操作要求关气、关电，并将仪器开关、旋钮置于初始位置。

四、测定记录与结果

绘制铜的标准加入法工作曲线，用外推法求得试样中铜的含量。

五、注意事项

1. 标准溶液加入量应视水中铜的大致含量来设定，原则是：2# 容量瓶中标准加入量与所加试液中铜含量尽量接近。本实验是以水样中铜含量约为 4 μg/mL 来设定铜标准溶液加入量的。

2. 经常检查管道，防止气体泄漏，严格遵守有关操作规定，注意安全。

六、思考题

1. 标准加入法有什么特点？适用于何种情况下的分析？

2. 标准加入法对待测元素标准溶液加入量有何要求？

项目三　原子吸收法测定水中铬

能力目标

能根据试样的性质选择定量分析方法；会使用石墨炉原子吸收分光光度计。

知识目标

了解原子化方法；掌握非火焰原子吸收光谱法的基本原理；掌握水样中铬的测定原理；学习石墨炉原子吸收分光光度计的基本构造和使用方法。

石墨炉原子吸收是最灵敏的分析方法之一，它是一种非火焰原子吸收光谱法。由于气态基态原子吸收其共振线，且吸收强度与含量成正比，故可进行定量分析。石墨炉原子化法利用高温石墨管（3 000℃）经过干燥、灰化、原子化过程使试样完全蒸发、充分原子化，试样利用率几乎达到100%，自由原子在吸收区停留时间长，故灵敏度比火焰光度法高 100 ~ 1 000倍，可达 10^{-14}g，试样用量少，而且可以分析悬浮液和固体样品。它的特点是仪器较复杂、背景吸收干扰较大，必须进行背景扣除，且操作比火焰法复杂。本实验采用标准曲线法来测定水样中的铬的含量。

一、测定仪器

原子吸收分光光度计带石墨炉；铬空心阴极灯；氩气钢瓶；50 μL 微量注射器；100 mL

容量瓶；移液管；2 mL 吸量管。

二、测定试剂

铬标准储备溶液（1.0 mg/mL）：称取优级纯重铬酸钾（110℃烘干 2 h）1.413 5 g 溶于去离子水中，定容于容量瓶至 500 mL，此溶液含铬 1.0 mg/mL，为标准储备液；铬标准溶液（0.100 μg/mL）：将标准储备液用 1.0 mol/L 硝酸稀释，配成含铬 0.100 μg/mL 的标准使用液。

三、测定步骤

1. 系列标准溶液的配制

分别吸取 0.100 μg/mL 铬标准使用液 0 mL、0.50 mL、1.00 mL、1.50 mL、2.00 mL 于 100 mL 容量瓶中，用 1.0 mol/L 硝酸稀释至刻度，摇匀备用。

2. 水样溶液

精确吸取待测含铬水样于 100 mL 容量瓶中，用 1.0 mol/L 硝酸稀释至刻度，摇匀备用。

3. 仪器的启动

应将所选用的仪器性能调至最佳状态。参考条件：波长 357.9 nm；灯电流 5 mA；狭缝宽度 0.2 mm；干燥 110℃，40 s；灰化 1 000℃，30 s；原子化 2 800℃，5 s。

背景校正：塞曼效应或氘灯。

4. 测定

将原子吸收分光光度计调试到最佳状态后，自动升温空烧石墨管调零。然后由稀至浓逐个测量系列标准溶液和待测水样，进样量 50 μL。

四、测定记录与结果

调整待测水样的取样量，使待测定记录与结果测水样吸光度值在标准曲线线性范围内，见表 3—3—1。

表 3—3—1　　　测定记录与结果

铬标准溶液/mL	0	0.50	1.00	1.50	2.00	待测水样
A						

以铬系列标准溶液的吸光度对其浓度作图，绘制 $A-c$ 标准曲线。根据水样溶液的吸光度，求出原水样中铬的浓度。

五、思考题

1. 比较石墨炉原子化法与火焰原子化的优缺点。
2. 讨论用标准加入法如何测定？

思考与练习

一、选择题

1. 原子吸收分光光度计中最常用的光源为（　　）。
   A. 空心阴极灯　　B. 无极放电灯　　C. 蒸气放电灯　　D. 氢灯

2. 原子空心阴极灯的主要操作参数是（　　）。

A. 灯电流　　B. 灯电压

C. 阴极温度　　D. 内充气体压力

3. 调节燃烧器高度目的是为了得到（　　）。

A. 最大吸光度　　B. 最大透光度

C. 最大入射光强　　D. 最高火焰温度

4. 原子吸收分光光度法是基于从光源辐射出待测元素特征谱线的光，通过样品的蒸气时，被蒸气中待测元素的（　　）所吸收。

A. 原子　　B. 基态原子

C. 激发态原子　　D. 分子

5. 使原子吸收谱线变宽的因素较多，其中（　　）是最主要的。

A. 压力变宽　　B. 温度变宽

C. 多普勒变宽　　D. 光谱变宽

6. 选择不同的火焰类型主要是根据（　　）。

A. 分析线波长　　B. 灯电流大小

C. 狭缝宽度　　D. 待测元素性质

7. 原子吸收光谱分析中，噪声干扰主要来源于（　　）。

A. 空心阴极灯　　B. 原子化系统

C. 喷雾系统　　D. 检测系统

8. 在原子吸收光谱分析法中，要求标准溶液和试液的组成尽可能相似，且在整个分析过程中操作条件应保持不变的分析方法是（　　）。

A. 内标法　　B. 标准加入法

C. 归一化法　　D. 标准曲线法

9. 用原子吸收光谱法测定钙时，加入 EDTA 是为了消除（　　）干扰。

A. 磷酸　　B. 钠　　C. 硫酸　　D. 镁

10. 在原子吸收分析中，下列组合燃烧火焰温度最高的是（　　）。

A. 空气－乙炔　　B. 空气－煤气

C. 笑气－乙炔　　D. 氧气－氢气

二、简答题

1. 原子吸收分光光度计有哪几种类型？它们各有什么特点？

2. 原子吸收分光光度计的光源起什么作用？对光源有哪些要求？

3. 何谓试样的原子化？试样原子化的方法有哪几种？

4. 简述火焰原子化和石墨炉原子化过程。试比较火焰原子化和石墨炉原子化法的特点。

5. 原子吸收法的基本原理是什么？

6. 原子吸收中影响谱线变宽的因素有哪些？

7. 为什么在原子吸收分析时采用峰值吸收而不应用积分吸收？

8. 原子吸收光谱法具有哪些特点？

9. 影响谱线强度的因素主要有哪些？

三、计算题

1. 测定硅酸盐中的钛，称取 1.000 g 试样，溶解处理后，转移至 100 mL 容量瓶中，稀释至刻度，吸取 10.0 mL 该试液于 50 mL 容量瓶中，用去离子水稀释到刻度，测得吸光度为 0.238。取一系列不同体积的钛标准溶液（质量浓度为 10.0 μg/mL）于 50 mL 容量瓶中，同样用去离子水稀释至刻度。测量各标准溶液的吸光度如下，计算硅酸盐试样中钛的含量。

V/mL	1.00	2.00	3.00	4.00	5.00
A	0.112	0.224	0.338	0.450	0.561

2. 称取含镉试样 2.511 5 g，经溶解后移入 25 mL 容量瓶中稀释至标线。依次分别移取此样品溶液 5.00 mL，置于四个 25 mL 容量瓶中，再向此四个容量瓶中依次加入浓度为 0.5 μg/mL的镉标准溶液 0.00 mL、5.00 mL、10.00 mL、15.00 mL，并稀释至标线，在火焰原子吸收光谱仪上测得吸光度分别为 0.06、0.18、0.30、0.41。求样品中镉的含量。

3. 用火焰原子化法测定血清中钾的浓度（人正常血清中含 K 量为 3.5 ~ 8.5 mmol/L）。将四份 0.20 mL 血清试样分别加入 25 mL 容量瓶中，再分别加入质量浓度为 40 μg/mL 的 K 标准溶液见下表，用去离子水稀释至刻度，测得吸光度见下表：

吸光度测定

$V_{K标}$/mL	0.00	1.00	2.00	4.00
A	0.105	0.216	0.328	0.550

计算血清中 K 的含量，并说明是否在正常范围内［已知 M（K）＝39.10 g/mol］。

4. 用原子吸收法测定未知液中的锂。用钾作内标，吸取 10 mL 未知液，加 1.0 mL 10 μg/mL的钾标准溶液于 50 mL 容量瓶中，稀释至刻度。测得 $A_{Li}/A_K=0.568$。取相等浓度的锂和钾标准溶液，锂的吸光度是钾的 1.5 倍，计算未知液中的锂浓度。

5. 用原子吸收法测定某矿石中 Pb 的含量，用 Mg 作内标，加入不同的铅标准溶液（质量浓度为 10 μg/mL）及一定量的镁标准溶液（质量浓度为 10 μg/mL）于 50 mL 容量瓶中稀释至刻度，测得吸光度测定 A_{Pb}/A_{Mg} 如下：

V_{Pb}/mL	2.00	4.00	6.00	8.00	10.00
V_{Mg}/mL	5.00	5.00	5.00	5.00	5.00
A_{Pb}/A_{Mg}	0.447	0.885	1.332	1.796	2.217

现取矿样 0.538 g，经溶解处理后，转移到 100 mL 容量瓶中稀释至刻度。吸取 5.00 mL 试液放入 50 mL 容量瓶中，再加入 Mg 标准溶液 5.00 mL，稀释至刻度。测得试样中 A_{Pb}/A_{Mg} 为 1.183。计算该矿石中 Pb 的含量。

模块四　电位分析法

项目一　水溶液 pH 值的测定

能力目标

能正确选用参比电极和指示电极；会用酸度计进行水溶液 pH 值的测定。

知识目标

了解电位分析法的定义、分类及定量基础；掌握离子选择性电极的概念、种类与选择性；掌握直接电位法测定溶液 pH 值的基本原理和测定方法；掌握电位分析方法；掌握电位分析法测定的影响因素。

项目相关知识一　pH 值的测定方法

学习提示

掌握 pH 值测定的相关知识；掌握直接比较法、标准曲线法、标准加入法、格氏作图法和浓度直读法等定量分析方法。

一、pH 值测定的相关知识

1. 电位分析法的分类

电位分析法可分为直接电位法和电位滴定法两类。直接电位法是通过测量电池电动势来确定被测离子活度（浓度）的方法，电位滴定法是通过测量滴定过程中电池电动势的变化来确定滴定终点的滴定分析方法。

2. 电极电位与溶液浓度的关系

电位分析法主要测量的参数是电极电位，并根据能斯特方程式测定被测离子的活度（或浓度）。

将金属片 M 插入含有该金属离子 M^{n+} 的溶液中，此时金属 M 上产生电极电位，其电极半反应为：

$$M^{n+} + ne^- \rightleftharpoons M$$

电极电位 $\varphi_{M^{n+}/M}$ 与 M^{n+} 活度的关系，可用能斯特（Nernst）方程式表示：

$$\varphi_{M^{n+}/M} = \varphi^{\ominus}_{M^{n+}/M} + \frac{RT}{nF}\ln a_{M^{n+}} \qquad (4—1—1)$$

式中 $\varphi^{\ominus}_{M^{n+}/M}$ ——标准电极电位，V；

R——气体常数，8.314 J/（mol·K）；

T——热力学温度，K；

n——电极反应中转移的电子数；

F——法拉第（Faraday）常数，96 486.7 C/mol；

$a_{M^{n+}}$ ——金属离子 M^{n+} 的活度，mol/L。

温度为25℃时，用常用对数代替自然对数，将 R、F、T 数值带入方程，能斯特方程式可以简化成：

$$\varphi_{M^{n+}/M} = \varphi^{\ominus}_{M^{n+}/M} + \frac{0.059\ 2}{n}\lg a_{M^{n+}} \tag{4—1—2}$$

由能斯特方程式可知，如果测量出电极电位 $\varphi_{M^{n+}/M}$，就能测定出 M^{n+} 的活度。单一的某支电极的电极电位是无法测出的。在实际电位分析测定系统中，可用一支电极电位随待测离子活度变化而变化的电极（指示电极）和一支电极电位已知且恒定的电极（参比电极）与待测溶液组成工作电池，通过测量工作电池的电动势来获得指示电极的电极电位 $\varphi_{M^{n+}/M}$。

工作电池的电池电动势 E 为：

$$E = \varphi_{(+)} - \varphi_{(-)} + \varphi_{(L)}$$

式中 $\varphi_{(+)}$ ——电位较高的正极的电极电位，V；

$\varphi_{(-)}$ ——电位较低的负极的电极电位，V；

$\varphi_{(L)}$ ——液体接界电位，V。

$\varphi_{(L)}$ 在两种组成不同或组成相同浓度不同的溶液接触界面上，由于溶液中正负离子迁移速度不同，破坏了溶液接触界面上的电荷平衡形成双电层，产生一个电位差，称为液体接界电位。电位分析系统中，$\varphi_{(L)}$ 产生在甘汞电极盐桥与试液接触面上。$\varphi_{(L)}$ 值一般在 30 mV 以下，但其影响不能忽视。提高甘汞电极内参比溶液（KCl）的浓度和恒定试液温度可以降低和稳定 $\varphi_{(L)}$。

如果以甘汞电极作正极，指示电极作负极，则：

$$E = \varphi_{参比} - \varphi_{M^{n+}/M} + \varphi_{(L)} = \varphi_{参比} + \varphi_{(L)} - \varphi^{\ominus}_{M^{n+}/M} - \frac{0.059\ 2}{n}\lg a_{M^{n+}} \tag{4—1—3}$$

其中，$\varphi_{参比}$、$\varphi_{(L)}$ 在一定条件下可视为常数，即：

$$E = K - \frac{0.059\ 2}{n}\lg a_{M^{n+}} \tag{4—1—4}$$

只要测量出电池电动势，就可以测定出待测离子 M^{n+} 的活度，这是直接电位法定量分析的依据。

3. pH 值的测定原理

$pH = -\lg \alpha_{H^+}$。测定溶液 pH 值通常用 pH 玻璃电极作指示电极，饱和甘汞电极作参比电极，与待测溶液组成工作电池，用酸度计测量电池的电动势。如图 4—1—1 所示。

25℃时工作电池的电动势为：

$$E = \varphi_{SCE} - \varphi_{玻璃} = \varphi_{SCE} - K_{玻璃} + 0.059\ 2\ pH_{试液} \tag{4—1—5}$$

由于式中 φ_{SCE}、$K_{玻璃}$ 在一定条件下是常数，所以式（4—1—5）可表示为：

$$E = K' + 0.0592\ \mathrm{pH}_{试液} \quad (4—1—6)$$

可见电池电动势 E 在一定条件下与溶液的 pH 值呈线性关系，据此可进行溶液 pH 值的测定。

另外，也可以使用复合电极与待测溶液组成工作电池进行测量。复合电极是 pH 玻璃电极和银－氯化银电极组合在一起的塑料壳可充式复合电极，使用更方便。

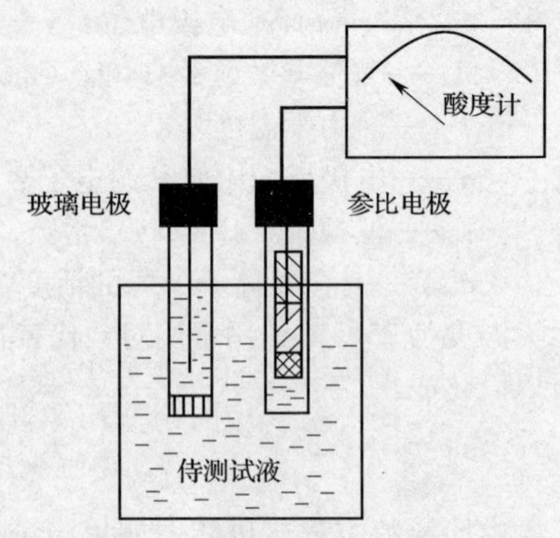

图 4—1—1　酸度计测定 pH 装置图

二、定量分析方法

电位分析法定量可采用直接比较法、标准曲线法、标准加入法、格氏作图法和浓度直读法。

1. 直接比较法

对于测定准确度要求不高的少量、偶尔进行的试样分析，可采用直接比较法。即在一份浓度与试液相近的标准溶液和试液中加入相同体积的总离子强度调节缓冲溶液（简称 TISAB），以使被测离子在两种溶液中的活度系数相等，电动势与 $\lg c$ 之间呈线性关系，在相同条件下，分别测定 E_x 与 E_s，然后计算出试液的浓度 c_x，即：

$$\lg c_x = \lg c_s + \frac{E_x - E_s}{2.303RT/nF} \quad (4—1—7)$$

式中　c_x、c_s——待测试液和标准溶液的浓度；

E_x、E_s——相同条件下测得的待测试液和标准溶液的电动势。

总离子强度调节缓冲溶液 TISAB 包括三种成分，分别为：

①离子强度调节剂　采用浓度较高的惰性强电解质，使溶液保持较大且相对稳定的离子强度，使各溶液体系中被测离子的活度系数恒定。

②缓冲溶液　调节标准溶液和试液在离子选择性电极要求的适宜 pH 值范围内，避免 H^+ 或 OH^- 的干扰。

③掩蔽剂　掩蔽干扰离子，使干扰离子不再与被测离子发生化学反应，将被测离子释放成为可检测的游离离子。

例如用氟离子选择性电极测定水中 F^- 的浓度时，所加入的 TISAB 的组成为：1 mol/L 的 NaCl 溶液，使溶液保持较大且稳定的离子强度；0.25 mol/L 的 HAc 和 0.75 mol/L 的 NaAc 缓冲溶液，使溶液 pH 值在 5 ~ 6 之间；0.000 1 mol/L 的柠檬酸钠，掩蔽 Fe^{3+}、Al^{3+} 等干扰离子。

直接比较法不能发现测定 c_s 时出现的偶然误差，所以测定结果容易产生较大误差。

2. 标准曲线法

用测定离子的纯物质配制一系列不同浓度的标准溶液，分别向标准溶液和样品溶液中加入一定量的 TISAB，依次（由低浓到高浓）将参比电极和指示电极插入标准溶液，测出各份溶液的电动势 E。以所测电动势 E 为纵坐标，以溶液浓度的对数（或负对数）为横坐标，绘制 $E-\lg c_i$ 或 $E-(-\lg c_i)$ 工作曲线。同法测定样品溶液的电动势 E_x，从标准曲线上查出 E_x 所对应的 $\lg c_x$，从而计算出样品溶液中待测组分的浓度 c_x。

3. 标准加入法

将小体积（V_s）（一般为试液的1/50～1/100）大浓度（c_s）（一般为试液的50～100倍）的待测离子标准溶液，加入到一定体积的试液中，分别测量标准溶液加入前后的电动势，从而求出c_x，该方法称为标准加入法。

设某试液体积为V_x，其待测离子的浓度为c_x，测定的电池电动势为E_1，则：

$$E_1 = K + \frac{2.303RT}{nF}\lg(x_1\gamma_1 c_x) \tag{4—1—8}$$

式中　x_1——游离态待测离子占总浓度的分数；

γ_1——活度系数。

往试液中准确加入一小体积V_s（约为V_x的1/100）的用待测离子的纯物质配制的标准溶液，浓度为c_s（约为c_x的100倍）。则加入标准溶液浓度增量为：

$$\Delta c = \frac{c_s V_s}{V_x + V_s} \tag{4—1—9}$$

由于$V_x \gg V_s$，可认为溶液体积基本不变。浓度增量为：

$$\Delta c = c_s V_s / V_x \tag{4—1—10}$$

测定加入标准溶液后电池的电动势E_2，为：

$$E_2 = K + \frac{2.303RT}{nF}\lg(x_2\gamma_2 c_x + x_2\gamma_2\Delta c) \tag{4—1—11}$$

可以认为$\gamma_2 \approx \gamma_1$，$x_2 \approx x_1$。则：

$$\Delta E = E_2 - E_1 = \frac{2.303RT}{nF}\lg\left(1 + \frac{\Delta c}{c_x}\right) \tag{4—1—12}$$

令：$S = \frac{2.303RT}{nF}$；则：$\Delta E = S\lg\left(1 + \frac{\Delta c}{c_x}\right)$

$$c_x = \Delta c(10^{\Delta E/S} - 1)^{-1} = \frac{c_s V_s}{V_x}(10^{\Delta E/S} - 1)^{-1} \tag{4—1—13}$$

25℃下，$n = 1$时，$S = 59.2$ mV。只要测出ΔE、S，就可以计算出c_x。S的简单测定方法是：在测定电位E_1后，用空白试验测定，即用空白溶液将测试液稀释1倍，再测定电位E_2，则$S = |E_2 - E_1| / \lg 2$。

本法的突出优点是，只需要一种标准溶液，溶液配置简单。适用组成复杂样品的个别成分的测定，分析准确度也较高。

4. 格氏作图法

格氏作图法是多次标准加入法的一种图解求值的方法。将一系列已知标准溶液加到待测试液中，测量其电池电动势，每次电池电动势E值为：

$$E = K + S\lg\frac{c_x V_x + c_s V_s}{V_x + V_s} \tag{4—1—14}$$

变换整理后得：

$$(V_x + V_s)10^{E/S} = (c_s V_s + c_x V_x)10^{E/S} \tag{4—1—15}$$

即$(V_x + V_s)10^{E/S}$与V_s呈线性关系。

每次加入V_s（累加值）测出一个E值，并计算出$(V_x + V_s)10^{E/S}$值，绘制$(V_x + V_s)10^{E/S}$对V_s的曲线，如图4—1—2所示。延长直线交于V_s轴的V_s'（呈负值），即：

$$(V_x + V_s)10^{E/S} = 0$$

也就是： $c_s V_s + c_x V_x = 0$

所以： $$c_x = -\frac{c_s V_s'}{V_x} \qquad (4—1—16)$$

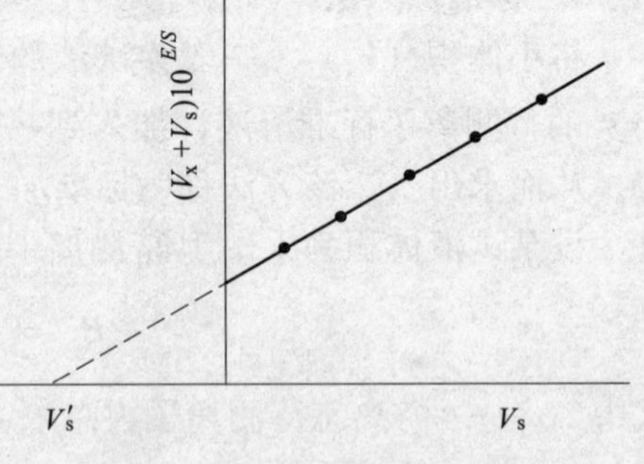

图 4—1—2　格氏作图法

格氏作图法具有简便、准确及灵敏度高的特点。如果使用格式坐标纸，可以避免将 E 换算成 $10^{E/S}$ 进行数学计算，加快分析速度。格式作图法适于低浓度物质的测定。

5. 浓度直读法

该法是能在离子计上直接读出被测离子的浓度，这种仪器称为专用离子计。例如：酸度计（pH 计）、氟离子计等。

三、提高测定准确度的方法

1. 测量温度

电池的电动势 $E = K' \pm \frac{2.303RT}{nF}\lg\alpha_i$ ，由此式可看出，温度不仅对 $E — \lg\alpha_i$ 直线的斜率有影响，而且由于 K' 中包括了参比电极电位、液接电位等，而这些电位又与温度有关，所以，温度对 K' 即直线的截距也有影响。为此，在测试过程中，应保持温度恒定。

2. pH 值

由于溶液中含有过多或过少的 H^+ 或 OH^- 会对一些离子的测定产生影响，因此必要时可使用缓冲溶液以保持溶液的 pH 值在一定的范围内。如 F^- 电极，若测定溶液 pH 值过高，则：

$$LaF_3 + 3OH^- \rightleftharpoons La(OH)_3 + 3F^-$$

使测定产生正干扰。

3. 溶液的离子强度

溶液的离子强度能影响待测离子的活度系数，从而使电池电动势与 $\lg c$ 呈偏离线性关系。所以定量分析中应添加适量的离子强度调节剂，维持各溶液体系中被测离子的活度系数一致。

4. 电位平衡时间

电位平衡时间越短越好。测量不同浓度试液时，应由低浓度溶液到高浓度溶液测量。测量前应清洗电极至空白值。电位平衡时间与下列因素有关：

（1）与待测离子到达电极表面的速率有关

搅拌溶液可使待测离子快速扩散到电极敏感膜，缩短电位平衡时间。

（2）与待测离子的活度有关

通常情况下电位平衡时间较短，但溶液中待测离子的活度越小，平衡时间就越长。

（3）与介质的离子强度有关

一般而言，含有大量非干扰离子时电位平衡时间较短。

（4）与共存离子有关

当溶液中有与待测离子性质相近的离子存在时，电位平衡时间较长。如：活性载体钙电极测定 Ca^{2+} 时，若有 Ba^{2+}、Sr^{2+}、Mg^{2+} 等离子存在时，平衡时间就会延长。

（5）与电极膜的厚度、表面光洁度有关

在能保证有良好的机械性能的情况下，电极薄膜越薄，平衡速度越快；电极膜的表面越光，则平衡时间越短。

5. 干扰离子

共存离子的干扰作用，有的是能直接与电极敏感膜发生作用所造成。例如：氟离子选择性电极，其敏感膜的主要成分是 LaF_3，当试液中存在大量的柠檬酸根离子（Ct^{3-}）时，有：

$$LaF_3(S) + Ct^{3-}(水) \rightleftharpoons LaCt(水) + 3F^-(水)$$

以上反应使电极生成可溶性配合物，导致溶液中 F^- 增加，使测定值偏高，从而引入误差。

另一种干扰则是共存离子在敏感膜上发生反应，生成一种新的、不溶性化合物。如 SCN^- 对氯离子选择性电极的影响：

$$SCN^- + AgCl(S) \rightleftharpoons AgSCN(S) + Cl^-$$

当 SCN^- 浓度过高时，AgSCN 就覆盖了 AgCl 敏感膜，氯离子选择性电极就失去了选择性测定的能力。

除此之外，共存离子也可能在不同程度上影响溶液的离子强度，从而使活度的测定受到影响。为了消除这些影响，对于有干扰的共存离子可采用加入掩蔽剂的方法。

四、电位分析法的特点

1. 仪器设备简单，操作方便，测试费用低，易于普及

相对于其他仪器分析方法，电位分析仪器造价低，便于携带，适合现场操作。

2. 选择性好，测定简便快捷

因为使用离子选择性电极，常可避免麻烦的样品预处理时分离干扰离子的步骤；对于有色、浑浊和黏稠溶液，也可直接用电位分析法测定。电极的响应快，多数情况下是瞬时的，即使在不利条件下也能在几十分钟内得到读数。对于其他方法难以测定的某些离子，如氟离子、硝酸根离子、碱金属离子等，用离子选择性电极法可得到满意的测定结果。

3. 样品用量少

若使用特制的电极，所需试液可少至几微升。近年研制的微电极在某些特殊样品的测定中得到成功的应用。例如，用钙离子选择性电极直接测定血液中的钙离子等。

4. 自动化程度高

由于电位分析所测的电位变化信号可以连续显示和自动记录，因而这种方法更有利于实现连续和自动分析，目前在环境监测中得到广泛使用。

5. 精密度较差

当精密度要求优于2%时，一般不宜采用此法，采用电位滴定可以提高精度，但在一定程度上将失去快速、简便的特点。另外，电极电位值的重现性受实验条件的影响较大，标准曲线不及光度法稳定。这些因素影响了该方法应用潜力的充分发挥。

项目相关知识二　酸度计的使用

学习提示

了解酸度计的类型、组成；熟悉常用指示电极和参比电极；学会使用酸度计。

电位分析法是电化学分析方法之一，是利用电极电位与溶液中待测离子活度（或浓度）的关系进行定量分析的方法。其实质是通过在零电流条件下测定两电极之间的电位差（即测定原电池的电动势）进行分析。

一、酸度计的类型

酸度计根据不同的标准可分为不同的类型。

1. 根据精度分类

分为 0.2 级、0.1 级、0.02 级、0.01 级和 0.001 级，数字越小，精度越高。

2. 根据读数指示分类

分为指针式和数字显示式两种。指针式酸度计现在已很少使用，但指针式仪表能够显示数据的连续变化过程，因此在滴定分析中还有使用。

3. 根据元器件类型分类

分为晶体管式、集成电路式和单片机式，现在更多的是应用单片机芯片，大大减小了仪器体积和单机成本，但芯片的开发成本很贵。

4. 根据使用的环境分类

分为笔式酸度计、便携式酸度计、实验室酸度计和工业酸度计等，笔式酸度计主要用于代替酸度试纸的功能，具有精度低、使用方便的特点。便携式酸度计主要用于现场和野外测定方式，要求较高的精度和完善的功能。实验室酸度计是一种台式高精度分析仪表，要求精度高、功能全，包括打印输出、数据处理等。工业酸度计主要用于工业流程的连续测量，需要有测量显示功能、报警和控制功能等，另外还需考虑安装、清洗、抗干扰等问题。

二、酸度计的组成部分

酸度计由参比电极、玻璃电极和电流计构成，如图 4—1—1 所示。

1. 参比电极

参比电极的作用是维持一个恒定的电位，作为测量各种偏离电位的对照。目前酸度计中比较常用的参比电极为饱和甘汞电极和银－氯化银电极。

2. 玻璃电极

玻璃电极的电位取决于待测溶液中氢离子的活度。把玻璃电极和参比电极放在同一溶液中组成原电池，该电池的电动势是玻璃电极和参比电极电位的代数和。$E_{电池}=\varphi_{参比}+\varphi_{玻璃}$，如果温度恒定，该电池电动势随待测溶液的 pH 值变化而变化。该电动势信号一般会非常小。

3. 电流计

电流计的作用是将原电池的电动势放大若干倍后通过电表显示出来。为了使用上的需要，酸度计中电流表的表盘刻有相应的 pH 值数值，而数字式酸度计则直接以数字显出 pH 值。

三、电极

1. 指示电极

指示电极的电极电位随测量溶液的浓度不同而变化，电极电位与溶液中相关离子的浓度符合能斯特方程关系。指示电极有以下几类。

（1）金属电极

此种电极为一纯金属片或棒，如铜电极、锌电极。把金属电极放入它的盐溶液中即可得到相应电极，如 Ag－$AgNO_3$电极（银电极），Zn－$ZnSO_4$电极（锌电极）等。发生的电极反应为：

$$M^{n+} + ne^- \rightleftharpoons M$$

在25℃时，其电极电位为：

$$\varphi_{M^{n+}/M} = \varphi^{\ominus}_{M^{n+}/M} + \frac{0.059\ 2}{n}\lg a_{M^{n+}} \qquad (4—1—17)$$

金属电极的电位仅与金属离子的活度有关，故可用金属电极测定溶液中相同金属离子的活度或浓度。

（2）金属－金属难溶盐电极

在金属电极表面覆盖其难溶盐，再插入到难溶盐的阴离子溶液中，即可得到此类电极。例如 Ag－AgCl/Cl^-电极，Hg－Hg_2Cl_2/Cl^-电极。发生的电极反应为：

$$MX_n \rightleftharpoons M^{n+} + nX^-$$

$$M^{n+} + ne^- \rightleftharpoons M$$

在25℃时，其电极电位为：

$$\varphi_{MX_n/M} = \varphi^{\ominus}_{MX_n/M} - 0.059\ 2\lg a_{X^-} \qquad (4—1—18)$$

利用该电极可测定难溶盐的阴离子的含量，但这类电极常用做参比电极。

（3）惰性电极

该电极本身不参与反应，但其晶格间的自由电子可与溶液进行交换。故惰性电极可作为溶液中氧化态和还原态获得电子或释放电子的场所。例如将 Pt 电极放入含有 Fe^{2+}、Fe^{3+}的溶液中，Pt 电极不参与反应，仅作为 Fe^{2+}、Fe^{3+}发生相互转换的电子转移场所，电极反应为：

$$Fe^{3+} + e^- \rightleftharpoons Fe^{2+}$$

在25℃时，其电极电位为：

$$\varphi_{Fe^{3+}/Fe^{2+}} = \varphi^{\ominus}_{Fe^{3+}/Fe^{2+}} + 0.059\ 2\lg\frac{a_{Fe^{3+}}}{a_{Fe^{2+}}} \qquad (4—1—19)$$

（4）汞电极

汞电极是由金属汞（或汞齐丝）浸入含有少量 Hg^{2+}－EDTA 配合物（预先在试液中加入少量 HgY^{2-}）及被测金属离子的溶液中所构成。根据溶液中同时存在的 Hg^{2+}和 M^{n+}与 EDTA 间的两个配位平衡，可以导出以下关系式（25℃）：

$$\varphi_{Hg_2^{2+}/Hg} = \varphi^{\ominus}_{Hg_2^{2+}/Hg} + 0.059\ 2\lg\alpha_{M^{n+}} \qquad (4—1—20)$$

在一定条件下，$\varphi^{\ominus}_{Hg_2^{2+}/Hg}$ 为常数，由此可见，汞电极电位仅与 $\alpha_{M^{n+}}$ 有关，因此可用做以 EDTA 滴定 M^{n+}的指示电极。

（5）玻璃电极

玻璃电极包括对 H^+响应的 pH 玻璃电极及对 Li^+、Na^+、K^+、Ag^+等离子有响应的 pLi、pNa、pK、pAg 等玻璃电极。这类电极的结构相似，其选择性源于敏感膜的组成不同。

1）玻璃电极的构造　玻璃电极由电极管、内参比溶液、内参比电极和敏感玻璃膜组成，如图 4—1—3 所示。电极的关键部分是位于电极下端的敏感玻璃膜，呈球状，膜厚约 0.1 mm。膜内充有 0.1 mol/L HCl 溶液作为内参比溶液，并插入 Ag－AgCl 电极作为内参比电极。

2）响应机理　敏感玻璃膜是由SiO_2、Na_2O和CaO熔融制成，其配方为Na_2O21.4%、CaO6.4%和$SiO_2$72.2%（物质的量分数）。其pH值的测量范围为1~10，若加入一定比例的Li_2O，可以扩大其测量范围。

玻璃电极在使用之前，必须在水中浸泡24 h以上，使玻璃膜表面形成一层很薄的水化层，这一过程称为玻璃电极的活化。测定时，膜内外生成三层结构，即中间的干玻璃层和两边的水化硅胶层。在水化层中氢离子扩散进入玻璃结构的空隙，并与Na^+发生交换，如图4—1—4所示。

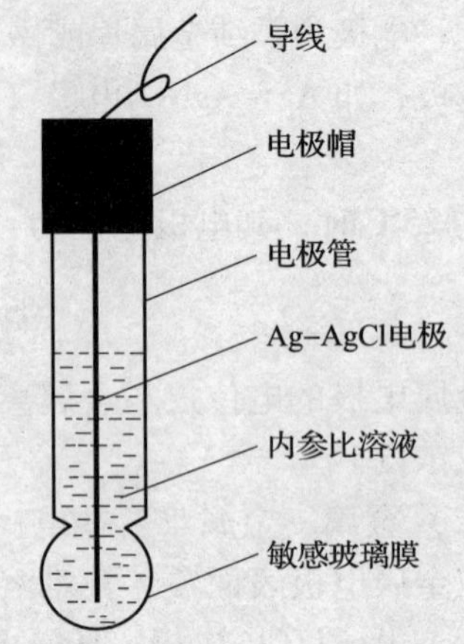

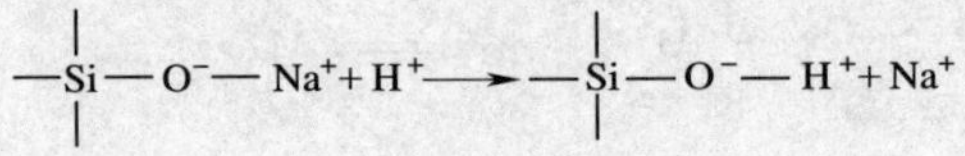

图4—1—3　玻璃电极结构示意图

$$-\overset{|}{\underset{|}{Si}}-O^--Na^+ + H^+ \longrightarrow -\overset{|}{\underset{|}{Si}}-O^--H^+ + Na^+$$

图4—1—4　pH玻璃电极离子交换示意图

当玻璃电极与待测溶液接触时，膜外表面水化层中的氢离子活度与溶液中氢离子的活度不同，氢离子将向活度小的相迁移。氢离子的迁移改变了水化层和溶液相界面的电荷分布，从而改变了外相界面电位。同理，玻璃电极内膜与内参比溶液同样也产生内相界面电位。内膜、外膜产生的电位方向相反，25℃时玻璃电极的膜电位可表达为：

$$\begin{aligned}\varphi_{膜} &= \varphi_{外} - \varphi_{内} = 0.059\,2\lg[\alpha_{H^+(外)}/\alpha_{H^+(内)}] \\ &= 0.059\,2\lg\alpha_{H^+(外)} - 0.059\,2\lg\alpha_{H^+(内)}\end{aligned} \tag{4—1—21}$$

式中　$\varphi_{外}$——外膜电位，V；

$\varphi_{内}$——内膜电位，V；

$\alpha_{H^+(外)}$——外部待测溶液的H^+活度；

$\alpha_{H^+(内)}$——内参比溶液的H^+活度。

在一定条件下内参比溶液的H^+活度$\alpha_{H^+(内)}$恒定。即$-0.059\,2\lg\alpha_{内}=K'$。因此，25°C时玻璃电极的膜电位可表示为：

$$\varphi_{膜} = K' + 0.059\,2\alpha_{H^+(外)} \tag{4—1—22}$$

或

$$\varphi_{膜} = K' - 0.059\,2\,pH_{外} \tag{4—1—23}$$

式中K'由玻璃电极本身的性质决定，对于某一支确定的玻璃电极，在一定条件下其K'是一个常数（但是每支玻璃电极的K'值都有可能不同）。由式（4—1—23）得出，在一定温度下，玻璃电极的膜电位与外部溶液的pH［或$\lg a_{H^+(外)}$］呈线性关系。

3）不对称电位　根据式（4—1—21），当玻璃膜内外H^+活度相同时，$\varphi_{膜}$应为零，但实际测量表明玻璃膜内外两侧仍存在几到几十毫伏的电位差，这是由于玻璃膜外表面被污染和擦伤、吹制玻璃膜时玻璃膜内外表面张力不同等原因造成的，称为玻璃电极的不对称电位（$\varphi_{不}$）。将玻璃电极在水溶液中长时间浸泡可以降低$\varphi_{不}$，并且可以使$\varphi_{不}$稳定不变。如果$\varphi_{不}$稳定不变，可以将其合并于式（4—1—21）的常数K'中。

4）玻璃电极的电极电位　玻璃电极内置Ag－AgCl内参比电极，在一定条件下其电位是恒定的。玻璃电极的电极电位是内参比电极的电极电位和膜电极之和（25℃时）：

$$\varphi_{玻璃} = \varphi_{Ag/AgCl} + \varphi_{膜} = \varphi_{Ag/AgCl} + K' - 0.0592\text{pH}_{外} \quad (4—1—24)$$

$$\varphi_{玻璃} = K_{玻} - 0.0592\text{pH}_{外} = K_{玻} + 0.0592\lg\alpha_{H^+} \quad (4—1—25)$$

即当温度等测定条件一定时，pH 玻璃电极的电极电位与试液的 pH 值呈线性关系：

$$K_{玻} = \varphi_{Ag/AgCl} + K' \quad (4—1—26)$$

式中 $K_{玻}$ 称玻璃电极的电极系数，对于某一支确定的玻璃电极，在一定条件下，其 $K_{玻}$ 是一个常数，但是每支玻璃电极的 $K_{玻}$ 值都有可能不同。

5）玻璃电极的特性　电极不受溶液中氧化剂或还原剂的影响，能在胶体溶液和有色溶液中使用。使用温度范围一般为 5 ~ 60℃。玻璃电极适用于 pH 值为 1 ~ 10 的溶液的测定，当测定溶液酸性过高（$pH < 1$）时，溶液中水合氢离子活度降低，致使测得的 pH 值偏高，称为“酸差”。当测定溶液碱性过高（$pH > 10$）时，由于 a_{H^+} 小，其他阳离子（尤其是 Na^+）在溶液和玻璃膜界面间参与交换使得测得的 pH 值偏低，称为“碱差”或“钠差”。

2. 参比电极

参比电极是与被测物质无关，电位已知且稳定，提供测量电位参考的恒电位电极。标准氢电极是国际上为了测量其他电极的电位而规定的标准参比电极。但实际上由于制备过程比较麻烦，故常规工作中很少应用。常用做参比电极的电极有甘汞电极和 Ag - AgCl 电极，它们的电极电位值都是以标准氢电极为参比电极测定的。

（1）甘汞电极

甘汞电极由金属汞和甘汞（Hg_2Cl_2）及 KCl 溶液组成，其结构如图 4—1—5 所示。电极由两个玻璃套管组成。内玻璃管的上端封接一根铂丝，铂丝插入纯汞中（厚度为 0.5 ~ 1 cm），下置一层甘汞和汞的糊状混合物；外玻璃管中装入 KCl 溶液；内外电极管下端都用多孔纤维或熔解陶瓷芯或玻璃砂芯等多孔物质封口。

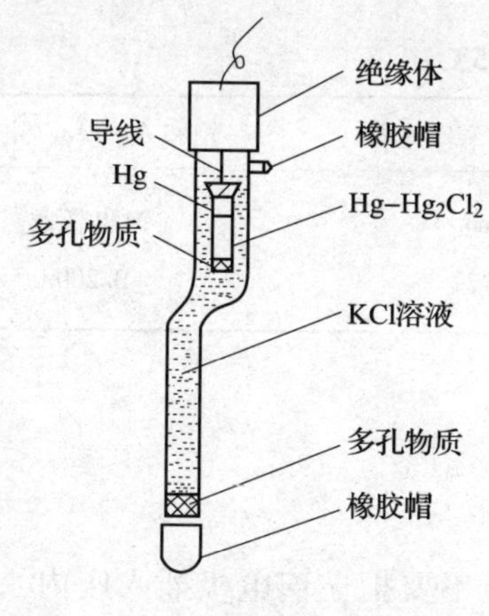

图 4—1—5　甘汞电极结构示意图

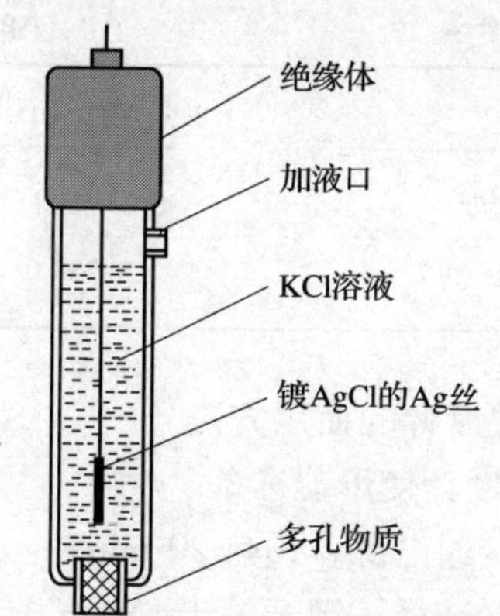

图 4—1—6　Ag - AgCl 电极结构示意图

甘汞电极的电极反应为：

$$Hg_2Cl_2 + 2e^- \rightleftharpoons 2Hg + 2Cl^-$$

在 25℃时，电极电位：

$$\varphi_{Hg_2Cl_2/Hg} = \varphi^{\ominus}_{Hg_2Cl_2/Hg} + \frac{0.059\ 2}{2}\lg \frac{\alpha_{Hg_2Cl_2}}{\alpha^2_{Hg}\alpha_{Cl^-}}$$

即：

$$\varphi_{Hg_2Cl_2/Hg} = \varphi^{\ominus}_{Hg_2Cl_2/Hg} - 0.059\ 2\lg\alpha_{Cl^-} \qquad (4—1—27)$$

式（4—1—27）表明，当温度一定时，甘汞电极的电极电位决定于 Cl^- 的活度。电极中充入不同浓度的 KCl 溶液可具有不同的恒定数值，见表 4—1—1。

表 4—1—1　甘汞电极的电极电位（25℃）

	0.1 mol/L 甘汞电极	标准甘汞电极（NCE）	饱和甘汞电极（SCE）
KCl 浓度	0.1 mol/L	1.0 mol/L	饱和溶液
电极电位（V）	+0.336 5	+0.282 8	+0.243 8

甘汞电极的稳定性和重现性都较好，是最常用的参比电极。若使用温度不是 25℃，其电极电位应进行校正。当温度超过 80℃时，甘汞电极不够稳定，应选用 Ag – AgCl 电极。

（2）Ag – AgCl 电极

在银丝表面上镀上一层 AgCl，浸在一定浓度的 KCl 溶液中即构成了 Ag – AgCl 电极。其结构如图 4—1—6 所示。

Ag – AgCl 电极的电极反应为：

$$AgCl + e^- \rightleftharpoons Ag + Cl^-$$

25℃时，该电极电位为：

$$\varphi_{AgCl/Ag} = \varphi^{\ominus}_{AgCl/Ag} - 0.059\ 2\lg\alpha_{Cl^-} \qquad (4—1—28)$$

即在一定温度下 Ag – AgCl 电极的电极电位取决于 KCl 溶液中 Cl^- 的活度。25℃时，灌装不同浓度的 KCl 溶液的 Ag – AgCl 电极的电极电位见表 4—1—2。

表 4—1—2　Ag – AgCl 电极的电极电位（25℃）

	0.1 mol/LAg – AgCl 电极	标准 Ag – AgCl 电极	饱和 Ag – AgCl 电极
KCl 浓度	0.1 mol/L	1.0 mol/L	饱和溶液
电极电位（V）	+0.288 0	+0.222 3	+0.200 0

四、酸度计的使用方法

1. 酸度计使用前准备

（1）接通电源，预热 20 min。

（2）置选择按键开关于“mV”位置（注意：此时暂不要把玻璃电极插入座内），若仪器显示不为“0.00”，可调节仪器“调零”电位器，使其显示为正或负“0.00”。

2. 电极选择、处理和安装

（1）pH 玻璃电极，在蒸馏水中浸泡 24 h 以上，用滤纸吸干外壁水分后，固定在电极夹上，球泡高度略高于甘汞电极下端。

（2）检查、处理和安装甘汞电极。取下电极下端和上侧小胶帽。检查饱和甘汞电极内液位、晶体、气泡及微孔砂芯渗漏情况并作适当处理后，用蒸馏水清洗电极外部，并用滤纸吸干外壁水分后，将电极置电极夹上。电极下端略低于玻璃电极球泡下端。

（3）将甘汞电极导线接在甘汞电极接线柱上；玻璃电极引线柱插入仪器后玻璃电极输入座。

3. 校正酸度计（二点校正法）

（1）将选择按键开关置“pH”位置。取一洁净塑料试杯（或100 mL烧杯）用pH = 6.86（25℃）的标准缓冲溶液荡洗3次，倒入50 mL左右该标准缓冲溶液。用温度计测量标准缓冲溶液温度，调节“温度”调节器，使指示的温度刻度为所测得的温度。

（2）将玻璃电极、甘汞电极插入标准缓冲溶液中（插入深度以溶液浸没玻璃球泡为度），小心轻摇几下试杯，以促使电极平衡。

（3）将“斜率”调节器顺时针旋到底，调节“定位”调节器，使仪器显示值为此温度下该标准缓冲溶液的pH值。随后将电极从标准缓冲溶液中取出，用洗瓶冲洗电极，并用滤纸吸干电极外壁水。

（4）另取一洁净试杯（或100 mL小烧杯），用另一种与待测试液pH值相接近（试液pH值用广泛试纸测试）的标准缓冲溶液荡洗三次后，倒入50 mL左右该标准缓冲溶液。将电极插入溶液中，小心轻摇几下试杯，使电极平衡。调节“斜率”调节器，使仪器显示值为此温度下该标准缓冲溶液的pH值。

注意：校正后的仪器即可测量待测溶液的pH值，但测量过程中不应再触动“定性”和“斜率”调节器，若不小心触动应重新校正。

4. 测量待测试液的pH值

（1）用洗瓶冲洗电极，并用滤纸吸干电极外壁的水。取一洁净试杯（或100 mL小烧杯），用待测试液荡洗3次后倒入50 mL左右试液。用温度计测量试液的温度，并将温度调节器置于此温度位置上。

应特别注意：待测试液温度应与标准缓冲溶液温度相同或接近，若温度差别大，则应待温度相近时再测量。

（2）将电极插入被测试液中，轻摇试杯以促使电极平衡。待数字显示稳定后读取并记录被测试液的pH值。平行测定2次，并记录。

5. 实验结束工作

关闭酸度计电源开关，拔出电源插头。取出玻璃电极用蒸馏水清洗干净后浸泡在蒸馏水中备用。取出甘汞电极用蒸馏水清洗，再用滤纸吸干外壁水分，套上小帽存放在盒内。清洗试杯，晾干后妥善保存。用干净抹布擦净工作台，罩上仪器防尘罩，填写仪器使用记录。

项目实施　水溶液pH值的测定

实施指南

掌握水溶液pH值的测定方法；学会使用酸度计。

一、测定仪器

酸度计；玻璃电极和饱和甘汞电极（或复合电极）；温度计；小烧杯。

二、测定试剂

未知液；标准缓冲溶液（pH＝4.00）：称取在110℃下干燥过1 h的苯二甲酸氢钾5.11 g，用无CO_2的水溶解并稀释至500 mL，储存于聚乙烯试剂瓶中，贴上标签；标准缓冲溶液（pH＝6.86）：称取在120℃下干燥过2 h的磷酸二氢钾1.70 g和磷酸氢二钠1.78 g，用无CO_2的水溶解并稀释至500 mL，储存于聚乙烯试剂瓶中，贴上标签；标准缓冲溶液（pH＝9.18）：称取1.91 g四硼酸钠，用无CO_2的水溶解并稀释至500 mL，储存于聚乙烯试剂瓶中，贴上标签。

三、测定步骤

1. 接通酸度计电源，预热20 min。
2. 安装甘汞电极和玻璃电极。
3. 校正酸度计。
4. 测量待测试液的pH值

（1）用洗瓶冲洗电极，并用滤纸吸干电极外壁水。取一洁净试杯（或100 mL小烧杯），用待测试液荡洗3次后倒入50 mL左右试液。用温度计测量试液的温度，并将温度调节器置于此温度位置上。

（2）将电极插入被测试液中，轻摇试杯以促使电极平衡。待数字显示稳定后读取并记录被测试液的pH值。平行测定2次，并记录。

5. 实验结束。

四、测定记录与结果

1. 记录实验条件。
2. 计算未知液pH值的平均值。

五、注意事项

1. 标准缓冲溶液配制要准确无误，否则将导致测量结果不准确。
2. 酸度计的输入端（即测量电极插座）必须保持干燥清洁。在环境湿度较高的场所使用时，应将电极插座和电极引线柱用干净纱布擦干。读数时电极引入导线和溶液应保持静止，否则会引起仪器读数不稳定。
3. 由于待测试样的pH值常随空气中CO_2等因素的变化而改变，因此采集试样后应立即测定，不宜久存。
4. 注意用电安全，合理处理、排放实验废液。

六、思考题

1. 在测量溶液的pH值时，既然有用标准缓冲溶液“定位”这一操作步骤，为什么在酸度计上还要有温度补偿装置?
2. 测量过程中，读数前轻摇试杯起什么作用？读数时是否还要继续晃动溶液？为什么?

项目二　氟离子选择性电极测水中氟

能力目标

能正确选用参比电极和指示电极；能正确组装直接电位法的浓度测定装置；会使用离子计进行各种离子浓度的测定。

知识目标

掌握直接电位法的基本原理；掌握使用离子计的操作步骤。

项目相关知识一　离子活度的测定方法

学习指南

了解离子活度测定的相关知识；掌握离子活度的测定方法。

一、离子活度测定的相关知识

1. 离子活度的概念

离子活度是指电解质溶液中参与电化学反应的离子的有效浓度。离子活度（α）和浓度（c）之间存在定量的关系，其表达式为：

$$\alpha_i = \gamma_i c_i \qquad (4\text{—}2\text{—}1)$$

式中　α_i——i 离子的活度；

γ_i——i 离子的活度系数；

c_i——i 离子的浓度。

γ_i通常小于 1，在溶液无限稀时离子间相互作用趋于零，此时活度系数趋于 1，活度等于溶液的实际浓度。

2. 离子活度的测定原理

根据能斯特方程 $\varphi_{M^{n+}/M} = \varphi^{\ominus}_{M^{n+}/M} + \frac{RT}{nF}\ln a_{M^{n+}}$ 知，离子活度与电极电位成正比，因此，测定了电极电位，即可确定离子活度。

二、离子活度的测定方法

将指示电极（离子选择性电极）、参比电极（常用饱和甘汞电极）插入待测试液组成工作电池，该工作电池的电池电动势为：

$$E = K - \frac{0.059\,2}{n}\lg a_{M^{n+}} \qquad (4\text{—}2\text{—}2)$$

在一定条件下，K 为定值，n 为电极反应中转移的电荷数，所以测知了 E，即可求出待测离子的活度 $a_{M^{n+}}$。

项目相关知识二　离子计的使用

学习指南

了解离子计的类型；掌握离子计的组成部分；掌握离子计的使用方法。

一、离子计的类型

离子计是用于测量溶液中离子浓度的电化学分析仪器，如图 4—2—1 所示。测量 H^+ 浓度的酸度计也属于离子计，通常所说的离子计是指测量除 H^+ 以外其他离子的电化学仪器。

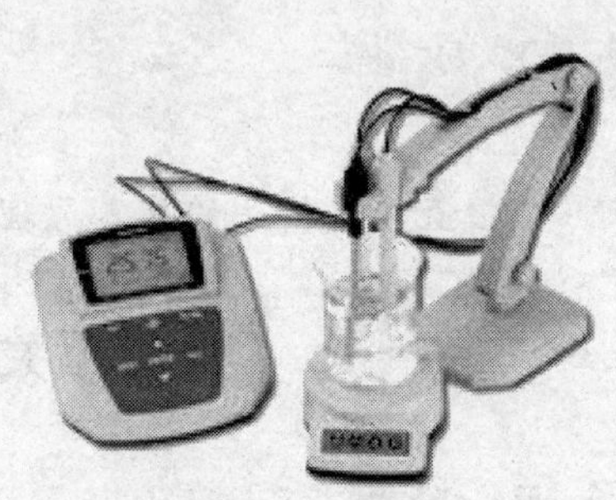

图 4—2—1　离子计

离子计按其测量所使用的电极结构可分为：

1. 离子选择性电极

离子选择性电极（ISE）又称膜电极，它是电位分析最常用的电极，仅对溶液中特定离子有选择性响应，但并没有发生电极反应。

（1）离子选择性电极的分类

20 世纪 70 年代以来离子选择性电极发展迅速，离子选择性电极品种已达几十种。按照国际纯粹与应用化学联合会 IUPAC 的推荐，分类如图 4—2—2 所示。

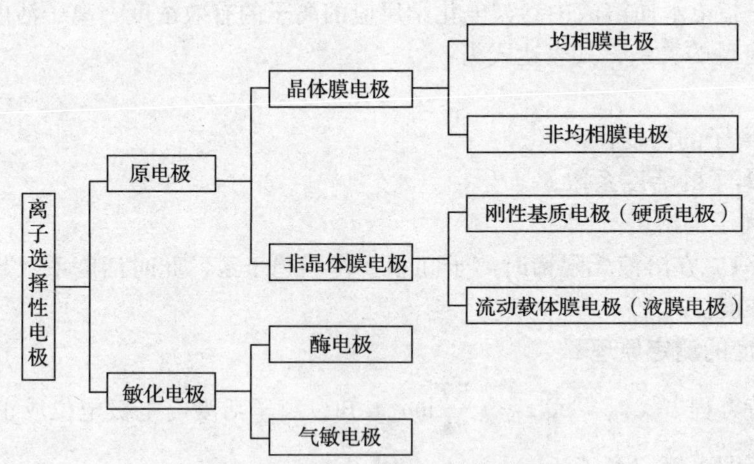

图 4—2—2　离子选择性电极的分类

（2）离子选择性电极的基本构造

离子选择性电极通常由电极帽、电极管、内参比电极、内参比溶液和敏感膜构成。电极帽由硬塑料制成，电极管一般由玻璃或塑料制成，内参比电极为银 - 氯化银电极，内参比溶液一般由响应离子的强电解质溶液及氯化物溶液组成，敏感膜由不同敏感材料制成，是离子选择性电极的关键部分。敏感膜用树脂粘接或机械方法固定于电极管端部。离子选择性电极结构如图4—2—3所示。

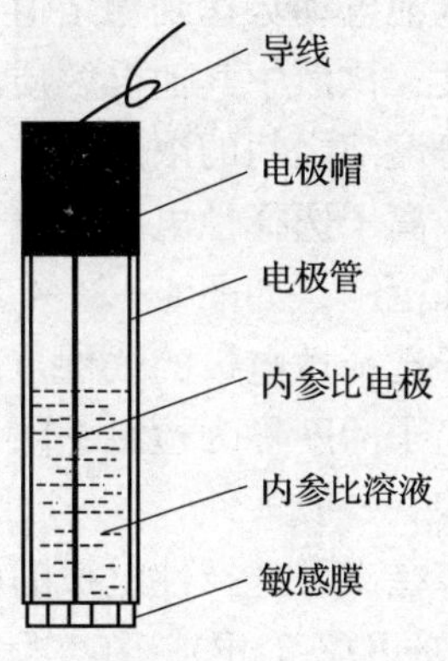

图4—2—3 离子选择性电极结构

（3）离子选择性电极的膜电位

将离子选择性电极浸入含有特定离子的溶液中时，特定离子在敏感膜的表面发生离子交换和扩散，由于活性膜内外两个表面接触的溶液含有特定的离子的活度不同，从而使膜内外表面产生电位差，这个电位差就是膜电位（$\varphi_{膜}$）。

离子选择性电极的膜电位与溶液中特定离子活度的关系符合能斯特方程，即25℃时，有

$$\varphi_{膜} = K \pm \frac{0.059\,2}{n_i}\lg\alpha_i \qquad (4—2—3)$$

式中 K——离子选择性电极的电极参数，与电极的敏感膜、内参比电极、内参比溶液及温度等因素有关。在一定条件下为常数，但同一种离子选择性电极的每一支电极的K值都有可能不同；

a_i——i离子的活度；

n_i——i离子的电荷数。当i为阳离子时，对数项前取正值，i为阴离子时，对数项前取负值。

（4）离子选择性电极的选择性　理想的离子选择性电极应只对特定的一种离子产生电位响应。但目前存在的各种离子选择性电极对共存干扰离子会产生不同的响应。由于干扰离子的存在，膜电位的能斯特方程可以表达为

$$\varphi_{膜} = K \pm \frac{0.059\,2}{n}\lg[a_i + K_{ij}(a_j)^{n_i/n_j}] \qquad (4—2—4)$$

式中 i——待测离子；

j——干扰离子；

n_i、n_j——i离子和j离子的电荷；

K_{ij}——选择性系数，在相同实验条件下，在某支电极上产生相同电位值的待测离子活度a_i与干扰离子活度a_j的比值。即

$$K_{ij} = \frac{a_i}{(a_j)^{n_i/n_j}} \qquad (4—2—5)$$

显然K_{ij}越小电极的选择性越好。选择性系数K_{ij}随实验条件、实验方法的不同而有差异，K_{ij}值可查手册，商品电极也都会提供经实验测出的K_{ij}值。

温度变化影响溶液中离子的活度，从而影响电位的测定值，温度还影响电极的响应性能。各类离子选择性电极都会有一定的温度使用范围（一般使用温度下限为－5℃左右，上限为80～100℃），与膜的类型有关。

使用离子选择性电极时，允许的pH值范围由电极的类型和待测离子的浓度决定。大多数离子选择性电极要求在接近中性的介质条件下使用，而且有较宽的pH值使用范围。

电极的响应时间又称电位平衡时间，是指从离子选择性电极和参比电极浸入试液开始，

到电池电动势达到稳定值（波动在1 mV以内）所需的时间。电极的响应时间与测量溶液的浓度、试液中其他电解质的存在情况、测量的顺序（由低浓度到高浓度或者相反）及前后两份溶液之间的浓度差、溶液的搅拌速度等因素有关。

离子选择性电极的电位与待测离子活度的对数在一定的范围内呈线性关系，该范围称作线性范围，如图4—2—4所示。图中*A*点至*B*点直线部分相应的活（浓）度即为线性范围。离子选择性电极的线性范围通常为$10^{-6}\sim10^{-1}$ mol/L。曲线两直线部分外延的交点*E*所对应的离子活度称为检测下限。在检测下限附近，电极电位不稳定，测量结果的重现性和准确度较差。

在离子选择性电极的电位与待测离子活度的对数呈线性的范围内，电极斜率的理论值为2.303 R*T*/（nF）。在实际测量中，电极斜率与理论值有一定的偏差，往往需要根据实际测量的数据计算求得。

电极的稳定性是指在一定的时间内，电极在同一溶液中的响应值（电位）的变化。电极表面的污染、密封不良、内部导线接触不良都会影响电极的稳定性。

离子性电极使用前经过浸泡、清洗处理，电极的性能会有所改善。

2. 气敏电极

用于测定样品中容易转化成气体的离子组分的电极。常见的有氨（NH_3）气敏电极、二氧化碳（CO_2）气敏电极、氮氧化物（NO_x）气敏电极。

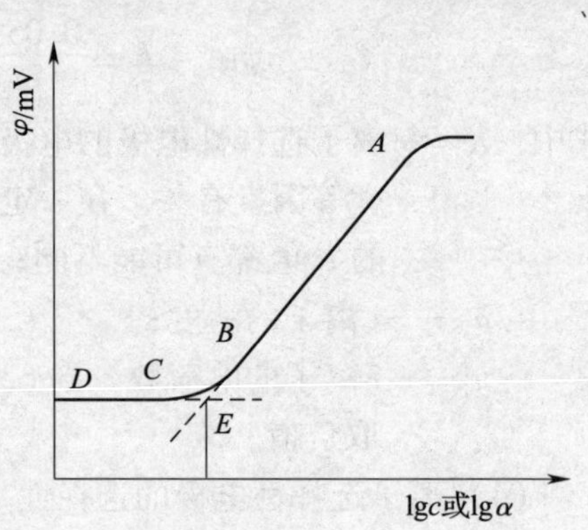

图4—2—4　线性范围与检测下限

3. 原电极

原电极是指敏感膜直接与试液接触的离子选择性电极，包括：

（1）固体膜半电池离子电极，如硫氰根（SCN^-）离子电极。

（2）塑料膜半电池离子电极，如氟硼酸（BF^{4-}）离子电极、水硬度离子电极、表面活性剂离子电极、铵（$NH_4{}^+$）离子电极、高氯酸（$ClO_4{}^-$）离子电极。

（3）熟料膜复合离子电极，如钙（Ca^{2+}）离子电极、硝酸根（NO_3^-）离子电极、钾（K^+）离子电极。

（4）固体膜复合离子电极，如氟（F^-）离子电极、氯（Cl^-）离子电极、溴（Br^-）离子电极、碘（I^-）离子电极、氰（CN^-）离子电极、氯气（Cl_2）离子电极、铜（Cu^{2+}）离子电极、铅（Pb^{2+}）离子电极、银/硫（Ag^+/S^{2-}）离子电极等。

二、离子计的组成部分

和酸度计一样，国内市场上离子计型号很多，但仪器结构基本一致。图4—2—5所示为PXD－12型离子计面板图。

1. 显示器

测量结果显示，符号在mV挡极性自动切换，进行pX值测量时，符号显示与所测离子相对应，测阴离子时显示“＋”，测阳离子显示“－”，例如进行pH值测量时，因H^+为阳离子仪器显示“－”。

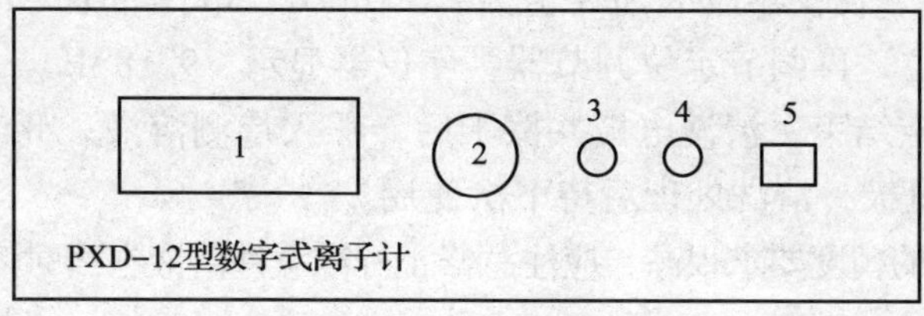

图 4—2—5 PXD-12 型离子计

1—显示器 2—功能选择开关 3—定位调节器 4—斜率调节器 5—温度补偿器

2. 功能选择开关

“mV”电位测量，“pXⅠ”一价离子测量，“pXⅡ”二价离子测量。“T”温度测量。

3. 定位调节器

在 pXⅠ/pXⅡ测量时调节此旋钮，可抵消 Nernst 方程中的 E_0，使测时标准化，或用来确定测量起始点，在“mV”挡“定位”不起作用。

4. 斜率调节器

用来补偿电极的实验 Ncrnst 斜率使其符合理论斜率，调节范围为理论值的 80% ~ 110%，若电极斜率符合理论斜率，将斜率调节器旋至 100%，此时斜率不起作用，在 mV 测量中也不起作用。

5. 温度补偿器

根据被测溶液的温度相应调节补偿器，使补偿器示值与液温一致。插入温度电极后，仪器就能自动进行温度补偿，温度调节电位器自动失效。

三、离子计的使用方法

1. 使用前的准备

（1）将活化后的测量电极和参比电极装入升降架固定夹。

（2）接通电源，仪器预热。

2. mV 值的测量

当需要直接测定电池电动势的毫伏值，或测量 -1 999 ~ 1 999 mV 范围电压值，可在“mV”挡进行。

（1）“功能选择”拨至 mV 待测状态下，“定位”“斜率”“温度补偿”均无作用。

（2）旋下短路插头，将测量电极旋上输入插座并旋紧，同时将参比电极接入“参比接线柱”（若使用复合电极无须接入参比电极），并将它们移入被测溶液中，待仪器响应稳定后，显示值即为所测溶液的电位值。

3. pH 值的测量

由于 H^+ 为一价离子，所以测 pH“功能选择”拨至 pXⅠ挡，测量前必须先用 pH 标准缓冲液标定，选用 pH1 =4.00，pH2 =9.18 两种标准溶液进行两点定位，具体步骤如下：

（1）“功能选择”拨至置 pXⅠ挡。

（2）将温度调节器调至溶液温度。如需自动进行温度补偿，则插入温度电极。

（3）将清洗活化的电极移入 pH1 =4.00 pH 标准溶液中，调节定位调节器，使仪器显示为“0.00”pH（此时斜率电位器应顺时针旋到底）。

（4）用去离子水清洗电极并用滤纸吸干后，移入 pH2 =9.18 pH 标准缓冲液中，待仪器响应后，调节斜率调节器，使仪器显示 ΔpX 值为 −5.18pH（ΔpX = pH2 − pH1 = −5.18pH），“斜率”调节旋钮固定此位，再调节定位调节器，使仪器显示 −9.18pH。

（5）至此仪器标定结束，清洗电极并擦干后，移入待测溶液，此时显示为该溶液的 pH 值。测量结束，旋下电极，清洗处理后待下次使用。

如果对测量 pH 值的精度要求很高，应注意修正标准缓冲溶液在当时溶液温度下的 pH 值。

4. pX 的测量

（1）按电极说明书要求，将电极进行活化，使其空白电位达到电极说明书的要求。

（2）将功能选择拨至被测离子价数相同的 pXⅠ挡或 pXⅡ挡，其他操作方法参照 pH 值测量。但要注意在定位时务必注意所测离子极性，阳离子定位和测量时对应“−”符号出现，阴离子定位和测量时对应“+”符号出现。实际仪器不显示符号时代表“+”号。pXⅠ挡或 pXⅡ挡离子测量都应以“两点定位”为准。

5. 测量完毕拔去电源插头，整理电极

注意清洁电极，延长电极使用奉命。

项目实施　氟离子选择性电极测水中氟

实施指南

掌握氟离子选择性电极测定水中氟含量的方法。

一、测定仪器

离子计；氟离子选择性电极；饱和甘汞电极；电磁搅拌器。

二、测定试剂

氟标准储备溶液：称取于110℃干燥 2 h 并冷却的 NaF 0.221 0 g，用水稀释后转入 1 000 mL 容量瓶中，稀释至刻度，摇匀。储于聚乙烯瓶中。此溶液每 1 mL 含 F^- 100 μg；氟标准溶液：吸取 10.00 mL 氟标准储备溶液于 100 mL 容量瓶中，用水稀释至刻度，摇匀。此溶液每 1 mL 含 F^- 10.0 μg；总离子强度调节缓冲溶液（TISAB）：称取氯化钠 58 g，柠檬酸钠 10 g 溶于 500 mL 蒸馏水中，再加冰乙酸 57 mL，用 6 mol/L NaOH 溶液调至 pH 值为 5.0 ~ 5.5，冷至室温后转入 1 000 mL 容量瓶中，然后用去离子水稀释至 1 000 mL；含 F^- 水样。

三、测定步骤

1. 准备工作

安装好饱和甘汞电极和氟离子选择性电极。接通电源，预热 20 min。

2. 清洗电极

取去离子水 50 ~ 60 mL 于小塑料烧杯中，插入氟电极和甘汞电极，在磁力搅拌器上搅拌 2 ~ 3 min，读取毫伏值（应用去离子水洗至 >300 mV，即接近最大空白值，以保证最好的工作性能）。

3. 标准曲线法测定水样中 F^- 的含量

（1）吸取 10 μg/mL 的氟标准溶液 0.00 mL、0.50 mL、1.00 mL、3.00 mL、5.00 mL、

8.00 mL、10.00 mL，分别放入 7 个 100 mL 容量瓶中，各加入 20 mLTISAB 溶液，用水稀释至标线，摇匀。

（2）将电极洗净，按浓度由小到大的顺序，将标准溶液依次移入塑料烧杯中，插入氟电极和参比电极，在电磁搅拌器上搅拌，读取稳定的电位值并记录。

（3）水样的测定。准确移取自来水水样 50 mL 于 100 mL 容量瓶中，加入 10 mL TISAB，用蒸馏水稀释至刻度，摇匀，然后倒入一干燥的塑料杯中，插入电极。搅拌约 5 min，待电动势稳定后关闭电磁搅拌器，读出电位值 E_x。重复测定 2 次，取平均值。

4. 标准加入法测定水样中 F^- 的含量

取 20 mL 水样于 100 mL 容量瓶中，加入 20 mLTISAB 溶液，用水稀释至刻度，摇匀后全部转入 200 mL 的干燥烧杯中，插入洗净的电极，在磁力搅拌器上搅拌，读取稳定的电位值并记录 E_1。

向被测溶液中准确加入 1.00 mL 浓度为 100 μg/mL 的氟标准溶液，插入洗净的电极，在磁力搅拌器上搅拌，读取稳定的电位值并记录 E_2。计算出 ΔE。

5. 结束工作

用蒸馏水清洗电极数次，直至接近空白电位值，晾干后收入电极盒中保存（电极暂不使用时，宜干放；若连续使用期间的间隙内，可浸泡在水中）。关闭仪器电源开关。清洗试杯，晾干后放回原处。整理工作台，罩上仪器防尘罩，填写仪器使用记录。

四、测定记录与结果

1. 标准曲线法测定水样中 F^- 的含量

将测定结果记入表 4—2—1，根据数值绘制 $E-\lg c_{F^-}$ 标准曲线。并由水样的 E_x 值查出其对应的浓度，计算水样中 F^- 的含量（mg/L）。

表 4—2—1　　测定结果

溶液体积 mL	10 μg/mL 的氟标准溶液							水样 20.00
	0.00	0.50	1.00	3.00	5.00	8.00	10.00	
c_{F^-} mol/L								
电位 E V								

2. 标准加入法测定水样中 F^- 的含量

试液中 F^- 浓度为：　$c_{F^-}=\frac{c_s V_s}{V_x}(10^{\frac{E_2-E_1}{s}}-1)^{-1}$

试样中 F^- 含量为：　$\rho_{F^-}=100.00\times c_{F^-}/20.00$

五、注意事项

1. 测量时浓度应由稀至浓。每次测定前要用被测试液润洗电极、烧杯及搅拌子。

2. 绘制标准曲线时，测定一系列标准溶液后，应将电极清洗至原空白电位值，然后再测定未知液的电位值。

3. 测定过程中搅拌溶液的速度应恒定。

六、思考题

1. 为什么要加入总离子强度调节剂？

2. 在测量前氟电极应怎样处理，要达到什么要求？

3. 试比较标准曲线法和标准加入法的测定结果。

项目三　混合液中 I^-、Cl^- 的连续测定

能力目标

能正确组装电位滴定装置；能正确使用自动电位滴定仪进行手动和自动电位滴定操作；会用电位滴定装置进行混合液中 I^-、Cl^- 浓度的测定。

知识目标

掌握电位滴定法的基本原理；掌握电位滴定法中滴定终点的确定方法；掌握电位滴定装置的结构和使用方法。

项目相关知识一　电位滴定分析方法

学习指南

了解电位滴定法的相关知识；掌握 $E-V$ 曲线法、$\Delta E/\Delta V-V$ 曲线法、$\Delta E^2/\Delta V^2-V$ 曲线法等电位滴定的定量方法。

一、电位滴定法的相关知识

1. 电位滴定法

电位滴定法是利用滴定过程中电极电位或电池电动势的变化来确定滴定终点的分析方法。该法精确度和紧密度较高，但分析的时间较长，若使用自动电位滴定法和电位滴定工作站，则可达到简便、快速地完成分析的目的。

电位滴定法适用于平衡常数较小、滴定突跃不明显、试液有色或浑浊的酸碱、沉淀、氧化还原和配位滴定反应等，还能用于混合物溶液的连续滴定及非水介质的滴定。

2. 电位滴定法的原理

电位滴定过程中，随着标准滴定溶液的加入，待测离子与标准滴定溶液之间发生化学反应，使待测离子或与之有关的离子活度（浓度）不断变化，指示电极的电极电位（或电池电动势）也相应随之变化。在化学计量点附近发生电池电动势的突跃。因此通过测量工作电池电动势的变化，即可确定滴定终点。最后根据标准滴定溶液浓度和终点时标准滴定溶液消耗体积计算试液中待测离子含量。

3. 电位滴定的类型及指示电极的选择

电位滴定的反应类型与普通滴定分析完全相同。滴定时应根据不同的滴定反应选择相应

的指示电极。

（1）酸碱滴定

酸碱滴定可用于某些极弱酸（碱）的滴定。指示电极滴定弱酸碱时，准确滴定要求是 K_{ac}（K_{bc}）$\geqslant 10^{-8}$，而电位法只需 K_{ac}（K_{bc}）$\geqslant 10^{-10}$。电位法通常所用的指示电极为 pH 玻璃电极，参比电极为甘汞电极。

（2）氧化还原滴定

指示剂法准确滴定的要求是滴定反应中氧化态和还原态的标准电位之差必须满足 $\Delta E^{\ominus} \geqslant 0.36$ V（$n=1$），而电位法只需 $\Delta E^{\ominus} \geqslant 0.2$ V，应用范围广。电位滴定过程中，氧化态和还原态的浓度比值发生变化，可采用零类电极作为指示电极（常用 Pt 电极），参比电极为甘汞电极。

（3）沉淀滴定

根据不同的沉淀反应，选用不同的指示电极。以硝酸银标准溶液滴定氯离子时，可以用氯离子选择性电极，也可以用银电极作指示电极；但直接用甘汞电极作参比电极也是不合适的，因为甘汞电极漏出的氯离子对测定是有干扰的，需要用硝酸钾盐桥将试液与甘汞电极隔开。

（4）配位滴定

指示剂法准确滴定的要求是滴定反应生成配合物的稳定常数必须满足 $c\lg K > 6$，而电位法可用于测定稳定常数更小的配合物。电位法所用的指示电极一般有两种，一种是 Pt 电极或相应的金属离子选择性电极，另一种是汞电极；参比电极为甘汞电极。

二、电位滴定定量方法

1. $E-V$ 曲线法

以加入的标准滴定溶液体积 V（mL）为横坐标，以对应的电池电动势 E（mV）为纵坐标绘制曲线，既得到 $E-V$ 曲线，如图 4—3—1a 所示。$E-V$ 曲线上的拐点（曲线斜率最大处）所对应的滴定体积即为终点时标准滴定溶液所消耗的体积 V_e。拐点的求法是作两条与滴定曲线相切并与横坐标轴成45°的平行切线，在两条切线之间做一条垂线，通过垂线的中点再作一条与两条切线平行的直线，该直线与滴定曲线的交点即为拐点。$E-V$ 曲线法适合滴定曲线对称的情况，而对滴定突跃不十分明显的体系误差较大。

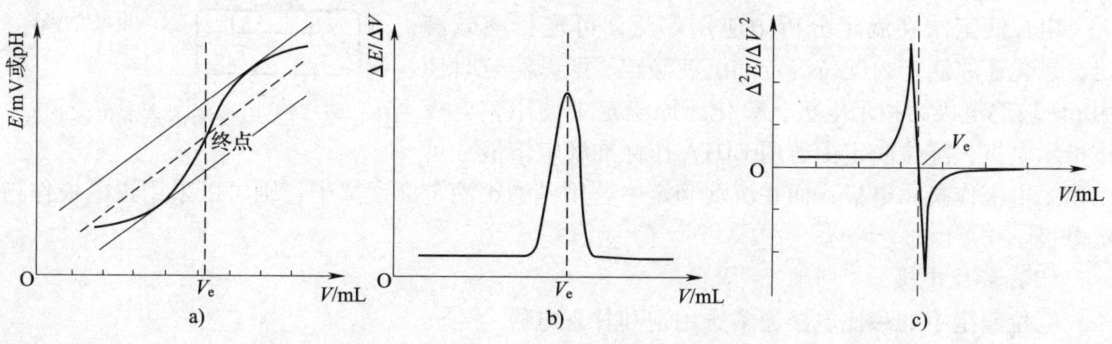

图 4—3—1　电位滴定曲线

a）$E-V$ 曲线　b）$\Delta E/\Delta V-V$ 曲线法　c）$\Delta E^2/\Delta V^2-V$ 曲线法

2. $\Delta E/\Delta V-V$ 曲线法

此法又称一级微商法。若滴定曲线较平坦，滴定突跃不明显，拐点不易求得，可采用一级微商法。它表示在 $E-V$ 曲线上体积改变一较小值引起的电动势 E 的增加量。

从 $E-V$ 曲线上可以看出，远离滴定终点处，V 改变一较小值，E 的增加量逐渐增大，即 $\Delta E/\Delta V$ 逐渐增大；滴定终点处，E 的增加量最大，$\Delta E/\Delta V$ 达到最大值；滴定终点过后，E 的增加量逐渐减小。以 $\Delta E/\Delta V$ 对 V 作曲线，可得到一级微商曲线，如图 4—3—1b 所示。曲线上的最高点（外延绘出）所对应的横坐标体积即为终点时标准滴定溶液所消耗的体积 V_e。

3. $\Delta E^2/\Delta V^2-V$ 曲线法

此法又称二级微商法。由于一级微商法的滴定终点是由外延法得到的，不够准确，可采用二级微商法。$\Delta E^2/\Delta V^2-V$ 表示在 $\Delta E/\Delta V-V$ 曲线上，体积改变一较小值引起的 $\Delta E/\Delta V$ 的变化，比一级微商更准确、更简便，也更为常用，如图 4—3—1c 所示。

项目相关知识二　电位滴定仪的使用

学习指南

了解电位滴定仪的各组成部分；掌握电位滴定装置的使用方法；ZD－2A 型自动电位滴定仪的使用方法。

一、电位滴定仪的组成部分

电位滴定法所用的基本仪器装置如图 4—3—2 所示。与直接电位法相似，也是由指示电极和参比电极插入待测试液组成工作电池，不同之处是还装有滴定管和电池搅拌器。

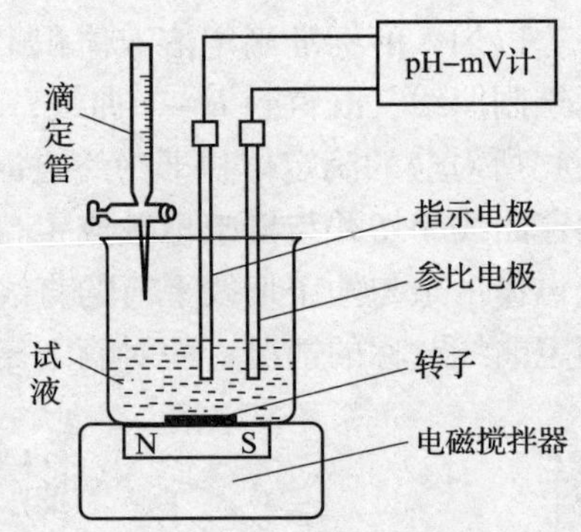

图 4—3—2　电位滴定基本仪器装置

1. 电极

（1）指示电极

电位滴定法在滴定分析中应用广泛，可进行酸碱滴定、氧化还原滴定、配位滴定和沉淀滴定。酸碱滴定时使用 pH 玻璃电极为指示电极；氧化还原滴定中使用铂电极作指示电极；配位滴定中若用 EDTA 作标准滴定溶液，可以用汞电极作指示电极；而在沉淀滴定中若用硝酸银滴定卤素离子，则可以采用银电极作指示电极。

（2）参比电极

电位滴定中的参比电极通常选用饱和甘汞电极。

2. 搅拌器

一般采用电磁搅拌器，电磁搅拌器上设有搅拌开关、调速旋钮。溶液搅拌速度可用调速旋钮调节，溶液搅拌速度不宜过快，不能把试液溅出烧杯。

3. 滴定管

根据被测物质含量的高低，可选用常量滴定管或微量、半微量滴定管。

二、电位滴定装置的使用方法

1. 组装电位滴定装置

准确移取一定体积的待测试液（或称取一定质量固体试样并将其制备成试液）于烧杯中。选择适宜的指示电极和参比电极浸入待测试液中，并按图4—3—1连接组装好装置。

2. 滴定待测离子

开动电磁搅拌器和毫伏计。用滴定管将标准滴定溶液逐滴加入到待测溶液中，每加一次标准滴定溶液，就从pH－mV计上读取一次电池电动势（或pH），读数时要关闭搅拌器。滴定开始时每次滴入的标准溶液体积可大些，当滴定至化学计量点附近时，应每次准确滴加0.01～0.20 mL等体积的标准滴定溶液，直至电动势变化不大时为止。记录每次滴加标准滴定溶液后滴定管读数及测得的电动势或pH值。

三、自动电位滴定仪

1. 终点的确定

第一种是先用手动方法对待测试液进行预滴定，作$E-V$曲线，曲线拐点处对应的电池电动势即为滴定终点的电池电动势（$E_{终点}$），根据$E_{终点}$在自动电位滴定仪上预设滴定终点的电池电动势（$E_{预设}$）。滴定过程中仪器自动将两电极间电池电动势$E_{实测}$与$E_{预设}$相比较，自动电位滴定仪则根据$E_{实测}$与$E_{预设}$差值大小来控制滴定速度，近终点时滴定速度降低，以防滴过。当$E_{实测}=E_{预设}$时自动停止滴定，最后由滴定管读取终点标准滴定溶液消耗体积。

第二种是根据在化学计量点时，滴定电池两极间电位差的二阶微商值由大降至最小，仪器自动启动继电器，通过电磁阀将滴定通路关闭，最后由人工从滴定管上读出滴定终点时标准滴定溶液消耗体积。这种方法仪器不需要预先设定终点电位，自动化程度高。

第三种是保持恒定的滴定速度，仪器自动记录$E-V$滴定曲线，然后根据$E-V$滴定曲线由人工确定终点。

2. ZD－2A型自动电位滴定仪的使用方法

（1）选取适宜的参比电极和指示电极，将仪器安装并连接好以后，插上电源线，打开电源开关，电源指示灯亮。经15 min预热后再使用。

（2）安装好滴定装置，在试杯中放入转子，并将试杯放在电磁搅拌器上。

（3）电位自动滴定

1）终点设定　“设置”开关置“终点”，“pH/mV”开关置“mV”，“功能”开关置“自动”，调节“终点电位”旋钮，显示所要设定的终点电位值。终点电位设定后，“终点电位”旋钮不可再动。

2）预控点设定　预控点的作用是当离开终点较远时，滴定速度很快，当到达预控点时，滴定速度很慢。设定预控点就是设定预控点到达终点的距离。“设置”开关置“预控点”，调节“预控点”旋钮，使显示屏显示所需的预控点数值。例如：预控点为100 mV，仪器将在离终点100 mV处转为慢滴。预控点选定后，“预控点”调节旋钮不可再动。

3）终点电位和预控点电位设定好后，将“设置”开关置“测量”，打开搅拌器电源，调解转速使搅拌从慢速加快至适当转速。

4）按一下“滴定开始”按钮，仪器即开始滴定，滴定灯闪亮，滴液快速滴下，在接近终点时，滴定减慢。到达终点时，滴定灯不再闪亮，过 10 s 左右，终点灯亮，滴定结束。

注意：到达滴定终点后，不可再按“滴定开始”按钮，否则仪器将认为另一极性相反的滴定开始，而继续进行滴定。

5）记录滴定管中滴液的消耗读数。

（4）电位控制滴定

“功能”开关置“控制”，其余操作同第（3）条。到达终点后，滴定灯不再闪亮，但终点灯始终不亮，仪器始终处于预备滴定状态，同样，到达终点后，不可再按“滴定开始”按钮。

（5）pH 值自动滴定

1）pH 值标定　“设置”开关置“测量”，“pH/mV”选择开关置“pH”；调节“温度”旋钮，使旋钮白线指向对应的溶液温度值；将“斜率”旋钮顺时针旋到底（100%）；将清洗过的电极插入 pH 值为 6.86 的缓冲溶液中；调节“定位”旋钮，使仪器显示读数与该缓冲溶液当时温度下的 pH 值相一致；用蒸馏水清洗电极，再插入 pH 值为 4.00（或 pH 值为 9.18）的标准缓冲溶液中，调节斜率旋钮使仪器显示读数与该缓冲溶液当时温度下的 pH 值相一致；重复前两步骤直至不用调节“定位”或“斜率”调节旋钮为止，至此，仪器完成标定。“定位”和“斜率”不应再动，直至下一次标定。

2）设定 pH 值终点　“设置”开关置“终点”，“功能”开关置“自动”，“pH/mV”开关置“pH”，调节“终点电位”旋钮，显示所要设定的终点 pH 值。

3）预控点设置：“设置”开关置“预控点”，调节“预控点”旋钮，使显示屏显示所要设置的预控点 pH 值。

（6）手动滴定

1）“功能”开关置“手动”，“设置”开关置“测量”。

2）按下“滴定开始”开关，滴定灯亮，此时滴夜滴下，控制按下此开关的时间，即控制滴夜滴下的数量，放开此开关，则停止滴定。

项目实施　混合液中 I^-、Cl^- 的连续测定

实施指南

掌握混合离子的测定方法，学会使用自动电位滴定仪。

一、测定仪器

DZ－1 型滴定装置；ZD－2A 型自动电位滴定仪；银离子选择性电极；饱和甘汞电极；滴定管；移液管；电磁搅拌器。

二、测定试剂

$AgNO_3$标准溶液（0.050 00 mol/L）；HNO_3溶液（6 mol/L）；KNO_3固体；I^-、Cl^-混合待测试液。

三、测定步骤

1. 手动电位滴定

将银离子选择性电极及饱和甘汞电极（带盐桥）固定在滴定台的夹子上。银离子选择

性电极接仪器“+”极，甘汞电极接仪器“-”极，将 DZ-1 型滴定装置的工作开关放在手动挡，将 ZD-2A 型自动滴定仪的选择开关放在测量挡，滴液开关放在“-”的位置。

用移液管准确量取 25.00 mL 待测试液于 150 mL 烧杯中，加适量 6 mol/L HNO_3溶液、2 gKNO_3固体，放入搅拌子（转子），置于电磁搅拌器上。将两电极浸入试液，按下读数开关，读取初始电位，一边搅拌，一边按下 DZ-1 型装置的滴定开始按钮。

每加入一定体积的 $AgNO_3$标准滴定溶液，记录一次电位值，读数时停止搅拌。开始滴定时，每次可加 1.00 mL；当达到化学计量点附近时（化学计量点前后约 0.5 mL），每次加 0.10 mL；过了第一个化学计量点后，每次加 1.00 mL，直到超过第二个化学计量点为止，在第二个化学计量点附近每次也只滴加 0.10 mL。

2. 自动电位滴定

根据手动电位滴定曲线图，可求得两个终点电位。

（1）以第一个终点电位为控制依据，进行 I^- 的自动电位滴定。

设置 ZD-2A 型的“终点电位”为第一个终点电位值，将“预控点”设为 100 mV，将“设置”开关置“测量”。

用移液管准确量取 25.00 mL 待测试液于 150 mL 烧杯中，加适量 6 mol/L HNO_3溶液及 2 g KNO_3固体，放入搅拌子（转子），置于电磁搅拌器上。打开搅拌器电源，按下“滴定开始”按钮，开始滴定，滴定灯闪亮，滴液快速滴下，在接近终点时，滴定减慢。到达终点时，滴定灯不再闪亮，过 10 s 左右，终点灯亮，滴定结束。记下滴定 I^- 所消耗硝酸银标准溶液的用量。

（2）以第二个终点电位为控制依据，进行 Cl^- 的自动电位滴定。步骤同（1）。记下滴定 Cl^- 所消耗硝酸银标准溶液的用量。

四、测定记录与结果

1. 分别列表记录下手动和自动测定时滴加溶液体积和对应的电位值。
2. 根据自动电位滴定的数据，分别绘制测 I^- 和 Cl^- 时，电位（E）对滴定体积（V）的滴定曲线，通过 $E-V$ 曲线确定终点电位和终点体积。

五、注意事项

1. 银离子选择性电极使用前需擦去其表面的氧化物。
2. 甘汞电极在使用前要拔去橡胶帽，并检查饱和氯化钾溶液是否足够，若盐桥内溶液不能与白色甘汞部分接触时应再添加一些饱和 KCl 溶液。
3. 安装电极时甘汞电极应比银电极略低些，不要碰到杯底或杯壁。
4. 滴定过程中，注意不要让搅拌子碰到两电极。
5. 终点电位设定后，“终点电位”旋钮不可再动；预控点选定后，“预控点”调节旋钮不可再动。
6. 自动电位滴定过程中，当到达滴定终点后，不可再按“滴定开始”按钮，否则仪器将认为另一极性相反的滴定开始，而继续进行滴定。

六、思考题

1. 与化学分析中的指示剂法相比，电位滴定法有何特点？
2. 如何计算滴定反应的理论电位值？
3. 滴定混合液中 Cl^-、I^- 时，能否用指示剂法确定两个化学计量点？

项目四　重铬酸钾法电位滴定硫酸亚铁铵溶液中亚铁含量

能力目标

能自己组装电位滴定装置；能熟练使用电位滴定装置进行滴定实验。

知识目标

学会用 $K_2Cr_2O_7$ 电位滴定法测亚铁含量的原理及技术；进一步熟练掌握酸度计的使用；掌握二阶微商法计算滴定终点的方法。

一、测定仪器

酸度计；移液管；磁力搅拌器；铁台架；铂电极；10 mL 量筒；饱和甘汞电极；酸式滴定管。

二、测定试剂

$K_2Cr_2O_7$ 标准溶液（0.010 00 mol/L）；邻苯氨基苯甲酸溶液（0.2%）；H_2SO_4 溶液（3 mol/L）。

三、测定步骤

用移液管准确吸取 10.00 mL 待测定的硫酸亚铁铵溶液于 150 mL 烧杯中，加入 3 mol/L 的 H_2SO_4 溶液 8 ~ 10 mL，加水至约 50 mL，加 1 滴邻苯氨基苯甲酸指示剂，将饱和甘汞电极和铂电极插入溶液，放入转子，开动搅拌器，待电位稳定后，记录溶液的起始电位，然后用标准溶液滴定，每加入一定体积的溶液，记录溶液的电位，在电位突跃前后 1 mL 每加入 0.10 mL 标准溶液便记录一次电位，当电位发生较大变化时，注意观察指示剂的变化（由无色到红色）。滴定突跃后再滴定几点，直到过量 100%。按上面步骤，重复测定一次。

四、测定记录与结果

1. 记录测定数据。数据记录见表 4—4—1。

表 4—4—1　　数据记录

V/mL	0.0	1.0	2.0	3.0	4.0	…	…
E_1/mV							
E_2/mV							
E（平）							

2. 绘出 E—V 曲线，确定终点，计算硫酸亚铁铵的准确浓度。

3. 用二阶微商法确定终点，并比较两种方法的结果。

五、注意事项

1. 滴定过程中，转子不能碰触电极和滴定管。

2. 甘汞电极在使用前要拔去橡胶帽，并应检查饱和氯化钾溶液是否足够，若盐桥内溶液不能与白色甘汞部分接触时应再添加一些饱和 KCl。

3. 安装电极时甘汞电极应比铂电极略低些，不要碰到杯底或杯壁。

4. 标准滴定溶液每次应准确放至相应的刻度线上。滴定过程中，读数开关可一直保持打开，直至滴定结束，电极离开试液时应将读数开关关闭。

5. 酸度计使用时应使用“mV”挡。

六、思考题

1. 简述 $K_2Cr_2O_7$ 电位滴定法测亚铁的原理。

2. 比较用 *E*—*V* 曲线图和二阶微商法两种方法确定滴定终点的优缺点。

项目五　乙酸的电位滴定分析及其解离常数的测定

能力目标

能熟练使用酸度计、半微量滴定管等仪器；能运用电位滴定法测定某种物质的解离常数。

知识目标

巩固电位滴定的基本操作和确定滴定终点的方法；掌握电位滴定法测定解离常数的原理和方法。

一、测定仪器

酸度计；电磁搅拌器；231 型玻璃电极和 232 型饱和甘汞电极；10 mL 半微量碱式滴定管；100 mL 小烧杯；10.00 mL 移液管；100 mL 容量瓶。

二、测定试剂

HAc 溶液（0.6 mol/L）；KCl 溶液（1 mol/L）；NaOH 标准溶液（0.100 0 mol/L）；pH = 4.00（25℃）标准缓冲溶液。

三、测定步骤

1. 用 pH = 4.00（25℃）的标准缓冲溶液将酸度计定位。酸度计置“pH”挡。

2. 准确吸取乙酸试液 10.00 mL 于 100 mL 容量瓶中，加水至刻度摇匀，吸 10.00 mL 于小烧杯中，加 1 mol/L KCl 溶液 5.0 mL，再加水 35.00 mL。将玻璃电极和饱和甘汞电极插入溶液，放入转子，开启电磁搅拌器，待电位稳定后，记录溶液的起始 pH 值，然后用 0.100 0 mol/L的 NaOH 标准缓冲溶液进行滴定。滴定开始时每滴加 1.00 mL 读取一次 pH 值，待到化学计量点附近时，间隔 0.10 mL 读数一次，直到超过化学计量点为止。记录滴定过程中标准缓冲溶液滴加体积和对应的 pH 值。

四、测定记录与结果

1. 测定数据记录

记录格式见表4—5—1。

表4—5—1　　　　数据记录

V/mL	pH	ΔV	ΔpH	$\Delta pH/\Delta V$	$\Delta pH^2/\Delta V^2$
0.00					
1.00					
2.00					
…					

2. 数据处理

（1）绘制 pH－V 曲线，确定滴定终点 V_e（可由计算机软件作图）。

（2）绘制 $\Delta pH/\Delta V-V$ 曲线，用一阶微商法确定滴定终点 V_e。

（3）绘制 $\Delta pH^2/\Delta V^2-V$ 曲线，用二阶微商法确定滴定终点 V_e。

3. 解离常数的求取

由 $1/2V_e$ 计算 HAc 的电离常数 K_a，并与文献值比较（K_a 文献值为 1.76×10^{-5}），分析产生错误的原因。

五、注意事项

1. 玻璃电极在使用前必须在去离子水中浸泡活化24 h以上，玻璃电极膜很薄易碎，电极安装时不要过低，以免其被转子碰到，使用时要十分小心。

2. 甘汞电极在使用前要拔去橡胶帽，并检查饱和氯化钾溶液是否足够，若盐桥内溶液不能与白色甘汞部分接触时应再添加一些饱和 KCl。

3. 安装电极时甘汞电极应比玻璃电极略低些，不要碰到杯底或杯壁。

4. 标准滴定溶液每次应准确放至相应的刻度线上。滴定过程中，读数开关可一直保持打开，直至滴定结束，电极离开试液时应将读数开关关闭。

5. 切勿把转子连同废液一起倒掉。

六、思考题

1. 电位滴定法中，确定终点的三种方法各有何优缺点？

2. 当乙酸完全被氢氧化钠中和时，反应终点的pH值是否等于7？为什么？

项目六　不同类型水的电导率测定

能力目标

能正确组装电导率测定装置；能正确使用电导率仪进行电导率操作；会用电导率测定装置进行不同类型水电导率的测定。

知识目标

掌握电导分析法的基本原理；理解电导率仪的类型及电导电极的选择；掌握电导率仪的使用操作步骤。

项目相关知识一　电导率的测定方法

学习指南

了解电导率测定的相关知识；掌握电导率的测定方法。

一、电导率测定的相关知识

在外电场的作用下，携带不同电荷的微粒向相反的方向移动形成电流的现象称为导电。以电解质溶液中正负离子迁移为基础的电化学分析法，称为电导分析法。溶液的导电能力与溶液中正负离子的数目、离子所带的电荷量、离子在溶液中的迁移速率等因素有关。电导分析法是将被分析溶液放在固定面积、固定距离的两个电极所构成的电导池中，通过测定电导池中电解质溶液的电导值来确定物质的含量。电导分析法分为直接电导法和电导滴定法。

电导分析的灵敏度很高，而且装置简单。但由于溶液的电导是溶液中各种离子单独电导的总和，因此直接电导法只能测量离子的总量，不能鉴别和测定某一离子含量，不能测定非电解质溶液，主要用于监测水的纯度、测定大气中有害气体及某些物理常数等。电解质溶液的导电能力用电导（G）表示，单位为西门子，简称西（S）。电导是电阻（R）的倒数，同样遵守欧姆定律：

$$G = \frac{1}{R} = \frac{1}{\rho}\frac{A}{L} = \kappa\frac{A}{L} \qquad (4—6—1)$$

式中　ρ——电阻率，$\Omega \cdot cm$；

A——电极的面积，cm^2；

L——两电极间的距离，cm；

κ——电解质溶液的电导率，S/cm，相当于距离为 1 cm，面积为 1 cm^2 的两个平行电极间所具有的电导。

对于一定的电导电极，面积（A）与电极间距离（L）是固定的，L/A 为定值，称为电导池常数，以符号 θ 表示。式（4—6—2）为电导的计算公式。

$$G = \kappa\frac{1}{\theta} \qquad (4—6—2)$$

由于两电极间的距离及电极面积不易准确测量，因此电解质溶液的电导率不能直接准确测得，一般是通过测定已知电导率的标准溶液的电导，先求出电导池常数 θ，再通过测定待测溶液的电导，计算出待测溶液的电导率。表 4—6—1 所示为 KCl 溶液的电导率。

表 4—6—1　　**KCl 溶液的电导率**

浓度 c（mol/L）	电导率 κ（S/cm）		
	0℃	18℃	25℃
1.000	0.065 43	0.098 20	0.111 73
0.100 0	0.007 154	0.011 192	0.012 886
0.010 00	0.000 775 1	0.001 222 7	0.001 411 4

电导率与电解质溶液的浓度及性质有关：在一定范围内，离子浓度越大、单位体积内离子的数目越多、离子的价数越高、离子迁移速率越快、电导率越大。因此，电导率不但与离子种类有关，还与影响离子迁移速率的外部因素（如温度、溶剂、黏度等）有关。

对于同一电解质，当外部条件一定时，溶液的电导取决于溶液的浓度。因为电导率的概念中规定溶液的体积为 1 cm^3，所以电导率实际上取决于溶液中所含电解质的物质的量。为了比较和衡量不同电解质溶液的导电能力，有必要引入“摩尔电导率”的概念。

摩尔电导率是指在两个相距 1 cm 的平行电极之间，溶液中电解质的物质的量为 1 mol 时所具有的电导，用 Λ_m 表示。

$$\Lambda_m = \frac{\kappa}{c} \times 1\,000 \qquad (4—6—3)$$

式中　Λ_m——摩尔电导率，$S \cdot cm^2/mol$；

c——电解质的物质的量浓度，mol/L；

κ——电解质溶液的电导率，S/cm。

由于电解质溶液的导电是由溶液中正、负离子共同承担的，根据离子独立移动定律，电解质的摩尔电导率为

$$\Lambda_m = n_+ \Lambda_{m,+} + n_- \Lambda_{m,-} \qquad (4—6—4)$$

式中　n_+、n_-——1 mol 电解质溶液中所含正、负离子的物质的量；

$\Lambda_{m,+}$、$\Lambda_{m,-}$——正、负离子的摩尔电导率。

对于混合电解质溶液，离子摩尔电导率具有加和性，即

$$\Lambda_m = \Sigma n_+ \Lambda_{m,+} + \Sigma n_- \Lambda_{m,-} \qquad (4—6—5)$$

由于摩尔电导率规定了在两电极间电解质的物质的量是 1 mol，若通过改变电极面积来改变电极间的电解质溶液的浓度，则随着溶液浓度的增大，离子间的相互作用力加大，离子的迁移速率降低。摩尔电导率随之减小。对弱电解质而言，浓度增大，电离度减小，实际参与导电的离子数目减少，摩尔电导率也随之减小；相反，溶液的浓度越稀，离子间的相互作用越小，摩尔电导率越大。溶液在无限稀释时，溶液中各离子间的相互作用力几乎为零；弱电解质的电离度也几乎达到 100%，溶液的摩尔电导率达到最大值。此时，电解质溶液的摩尔电导率称为无限稀释摩尔电导率，以 $\overset{0}{\Lambda}_m$ 表示。

$$\overset{0}{\Lambda}_m = n_+ \overset{0}{\Lambda}_{m,+} + n_- \overset{0}{\Lambda}_{m,-} \qquad (4—6—6)$$

各种离子在一定温度和溶剂中的无限稀释摩尔电导率是个常数，是由离子的某些性质决定的，是离子的特征参数，在一定程度上反映了各离子导电能力的大小。表 4—6—2 列出了

常见离子在水溶液中的无限稀释摩尔电导率。

表 4—6—2　常见离子在水溶液中的无限稀释摩尔电导率（25℃）

正离子	$\overset{0}{\Lambda}_{m,+}$/（S·cm²/mol）	负离子	$\overset{0}{\Lambda}_{m,-}$/（S·cm²/mol）
H^+	349.8	OH^-	199.0
Li^+	38.7	Cl^-	76.3
Na^+	50.1	Br^-	78.1
K^+	73.5	I^-	76.8
NH_4^+	73.4	NO_3^-	71.4
Ag^+	61.9	ClO_4^-	67.3
Mg^{2+}	106.2	CH_3COO^-	40.9
Ca^{2+}	119.0	HCO_3^-	44.5
Sr^{2+}	119.0	SO_4^{2-}	160.0
Ba^{2+}	127.2	CO_3^{2-}	138.6
Pb^{2+}	139.0	PO_4^{3-}	240.0
Cu^{2+}	107.2	$Fe(CN)_6^{3-}$	303.0
Zn^{2+}	105.6	$Fe(CN)_6^{4-}$	442.0
Fe^{3+}	204.0		
La^{3+}	208.8		

二、电导率的测定方法

由式（4—6—2）知，

$$\kappa = G\theta = \frac{\theta}{R} \qquad (4—6—7)$$

通过测定已知电导率的标准溶液的电导，先求出电导池常数 θ，再通过测定待测溶液的电导，即可计算出待测溶液的电导率。实际上，各种型号的电导率仪可直接测定水溶液的电导率。

项目相关知识二　电导率仪的使用

学习指南

了解平衡电桥式电导率仪、直读式电导率仪；掌握电导率仪的组成部分；DDS－11A 型电导率仪的使用方法。

一、电导率仪的类型

电导率仪是测量溶液电导的专用设备，根据作用原理可分为平衡电桥式和直读式两类。

1. 平衡电桥式电导率仪

测量电导的最简单仪器是平衡电桥式，如国产雷磁－27 型和 D5906 型电导率仪，作用原理如图 4—6—1 所示。

将电导池插入盛装待测溶液的容器中，由标准电阻 R1、R2、R3 和电导池 R_x 构成惠斯顿电桥。在 A、B 间接上正弦波振荡器，产生 1 000 Hz 的交流电压作为电源。电流从 A、B 两端通过电桥，经交流放大器放大后，再整流将交流信号变成直流信号推动电表，当电桥平衡时电表指零，C、D 两端的电位相等。

$$R_x = \frac{R_1}{R_2} \times R_3 \tag{4—6—8}$$

式中 R_1、R_2——比例臂，可选择 R_1/R_2 的值为 0.1、1.0、10；

R_3——带刻度盘的可读电阻或精密的多位数字电阻箱。

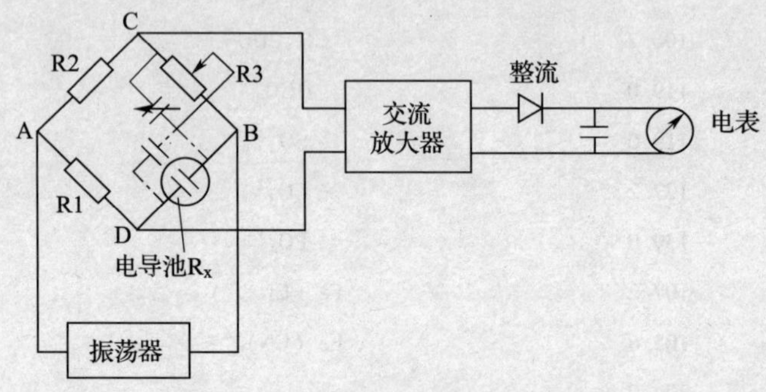

图 4—6—1 平衡电桥法测定电导作用原理图

2. 直读式电导率仪

直读式电导率仪有利于快速和连续自动测量，所以实际工作中多采用此类电导率仪，如国产的 DD－11 型和 DDS－11A 型电导率仪，采用电阻分压法原理，作用原理如图 4—6—2 所示。

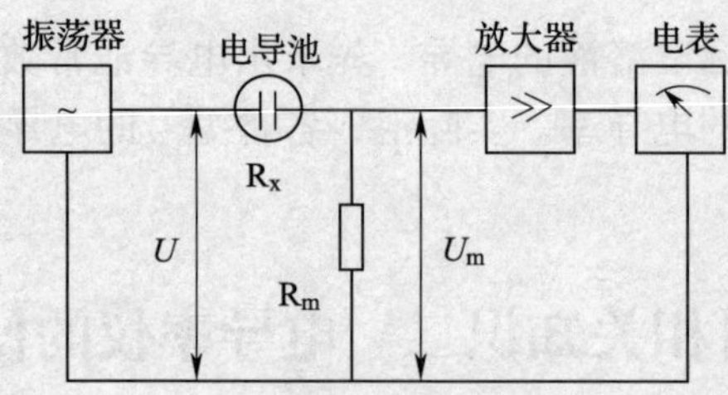

图 4—6—2 电阻分压法测定电导作用原理图

由振荡器输出的交流高频电压 U，通过电导池 R_x 及与之串联的电阻 R_m，回路中的电流强度 $I = \frac{U}{R_x + R_m}$，设 U_m 为分压电阻 R_m 两端的电位差，则通过 R_m 的电流强度 $I = \frac{U_m}{R_m}$。因此 $\frac{U}{R_x + R_m} = \frac{U_m}{R_m}$，即：

$$U_m = R_m \frac{U}{R_x + R_m} \tag{4—6—9}$$

由于 U 和 R_m 均为恒定值，因此通过测量 U_m 可得到电导池的电阻值 R_x，取倒数后即可

得到电导值 G。一般仪器表头的刻度直接给出的是 U_m 变化对应的电导值 G。若要以电导率表示，则可按下式计算：

$$k = G\theta \tag{4—6—10}$$

在电导率仪上有电导池常数 θ 的校正装置，并可直接显示电导率的值。

二、电导率仪的组成部分

电导率仪由电导电极和电子单元组成，电子单元将信号放大处理后换算成电导率。仪器中还配有与传感器相匹配的温度测量系统，能补偿到标准温度电导率的温度补偿系统、温度系数调节系统以及电导池常数调节系统，以及自动换挡功能等。DDS－11A 型电导率仪外形如图 4—6—3 所示。

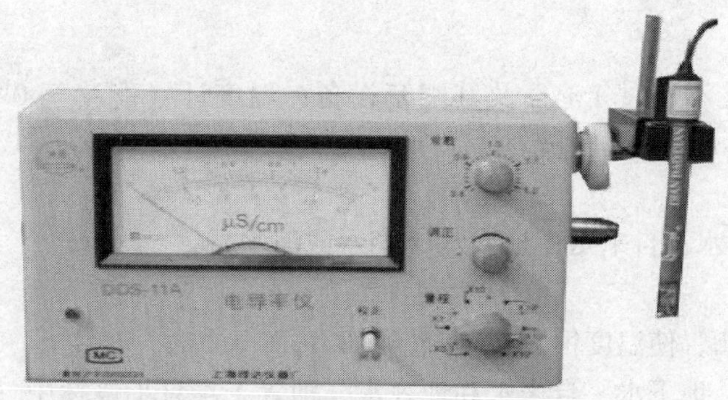

图 4—6—3　DDS－11A 型电导率仪

三、电导率仪（DDS－11A 型）的使用方法

1．未开电源开关前，观察表针是否指零，如不指零，可调整表头上的螺钉使表钉指零。

2．接通电源，仪器预热 10 min。

3．将电极浸入被测溶液（或水）中，须确保极片浸没，将电极插头插入插座。

4．调节“常数”钮，使其与电极常数标称值一致。例如，若所用电极的常数为 0.98，则把“常数”钮白线对准 0.98 刻度线。

5．将“量程”置于合适的倍率挡，若事先不知被测液体电导率高低，可先置于较大的电导率挡，再逐挡下调，以防表头针打弯。

6．将“校正—测量”开关置于“校正”位，调“校正”电位器使表针指满度值 1.0。

7．将“校正—测量”开关置于“测量”位，表针指示数乘以“量程”倍率即为溶液电导率。

例测纯水时“量程”置于 ×0.1（红）挡，指示值为 0.56，则被测电导率为 $0.56\times0.1=0.056$ μS/cm；“量程”置 $\times10^2$ 挡，指示值为 0.5，则被测值为 $0.5\times10^2=50$ μS/cm。

8．“量程”置黑（B）点挡，则读数为表面上行刻度 0～1。“量程”置红（R）点挡，则读数为下行刻度。

9．当溶液电导率低于 20 μS/cm 时，可采用 DJS－1 型光亮电极；为 $20\sim2\times10^4$ μS/cm 时，可采用 DJS－1 型铂黑电极；当大于 2×10^4 μS/cm（电阻少于 100 Ω），即高电导测量时，应使用 DJS－10 型铂黑电极。

当使用 DJS－1 型光亮电极和 DJS－1 型铂黑电极时，“常数”钮应调节在与所配套的电极的常数项对应的位置上。而当使用 DJS－10 型铂黑电极时，“常数”钮需调在常数标称值

1/10 位置上，如，若所用电极常数为 10.4，则应使“常数”钮置 1.04，被测值 = 指示数 × 倍率 ×10。

项目实施　不同类型水的电导率测定

实施指南

掌握不同类型水的电导率测定方法；熟练使用电导率仪。

一、测定仪器

电导率仪（误差不超过 1%）及其配套设备；温度计（能读至 0.1℃）；恒温水浴锅 (25 ±0.2)℃；DJS－1 型铂黑电极。

二、测定试剂

去离子水；地下水；自来水；地表水（湖水或河水）。

三、测定步骤

1. 调节恒温水槽，使温度恒定在（25.0 ±0.1)℃。

2. 将去离子水、地下水、自来水和地表水分别置于 4 只小烧杯中（取样前应用待测水样将烧杯清洗 2 ~3 次)。然后放入恒温槽中恒温 10 ~15 min。

3. 电导率的测定：

(1) 接通电源前，先观察表针是否指零，如不指零，可调整表头上的螺钉使表针指零。

(2) 将校正、测量换挡开关置于“校正”位置。

(3) 插接电源线，打开电源开关，预热 3 min（或待指针完全稳定下来为止)，调节校正调节器，使电表满度指示。

(4) 将量程选择开关扳到所需要的测量范围。如预先不知被测溶液电导率的大小，应先把其扳到最大电导率测量挡，然后逐挡下调，以防表针打弯。

(5) 将选定的电导电极插头插入电极插口，旋紧插口上的紧固螺钉，再将电极浸入待测溶液中，按电极上所示的电极常数调节电极常数调节器。

(6) 选择测量频率。当被测量液体电导率低于 300 $\mu S \cdot cm^{-1}$时，选用“低周”，高于此值时，选用“高周”。

(7) 进行测量。将“校正—测量”开关扳向“测量”，此时若表头指针不在量程刻度范围内，应逐挡调节量程选择开关，直到指针指在刻度范围内。这时指示数乘以量程开关的倍率即为被测液的实际电导率。按上述方法调节电导率仪后，依次测出水样的电导率。

四、测定记录与结果

恒温槽温度________℃，测定结果见表 4—6—3。

表 4—6—3　　测定结果

水样	蒸馏水	自来水	地下水	地表水
电导率 κ　μS/cm				

五、注意事项

1. 电解质溶液的电导率随温度的变化而改变，因此，在测量时应保持被测体系处于恒温条件下。

2. 电极接线不能潮湿或松动，否则会引起测量的误差。

六、思考题

1. 实验中为何用镀铂黑的电极？使用时注意事项有哪些？

2. 测水的电导率有何意义？

思考与练习

一、选择题

1. 用 pH 计测量溶液 pH 值时，首先要（　　）。

A. 消除不对称电位　　B. 用标准 pH 溶液定位

C. 选择内标溶液　　D. 用标准 pH 溶液浸泡电极

2. pH 计标定所选用的 pH 标准缓冲溶液同被测样品 pH 值应（　　）。

A. 相差较大　　B. 尽量接近　　C. 完全相等　　D. 无关系

3. 氟电极内溶液为一定浓度的（　　）溶液。

A. 氯离子　　B. 氯离子 + 氟离子

C. 氟离子　　D. 氢离子

4. pH 玻璃电极产生的不对称电位来源于（　　）。

A. 内外玻璃膜表面特性不同　　B. 内外溶液中 H^+ 浓度不同

C. 内外溶液的 H^+ 活度不同　　D. 内外参比电极不一样

5. 用银离子选择性电极作指示电极，电位滴定牛奶中氯离子含量时，如以饱和甘汞电极作为参比电极，双盐桥应选用的溶液为（　　）。

A. KNO_3　　B. KCl　　C. KBr　　D. KI

6. 用离子选择性电极标准加入法进行定量分析时，对加入标准溶液的要求为（　　）。

A. 体积要大，其浓度要高　　B. 体积要小，其浓度要低

C. 体积要大，其浓度要低　　D. 体积要小，其浓度要高

7. 离子选择性电极的电位选择性系数可用于（　　）。

A. 估计电极的检测限　　B. 估计共存离子的干扰程度

C. 校正方法误差　　D. 计算电极的响应斜率

8. 电位滴定终点的确定通常采用（　　）。

A. 标准曲线法　　B. 标准加入法

C. 二阶微商法　　D. 内标法

二、简答题

1. 电位分析法的理论基础是什么？它可以分成几类分析方法？它们各有何特点？

2. 指示电极包括哪些？选择性电极的基本组成包括哪些？以氟离子选择性电极为例，画出离子选择性电极的基本结构图，并指出各部分的名称。

3. 在直接电位分析中为什么要使用总离子强度调节剂？它包括哪些成分？它的作用是

什么？

4. 用离子选择性电极，以标准加入法进行定量分析时，应对加入的标准溶液的体积和浓度有什么要求？为什么？

5. 电位滴定法的基本原理是什么？电位滴定确定终点有哪几种方法？

6. 何为电导分析法？测定装置包括哪些部分？

三、计算题

1. 用氟离子选择性电极测定某一含 F^- 的样品溶液 50.00 mL，测得其电位为 86.5 mV。加入 5.00×10^{-2} mol/L 氟标准溶液 0.50 mL 后测得其电位为 68.0 mV。已知该电极的实际斜率为 59.0 mV/pF，试求样品溶液中 F^- 的浓度为多少。

2. 测定海带中 I^- 的含量时，称取 10.56 g 海带，制成溶液，稀释到 200 mL，用银电极做指示电极，双盐桥饱和甘汞电极做参比电极，以 0.102 6 mol/L 的 $AgNO_3$ 表 4—5—4 标准溶液进行滴定，测得数据见表 4—6—4。

表 4—6—4　　测定数据

V_{AgNO_3}/mL	0.00	5.00	10.00	15.00	16.00	16.50	16.60	16.70
E/mV	−253	−234	−210	−175	−166	−160	−153	−142
V_{AgNO_3}/mL	16.80	16.90	17.00	17.10	17.20	18.00	20.00	
E/mV	−123	+244	+312	+332	+338	+363	+375	

（1）用二阶微商法确定终点体积；

（2）计算海带试样中 KI 的含量［已知 M（KI）=166.0 g/mol］。

3. 用氯离子选择性电极测定果汁中氯化物含量时，在 100 mL 的果汁中测得电动势为 −26.8 mV，加入 1.00 mL，0.500 mol/L 经酸化的 NaCl 溶液，测得电动势为 −54.2 mV。计算果汁中氯化物的浓度（假定加入 NaCl 前后离子强度不变）。

4pH 玻璃电极和饱和甘汞电极组成工作电池，25℃时测定 pH = 9.18 的硼酸标准溶液时，电池电动势是 0.220 V；而测定一未知 pH 值的试液时，电池电动势是 0.180 V，求未知试液 pH 值。

5. 以 Pb^{2+} 选择性电极测定 Pb^{2+} 标准溶液，测得数据见表 4—6—5。

表 4—6—5　　测定数据

Pb^{2+}/（mol/L）	1.00×10^{-5}	1.00×10^{-4}	1.00×10^{-3}	1.00×10^{-2}
E/mV	−208.0	−181.6	−158.0	−132.2

求：（1）绘制标准曲线；

（2）若对未知试液测定得 E = −154.0 mV，求未知试液 Pb^{2+} 浓度。

6. 用 0.105 2 mol/L 的 NaOH 标准溶液电位滴定 25.00 mL 的 HCl 溶液，以玻璃电极作指示电极，饱和甘汞电极作参比电极，测得数据见表 4—6—6。

表 4—6—6 测定数据

V_{NaOH}/mL	0.55	24.50	25.50	25.60	25.70	25.80	25.90	26.00
pH	1.70	3.00	3.37	3.41	3.45	3.50	3.75	7.50
V_{NaOH}/mL	26.10	26.20	26.30	26.40	26.50	27.00	27.50	
pH	10.20	10.35	10.47	10.52	10.56	10.74	10.92	

计算：(1) 用二阶微商计算法确定滴定终点体积；

(2) 计算 HCl 溶液浓度。

模块五　库仑分析法

项目一　库仑滴定法测定硫代硫酸钠的含量

能力目标

能用库仑滴定法测定硫代硫酸钠的含量；会操作库仑滴定仪。

知识目标

了解法拉第定律的原理；掌握恒电流、恒电位、微库仑分析法的原理及仪器。

项目相关知识一　恒电流库仑分析法

学习指南

掌握库仑分析法的相关知识；掌握恒电流库仑分析法的原理；掌握终点的指示方法。

一、库仑分析法的相关知识

1. 库仑分析法的分类

库仑分析法是建立在电解分析基础上，以电解过程中所消耗的电量为测量对象的一种分析方法。库仑分析法分为恒电位库仑分析法和恒电流库仑分析法，前者用控制电极电位的方法进行电解，并用库仑计或通过作图法来测定电解时所消耗的电量，由此计算出电极上起反应的被测物质的量；后者是在电解池中通入一恒定电流进行电解，通过电极反应产生一种与被测物质发生化学计量反应的中间体（电生滴定剂），其终点可用化学指示剂的方法或电化学等方法来确定。恒电流库仑分析法与普通容量分析法类似，只不过滴定剂不是从外界直接加入，而是电解池内部某种物质的电极产物而已，因此恒电流库仑分析法也称为库仑滴定法。被测物质能直接在电极上发生电极反应的库仑滴定法称为直接法或初级库仑法。被测物质间接与电极产物（电生滴定剂）进行定量反应的库仑滴定法称为间接法或刺激库仑法。由于库仑滴定法可以测定电解时在电极上不能全部定量反应的物质，甚至可以测定根本不在电极上起反应的物质，而恒电位库仑分析法只能测定在电极上全部定量反应的物质，因此库仑滴定法的应用更为广泛。

随着电子技术的不断创新，两种库仑分析方法都有所进展，出现了不少新仪器和新方法。如近十年广泛应用的微库仑分析技术，工作电极的电位并不需要严格限制在某一有限范围内，甚至有时在测定过程中可以有几伏的变化。其电解电流随着滴定过程的延续逐渐减小，当反应完成时，电解电流衰减至零。由于在整个分析过程中电位和电流都处于动态，因此该法也称动态库仑法。除此之外，还有电解色谱法、预示库仑法、电压扫描库仑法、原电池库仑法等。

2. 法拉第电解基本原理

无论哪种库仑分析法，都是以法拉第定律为基础建立起来的，主要包括以下两部分内容。

第一，电流通过电解质溶液时，发生电极反应的物质的质量与所通过的电量（Q）成正比，即与电流强度和通过电流的时间的乘积成正比。

$$m \propto Q \text{ 或 } m \propto i \cdot t \qquad (5—1—1)$$

式中 m——电极上析出物质的质量，g；

Q——电量，C（库仑）；

i——电流强度，A（安培）；

t——时间，s（秒）。

第二，在电解过程中，通过电解池 1 法拉第电量（96 487 C）在电极上析出 M/n 摩尔质量的物质。通常将 96 487 C 的电量称为 1 法拉第电量，以 F 表示，即 1 F = 96 487 C。

试验证明，在电极上析出 M/n（g/mol）的任何物质所需的电量均为 1 F。因此上述法拉第定律用式（5—1—2）表示：

$$m = \frac{QM}{\mathrm{F}n} = \frac{itM}{\mathrm{F}n} \qquad (5—1—2)$$

式中 M——在电极上析出的物质的摩尔质量，g/mol；

n——电解反应时电子转移数；

t——电解的时间，s；

i——电解电流，当 t 以 mA（毫安）表示时，电极析出物质的质量以 mg（毫克）为单位；当 I 以 A（安培）表示时，电极析出物质的质量以 g 为单位。

应用法拉第电解定律时，必须保证电解时电流效率为 100%，即通过电解的电量全部用于析出待测物质，而无其他副反应。

例 5—1—1 某 Cu^{2+} 溶液通过 0.500 A 电流 28.7 min。如果按电流效率为 100% 计算：（1）阳极上放出氧多少克？（2）阴极上析出多少克铜？

解： 电解时，在阳极和阴极上发生的反应分别为：

阳极：$H_2O \rightleftharpoons 2H^+ + \frac{1}{2}O_2 + 2e$

阴极：$Cu^{2+} + 2e \rightleftharpoons Cu$

根据式（5—1—2）则有：

（1）阳极上析出氧的质量为

$$m = \frac{16}{2} \times \frac{0.500 \times 28.7 \times 60}{96\,487} = 7.14 \times 10^{-2}\ \mathrm{g}$$

（2）阴极上析出铜的质量为

$$m = \frac{63.5}{2} \times \frac{0.500 \times 28.7 \times 60}{96\,487} = 0.283\ \mathrm{g}$$

3. 影响电流效率的因素

库仑分析的先决条件是电流效率为 100%，但实际应用中由于副反应的存在，使 100%

电流效率难以实现。其主要原因有以下几方面：

（1）溶剂参与电极反应

库仑分析多数在水溶液中进行，水在一定 pH 值及一定电极电位下，可能参加电极反应而被电解。

阴极上可能发生还原反应析出氢气，其反应为：

$$2H^+ + 2e \rightleftharpoons H_2$$

阳极上可能发生氧化反应析出氧气。其反应如下：

$$2H_2O \rightleftharpoons 4H^+ + O_2 + 4e$$

电极如果发生这些副反应，电量就会被消耗，应控制适当的电位和溶液的 pH 值范围，以防止水的电解。从这点出发，若采用汞阴极则要优于铂电极。若用有机溶剂或混合液作电解液，为防止它们的电解，一般都应先用空白溶液制出 $i—E$ 曲线，以确定其适宜的电压范围及电解条件。

（2）共存杂质的电解

试剂及溶剂中微量易氧化或易还原的杂质，可能在电极上参加反应而影响电流效率。可以用纯试剂做空白试验加以校正，也可以通过预电解除去杂质。

（3）电解产物的副反应

1）电解池中与外加直流电源正极相连的为阳极。电解时，电子从阳极流出，电极上发生氧化反应。

2）电解池中与外加直流电源负极相连的为阴极。电解时，电子从外加电源的负极流入阴极，电极上发生还原反应。

（4）电极本身参与反应

库仑分析中一般用铂电极作阳极，而铂电极在有 Cl^- 或其他配位剂存在时可能发生氧化溶解，因而造成电流效率降低。此时可选用其他材料制成的电极。

二、恒电流库仑分析法

1. 恒电流库仑分析法的原理

恒电流库仑分析法又称控制电流库仑分析法或库仑滴定法。该法是以恒定的电流通过电解池，使工作电极上产生一种能够与溶液中待测组分反应的滴定剂，称电生滴定剂。反应的终点可以用加入指示剂或电化学方法来指示。准确测量通过电解池的电流强度和从电解开始到电生滴定剂与待测组分完全反应（即反应终点）的时间，利用法拉第电解定律求出组分含量。

库仑滴定与普通滴定分析在反应原理上是相同的，所不同的是普通滴定法的滴定剂由化学试剂配制成一定浓度的溶液后，由滴定管加入。而库仑滴定的滴定剂则是通过电解在电极上产生的。

2. 滴定剂的产生

库仑滴定法所用滴定剂是在电极上产生的，并且瞬间便与被测物质作用而被消耗掉，因此克服了普通滴定分析中标准滴定溶液的制备、标定以及储存等引起的误差。电生滴定剂产生方式主要有以下三种。

（1）内部电生滴定剂法

内部电生滴定剂法是指电生滴定剂的反应和滴定反应在同一电解池中进行。这种方法的电解池内除了含有待测组分以外，还应含有大量的辅助电解质。辅助电解质起的作用是电生滴定剂，起电位缓冲剂的作用。由于存在大量辅助电解质，可以允许在较高电流密度下进行电解而缩短分析时间。目前多数库仑滴定以此种方法产生滴定剂。库仑滴定中对所使用的辅助电解质的要求是要以100%的电流效率产生滴定剂，无副反应发生；要有合适的指示终点的方法；产生滴定剂与待测物之间能快速发生定量反应。

（2）外部电生滴定剂法

这种电生滴定剂法是指电生滴定剂的电解反应与滴定反应不在同一溶液体系中进行，而是由外部溶液电生出滴定剂，然后加到试液中进行滴定。当电生滴定剂和滴定反应由于某种原因不能在相同介质中进行或被测试液中的某些组分可能和辅助电解质同时在工作电极上起反应时，必须使用外部电生滴定剂法。

（3）双向中间体库仑滴定法

对于一些反应速度较慢的反应，在普通滴定分析法中多数采用返滴定方式，而不采用直接滴定方式。库仑滴定法对以返滴定方式进行测定的物质一般采用双中间体滴定法，即先在第一种条件下产生过量的第一种滴定剂，待与被测物完全反应后，改变条件，再产生第二种滴定剂返滴过量的第一种滴定剂。两次电解所消耗电量的差就是滴定被测物质所需的电量。例如以 Br_2/Br^- 和 Cu^{2+}/Cu^+ 两电对可进行有机化合物溴值的测定。先由 $CuBr_2$ 溶液在阳极电解产生过量的 Br_2，待 Br_2 与有机化合物反应完全后，倒换工作电极极性，再于阴极电解产生 Cu^+ 以滴定过量 Br_2。因此这是在同一种溶液中电解产生两种电生滴定剂。

3. 终点的指示方法

库仑滴定的指示方法有化学指示剂法、电位法、电导法、永停终点法、比色法、分光光度法等。

（1）化学指示剂法

这种方法与普通滴定分析法一样，都是利用加入的指示液颜色变化指示终点的到达。例如测定 S^{2-} 加入辅助电解质 KBr，以甲基橙为指示剂，电极反应为：

阳极　　$2Br^- - 2e \rightarrow Br_2$（滴定剂）

阴极　　$2H_2O + 2e \rightarrow H_2 + 2OH^-$（用半透膜隔开）

滴定反应　$S^{2-} + Br_2 \rightarrow S\downarrow + 2Br^-$

化学计量点后，过量的 Br_2，使甲基橙退色，指示滴定终点到达。

指示剂法简便，但灵敏度欠佳（特别是测定毫克量以下物质），并且由于指示剂变色范围较宽，使分析误差较大。

（2）电位法

库仑滴定中随着滴定的进行，待测组分的浓度不断变化，相应的指示电极电位也随之变化，到化学计量点时，指示电极的电位发生突跃而指示滴定终点到达。根据滴定反应的类型，在电解池另插入合适的指示电极和参比电极，以直流毫伏计（高阻抗）或酸度计测量电动势或 pH 值的变化。例如利用库仑滴定法测定溶液中酸的浓度时，用 pH 玻璃电极及甘汞电极组成指示电极对以指示终点。以 Na_2SO_4 作电解质为例，用铂阴极为工作电极，银阳极为辅助电极，其电极反应为：

工作电极　　$2H_2O + 2e \rightarrow H_2 + 2OH^-$

辅助电极　　$H_2O - 2e \rightarrow \frac{1}{2}O_2 + 2H^+$

由工作电极上产生 OH^- 滴定溶液中的酸。银阳极上产生的 H^+ 干扰测定，应采用半透膜套与电解液隔开。根据酸度计上 pH 值的突跃指示滴定终点。

(3) 永停终点法

永停终点法也叫死停终点法，它是利用在氧化还原滴定过程中，由于溶液中可逆电对的生成或消失，使得终点指示回路中的电流迅速增大或减小，引起检流计指针突然偏转，指示终点到达。

1) 永停终点法库仑滴定　永停终点法可应用于库仑滴定终点的指示，例如库仑滴定法测定砷，实验装置如图 5—1—1 所示。

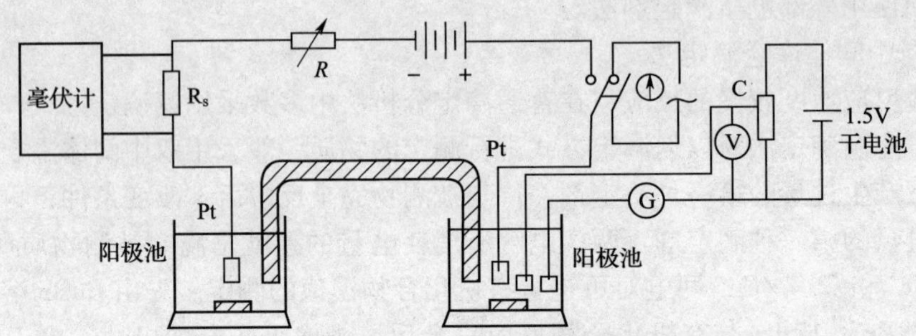

图 5—1—1　永停终点库仑滴定示意图

在阴极电解池中加入 Na_2SO_4 水溶液，在阳极电解池中加 0.2 mol/L KI－$NaHCO_3$ 混合液及一定量含 As（Ⅲ）试液，并在其中插入两支相同的 Pt 电极，在两个相同的 Pt 电极间施加 100～200 mV 的小电压，打开搅拌器，按下双掷开关，开始电解反应和滴定反应。

工作电极铂阳电极上电极反应为：

$$2I^- \rightleftharpoons I_2 + 2e$$

生成的 I_2 立即与 As（Ⅲ）反应：

$$I_2 + AsO_3^{3-} + OH^- \rightleftharpoons 2I^- + AsO_4^{3+} + H^+$$

化学计量点前，阳极电解池中存在着不可逆电对 AsO_4^{3-}/AsO_3^{3-} 由于两个相同 Pt 电极之间电压很小，不会引起 As（Ⅲ）和 As（Ⅴ）的电极反应，因而终点指示回路中无电流通过，检流计停滞不动。当滴至化学计量点时，试液中 As（Ⅲ）被滴定完全，不可逆电对 AsO_4^{3-}/AsO_3^{3-} 消失，此时稍过量的 I_2 与溶液中 I^- 形成可逆电对 I_2/I^-，因而，两个 Pt 电极上将有电极反应发生，终点指示回路中有电流通过，检流计迅速偏转，指示终点到达。这时立即停止电解，记下电解时间和电流强度进行计算。

如果某一滴定在化学计量点前，溶液存在可逆电对，而在化学计量点时，稍过量滴定剂又产生了不可逆电对，则终点指示回路中的电流将迅速减小至 0，检流计指针迅速回至 0 点，指示终点到达。

2) 永停滴定法　永停终点法也常用做普通氧化还原滴定分析的终点指示。这种方法称永停滴定法。永停滴定法的装置如图 5—1—2所示。

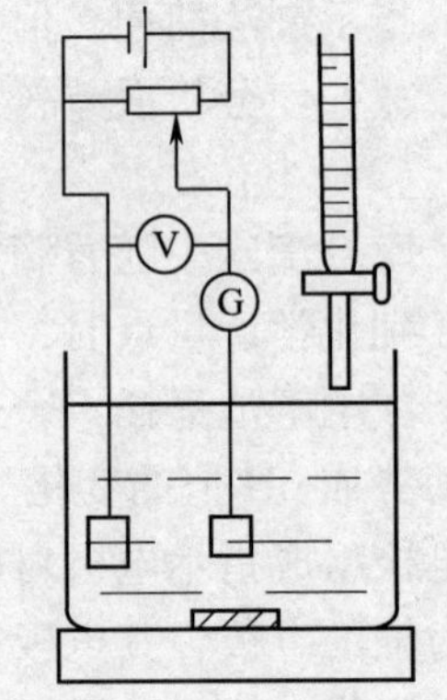

图 5—1—2　永停滴定法示意图

以滴定过程检流计电流值 i 对相应的滴定剂加入体积 V 作图，可得到永停滴定曲线。几种典型的永停滴定曲线如图 5—1—3 所示。

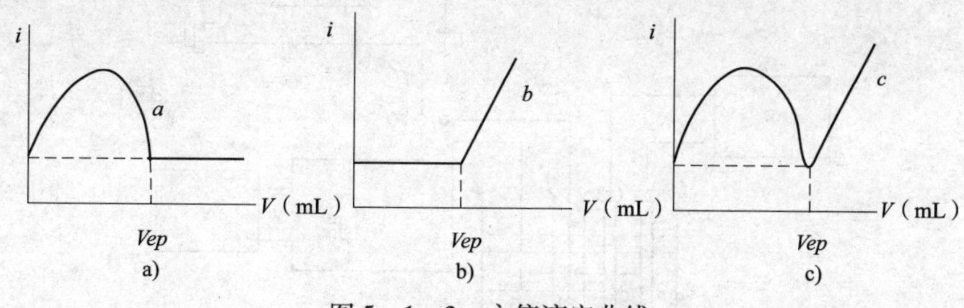

图 5—1—3　永停滴定曲线

图 5—1—3a 为滴定过程中溶液存在的可逆电对，化学计量点后，溶液存在的是不可逆电对的滴定曲线（i—V 曲线）。例如 $Na_2S_2O_3$ 滴定 I_2，滴定过程溶液中存在可逆电对 I_2/I^-，此时终点指示回路有电流通过，电流随 I_2 与 I^- 的电对浓度比值的变化不断变化，到达终点时可逆电对消失，溶液中因稍过量的 $Na_2S_2O_3$ 产生不可逆电对 $S_4O_6^{2-}/S_2O_3^{2-}$，电流下降至 0。

图 5—1—3b 为滴定过程溶液中存在的是不可逆电对，化学计量点后溶液存在的是可逆电对的滴定曲线。例如 I_2 滴定 As（Ⅲ）就属此类。

图 5—1—3c 为滴定过程是溶液中存在的是可逆电对，终点时原可逆电对消失，稍过量滴定剂又产生新的可逆电对，所以电流在终点时为 0，随后又迅速增大。例如以 Ce^{4+} 滴定 Fe^{2+} 时，终点前溶液存在可逆电对 Fe^{3+}/Fe^{2+}，终点时 Fe^{3+}/Fe^{2+} 电对消失，电流为 0，随后过量的滴定剂又产生 Ce^{4+}/Ce^{3+} 可逆电对，电流又上升。

可见永停滴定曲线与电位滴定曲线是不相同的，其终点指示方法也不相同。

三、恒电流库仑分析法的特点

1. 不需要基准物质，它的原始标准是电流源和计时器。由于电流源和计时器的准确度都很高，所以库仑滴定法准确度很高，一般相对误差为 0.2%，甚至可以达到 0.01%。因此，它可以用做标准方法或仲裁分析法。

2. 灵敏度高，取样量少。检出限可达 10^{-7} mol/L，既能测定常量物质，又能测定痕量物质。

3. 易实现自动化、数字化，并可作遥控分析。

4. 设备简单、容易安装、使用和操作方便。

5. 库仑滴定法的局限性是选择性不好，不适宜对复杂组分的分析。

项目相关知识二　恒电流库仑分析仪的使用

学习指南

了解恒电流库仑分析仪的组成；掌握恒电流库仑分析仪的使用方法。

一、恒电流库仑分析仪的组成

恒电流库仑分析仪即控制电流库仑分析仪，又称库仑滴定仪。恒电流库仑分析仪由电解池、恒流源、终点指示装置、计时器组成，如图 5—1—4 所示。

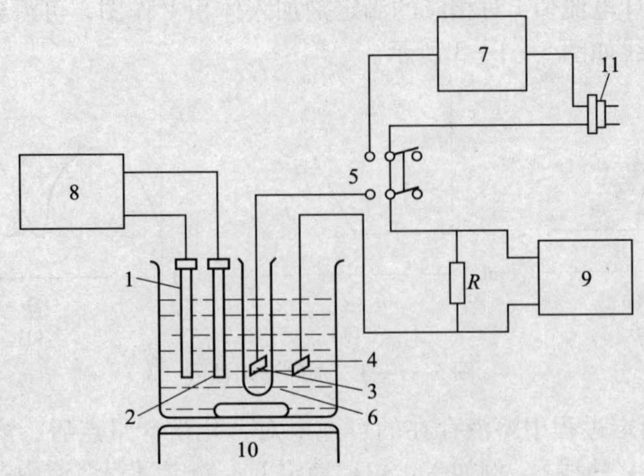

图 5—1—4　恒电流库仑分析仪

1、2—指示电极　3—辅助电极　4—工作电极　5—计时开关　6—辅助电极保护套
7—计时器　8—电位差计　9—恒流源　10—搅拌器　11—电源插头

1. 电解池

电解池是由工作电极和辅助电极浸入被测溶液构成。将工作电极和辅助电极与恒电流源相连，在工作电极和辅助电极之间产生恒电解电流，工作电极上电解反应产生滴定剂，滴定剂与被测物定量反应。辅助电极通常需要套一多孔隔膜，以防止辅助电极干扰测定。

2. 恒流源

恒流源是一种提供直流电并能保证所提供电流恒定的装置。可使用直流稳压器，也可用 45 ~ 90 V 的干电池串联大电阻。一般控制电解电流不超过 100 mA。

3. 终点指示装置

终点指示的方法有指示剂法、电位法、电流法、分光光度法、电导法等。

(1) 电位法

电位法是在电解池中另加一对电极（一支指示电极，一支参比电极），到达反应化学计量点后，由电解产生的过量“滴定剂”引起的指示电极的电位突跃来确定终点的方法。此方法的优点在于易实现自动化，即通过指示电极电位突跃产生的脉冲以触发电解和计时开关，自动停止电解和计时。

(2) 电流法

电流法是在电解池中另加一对铂电极，铂电极间施加一小电压（50 ~ 100 mV），到达等当点后，利用可逆电对（如 I_2/I^-）的产生或消失，使得电流迅速增加或减小来指示滴定终点。此方法装置简单、快速、灵敏，准确度较高，应用范围较广。常用于氧化还原滴定体系，也用于沉淀反应滴定。

(3) 指示剂法

指示剂法是利用加入电解池中的本身并非电活性物质的有色指示剂的颜色变化来指示终点的方法。此方法比较简单，但灵敏度较低。对于常量库仑滴定可得到满意的测定结果，一般多用于酸碱库仑滴定，也用于氧化还原反应、络合反应和沉淀反应。例如用溴甲酚绿为指示剂，以电解产生的 OH^- 测定硫酸或盐酸。

4. 计时器

计数器一般由十进计数器或电子发光数码管显示器显示电解时间，由电解电流和电解时间计算出电解过程中消耗的电量。

二、恒电流库仑分析仪的使用方法

1. 仪器的连接

将电极与接线柱连接，并拧紧以保证接触良好。把准备好的电解池置于搅拌器平台上，调整电解池位置，使搅拌子转动平稳。将石英裂解管用硅橡胶堵紧其进样口，并放入裂解炉，用聚四氟乙烯管（$\phi 4$）将石英裂解管的各路进气支管与温度流量控制器的对应输出口相连接。

2. 恒电流库仑分析仪的调校

向电解池内加入标准物质（具有 1 库仑的校正电量），对吸收液进行电解，可调节电量补偿器，使恒流源的显示值与理论电量值相符。

3. 恒电流库仑分析仪的使用提示

（1）必须保持恒电流源的电流恒定，否则会产生较大的电量误差。

（2）辅助电极需要套一多孔隔膜，以防止辅助电极的电极反应产物干扰测定。

（3）加入大量的辅助电解质，以保证工作电极电位不致大幅度改变，避免干扰电极反应的发生，从而使电流效率达到 100%。

（4）选择简便、灵敏度高的终点指示方法，并且指示终点与化学计量点一致。

（5）电解时间一般选择在 100～200 s 为宜。

项目实施　库仑滴定法测定硫代硫酸钠的含量

实施指南

学习库仑滴定法测定 $Na_2S_2O_3$ 浓度的原理和永停终点法指示终点的方法；学习计算库仑滴定法结果的方法。

一、测定仪器

自制恒电流库仑滴定装置一套或商品库仑计；铂片电极（4 支）；秒表。

二、测定试剂

KI 溶液（0.1 mol/L）：称取 1.7 gKI 溶于 100 mL 蒸馏水中；HNO_3 溶液（10%）。

三、测定步骤

1. 清洗 Pt 电极

用热的 10% HNO_3 溶液浸泡 Pt 电极几分钟，先用自来水冲洗，再用蒸馏水冲干净后待用。

2. 连接仪器装置

按图 5—1—1 连接线路。Pt 工作电极接恒流源的正端；Pt 辅助电极接负端，并将它安装在玻璃套管中。

【注意】

电极的极性切勿接错，若接错必须仔细清洗电极。

3. 调节仪器进行预“滴定”

（1）在电解池中加入5 mL　0.1 mol/L的KI溶液，放入搅拌子，插入4支Pt电极并加入适量蒸馏水，使电极恰好浸没，玻璃套管中也加入适量KI溶液。

（2）以永停终点法指示终点，并调节加在Pt指示电极上的直流电压为50～100 mV。

（3）开启库仑滴定仪恒电流源开关，调节电解电流为1.00 mA，此时Pt工作电极上有I_2产生，回流中有电流显示（若使用检流计则其光点开始偏转），此时立即用滴管滴加几滴稀释后的$Na_2S_2O_3$溶液，使电流回至原值（或检流计光点回至原点）并迅速关闭恒电流源开关（这一步骤能将KI溶液中的还原性杂质除去，称为“预滴定”）。仪器调节完毕可进行库仑滴定测定。

4. $Na_2S_2O_3$试液的测定

准确移取未知$Na_2S_2O_3$溶液1.00 mL于上述电解池中，开启恒电流源开关，库仑滴定开始，同时用秒表记录时间，直至电流显示器上有微小电流变化（或检流计光点慢慢发生偏转），立即关恒电流源开关，同时记录电解时间，至此完成一次测定。接着可进行第二次测定。

重复测定三次。

四、测定记录与结果

1. 记录时间及实验条件。

2. 计算$Na_2S_2O_3$浓度：

$$c(Na_2S_2O_3) = \frac{i \times t}{96\,487\,V} \tag{5—1—3}$$

式中　i——电流，mA；

t——电解时间，s；

V——试液体积，mL。

3. 计算浓度的平均值和标准偏差。

五、注意事项

1. 保护管内应放KI溶液，浸没Pt电极。

2. 每次测定都必须准确移取试液。

六、思考题

1. 试说明永停终点法指示终点的原理。

2. 写出Pt工作电极和Pt辅助电极上的反应。

3. 本实验中是将Pt阳极还是Pt阴极隔开？为什么？

项目二　恒电位库仑分析法测定8－羟基喹啉的浓度

能力目标

能用恒电位库仑分析法测定8－羟基喹啉的含量；会熟练操作库仑仪。

知识目标

了解恒电位库仑分析法测定8－羟基喹啉的原理；掌握实验操作过程。

项目相关知识一　恒电位库仑分析法

学习指南

掌握恒电位库仑分析法的相关知识；掌握电量的测量方法。

一、恒电位库仑分析法的相关知识

1. 恒电位库仑分析法的原理

恒电位库仑法是在电解过程中，将工作电极的电位控制在待测组分析出电位上，使待测组分以100%电流效率进行电解，随电解进行，由于被测组分浓度不断变小，电流也随之下降，当电解电流趋于零时，指示待测物质已经电解完全，此时停止电解。利用串联在电解电路中的库仑计（见图5—1—5），测量从电解开始到待测组分电解完全析出时消耗的电量，由法拉第定律计算出被测物质的含量。

2. 电量的测量

恒电位库仑分析法电量的测量是采用库仑计进行。库仑计种类较多，如银库仑计（又称重量库仑计）、氢—氧库仑计（又称气体库仑计）和电流积分电量计等，其中气体库仑计结构简单、使用方便，被广泛采用。

气体库仑计是依据电解过程所产生的气体体积测定电量的。其结构如图5—1—6所示。它由一支带有活塞和两个铂电极的玻璃管（电解管）同一支有刻度的量气管以橡胶管相连接组成。电解管内充以0.5 mol/L的 K_2SO_4 和 Na_2SO_4 溶液，管外装有恒温水套。当有电流通过时，阳极上析出氧气，阴极上析出氢气。电解前后，量气管中液面之差就是氢、氧气体的总体积。在标准状态下，每库仑电量析出0.173 9 mL氢、氧混合气体。设析出混合气体为 VmL（已校正至标准状态下）则根据式（5—1—2）得被测物B的质量为

$$m_B = \frac{V \times M_B}{0.173\,9 \times 96\,487n} = \frac{VM_B}{16\,779n} \qquad (5—2—1)$$

这种气体库仑计，测量10 C以上电量时，误差为±0.1%。

目前，已有自动化程度高，以数字显示电量数值的电子库仑仪，使用十分方便。

3. 操作方法

为了尽可能保证100%的电流效率用于待测物质的电解，在进行恒电位库仑分析时，一般先向试样溶液中通入几分钟氮气，以驱除试液中的溶解氧。在加入试样前，先在比测定时低0.4～0.3 V的阴极电位下，对电解液进行预电解，直至电流降至本底值（残余电流值）为止，以除去电解液中可能存在的杂质。在电解时，将阴极电位调到待测物质析出电位的数值，在不切断电流情况下，加入一定体积的试液，然后在控制阴极电位下电解至本底电流

值，以免副反应发生。

二、恒电位库仑分析法的特点

1. 不需要基准物质，准确度高

恒电位库仑分析法是根据库仑计测量出的电量进行计算的，而库仑计测量电量的准确度较高，因而分析结果准确度高。

2. 灵敏度高

恒电位库仑分析法可以测定至0.01 μg级的物质。

3. 对于电解产物不是固态物质也可以测定

例如可以利用亚砷酸（H_3AsO_3）在铂阳极上氧化成砷酸（H_3AsO_3）的反应测定砷。

4. 恒电位库仑分析法的缺点

实验仪器装置较复杂，杂质影响不容易消除，电解所需时间长（一般要1 h左右）等。

项目相关知识二　恒电位库仑分析仪的使用

学习指南

了解恒电位库仑分析仪的组成部分；掌握恒电位库仑分析仪的使用方法。

一、恒电位库仑分析仪的组成部分

恒电位库仑分析仪一般由电解池、恒电位器、库仑计组成，如图5—2—1所示。

1. 电解池

电解池是由工作电极和辅助电极浸入被测溶液构成。工作电极和辅助电极与直流电源相连，在工作电极和辅助电极之间产生电解电流，被测物在工作电极上发生氧化或还原反应。

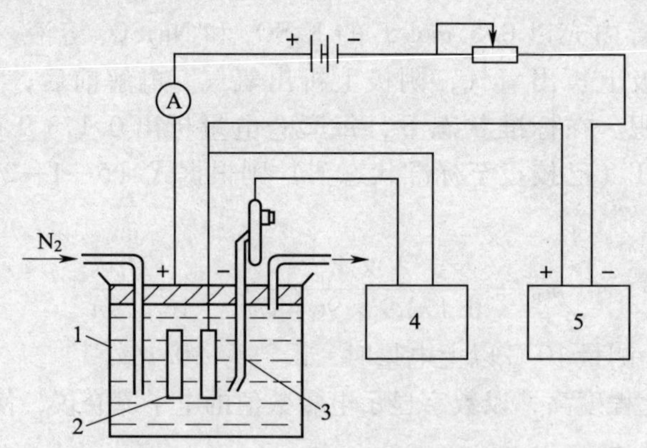

图5—2—1　控制电位库仑分析仪

1—电解池　2—工作电极　3—甘汞电极　4—恒电位器　5—库仑计

2. 恒电位器

恒电位器是一种能稳定工作在电极电位的装置，可以通过控制工作电极与参比电极间的电动势，保持电解过程中工作电极的电位恒定，使被测物质在电极上完全电解，而干扰离子不反应。

3. 库仑计

库仑计是控制电位库仑分析装置中的一个重要组成部分，用来精确测量电解过程中所消耗的电量。常用的库仑计有银库仑计（重量为库仑计）、氢氧库仑计（气体库仑计）、库仑式库仑计、电流积分库仑计（电子积分库仑计）。其中气体库仑计和库仑式库仑计使用方便，电子积分库仑计自动化程度高，操作快速。

（1）银库仑计

银库仑计是一个电解银的装置。在烧杯内放置浓度为 0.03 mol/L 的 KBr 溶液和 0.2 mol/L的 K_2SO_4 溶液，以铂网作阴极，银丝作阳极。有电流通过时，在阳极上会析出金属银。每库电量析出 1.12 mg 银。这种库仑计精确度高，但不能直接指示读数，不适于常规分析。

（2）氢氧库仑计

氢氧库仑计是一个电解水的装置。如图 5—2—2 所示。电解管与刻度管用橡胶管相连，电解管中焊有两片铂电极，管外为恒温水浴套，电解液用 0.5 mol/L 的 K_2SO_4 溶液。通过电流时在阳极上析出氧气，在阴极上析出氢气。在标准状况下，每库仑电量析出 0.174 mL 氢氧混合气体。这种库仑计使用简便，能测量 10℃以上的电量，准确度达 ±0.1%，但灵敏度较差。

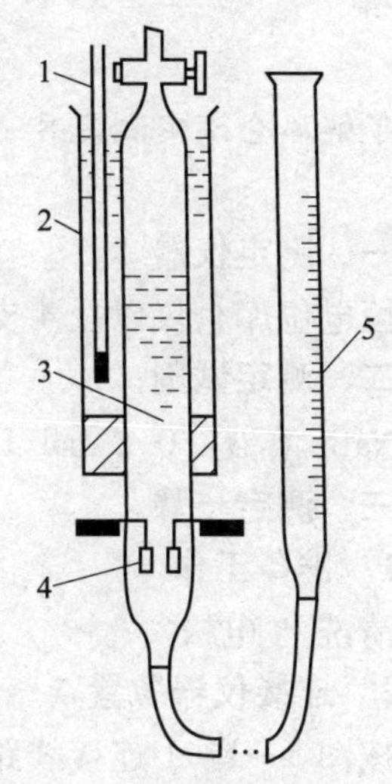

图 5—2—2　氢—氧库仑计
1—温度计　2—水夹套　3—电解液
4—铂电极　5—量气管

（3）库仑式库仑计

库仑式库仑计是一个电解铜的装置。在烧杯内放置 0.6 mol/L 的 $CuSO_4$ 溶液，以铜电极作阳极，铂电极作阴极。有电流通过时，在阴极上会析出金属铜。当电解结束后，将库仑计电极反接，反向恒电流溶出，当两电极电压出现明显变化时，表示到达终点，由恒电流和时间计算电量。这种库仑计准确度较高，测量 0.015 ~ 75 C 的电量，相对误差不超过 ±0.1%，可用于微量杂质的库仑分析。

（4）电子积分仪

电子积分仪可分为电压—频率转换积分仪和电流—频率积分仪两种。积分仪使用集成电路装置，将电压或电流转换为频率信号。频率信号与电压或电流大小成正比，因而计数总数与消耗的总库仑数成正比。记录频率的脉冲数，便可得到电流—时间积分。电子积分仪的输出读数可以直接用库仑数、微法拉第数或被测物质的质量等来表示。电子积分仪需要复杂的电子设备，但其准确度高、精密度好、使用方便，可用于自动控制分析。

二、恒电位库仑分析仪的使用方法

1. 仪器的连接

见恒电流库仑分析仪的使用方法。

2. 恒电位库仑分析仪的调校

将电解池的工作电极和参比电极与恒电位器的输出端相连，设置恒电位器输出电压，要求恒电位器有较高的控制精度和跟随特性（电极电势跟随给定信号）。一般要求在达到仪器额定最大电流时，控制精度仍准确到 1 mV 以内。

3. 恒电位库仑分析仪的使用提示

(1) 控制工作电极的电位与预期的电极电位相差应在 1 ~5 mV 范围内。

(2) 被测物在工作电极上发生反应，在开始反应时有相当大的电流值，在反应完成时电流减小为零。

(3) 使用气体库仑计时，必须保持气体的温度恒定。

(4) 使用银库仑计时，必须使用分析天平准确称量铂电极的质量。

项目实施　恒电位库仑分析法测定 8 - 羟基喹啉的浓度

实施指南

了解库仑滴定测定 8 - 羟基喹啉的原理；掌握实验操作过程。

一、测定仪器

恒电位库仑仪以及 4 支 Pt 电极；秒表。

二、测定试剂

NaBr 溶液（0.2 mol/L）；HCl 溶液（10^{-3} mol/L）；试样。

三、测定步骤

1. 准备工作

清洗 Pt 电极。

2. 连接仪器装置

按图 5—1—1 连接线路。Pt 工作电极接恒流源的正端；Pt 辅助电极接负端，并将它安装在玻璃套管中（电极的极性切勿接错，若接错必须仔细清洗电极）。

3. 调节仪器进行预滴定

(1) 在电解池中加入 5 mL 0.2 mol/L NaBr 和 5 mL 10^{-3} mol/L HCl 溶液（pH = 3.5）。插入 4 支已清洗过的 Pt 电极并加入适量蒸馏水浸没电极，玻璃套管中也加入适量的 NaBr 溶液。

(2) 用永停终点指示终点，调节加在 Pt 指示电极上的直流电压为 50 ~200 mV。

(3) 开启恒电流源开关，调节电流 1.00 mA，由于 Pt 工作电极上有 Br_2，回路中有电流显示（若使用检流计，则其光点回至原点），此时应立即用滴管滴加几滴稀 8 - 羟基喹啉溶液，使电流回至原值（或检流计光点回至原点）并迅速关闭恒电流源开关（这一操作可将 NaBr 溶液中的还原性杂质除去）。

仪器调节完毕可开始进行试样测定。

4. 8 - 羟基喹啉试液测定

准确移取 8 - 羟基喹啉试液 1.00 mL，注入电解池中，开启恒电流源开关，库仑滴定开始，同时记录时间，直到电流有微小变化（或检流计光点慢慢发生偏转）时，立即关闭恒电流源开关，记录时间。至此一次实验结束。接着可进行第二次测定。

四、测定记录与结果

1. 记录时间及实验条件。

2. 计算 8－羟基喹啉浓度。

3. 计算浓度的平均值和标准偏差。

五、注意事项

1. 保护管内应放入 NaBr 溶液。

2. 试液必须准确加入。

六、思考题

1. 写出 Pt 阳极和 Pt 阴极反应。

2. 能否用上述方法测定酚？为什么？

项目三 微库仑分析法测定试样中的微量硫含量

能力目标

能用微库仑法测定物质的含量；会熟练操作微库仑分析仪。

知识目标

掌握微库仑法测定的基本原理；熟悉微库仑法测定硫含量的方法。

项目相关知识一 微库仑分析法

学习指南

掌握微库仑分析法的相关知识；了解微库仑分析法的特点。

一、微库仑分析法的相关知识

微库仑分析法又称动态库仑分析法，它既不是恒电位库仑分析法，也不是库仑滴定法，它是随着库仑滴定技术和仪器精度的提高，应用现代电子技术发展起来的一种微量和超微量的新型的库仑分析法。

微库仑分析法与库仑滴定法类似，也是利用电生滴定剂来滴定被测物质，不同之处在于微库仑分析输入的电流不是恒定的，而是随被测物质含量大小自动调节。其装置如图 5—1—7 所示，在滴定池（或称电解池）内放入电解质溶液和两对电极，一对为指示电极和参比电极，另一对为工作电极和辅助电极（或称电解电极），在待测物进入滴定池前，滴定池内电解质溶液已电解产生一定浓度的微量滴定剂，指示电极对滴定剂有响应，建立了一定的电极电位，E 指为定值。偏压源提供的偏压 $E_{偏}$ 与 $E_{指}$ 大小相同，方向相反，两者之差 $\Delta E=0$，此时电路上放大器的输入为 0，因而放大器输出也为 0，处于平衡状态。当试液进入电解池，由于试液被测组分与电生滴定剂发生反应，使滴定剂浓度降低，$E_{偏}$ 与 $E_{指}$ 的差值 $\Delta E\neq$

0，放大器中就有电流输出，此时工作电极开始电解，直至滴定剂浓度恢复到原来的浓度，ΔE 也随之恢复为0，指示终点到达，电解自动停止。利用电子技术，通过电流对时间积分，得出电解所耗电量。根据电量利用法拉第定律求出被测组分的含量。

可见，微库仑分析过程中电流是变化的，所以称之为动态库仑分析。

二、微库仑分析法的特点

1．微库仑分析除具有恒电位库仑和恒电流库仑分析的优点外，由于微库仑分析法测定过程中，其电位和电流都不是恒定的，而是根据被测物质浓度变化，应用电子技术进行自动调节。

2．准确度、灵敏度高，选择性好。

3．自动指示终点，分析速度快。

4．适合微量和痕量分析，广泛应用于有机元素分析和大气监测，例如石油和有机化合物中硫、氮、卤素、氧等元素的测定。

项目相关知识二　微库仑分析仪的使用

学习指南

了解微库仑分析仪的组成部分；掌握微库仑分析仪的使用方法。

一、微库仑分析仪的组成部分

随着电子技术的发展，产生了一种新型分析技术——微库仑分析，也称为功态库仑滴定，它已被公认为是测量石油产品和其他有机及无机物中硫、氮、卤素、水、砷及不饱和烃等的最佳分析方法。微库仑分析仪与恒电流库仑分析仪结构相似，在测定过程中，电位和电流都不是恒定的，而是根据被测物浓度变化。微库仑仪结构简单，维修方便，灵敏度高，易于实现自动控制和连续测量，误差至少可低于0.01%，可用于微量和痕量分析。

微库仑分析仪由裂解炉、滴定池、微库仑放大器、进样器、积分仪等部件组成，如图5—3—1所示。

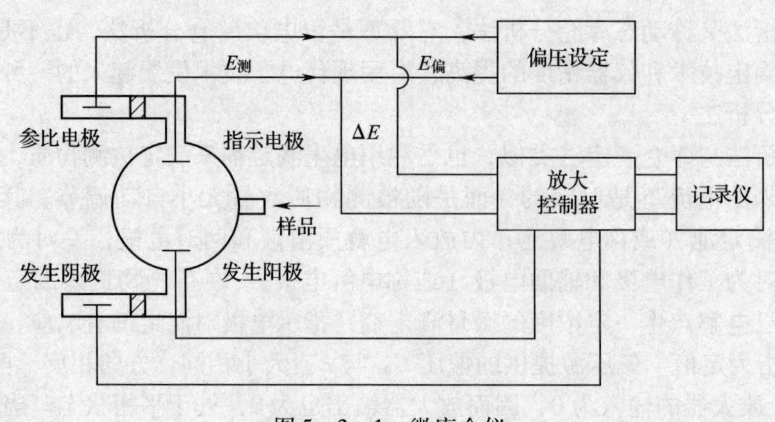

图5—3—1　微库仑仪

1. 裂解管和裂解炉

石油及其他有机化合物中的硫、氮、氯等元素，都不能直接和滴定剂反应，必须预先裂解、转化成能与滴定剂反应的物质才能测定。裂解反应都在石英裂解管中进行，裂解反应有氧化法和还原法。裂解管由石英制成，它的作用是将样品中的有机硫、氯、氮和碳氢各元素分别转变为能与电解液中滴定离子发生作用的 SO_2、HCl、NH_3 和不发生反应的 CO_2、H_2O、CH_4 等化合物。

2. 滴定池

滴定池是微库仑仪的心脏，由一对电解电极和一对指示电极浸入电解液中构成。在电解电极上电解产生的滴定剂与被测物反应，用指示电极指示滴定终点。

裂解管出来的被测物导入滴定池中，与滴定剂反应。滴定池通常用玻璃制成，为了提高灵敏度和响应速度，滴定池体积一般做得小些为好。滴定池底部有引入裂解气的喷嘴，喷嘴的构造能使气体变成小气泡，再加上电磁搅拌，使气体样品能快速被电解液吸收并与滴定剂反应。滴定池顶部装有四支电极，还有注入样品或更换电解液的孔。

3. 微库仑放大器

微库仑放大器是根据零平衡原理设计的电压放大器，其放大倍数在数十倍至数千倍间可调。经放大器放大的电压供电解电极电解产生滴定剂，并在滴定终点时自动停止供电。

指示电极与参比电极间产生一个电位信号与外加偏压互相抵消，放大器输入信号为零，输出信号也为零，电解电极间没有电流通过，微库仑仪处于平衡状态。当被测物进入滴定池，与滴定剂反应后，滴定剂浓度发生变化，指示电极的电位跟着发生变化，因而与外加偏压有了差异，放大器便有了输入信号。此信号经放大器放大后将电压加到电解电极对上，就有电流流过滴定池，电解电极上发生电解，产生滴定剂。这个过程继续进行，直至被测物反应终止，滴定剂浓度恢复到初始状态，电解过程自动停止，微库仑仪恢复平衡状态。利用电子技术，通过电流对时间的积分，得出电解所耗电量，根据电量即可求出被测物的量。

4. 进样器

对于液体样品多用注射器进样，裂解管入口处有耐热的硅橡胶垫密封。气体样品可用压力注射进样，固体或黏稠液体样品可用样品舟进样。

5. 电子积分仪

微库仑放大器的输出信号可用记录仪记录下来。记录电流—时间曲线，曲线下的面积积分即为电量。也可用积分仪进行面积积分，积分结果以数字显示。

二、微库仑分析仪的使用方法

1. 仪器的连接

见恒电流库仑分析仪的使用方法。

2. 微库仑仪的调校

（1）温度设置

分别设置高温管式炉的稳定段、燃烧段和汽化段的温度，使被测物具有较高及稳定的转化率。

（2）偏压设置

进样前，测量滴定池中指示电极和参比电极的输出电压，调节偏压源，输出相反偏压，使得净输出电压为零。

（3）转化率

向高温管式炉中加入标准样品，测量标准样品的含量，平行测定多次，计算出样品的平均转化率。

3．微库仑分析仪的使用提示

（1）定期检查电气性能及气密性。要注意更换吸收器内的溶液，以保证正常的电化学性能和工作状态。

（2）使用的坩埚必须在高温炉进行预处理，最好用0.5 g纯铁打底，加适量助熔剂于高频炉中通气燃烧后使用，若无高频炉，可改用管式炉。

（3）管式炉一定要注意良好接地。

（4）分析结束后，必须等待炉温下降后才可关闭气体，以防吸收液被倒吸。

（5）为保证测定结果准确可靠，要经常用标样进行校正。一般来说回收率应大于80%，若测得值小于80%，应检查操作条件是否正常。

（6）测定有机物中硫时，样品中的氯绝大部分转变成HCl不干扰测定，只有少量生成氯气和次氯酸干扰测定。样品中的氮转变成氮的氧化物干扰硫的测定。样品中如含溴则会严重干扰硫的测定。在电解液中加入叠氮化钠（NaN_3）可有效地防止氯和氮的干扰，但不能防止溴的干扰。

（7）电解电流时间在1～5 min为宜，最小不少于10 s，最大不大于15 min。

项目实施　微库仑分析法测定试样中的微量硫含量

实施指南

掌握微库仑法测定硫含量的基本原理；熟练微库仑仪的仪器操作。

试样中硫元素在催化裂解管中高温转变为二氧化硫。利用工作电极铂电极以恒电流电解KI溶液，其电极反应为：

阳极　$2I^- - 2e^- = I_2$

阴极　$2H^+ + 2e^- = H_2$

阳极产生的I_2立即与裂解炉转化得到的SO_2发生反应：

$$I_2 + SO_2 + H_2O = H_2SO_4 + 2HI$$

将辅助电极置于隔离室内，隔离室由一玻璃套管制成，套管底部为一微孔玻璃砂板，以保持隔离室内外电路通畅，并可避免阴极产生的氢气返回阳极而干扰I_2的产生。为了使电解电流效率为100%，向电解液中加入吡啶来中和生成的HI，加入甲醇防止副反应发生。

本实验采用永停法确定滴定终点，将两个相同的铂电极插入试样溶液中，两极间施加50～200 mV的直流电压。在化学计量点前，工作电极电解产生的I_2全部与SO_2反应，因而溶液中没有多余的I_2存在，不存在可逆电对（I_2/I^-），指示电极间仅有微弱的残余电流。当到达化学计量点后，溶液中有过量的I_2存在，溶液中存在可逆电对（I_2/I^-），指示电极上发生以下反应：

指示阳极　$2I^- - 2e^- = I_2$

指示阴极　$I_2 + 2e^- = 2I^-$

因此，通过指示电极的电流迅速增大，微安表的明显偏转，表明到达滴定终点，电解滴定自动停止，记录时间或电量。

根据法拉第电解定律，由电解消耗的电量计算出样品中微量硫含量。

一、测定仪器

微库仑仪；电解电极：大面积铂电极工作电极、铂丝辅助电极；指示电极：铂电极。

二、测定试剂

硫电解液：将0.5 g的碘化钾、0.6 g的叠氮化钠，5 mL的冰醋酸溶于100 mL的棕色瓶中，避光阴凉处保存（电解液中加叠氮化钠是为了除去样品中Cl、N对测S的干扰）；高纯氮；试样。

三、测定步骤

1. 准备工作

（1）开启仪器电源，预热20 min。

（2）电极的准备。将库仑放大器的电极连接线按标记分别接到滴定池的参考、测量、阳极、阴极的接线柱上，并拧紧以保证接触良好。

（3）电解池的准备。分别向洗净的电解池阳极室注入40 mL电解液，阴极室注入3～4 mL电解液，放入一个搅拌子，盖好电解池帽。把准备好的滴定池置于搅拌器内平台上，调节搅拌器的高度，使滴定池毛细管入口对准石英管出口，并用铜夹子夹紧，调整电解池位置，使搅拌子转动平稳。

（4）管式炉的准备。将洁净的石英裂解管用硅橡胶堵紧其进样口，并放入裂解炉，用聚四氟乙烯管（$\phi4$）将石英裂解管的各路进气支管与温度流量控制器的对应输出口相连接。

（5）仪器检查。调节旋钮、按键、开关及指示灯，使其能正常工作，各紧固件无松动现象。电源及信号电缆插件应配合紧密，接触良好。整机气路无泄漏。

2. 微库仑仪的调校

（1）联机操作

打开“微库仑分析系统”应用软件，单击“联机”图标。

（2）温度设置

分别设定三段所需的温度：稳定段设为700℃，燃烧段设为800℃，汽化段设为600℃。

（3）测试偏压

待炉温到达所设温度值，打开气源，采集电解池偏压。待偏压稳定后，按“确定”完成采集。一般新鲜电解液冲洗过的硫电解池，偏压应在180 mV以上。

（4）修改偏压

使仪器处于工作挡，输入所需的测试偏压值，按“确定”完成修改。

（5）选择工作参数

设定“元素状态选择”“含量单位选择”“分析元素选择”“标样/样品选择”“元素含量选择”。

（6）选择放大倍数和积分电阻

选择相应的放大倍数（100～500），按“确定”完成放大倍数的设定。选择相应的积分电阻（100~10 kΩ），按“确定”完成积分电阻的设定。一般分析硫含量小于 1 mg/L 时，积分电阻选 10 kΩ 挡，硫含量大于 10 mg/L 时，积分电阻选 2 kΩ 挡以下。

（7）转化系统调试

待基线平稳后，单击“启动”按钮，即可进样。出峰结束后，自动显示转化率。转化系统正常时，其转化率应为 75%~115%。

（8）求平均转化率

选择认为合适的转化率，点击“确定”，可求出平均转化率。

3．微库仑仪主要性能指标的检定

（1）分析范围

配制不同浓度的标准溶液，测量结果不大于重复性误差。

（2）控温范围及精度

选取 100℃、200℃、300℃、400℃、500℃ 为控温检测点。设定管式炉的炉温，插入热电偶，待炉温稳定后，记录管式炉的温度及其变化情况。

（3）重复性误差

对某一种合适的标准溶液重复测量 3~5 次，分别读出测得的标准溶液含量。计算出测量含量的分散范围。测量含量分散范围占标准溶液真实含量的百分数为重复性误差。

4．测量试样平均含量

试样选择“样品/标样选择”框中的“样品”，其余分析步骤与以上仪器调校的步骤相同，在连续分析 3~6 次后，求出样品的平均含量。

5．打印数据

标样分析结束后，单击“断开连接”后，单击“保存”图标，弹出“保存采样数据文件”对话框，输入文件名保存结果；单击“打开”图标，弹出“打开采样数据文件”对话框，选择需要打开的数据文件，弹出“显示页面选择”对话框，即可显示或打印结果。

6．实验结束

依次关闭仪器的电源，填写仪器使用记录。把滴定池与裂解管断开，给滴定池换上新鲜电解液。待炉温冷却 1~2 h 后，关闭气路阀，整理好仪器。

四、测定记录与结果

1．分析范围（见表 5—3—1）

表 5—3—1　　分析范围

标准溶液含量，mg/L	0.2，0.5，1.0，10，100，1 000，5 000
硫	
重复性	

2．控温范围及精度（见表 5—3—2）

表 5—3—2　　控温范围及精度

控温范围，℃	100，200，300，400，500，600，700，800，900，1 000
测定值	
精度，℃	

按式（5—3—1）计算控温范围及精度：

$$\frac{\Delta T}{T}=\frac{T_{测}-T_{检}}{T_{检}}\times 100\% \quad (5—3—1)$$

式中 $T_{检}$——检定点温度,℃；

$T_{测}$——热电偶示值,℃。

3. 重复性误差（见表5—3—3）

表5—3—3　重复性误差

溶液浓度	1	2	3	4	5
<1.0 mg/L					
1.0～10 mg/L					
>10 mg/L					
重复性误差					

按式（5—3—2）计算重复性误差：

$$\frac{\Delta C}{C}=\frac{C_{测}-C_{检}}{T_{标}}\times 100\% \quad (5—3—2)$$

式中 $C_{检}$——测量含量检定点温度,℃；

$C_{测}$——标准溶液的热电偶示值,℃。

4. 数据记录（见表5—3—4）

表5—3—4　数据记录

项目	1	2	3	平均值
样品体积，mL				
电解电量 Q，C				
样品硫含量，mg/L				

根据法拉第电解定律，由电解消耗的电量按式（5—3—3）计算出样品中微量硫含量。

$$C=\frac{Q\cdot M}{96\,487\cdot n\cdot V} \quad (5—3—3)$$

式中 C——硫的含量，mg/L；

V——试样体积，L；

Q——电解池消耗的电量，C；

M——硫的摩尔质量，g/mol；

n——失去电子的数目。

五、注意事项

1. 测定过程中补偿及搅拌速度应保持不变。
2. 电解电流时间在1～5 min为宜，最小不少于10 s，最大不大于15 min。
3. 更换电解液或取下电极时，应关闭电源。

六、思考题

1. 库仑滴定法误差的主要来源是什么？

2. 永停终点指示法的原理是什么？

3. 写出电解池内的滴定反应。

4. 辅助电极上的套管的作用是什么？

思考与练习

一、选择题

1. 根据微库仑滴定曲线的________可测定电生滴定剂消耗的电量，其数值大小正比于被测物质的含量，故可由法拉第定律求出被测物质的含量。

A. 高度　　B. 面积　　C. 宽度　　D. 时间

2. 库仑滴定不适用于________。

A. 常量分析　　B. 半微量分析　　C. 痕量分析　　D. 有机物分析

3. 库仑滴定中产生滴定剂的电极是________。

A. 电解阳极　　B. 电解阴极　　C. 指示电极　　D. 参比电极

4. 微库仑法测 S^{2-} 选用的是________工作电极。

A. 铂　　B. 银　　C. 铂黑　　D. Ag－AgCl

5. 库仑分析法是通过________来进行定量分析的。

A. 称量电解析出物的质量　　B. 准确测定电解池中某种离子消耗的量

C. 准确测量电解过程中所消耗的电量　　D. 准确测定电解液浓度的变化

二、简答题

1. 库仑分析的理论基础是什么？叙述其内容。

2. 写出法拉第定律的数学表达式，说明其物理意义。

3. 在库仑分析中，对电流效率有何要求？影响电流效率的因素是什么？

4. 常用的库仑计有哪几种？简要阐述各种库仑计的原理及特点。

5. 为什么恒电流库仑法又称为库仑滴定法？它与一般的滴定分析法有何不同？库仑滴定法指示终点的方法有哪几种？

6. 简要叙述微库仑分析法的原理。

7. 恒电位库仑分析与库仑滴定有何异同？

三、计算题

1. 用库仑滴定法测定某炼焦厂排污水中的含酚量。取水样 100 mL，酸化后加入过量的 KBr，电解产生的 Br_2 与苯酚反应：

电解：$2Br^- = Br_2 + 2e^-$　　反应：$C_6H_5OH + 3Br_2 = Br_3C_6H_2OH + 3HBr$

电解电流为 20.8 mA，到达终点的电解时间为 7 min30 s。试计算水样中酚的浓度(mg/L)。

2. 某电解池通过恒定电流 0.240 A，时间 19.6 min，析出 PbO_2 0.076 4 g。计算该阴极电流效率。电极反应如下（已知 $M_{PbO_2} = 239.2$ g·mol/L)：

$$Pb^{2+} + 2H_2O \rightleftharpoons PbO_2\ (s) + 4H^+ + 2e$$

3. 1.50 g 某含氯试样，溶解在酸性介质中，以 Ag 为阳极，并控制其电位为 0.25 V

（Vs SCE），Cl－在阳极上生成 AgCl 析出。电解结束后，氢氧库仑计中产生 36.7 mL 的混合气体（298 K 及 101 325 Pa），计算试样中 Cl 的质量分数。

4. 由 Fe^{3+} 溶液电生 Fe^{2+}，库仑滴定 0.500 mL $K_2Cr_2O_7$ 溶液。用 8.275 mA 恒定电流，达化学计量点需 327.5 s，计算 $K_2Cr_2O_7$ 溶液的物质的量浓度。

模块六　气相色谱法

项目一　丁醇异构体混合物的色谱分析

能力目标

能熟练操作气相色谱仪；会对有机混合物样品进行分析。

知识目标

了解气相色谱法的分类及分离原理；掌握色谱图及有关名词术语；掌握气相色谱操作条件的选择；掌握气相色谱主要的定性定量方法。

项目相关知识一　气相色谱的分析方法

学习指南

掌握气相色谱分析法的相关知识；学习气相色谱的定性定量方法（归一化法）；熟悉气相色谱操作条件的选择原则。

一、气相色谱分析法的相关知识

1. 色谱法的产生

色谱法（chromatography）是一种分离分析方法，利用物质在两相中的分配系数的差异进行分离，当两相做相对运动时，使被测物质在两相间进行多次反复分配，这样原来微小的分配差异产生了很大的效果，使各组分分离，以达到分离、分析及测定的目的。

1906 年，俄国植物学家 Tswett 发表了他的实验结果，他为分离植物色素，将植物绿叶的石油醚提取液倒入装有碳酸钙粉末的玻璃管中，并用石油醚自上而下淋洗，由于不同的色素在碳酸钙颗粒表面的吸附力不同，随着淋洗的进行，不同色素向下移动的速度不同，形成一圈圈不同颜色的色带，使各色素成分得到了分离。他将这种分离方法命名为色谱法（chromatography）。

20 世纪 60 年代末，人们把高压泵、化学键合固定相以及光学检测器用于液相色谱，出现了高效液相色谱。20 世纪 80 年代初，毛细管超临界流体色谱（SFC）得到发展；而同时期由 Jorgenson 等集前人经验发展起来的毛细管电泳（CZE）在 90 年代得到广泛的发展和应用；同时集 HPLC 和 CZE 优点的毛细管电色谱在 90 年代后期受到重视；在 21 世纪，色谱科学开始在生命科学等前沿科学领域发挥不可代替的重要作用。

2. 色谱法的分类

按流动相和固定相的状态，色谱分析可分为以下几类。

（1）气相色谱

气相色谱可分为气固色谱和气液色谱，前者是以气体为流动相，以固体为固定相的色谱；后者是以气体为流动相，以液体为固定相的色谱。

（2）液相色谱

液相色谱可分为液固色谱和液液色谱，前者是以液体为流动相，以固体作固定相的色谱；后者是以一种液体作流动相，以另一种液体作固定相的色谱。在液相色谱中如把固定相装在一个管子里，液体流动相流过色谱柱中的固定相进行分配分离，这种形式的色谱称为柱色谱。柱色谱又可分为高效液相色谱和经典液相柱色谱。高效液相色谱流动相采用高压输送，通过高灵敏度的检测器对流出物质进行连续检测，具有分析速度快、分离效能高、自动化等特点，是一种高压、高速、高效的现代液相色谱分析方法。

（3）纸层色谱法

又称为纸层析法。固定相一般为纸纤维上吸附的水分，流动相为不与水相溶的有机溶剂，也可使纸吸留其他物质作为固定相。将试样点在纸条的一端，然后在密闭的槽中用适宜的溶剂进行展开。

（4）薄层色谱法

又称薄层层析法，是以涂布于支持板上的支持物作为固定相，以合适的溶剂为流动相，对混合试样进行分离、鉴定和定量的一种层析分离技术。薄层色谱是一种快速分离诸如脂肪酸、类固醇、氨基酸、核苷酸、生物碱及其他多种物质的特别有效的层析方法，从20世纪50年代发展起来至今，仍被广泛采用。

3. 气相色谱的分离原理

（1）气—固色谱的分离原理

气—固色谱所用的固定相是多孔的固体吸附剂，利用各组分在吸附剂上吸附与脱附能力不同，从而达到分离的目的。

当试样由载气带入色谱柱时，各组分立即被固定相所吸附。因为载气是不断流过固定相的，某些被吸附的组分又会从固定相中脱附出来，脱附的组分随着载气继续前进，又可被前面的固定相吸附。随着载气的流动，被测组分在固定相表面进行反复多次的吸附与脱附过程。由于各组分的性质不同，吸附能力也不同。吸附能力差的组分容易脱附，随载气运动的速度快，在柱内停留的时间短；反之吸附能力强的组分则不易脱附，在柱内停留的时间就长，这样经过一定的时间间隔，性质不同的组分便彼此分离，按一定顺序流出色谱柱。

（2）气—液色谱的分离原理

气—液色谱的固定相是多孔的载体和涂在上面的固定液，固定液多是高沸点液体，对试样中的各组分有溶解作用。气—液色谱即是根据各组分在固定液中溶解能力的差别进行分离的。

当载气携带试样进入色谱柱与固定液接触时，气相中的被测组分便溶解在固定液中，载气连续流经色谱柱，某些溶解在固定液中的被测组分又会挥发到气相中去。随着载气的流动，挥发到气相中的被测组分又会溶解在前面的固定液中，这样反复多次地溶解，挥发，再溶解，再挥发。由于各组分在固定液中的溶解度不同，溶解度小的组分在色谱柱内停留的时间短，运动速度快，先从柱中流出；溶解度大的组分在柱内停留的时间长，在柱内的运动速度慢，后从柱中流出，从而达到分离的目的。这是一个物质在两相间分配的过程，因此气—液色谱又称为分配色谱。

4. 气相色谱的基本理论

（1）塔板理论

塔板理论是1941年由James和Martin提出的。由于试样中的各组分是在色谱柱中得到分离，把色谱柱比作一个蒸馏塔，按照蒸馏的数学模型描述色谱柱的分离过程，计算出一根色谱柱相当于多少块理论塔板及每块塔板的高度，依次来定量地描述色谱柱的分离效能。

柱效率是指溶质通过色谱柱之后其色谱峰的宽度增加了多少，它与溶质在两相中的扩散及传质情况有关，柱效率常以理论塔板数（n）或理论塔板高度（H）表示。要提高柱效率，就需要改善色谱柱性能和操作条件。

理论塔板数可根据组分的保留时间和峰宽来计算。

$$n = 5.54\left(\frac{t_R}{W_{h/2}}\right)^2 = 16\left(\frac{t_R}{W}\right)^2 \qquad (6—1—1)$$

式中 n——理论塔板数；

W和$W_{h/2}$——峰底宽和半峰宽。

如果色谱柱长为L，则

$$H = \frac{L}{n} \qquad (6—1—2)$$

从式（6—1—1）和式（6—1—2）可以看出，单位柱长的塔板数越多，则柱效越高；当组分的保留时间一定时，组分色谱峰越窄，塔板数n就越大，柱效越高；不同物质在相同的色谱条件下其保留时间和峰宽不同，因此计算得到的理论塔板数也不同。

在实际应用中，考虑到死时间和死体积的影响，需引入有效塔板数和有效塔板高度来衡量柱效能的指标。

（2）速率理论

塔板理论无法解释同一色谱柱在不同的载气流速下柱效不同的实验结果，也无法指出影响柱效的因素及提高柱效的途径。

1956年荷兰学者van Deemter在塔板理论的基础上，研究了影响塔板高度的动力学因素，提出了气相色谱的速率理论，并归纳出了速率理论方程式，也称van Deemter方程：

$$H = A + \frac{B}{u} + C \cdot u \qquad (6—1—3)$$

式中 A——涡流扩散项；

B/u——分子扩散项；

$C \cdot u$——传质阻力项；

u——载气的平均线速度，cm/s。

塔板高度，即色谱柱柱效，受到上述3个动力学因素的影响，要想提高柱效，就要减小A、B、C三项；同时对于塔板高度来说，存在着一最佳的载气流速。

固定相颗粒越小，填充得越均匀，涡流扩散项（A）越小，塔板高度（H）越小，柱效

(n)越大，表现为涡流扩散所引起的色谱峰变宽现象减轻，色谱峰较窄。对于开管毛细管柱，没有填充物，不存在涡流扩散，因此 $A=0$。

分子扩散与组分在色谱柱中的停留时间有关，载气流速小，组分停留时间越长，浓度扩散越大。采用摩尔质量大的载气还可采用较高的载气流速，控制较低的柱温，可使分子扩散项减小，有利于分离。

气相传质阻力与柱内固定相的粒度及组分在载气流中的扩散系数有关。减小固定相粒度和使用相对分子质量小的载气可减小气相传质阻力项，从而提高柱效。液相传质阻力与组分在液相中的扩散系数和固定液的液膜厚度有关。扩散系数大，液相传质阻力小，液膜厚，传质阻力越大。另外增加温度也有利于物质传递，减小传质阻力。

通过选择适当的固定相粒度、载气种类、液膜厚度及载气流速可提高柱效。

二、气相色谱图及有关术语

1. 色谱图

被分析试样从进样开始，经色谱分离，到组分全部流过检测器，在此期间以组分浓度为纵坐标，流出时间为横坐标，绘得的组分及其浓度随时间变化的曲线称为色谱图，也称色谱流出曲线。如图6—1—1所示。

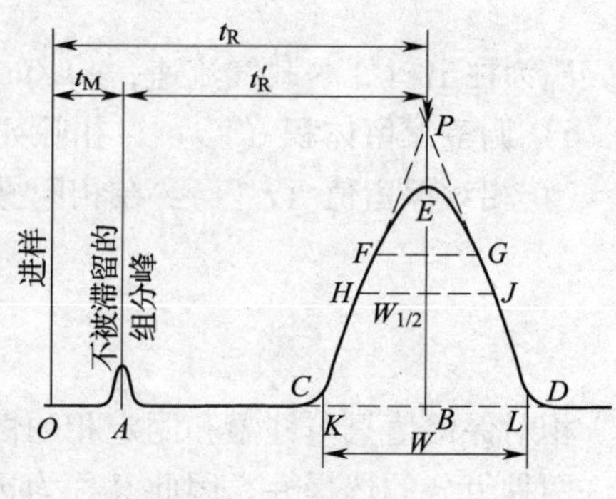

图 6—1—1　色谱图

2. 色谱图的有关术语

(1) 基线

无试样通过检测器时，检测到的信号即为基线，也就是在实验操作条件下色谱柱后仅有纯流动相进入检测器时的流出曲线。稳定的基线应该是一条水平的直线。

(2) 色谱峰

在实验操作条件下，当样品组分进入检测器时，反映检测器响应信号随时间变化的曲线称为色谱峰，如图 6—1—1 中的 *CED* 线。

(3) 峰高 (h)

色谱峰的顶点与基线之间的垂直距离，如图 6—1—1 中的 *EB* 段。

(4) 峰面积 (A)

峰与基线所包围的面积，如图 6—1—1 中曲线 *CHFEGJD* 所包围的面积。

(5) 峰宽 (W)

也称为峰底宽。在峰两侧拐点处（F、G）作切线，在基线上相交的两点间的距离，如图 6—1—1 中 *KL* 段。

(6) 半峰宽 ($W_{1/2}$)

峰高一半处对应的峰宽。如图 6—1—1 中 *HJ* 段。

(7) 保留值

1) 死时间 (t_M)　不被固定相吸附或溶解的物质进入色谱柱时，从进样到出现峰极大值所需的时间称为死时间，它正比于色谱柱的空隙体积，如图 6—1—1 中的 *OA* 段。因为这种物质不被固定相吸附或溶解，故其流动速度将与流动相流动速度相近。

2）保留时间（t_R）　组分从进样到柱后出现浓度极大值时所需的时间，如图 6—1—1 中的 OB 段。

3）调整保留时间（t'_R）　某组分的保留时间扣除死时间后的保留时间，如图 6—1—1 中的 AB 段，即：

$$t'_R = t_R - t_M \tag{6—1—4}$$

由于组分在色谱柱中的保留时间 t_R 包含了组分随流动相通过柱子所需的时间和组分在固定相中滞留所需的时间，所以 t_R 实际上是组分在固定相中停留的总时间。

4）死体积（V_M）　指色谱柱在填充后，柱管内固定相颗粒间所剩余的空间，色谱仪中管路和连接头间的空间以及检测器的空间的总和。设 F_0 为载气体积流速（mL/min），则：

$$V_M = t_M \times F_0 \tag{6—1—5}$$

5）保留体积（V_R）　从进样到柱后出现待测组分浓度极大值时所通过的载气体积，即：

$$V_R = t_R \times F_0 \tag{6—1—6}$$

F_0 为柱出口处的载气流速，mL/min。

6）调整保留体积（V'_R）　扣除死体积后的保留体积。

7）相对保留值（$r_{i,s}$）　在相同操作条件下，被测组分 i 与参比组分 s 的调整保留值之比。

$$r_{i,s} = \frac{t'_{R(i)}}{t'_{R(s)}} = \frac{V'_{R(i)}}{V'_{R(s)}} \tag{6—1—7}$$

相对保留值只与柱温和固定相的性质有关，与其他色谱操作条件无关，它表示了固定相对这两种组分的选择性，因此又称为选择性因子。

（8）相比率（β）

色谱柱中流动相体积和固定相体积之比。填充柱气相色谱柱的相比率为 5～35，而毛细管气相色谱柱的相比率为 50～200。

（9）分配系数（K）

组分在固定相和流动相间发生的吸附、脱附，或溶解、挥发的过程叫做分配过程。在一定温度下，组分在两相间分配达到平衡时的浓度（g/L）比，称为分配系数，即：

$$K = \frac{\text{组分在固定相中的浓度}}{\text{组分在流动相中的浓度}} = \frac{c_s}{c_m} \tag{6—1—8}$$

分配系数是由组分及固定液的热力学性质决定的，是色谱分离的依据。由式（6—1—8）可知在一定温度下，组分的分配系数越大，出峰越慢；试样一定时，K 主要取决于固定相的性质；每个组分在各种固定相上的分配系数不同，因此可以选择适宜的固定相改善分离效果；而试样中各组分具有不同的 K 值则是色谱分离的基础。

（10）容量因子（k）

容量因子又称分配比，它是指在一定温度和压力下，组分在两相间分配达平衡时，分配在固定相和流动相中的质量比。即

$$k = \frac{\text{组分在固定相中的质量}}{\text{组分在流动相中的质量}} = \frac{m_s}{m_m} \tag{6—1—9}$$

k 值越大，说明组分在固定相中的量越多，相当于柱的容量大，它是衡量色谱柱对被分

离组分保留能力的重要参数。k 值也取决于组分及固定相热力学性质。它不仅随柱温、柱压变化而变化，而且还与流动相及固定相的体积有关。

分配系数 K 与分配比 k 的关系见式（6—1—10）：

$$K = \frac{c_s}{c_m} = \frac{m_s/V_s}{m_m/V_m} = k \cdot \frac{V_m}{V_s} = k \cdot \beta \qquad (6—1—10)$$

从色谱流出曲线上可以得到许多重要的信息：根据色谱峰的个数，可以判断样品中所含组分的最少个数；根据色谱峰的保留值，可以进行定性分析；根据色谱峰的面积或峰高，可以进行定量分析；色谱峰的保留值及其区域宽度，是评价色谱柱分离效能的依据；色谱峰两峰间的距离，是评价固定相（或流动相）选择是否合适的依据。

三、气相色谱的分析方法

1. 试样的制备

被分析的试样采集后，首先要把其中的待测组分转化成能用色谱进行分析的实验用试样，这一过程称为试样的制备，也就是采用一些物理化学的方法去处理采集到的试样，使其能达到色谱分析的要求。在制备试样时要注意防止待测组分的损失，在色谱试样制备时，通常要做回收率实验，以校正最后的实验结果。色谱试样制备方法和种类较多，有经典的溶剂萃取、蒸馏等，也有现代的膜分离、固相萃取、吸附—热解吸等新方法。

（1）液体试样

1）溶剂萃取　液体试样最常用的萃取技术之一就是溶剂萃取，又称为液—液萃取，常用于试样中被测物质与基质的分离，在两种不相溶液体或相之间通过分配对样品进行分离，从而达到被测物质纯化和消除干扰物质的目的。

操作时应当选择容积较液体试样体积大 1 倍以上的分液漏斗，萃取次数取决于在两相中的分配系数，一般为 3 ~ 5 次。将所有的萃取液合并，加入合适的干燥剂干燥后即可用于色谱测定。

2）蒸馏　蒸馏是一种使用广泛的分离方法，根据液体混合物中液体和蒸气之间混合组分的分配差别进行分离，是挥发性和半挥发性有机物试样精制的第一选择。常见的蒸馏方法有常压蒸馏、减压蒸馏、分馏等。

3）固相萃取　固相萃取就是利用固体吸附剂将液体试样中的目标化合物吸附，与试样的基体和干扰化合物分离，然后再用洗脱液洗脱或加热解吸附，达到分离和富集目标化合物的目的。

固相萃取中吸附剂的选择主要是根据目标化合物的和试样基体（即试样的溶剂）性质，通常根据“相似相溶”原理。最简单的固相萃取装置就是一根直径为数毫米的小柱，材质可以是玻璃、聚乙烯、取四氟乙烯等。目前已有各种规格的、装有各种吸附剂的固相萃取小柱出售，另外还有商品化的固相萃取专用装置，使用简单、方便。固相萃取主要用于复杂样品中微量或痕量目标化合物的分离和富集。

4）顶空进样　顶空进样是气相色谱特有的一种进样方法，适用于分析测定试样中痕量高挥发性物质。测定时将试样置于密闭的恒温系统中，气—液（气—固）两相达到热力学平衡时，测定试样基质上方的气相部分进行色谱分析，是一种广泛使用的分析方法，可分为静态顶空和动态顶空两类。

静态顶空就是将试样密封在一个容器中，在一定温度下放置一段时间使气液两相达到平衡。然后取气相部分进入气相色谱进行分析。静态顶空可采用手动进样，如图 6—1—2 所示，自动进样两种方式如图 6—1—3 所示，普遍应用于环境试样土壤、泥浆和水等机体中易挥发物的分析、制药行业中溶剂残留的分析、血液中酒精含量的测定及聚合物中单体、溶剂和添加剂的分析、变压器油的气体分析等。

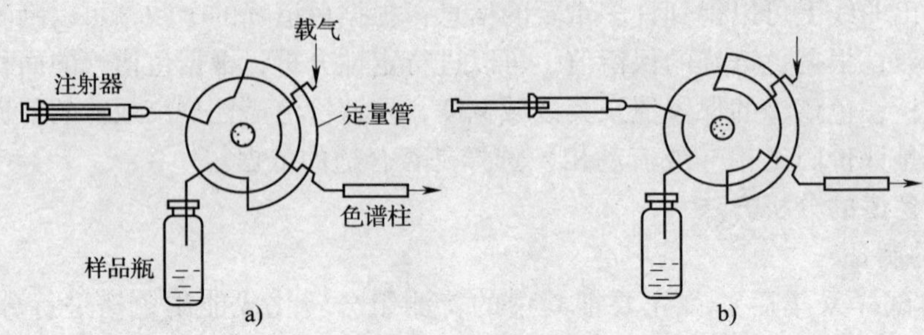

图 6—1—2　气体进样阀与注射器相结合进行静态顶空进样

a）取样　b）进样

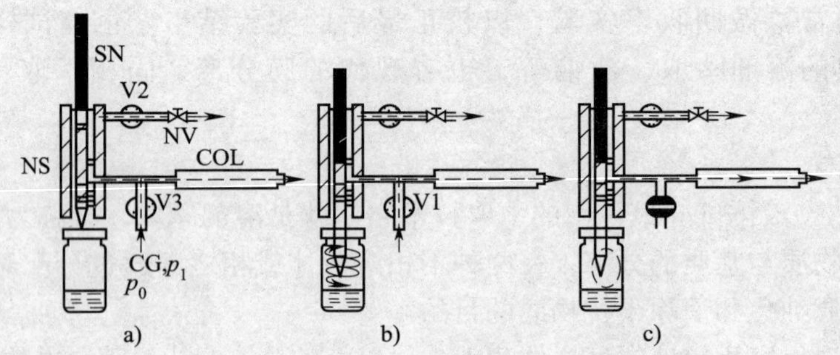

图 6—1—3　压力平衡静态顶空进样系统

a）样品平衡　b）压力平衡　c）进样

CG—载气　V1 ~ V3—电磁开关阀　SN—可移动进样针　NS—针管　COL—色谱柱

动态顶空进样，又称为吹扫—捕集进样，就是在试样中连续通入惰性气体（如氦气），挥发成分即随该萃取气体从试样中逸出，然后通过一个吸附装置（捕集器）将试样浓缩，最后再将试样解吸进入气相色谱进行分析。广泛应用于环境分析，如饮用水或废水中的有机污染物分析及食品中挥发物（如气味成分）的分析。其装置气路图如图 6—1—4 所示。

（2）固体试样

通常情况下，固体试样要先用合适的溶剂溶解，然后采用和液体试样同样的方法进行处理或直接进样，也可采用液—固萃取的方法。对于固体试样中的易挥发性组分还可采用顶空进样。

最常用的液—固萃取是索氏提取法，利用溶剂回流及虹吸原理，使固体物质不断地被纯溶剂萃取。其装置如图 6—1—5 所示，有商品产品（规格有 125 mL、250 mL、500 mL），也可以自行设计加工。萃取前先将固体样品研碎，然后称取适量的样品置于索氏样品套管中，提取器的下端与盛有溶剂的圆底烧瓶相连，上面接回流冷凝管。加热圆底烧瓶，使溶剂沸腾，蒸气通过提取器的支管上升，被冷凝后滴入提取器中，溶剂和固体接触进行萃取，当溶剂液面超过虹吸管的最高处时，含有萃取物的溶剂虹吸回烧瓶，因而萃取出一部分物质，如此重复，使固体物质不断为纯溶剂所萃取，将萃取出的物质富集在烧瓶中。

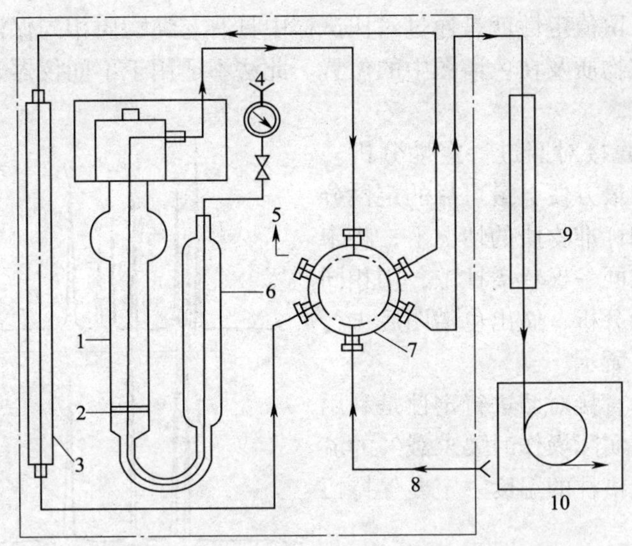

图 6—1—4　动态顶空进样装置气路图

1—样品管　2—玻璃筛板　3—吸附捕集管　4—吹扫气入口　5—放空　6—储液瓶　7—六通阀　8—气相色谱载气　9—可选择的除水装置和（或）冷阱　10—气相色谱

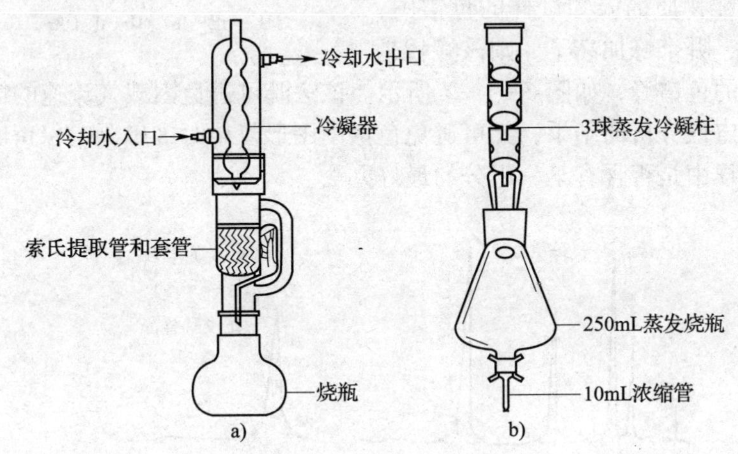

图 6—1—5　索氏提取装置

a）带有 Allinn 冷凝器　b）带有微 Snyder 柱的 K—D 浓缩器

2. 定性分析

色谱定性的目的是要确定色谱图中一些未知的色谱峰是什么物质。色谱分析中的定性分析主要依据特征性不是很强的保留值，这需要和已知的标准物质的保留值进行比对。由于即使保留值完全相同的两个峰，也可能是不同的物质，单靠色谱法对每个组分进行鉴定，往往不能令人满意。近年来，气相色谱与质谱、光谱等联用，为未知物的定性分析开辟了广阔的前景。

（1）利用保留值定性

利用保留值定性的依据是：两个相同的物质在相同的色谱条件下应该具有相同的保留

值。但是相反的结论却不成立，在相同的色谱条件下，具有相同保留值的两个物质不一定是同一个物质。利用保留值定性就是通过对比试样中具有与纯物质相同保留值的色谱峰，来确定试样中是否含有该物质及在色谱图中的位置。此法不适用于不同仪器上获得的数据之间的对比。

1）利用已知物直接对照进行定性分析

这是气相色谱分析中最方便、最可靠的定性分析方法。在具有已知标准物质的情况下，将未知物和已知标准物在同一根色谱柱上，用相同的色谱操作条件进行分析，做出色谱图后进行对比，如图6—1—6所示。

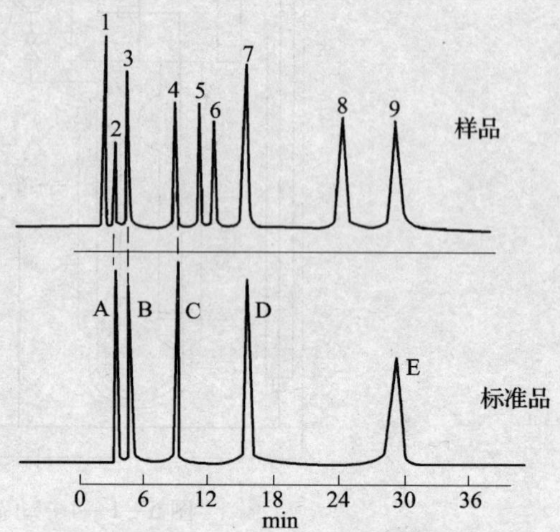

图6—1—6　利用已知物直接对照进行定性分析

标准物：A—甲醇　B—乙醇

C—正丙醇　D—正丁醇　E—正戊醇

利用已知纯物质直接对照进行定性是利用保留时间直接比较，实际操作时要求载气的流速，载气的温度和色谱柱的温度一定要保持恒定。

2）利用加入纯物质以增加峰高定性分析

在得到未知样品的色谱图后，在未知试样中加入一定量的已知纯物质，然后在同样的色谱条件下，作已加纯物质的未知试样的色谱图，对比两张色谱图，哪个峰加高了，则该峰就是加入已知纯物质的色谱峰，如图6—1—7所示。该法既可避免因载气流速的微小变化影响保留时间从而影响定性分析的结果，又可避免色谱图图形复杂时准确测定保留时间的困难，是确认某一复杂试样中是否含有某一组分的最好办法。

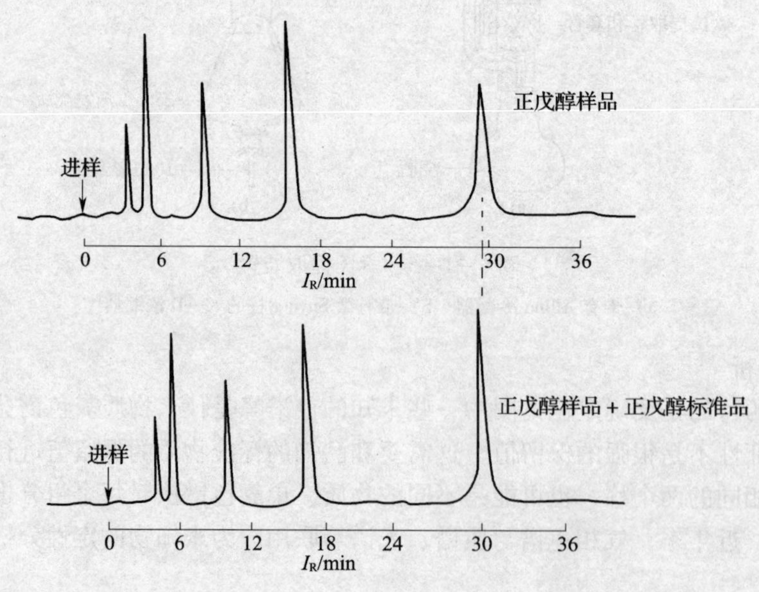

图6—1—7　利用加入纯物质以增加峰高定性分析

3）利用相对保留值进行定性　所谓相对保留值就是在相同的色谱操作条件下，一种物质的调整保留值与另一种物质的调整保留值之比。相对保留值只受柱温和固定相性质的影响，而柱长、固定相的填充情况和载气的流速均不影响相对保留值。因此在柱温和固定相一定时，相对保留值为定值，可作为定性的较可靠参数。利用相对保留值定性有两种具体的操作。

一是先测定出待测组分的纯物质与某一标准物质的相对保留值，再在相同的色谱条件下测定待测试样中各组分与该标准物质的相对保留值的大小，然后进行比较。

二是各种组分在某种固定液中，对某种标准物质的相对保留值，可从文献上查到，将实验测得的相对保留值与文献记载的相对保留值对照，可以确定被测组分。在使用文献数据时，要注意使实验测定时所使用的固定液及柱温和文献上所记载的保持一致。

（2）利用保留指数定性

在利用已知标准物直接对照定性时，获取已知标准物质往往很困难。1958 年匈牙利色谱学家 Kovats 首先提出用保留指数（I）作为保留值的标准用于定性分析，保留指数又称为 Kovats 指数。它是一种重现性较其他保留参数都好的，较为可靠的定性参数，是使用最广泛并被国际上公认的定性指标。

保留指数是以一系列正构烷烃作参比的相对保留值，即某待测组分的保留指数是在一定条件下，用两种与之相邻的正构烷烃作参比，进行调整保留值的测定而得到的。并且规定：正构烷烃的保留指数等于其碳数的 100 倍。如正丁烷、正己烷、正庚烷的保留指数分别为 400、600、700。这种方法可根据所用固定相和柱温条件下测得的待测组分的保留指数直接与文献值对照，不需要标准试样，纯属利用文献值定性。

待测组分的保留指数（I_x）是通过选定两个相邻的正构烷烃，其分别具有 Z 和 $Z+1$ 个碳原子。被测物质的调整保留时间应在相邻两个正构烷烃的调整保留值之间，如图 6—1—8 所示。

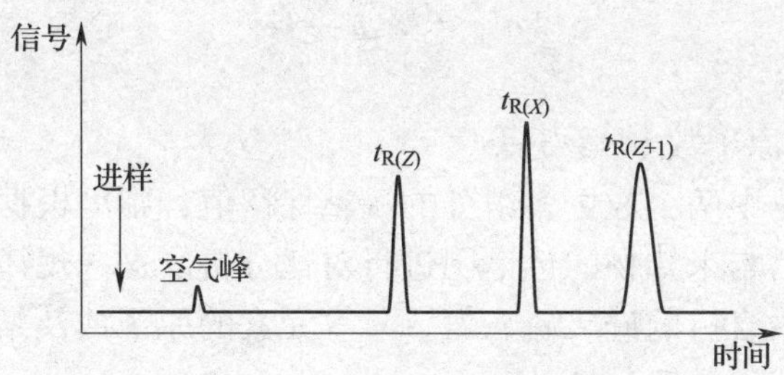

图 6—1—8　待测组分保留指数测定时出峰情况

待测组分的保留指数 I_x 可按式（6—1—11）计算。

$$I_x = 100\left[Z + \frac{\lg t'_{R(X)} - \lg t'_{R(Z)}}{\lg t'_{R(Z+1)} - \lg t'_{R(Z)}}\right] \tag{6—1—11}$$

式中　$t'_{R(X)}$——待测组分调整保留时间；

$t'_{R(Z)}$，$t'_{R(Z+1)}$——具有 Z 个和 $Z+1$ 个碳原子数的正构烷烃的调整保留时间。

例 6—1—1　图 6—1—9 为乙酸乙酯在阿皮松 L 柱上的流出曲线（柱温 100℃）。由图中测得调整保留值为：乙酸正丁酯 310. 0 mm，正庚烷 174. 0 mm，正辛烷 373. 4 mm，求乙酸正丁酯的保留指数。

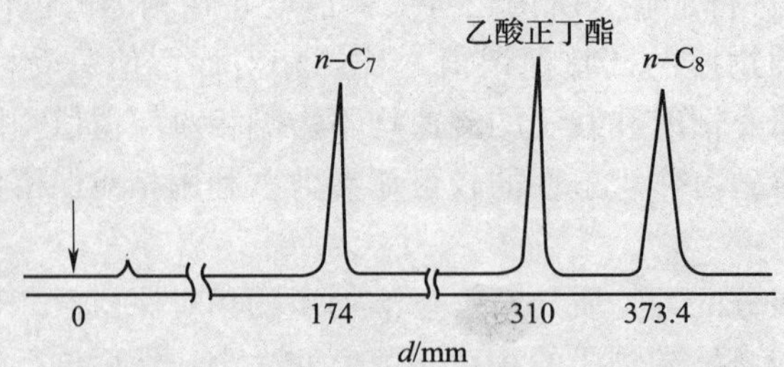

图 6—1—9　在阿皮松 L 柱上测定乙酸正丁酯保留指数时的出峰情况

解：已知 $n=7$

$$I_x = 100 \times \left[7 + \frac{\lg 310.0 - \lg 174.0}{\lg 373.4 - \lg 174.0}\right] = 775.6$$

即乙酸正丁酯的保留指数为 775.6。

用保留指数定性时需要知道被测的未知物是属于哪一类的化合物，然后在文献中查找分析该类化合物所用的固定相和柱温等色谱条件。对一些多官能团的化合物和结构比较复杂的天然产物是无法采用保留指数定性的。

当固定相一定时，同一物质的保留指数与柱温的关系通常是线性的，利用这一规律可以用内插法求出不同温度下的保留指数。但由于不同一物质的这一线性关系往往不平行，因此可以利用 2 个或 3 个不同温度时的保留指数进行对照，使定性分析的结果更为可靠。

（3）经验规律定性

当没有待测组分的纯标准样时，也可用气相色谱中的经验规律定性。

1）碳数规律　在一定温度下，同系物的调整保留时间的对数与分子中碳原子数呈线性关系，即：

$$\lg t'_R = A_1 n + C_1 \tag{6—1—12}$$

式中　A_1、C_1——常数；

n——分子中的碳原子数（$n \geqslant 3$）。

如果知道某一同系物中两个或更多组分的调整保留值，则可根据上式推知同系物中其他组分的调整保留值，然后与未知物的色谱图进行对比分析。这一规律适用于任何同系物或假同系物，如有机化合物中含有的硅、硫、氮、氧等元素的原子数及某些重复结构单元的数目与调整保留值的对数呈线性关系。

2）沸点规律　同族具有相同碳数碳链的异构体化合物，其调整保留时间的对数和它们的沸点呈线性关系，即：

$$\lg t'_R = A_2 T_b + C_2 \tag{6—1—13}$$

式中　A_2、C_2——常数；

T_b——组分的沸点（K）。

根据同族相同碳数碳链异构体中几个已知组分的调整保留时间的对数值，可求得同族中具有相同碳数的其他异构体的调整保留时间。

（4）利用化学反应定性

利用化学反应定性，即化学衍生法定性，即利用试样中某些化合物与特征试剂在色谱柱前或柱后进行化学反应，生成相应的衍生物进行定性分析的方法。这一方法特别适用于对官能团的定性，各种色谱都可以用此方法进行定性分析。具体操作方法有 3 种。

1）柱前预处理法　样品进入色谱柱前，先加入特征试剂进行化学反应，再进入色谱柱分离，比较反应前后色谱图的变化，即可确定试样中化合物的类型。

2）柱上选择性消除法　与柱前预处理法原理相同，把化学反应的试剂涂在适当的载体上，装在一个短柱中，或者把某些特征吸附剂装在短柱中，串联在分析柱前，可以消除样品中的某些组分。用这种方法定性时，色谱仪上应装有切换阀，以便于观察反应前后色谱图的变化。

3）柱后流出物化学反应定性法　将色谱分离后的组分直接通入特征试剂中，观察反应前后试剂的变化，可判断未知组分的类型。但用这种方法定性时，应当用非破坏性的检测器，不能用 FID、FPD 等破坏性检测器。

（5）色谱—质谱、色谱—红外光谱定性

将色谱与质谱、红外光谱等具有定性能力的分析方法联用，复杂的混合物先经气相色谱分离成单一组分后，再利用质谱仪、红外光谱仪等进行定性。未知物经色谱分离后，质谱可以很快地给出未知组分的相对分子质量和电离碎片，提供是否含有某些元素或基团的信息。红外光谱也可很快得到未知组分所含各类基团的信息，为结构鉴定提供可靠的论据。

3. 定量分析

定量分析就是要确定试样中某一组分的准确含量。色谱定量分析与绝大部分的仪器定量分析一样，是一种相对定量方法，而不是绝对定量方法。色谱定量测定的依据就是在一定操作条件下，检测器的响应信号（峰面积或峰高）与待测组分的含量成正比。即：

$$m_i(c_i) = f_i \cdot A_i(h_i) \tag{6—1—14}$$

式中　f_i——定量校正因子。

由式（6—1—14）可见，在色谱定量分析中，为使结果准确可靠，需要准确测量检测器的响应信号峰面积 A（或峰高 h），准确测定定量校正因子以及选用适宜的定量计算方法等。

（1）定量校正因子

色谱定量分析是基于被测物质的量与其峰面积（或峰高）成正比例关系。但是由于同一检测器对不同物质的响应值不同，故相同质量的不同物质通过检测器时，产生的峰面积不等，这样就不能直接应用峰面积计算组分含量。为了使检测器产生的响应信号能真实地反映出物质的含量，就要对响应值进行校正，因此引入“定量校正因子”。

1）绝对校正因子　式（6—1—14）中 f_i 为 i 组分的绝对校正因子，其物理意义是单位峰面积所代表的待测组分的量，其与待测组分的性质和检测器的性质有关。

根据色谱定量分析的基本公式（6—1—15）可计算出定量校正因子为：

$$f_i = \frac{m_i(c_i)}{A_i(h_i)} \tag{6—1—15}$$

具体的测定方法是取一定量（或一定浓度）的待测组分，在一定的操作条件下进行色谱分析，准确测量所得的峰的峰面积（或峰高），代入式（6—1—15）即可计算出校正因子 f_i。

检测器的响应值（灵敏度）S_i与定量校正因子有以下关系：

$$f_i = \frac{1}{S_i} \tag{6—1—16}$$

2）相对定量校正因子　由于物质量 m_i 不易准确测量，不易准确测定定量校正因子 f_i，在实际工作中，多以相对定量校正因子（f'_i）代替绝对定量校正因子（f_i）。

所谓相对定量校正因子就是在一定的色谱操作条件下，试样中各组分的绝对定量校正因子与标准物质的绝对定量校正因子的比值。即：

$$f' = \frac{f_i}{f_s} = \frac{m_i(c_i) \cdot A_s(h_s)}{m_s(c_s) \cdot A_i(h_i)} \tag{6—1—17}$$

式中　f'_i——相对校正因子；

f_i——i 物质的绝对校正因子；

f_s——基准物质的绝对校正因子；

m_i（c_i）——i 物质的质量（浓度）；

A_i（h_i）——i 物质的峰面积（峰高）；

m_s（c_s）——基准物质的质量（浓度）；

A_s（h_s）——基准物质的峰面积（峰高）。

一般来说，热导池检测器（TCD）标准物用苯，氢火焰离子化检测器（FID）标准物用正庚烷。

一般将相对校正因子简称为校正因子，它是一个无量纲的量，数值与所用的计量单位有关。根据物质量的表示方法，校正因子可分为以下几类。

①相对质量校正因子　组分的量以质量表示时的相对校正因子，用f'_m表示。

$$f'_m = \frac{f_{i(m)}}{f_{s(m)}} = \frac{m_i/A_i}{m_s/A_s} = \frac{A_s \cdot m_i}{A_i \cdot m_s} \tag{6—1—18}$$

式中　A_i、A_s——物质 i 和标准物质 s 的峰面积；

m_i、m_s——物质 i 和标准物的质量。

②相对摩尔校正因子　组分的量以物质的量 n 表示时的相对校正因子，用f'_M表示。

$$f'_M = \frac{f_{i(M)}}{f_{s(M)}} = \frac{A_s m_i M_s}{A_i m_s M_i} = f'_m \frac{M_s}{M_i} \tag{6—1—19}$$

式中　M_i、M_s——被测物和标准物的摩尔质量；

$f_{i(M)}$、$f_{s(M)}$——物质 i 及标准物质的摩尔质量校正因子。

③相对体积校正因子　如果气体试样的单位以体积表示，对应的相对校正因子称为相对体积校正因子，以f'_V表示。当温度和压力一定时，相对体积校正因子等于相对摩尔校正因子，即：

$$f'_V = \frac{f_{i(V)}}{f_{s(V)}} = f'_M \tag{6—1—20}$$

式中　$f_{i(V)}$、$f_{s(V)}$——物质 i 及标准物质 s 的体积绝对校正因子。

相对响应值是物质 i 与标准物质 s 的响应值（灵敏度）之比，与相对校正因子互为倒数，即：

$$s'_i = \frac{1}{f'_i} \tag{6—1—21}$$

相对校正因子只与试样、标准物质和检测器类型有关，与操作条件、柱温、载气流速、固定液性质无关。峰高定量校正因子受操作条件影响较大，因此一般不能直接引用文献值，必须在实际操作条件下，用标准纯物质测定。

校正因子测定方法是准确称量被测组分和标准物质，混合后，在实验条件下进样分析（注意进样量应在线性范围之内），分别测量相应的峰面积，然后通过公式计算校正因子，如果数次测量数值接近，可取其平均值。

（2）定量分析方法—归一化法

色谱中常用的定量方法有归一化法、标准曲线法、内标法和标准加入法。

把所有出峰的组分含量之和按100%计的定量方法称为归一化法。试样中所有组分均能流出色谱柱，并在检测器上都能产生信号的试样，可用归一化法定量。

设试样中有 n 个组分，各组分的量分别为 m_1、m_2、…、m_n，则其中待测组分 i 的质量分数可按式（6—1—22）计算。

$$c_i\% = \frac{m_i}{m_1 + m_2 + \cdots + m_n} \times 100 = \frac{f'_i \cdot A_i}{\sum_{i=1}^{n} (f'_i - A_i)} \times 100 \qquad (6—1—22)$$

式中　A_i——待测组分 i 的峰面积；

f'_i——组分 i 的质量校正因子。

当 f'_i 为摩尔校正因子或体积校正因子时，所得结果分别为 i 组分的摩尔百分含量或体积百分数。若试样中各组分的相对校正因子很接近（如同分异构体或同系物），则可以不用校正因子，直接用峰面积归一化法进行定量。

归一化法简便、准确，进样的准确性和操作条件的变动对测定结果影响不大，适合于对多组分试样中各组分含量的分析。其缺点是校正因子的测定较麻烦，而且该方法仅适用于试样中所有组分全出峰的情况。归一化法多采用峰面积进行定量计算，且主要用于气相色谱定量测定，在高效液相中则很少使用归一化法定量。

4. 色谱操作条件的选择

所谓气相色谱条件是指进行色谱分析时所用的色谱柱、柱温、载气和载气流速、检测器和检测器的温度、进样方式等。实际工作中往往是首先满足分离度的要求，然后提高分析灵敏度，最后再考虑尽可能地缩短分析时间。

（1）载气和载气流速选择

选择载气种类首先应满足检测器的要求。通常情况下热导检测器需要使用热导系数较大，有利于提高检测灵敏度的氢气或氦气，氢火焰离子化检测器则首选氮气作载气，而电子捕获检测器则常用氮气作载气。此外，选择载气时，还应综合考虑载气的安全性、经济性及来源是否广泛等因素。

分离效率决定了分析时间，对某一填充柱和某一组分，流速对柱效的影响如图 6—1—10 所示，图中 H 为塔板高度，V 为载气流速。曲线有一最低点，该点的流速是最佳流速。最佳流速与载气种类、组分性质、色谱柱子等条件有关。

在最佳流速下虽然柱效率最高，但分析时间较长。实际工作中，为了加快分析速度，同时又不明显增加塔板高度，一般采用比最佳流速稍大的流速进行测定。对于内径 3 ~ 4 mm 的填充柱，常用流速为 20 ~ 80 mL/min。

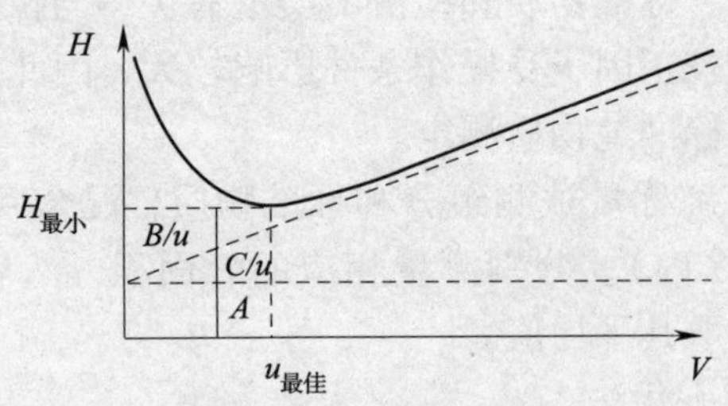

图 6—1—10　塔板高度（H）与载气线速（V）关系图

（2）色谱柱的选择

色谱柱内填充的吸附剂或涂有固定液的载体称为气相色谱固定相。混合组分能否在色谱柱中得到完全分离，在很大程度上取决于色谱柱的选择是否合适。

1）气—固色谱固定相　气—固色谱固定相一般为固体吸附剂，其吸附量大，价格低，热稳定性好，尤其适用于气体和气态烃的分离。但在高温下常具有催化活性，因而不适于在高温下使用，同时组分易拖尾，组分的保留值随含量而改变。常用的固体吸附剂性能和活化处理方法如下。

①活性炭　比表面积较大，吸附性较强。最高使用温度低于 200℃，常用于分离永久性气体（如空气、CO、CO_2、CH_4、C_2H_4、C_2H_2等），常温下可分析 N_2O 气体，不适于分离极性化合物。

其活化处理方法是先用苯泡洗 2 ~ 3 次，然后用 380℃过热蒸气洗至乳白色物质消失，最后在 160℃烘烤活化 2 h 即可。如果是商品色谱用活性炭，可不用水蒸气处理。

②碳分子筛　商品名称碳多孔小球，具有优良的微孔结构，热稳定性高，柱寿命长。常用于气相色谱中分离 O_2、N_2、H_2、CO、CO_2、CH_4等惰性气体、低级烃类和低级含氧化合物，由于它具有非极性的表面，因此对微量水的分析也能得出较好结果。使用前通常在 180℃通氮气活化 3 ~ 4 h，降温后存于干燥器内备用。

③石墨化炭黑　炭黑在惰性气体保护下经高温煅烧而成的石墨状细晶，最高使用温度低于 500℃，其表面均匀，活化点少，大大改善了色谱峰形，提高了分析的再现性。特别适用于分离空间和结构异构体，也可用于分析硫化氢、二氧化硫、低级醇类、短链脂肪酸、酚、胺类，对高沸点有机化合物也能获得较对称峰形。使用前应活化处理，方法同活性炭。

④分子筛　分子筛是碱及碱土金属的硅铝酸盐，具有多孔性和强极性。气相色谱分析中通常应用的有4 A、5 A、13X 等三种类型。特别适用于永久性气体（H_2、O_2、N_2、CH_4、CO 等）和惰性气体（He、Ne、Ar、NO、N_2O 等）的分离。分子筛对某些组分（如 CO_2、NH_3、HCOOH 等）有不可逆吸附，因此在使用时应事先除去这些物质。活化方法是粉碎过筛后在 550 ~ 600℃下活化 3 ~ 4 h，或在 350℃真空下活化 2 h。

⑤高分子多孔微球　是一种新型的有机合成固定相，它既是载体又在某些方面显示出固定液的性能。因此高分子多孔微球可在活化后直接用于分离，也可作为载体在其表面涂渍固定液后再用。由于是人工合成的，可控制其孔径大小及表面性质。圆球形颗粒易填充均匀，数据重现性好。在无液膜存在时，没有流失问题，有利于大幅度程序升温。特别适用于有机物中痕量水的分析，也可用于多元醇、脂肪酸、腈类、胺类的分析。

2）气—液色谱固定相　气液色谱固定相由担体（载体）和固定液构成，担体为固定液提供一个大的惰性表面，以承载固定液，使它能在表面展成薄而均匀的液膜。固定液在常温下不一定为液体，但在使用温度下一定呈液体状态，另外固定液的种类繁多，选择余地大，应用范围较大。

①担体　气—液色谱固定相中常用的担体可分为硅藻土和非硅藻土两类。非硅藻土担体有有机玻璃球担体、氟担体、高分子多孔微球等。这类担体常用于特殊分析，如氟担体用于极性试样和强腐蚀性物质 HF 等的分析，但其柱效较低。硅藻土类担体可分为红色担体和白色担体两类。红色硅藻土担体（如 6201、201 红色担体等）的孔径较小，表孔密集，比表面积较大，机械强度好，保温性好，能涂渍较多的固定液，故分离效果较好。适宜分离非极性或弱极性组分的试样。其缺点是表面存有活性吸附中心，对强极性化合物吸附性和催化性较强，如烃类、醇、胺、酸等极性化合物会因吸附而产生严重拖尾。白色担体（如 101、102 白色担体）颗粒疏松，孔径较大，比表面积较小，机械强度较差。但对极性物质吸附性显著减小，适宜分离极性组分的试样。

②固定液　固定液选择应根据不同的分析对象和分析要求进行。一般可以按照“相似相溶”原理进行选择，其一般规律如下。

分离非极性组分，通常选用非极性固定液，各组分按沸点顺序出峰，低沸点组分先出峰；分离极性组分，一般选用极性固定液，各组分按极性大小顺序流出色谱峰，极性小的先出峰；分离非极性和极性的（或易被极化的）混合物，一般选用极性固定液，非极性组分先出峰，极性（或易被极化的）组分后出峰；醇、胺、水等强极性和能形成氢键的化合物的分离，通常选择极性或氢键性的固定液；而组成复杂、较难分离的试样，通常使用特殊固定液，或混合固定相；按化学官能团相似选择，当固定液与组分的化学官能团相似时，相互作用力最强，选择性最高；按主要差别选择，若组分的沸点差别是主要矛盾，可选用非极性固定液，若极性差别为主要矛盾，则选极性固定液。

此外，还必须通过实验来确定合适的固定液。

（3）柱长和柱温选择

虽然增加柱长可使理论塔板数增大，但同时也会加大峰宽，延长分析时间。过长的柱子，总分离效能也不一定高。一般情况下，柱长选择以使组分能完全分离，分离度达到所期望的值为准。

柱温是一个重要的操作参数，直接影响分离效能和分析速度。提高柱温，被测组分的挥发度增加，分配系数下降，其保留时间减小，低沸点组分峰易产生重叠。降低柱温，分离度增加，但会延长分析时间。对于难分离的物质对，降低柱温虽然可在一定程度内使分离得到改善，但是不可能使之完全分离，这是由于两组分的相对保留值增大的同时，两组分的峰宽也在增加，当后者的增加速度大于前者时，两峰的交叠就更为严重了。

另外选择柱温时还要注意不能超过固定液的最高使用温度，以防止固定液严重流失和分解。一般柱温可选择在接近或略低于组分平均沸点时的温度。当被分析样品组成复杂，沸程较宽时，应尽量采用程序升温，这样能兼顾高、低沸点组分的分离效果和分析时间，使不同沸点的组分基本上都在其较合适的平均柱温下进行分离。

（4）汽化室温度选择

汽化室的温度要保证液体试样进样后能瞬间汽化，但又不能引起试样分解，因此在选择汽化室温度时，一般选择比某样品中组分沸点的最高温度高 20～30℃，但不能高于样品的分解温度和仪器的最高使用温度。

（5）进样量和进样技术

在实际分析中最大允许进样量应控制在使半峰宽基本不变，而峰高与进样量呈线性关系。如果超过最大允许进样量，会破坏线性关系。一般说来，色谱柱越粗、越长，固定液含量越高，允许进样量越大。对于内径 3～4 mm，柱长 2 m，固定液用量为 5% 左右的色谱柱，液体进样量为 0.1～10 μL；检测器为 FID 时进样量应小于 1 μL。

进样时，要求瞬时进样，同时几次进样的速度和进针的深度要尽量保持一致，以保证分析结果的准确性和重现性。

（6）色谱柱的制备

色谱柱效的高低，不仅与固定液和载体有关，同时还与色谱柱的制备情况有关。气—液色谱填充柱的制备过程包括以下四个步骤。

1）色谱柱柱管的选择与清洗　色谱柱柱管通常使用 1～2 m，内径 3～4 mm 的不锈钢柱管，使用前应进行试漏清洗。试漏的方法是将色谱柱的一端堵住，全部浸入水中，另一端通入气体，在高于分析时的操作压力下，不应有气泡冒出，否则应更换色谱柱。

色谱柱的清洗方法应根据柱的材料来选择。若使用的是不锈钢柱，可用 5%～10% 的热碱溶液抽洗 4～5 次，用水冲洗至中性，再依次用甲醇、丙酮清洗，烘干备用。若使用的是玻璃柱则用洗液浸泡 2～3 次，用水冲洗至中性，再依次用甲醇、丙酮清洗，烘干备用。对于旧玻璃柱（指使用过的柱）先用清水直接冲洗约 20 min，然后将稀酸（旧不锈钢柱用稀碱）灌入柱管中，浸泡 2 h 以上，再用清水冲洗至洗出液为中性，再以同样方法注入乙醇或丙酮，浸泡 2 h 以上，然后依次用蒸馏水、乙醇冲洗，于烘箱中干燥即可。

2）固定液的涂渍　固定液含量对分离效率的影响很大，它与担体的质量比例，低比例为 5%，一般用 15%～25%，固定液比例再大，则被分析的试样在比较厚的液膜上有扩散现象，有损于分离；液体比例太低时，则由于液膜太薄，担体表面上残余的吸附能力会显示出来，使色谱峰拖尾。由于低比例能促进分配平衡的建立，可以用较高的载气流速，所以用低的液体比例，再加上少量试样，能缩短分析时间。对硅藻土担体，固定液含量可大些（15%～30%）；由于氟担体表面积较小，所以最多只能为 10%；玻璃微球由于表面积特别小，固定液含量只能保持在 0.25% 左右。

在确定液担比后，先根据柱容量，称取一定量的固定液和担体，然后在固定液中加入适当的有机溶剂，溶剂的选用原则是溶解性好，不与固定液起化学反应，沸点低，毒性小，如甲醇、乙醇、乙醚、丙酮、正丁醇、正己烷、石油醚、苯、甲苯和氯仿等，溶剂用量应刚好能浸没所称取的担体。固定液溶解完全后，将经过预处理的担体缓缓倒入其中，随时搅动，然后用红外灯照射以赶走溶剂，使固定液附着在担体上。过筛，除去细粉，即可准备装柱。

3）色谱柱的装填　色谱柱的装填通常采用泵抽装填法。将已洗净烘干的色谱柱的一端塞上玻璃棉，包以纱布，接入真空泵。另一端接一专用漏斗，在抽吸下加入固定相，边装边敲打色谱柱，至固定相不再进入为止。装好后，塞上玻璃棉，并标上记号。

为了制备性能良好的填充柱，在操作中应遵循以下几条原则：尽可能筛选粒度分布均匀的担体和固定相；保证固定液在担体表面涂渍均匀；保证固定相在色谱柱内填充均匀；避免担体的颗粒破碎和固定液的氧化作用等。

4）色谱柱的老化　新装填的色谱柱在使用前必须进行老化处理，其目的是除去残留的溶剂、水分和低沸点杂质；同时也使固定液在担体表面形成均匀的膜。

老化可以在色谱仪上进行：将柱子的入口接到进样器上，出口不接检测器，以较低流速通入氮气，在较低的温度下加热 1 ~ 2 h，然后缓慢升温至固定液最高使用温度 20 ~ 30℃，一定不能超过色谱柱的温度上限，那样极易损坏色谱柱。老化的后期将柱子出口接至检测器上，记录并观察基线，直到基线平稳为止。老化的时间因担体和固定液的种类及质量而不同，为2 ~ 72 h不等。

四、气相色谱法的特点

1. 灵敏度高

色谱检测器的灵敏度很高，FID 检测器的灵敏度可达10^{-12} g/s，ECD 检测器可达10^{-13} g/s，如果再配合适当的浓缩富集方法，可以测定出高纯物质中 10^{-9} ~ 10^{-6} g 的杂质。

2. 分离效能高

如果把色谱柱比作精馏塔，那么一般填充柱有几千块理论塔板，毛细管柱能达到几万块，因此分离效率特别高，能分离沸点相近的组分和组成复杂的混合物。选择适当的固定液甚至能分离同位素和异构体。

3. 分析速度快

一般的样品只要几分钟到十几分钟即可完成。现在由于毛细管柱的普遍应用，以及工作站的使用，使分析速度进一步加快。

4. 应用范围广泛

气相色谱法不仅可以分析气体，还可以分析液体和固体样品。目前气相色谱法是石油化工、高分子材料、药物、食品、农药、环境保护等领域的重要分析手段，各种气相色谱仪器已经成为各类研究室、实验室极为重要的仪器设备。

项目相关知识二　气相色谱仪的使用

学习指南

学习气相色谱仪的类型；掌握气相色谱仪的基本组成部分；掌握气相色谱仪的使用方法。

一、气相色谱仪的类型

气相色谱仪有多种类型，从不同的角度出发，有不同的分类方法。

1. 按固定相的物态分类

可分为气—固色谱法（GSC）及气—液色谱法（GLC）两类。前者用固体（一般指吸附剂）作固定相。后者把液体涂渍在多孔的化学惰性固体上作为固定相，这时固定相中的液体称为固定液，多孔的化学惰性固体称为担体或载体。

2. 按照色谱柱的形态分类

可分为填充柱气相色谱及毛细管柱气相色谱两种。填充柱是指在柱内均匀、紧密填充固定相颗粒的色谱柱，其柱长一般为1～5 m，内径一般为2～5 mm，柱材多为不锈钢和玻璃。毛细管柱又称开管柱，柱材多用熔融石英，柱长一般为10～100 m，内径一般为0.1～0.5 mm。

3. 按气路系统的不同分类

气相色谱仪有单柱单气路和双柱双气路两种类型。单柱单气路结构简单，操作方便。双柱双气路则可以提高仪器工作的稳定性，特别适用于程序升温和痕量分析。

4. 按使用领域不同，气相色谱仪可分为三类

(1) 分析用色谱仪

可分为实验室用色谱仪和便携式色谱仪。这类色谱仪主要用于各种试样的分析，其特点是色谱柱较细，分析的试样量少。

(2) 制备用色谱仪

可分为实验室用制备型色谱仪和工业用大型制造纯物质的制备色谱仪。制备型色谱仪可以完成一般分离方法难以完成的纯物质制备任务，如纯化学试剂的制备。

(3) 流程色谱仪

在工业生产流程中为在线连续使用而制造的色谱仪。目前主要是工业气相色谱仪，用于化肥、石油精炼、石油化工及冶金工业中。

二、气相色谱仪的组成部分

气相色谱仪由气路系统、进样系统、分离系统、检测系统、温度控制系统及数据处理系统六大部分组成。

图6—1—11所示为气相色谱法的简单流程。载气由高压钢瓶提供，经减压阀减压后，进入净化干燥管干燥净化，再经过针形阀控制其进入色谱柱之前的流量和压力，继续前行又经过汽化室，流动相带着气态混合物试样进入色谱柱进行分离，分离后的不同组分随流动相依次进入检测器后放空。检测器将各被分离的组分及其浓度随时间的变化量转变为易于测量的电信号传给记录仪，就可得到一组峰形曲线。

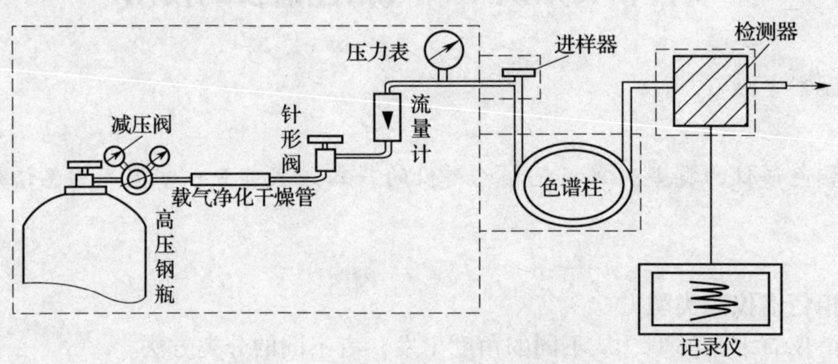

图6—1—11　气相色谱流程示意图

混合物试样能否被分离开取决于色谱柱；而分离后的组分能否被准确地检测出来则取决于检测器，色谱柱和检测器是气相色谱仪的核心部件。

1. 气路系统

气路系统主要是指载气连续运行的密闭管路。对于某些检测器，还需要使用一些辅助气体，它们流经的管路也属于气路系统。气路系统包括气源、气体净化器、气路控制系统。

(1) 气源及净化

载气是气相色谱的流动相，其作用是在试样注入色谱仪后把试样组分带进色谱柱和检测器以及保护色谱柱。常用的载气有 H_2（在使用氢火焰离子化检测器时作燃烧气，在使用热导检测器时常作载气）、N_2、He、Ar（氦、氩由于成本高，实际应用相对较少）等。这些气体及其他检测器辅助气体一般可由高压钢瓶或气体发生器提供。

气相色谱常用各种气体钢瓶标志见表 6—1—1。高压气瓶中选用的减压阀要分类专用，安装时螺扣要旋紧，防止泄漏；开、关减压阀和开关阀时，动作必须缓慢；使用时应先旋动开关阀，后开减压阀；用完后，先关闭开关阀，放尽余气后，再关减压阀。切不可只关减压阀，不关开关阀。

表 6—1—1　　气相色谱常用气体钢瓶标志

充装气体名称	化学式	瓶色	字样	字色
氢	H_2	淡绿	氢	大红
氧	O_2	淡蓝	氧	黑
氮	N_2	黑	氮	淡黄
空气		黑	空气	白
氩	Ar	银灰	氩	深绿
氦	He	银灰	氦	深绿

选择气体纯度时，主要取决于分析对象、色谱柱中填充物以及检测器。建议在满足分析要求的前提下，尽可能选用纯度较高的气体。一般色谱仪中使用的气体，其纯度必须达到 99.99% 以上，应在气源与仪器之间连接气体净化装置。

有机杂质可用装有分子筛（如 5A 分子筛或 13X 分子筛）的过滤器除去，水蒸气可用变色硅胶除去。净化用的干燥管通常为内径 50 mm，长 200 ~ 250 mm 的金属管。实际操作时可根据检测器的噪声水平判断气体的纯度，如果噪声明显增大，就要首先检查气体纯度。要定期更换净化管中的填料，分子筛可以重新活化后再使用。

分子筛活化方法：将分子筛从净化管中取出，置于坩埚中，将坩埚置于马弗炉内加热到 400 ~ 600℃，活化 4 ~ 6 h。硅胶活化方法：硅胶可根据颜色变化来判断是否失效，当颜色变红时，就要重新活化，方法是在烘箱中 140℃ 左右加热 2 h。注意：重新装填净化管时，要除去填料中的粉末，以避免其被载气带入色谱系统，造成气路堵塞。

(2) 载气流速的控制

为了保持气相色谱分析的准确度，载气的流量要求恒定，其变化小于 1%，通常用减压阀、稳压阀、针形阀等来控制气流的稳定性。稳压阀不工作时，必须放松调节手柄；针形阀不工作时，应将阀门置于“开”的状态。对于稳流阀，当气路通气时，必须先打开稳流阀的阀针，流量的调节应从大流量调到所需要的流量；稳压阀、针形阀及稳流阀均不可作为开关使用；各种阀的进、出气口不能接反。

(3) 载气流量的测定

1) 转子流量计　转子流量计是由一个内径上大下小的锥形管和一个能在管内自由旋转

的转子组成。它结构简单、操作方便、直观，使用时安全、可靠。

当气体自下端进入转子流量计又从上端流出时，转子随气体流动方向而上升，根据转子的位置就可确定气体流速的大小。但对于一定的气体，气体的流速和转子的高度并不呈直线关系，转子流量计上标出的是管子的均匀刻度，因此实际使用时应采用校正曲线的方法（通常以皂膜流量计为标准），标出转子位置和流速之间的关系曲线。对不同的气体应使用与其对应的转子流量计。

2）皂膜流量计。皂膜流量计是目前用于测量气体流量的基准方法。它由一根带有气体进口的量气管和橡胶滴头组成，其操作步骤如图 6—1—12 所示。使用时先向橡胶滴头中注入肥皂水，挤动橡胶滴头就有皂膜进入量气管。当气体自流量计底部进入时，就顶着皂膜沿管壁自下而上移动，用秒表测定皂膜移动一定体积时所需的时间，就可计算出气体的流量，测量精度可达 1%。

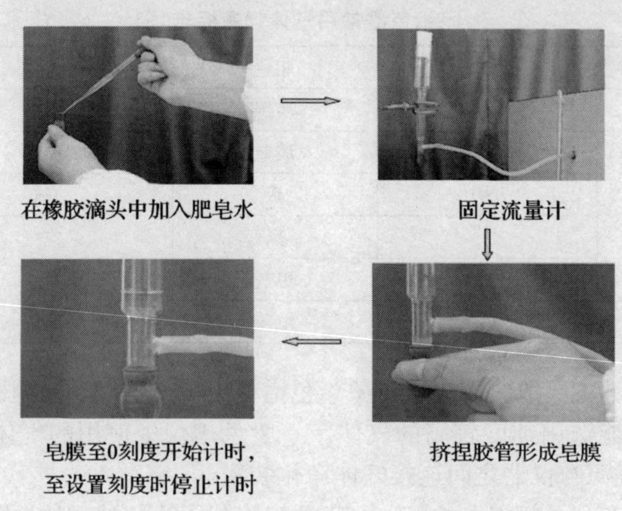

图 6—1—12　皂膜流量计操作步骤示意图

（4）检漏

最简单的检漏方法是用毛刷或毛笔蘸上肥皂水，在接头处或可能发生泄漏的管道上涂抹，有吹气泡的现象出现时说明此处漏气。

另一种检漏方法叫做分段检漏法。即先将色谱柱出口卸下，用一堵头将其堵上，然后打开载气，观察压力表指针，如果 1 ~ 2 min 后，压力不下降，说明色谱柱之前的气路不漏气，反之，则有漏气处。

接头漏气，可用拧紧或更换密封垫的方法解决，管道漏气则要更换新的管道。

2. 进样系统

进样就是把试样定量地加到色谱柱柱头上，以便其被载气带入色谱柱中进行分离。气相色谱进样系统包括试样引入装置（如注射器和自动进样器）和汽化室（进样口）两部分。由于进样量的大小、进样时间、试样的汽化速度和试样的浓度对测定的准确度和重复性有影响，因此要求瞬时进样，同时几次进样的速度和进针的深度要尽量保持一致。

（1）常见的进样方式

气相色谱中常见的进样方式有微量注射器进样和六通阀进样。一般气体试样常采用六通阀进样，液体试样可以采用微量注射器直接进样，固体试样通常用溶剂溶解后，采用和液体同样的方法进样。

图 6—1—13 所示为常见的微量注射器。常用的微量注射器有 1 μL、5 μL、10 μL、50 μL、100 μL 等规格。实际进行色谱分析时可根据需要选择合适规格的微量注射器。

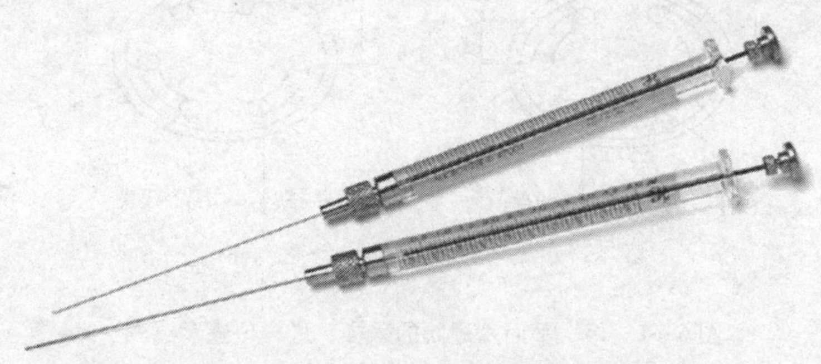

图 6—1—13　常见的气相色谱用微量注射器

使用微量注射针取样时，应首先检查注射器是否清洁，是否抽动方便，针芯是否对准刻度。然后用试样溶剂洗针至少 3 次，再吸入待测试样置换 3 ~ 5 次。吸取试样时，应该慢吸快排，避免吸入气泡。防止产生气泡的方法是将注射器插入试样溶液，多次推拉针芯，推下时要快，拉起时要慢。最后可能会有很小的气泡在针管中，不易除去，这时可以取多于实际进样量的试样，然后将针尖朝上，用手指轻轻弹击针管，气泡就会跑到液体的上方，再将多余的试样推出针管，气泡也就排出去了。对刻度时，要倒置注射器，使视线与针管中的液面处于同一水平上，然后推压针芯到所需刻度。针尖外面黏附的一部分试样，可用一片滤纸快速擦拭而除去，但是不能让滤纸吸去针管内的样品，也可不管它，因为它会被进样隔垫擦去，而隔垫的问题则由隔垫吹扫来解决，但这样做会加速隔垫的老化。进样时一手持注射器，另一只手保护针尖，先小心地将注射针头穿过隔垫，随即以最快的速度将注射器插到底，与此同时迅速将试样注射入汽化室（注意不要使针芯弯曲），然后快速拔出注射器，做到瞬间进样。

进样时弄弯注射器的针头和注射器杆的原因是：室温下进样口拧得太紧，当汽化室温度升高时硅胶密封垫膨胀后会更紧，这时注射器很难扎进去；位置找不好针扎在进样口金属部位；进样时用力太猛，用进样器架进样就不会把注射器杆弄弯；因为注射器内壁有污染，注射时将针杆推弯。注射器使用一段时间就会发现针管内靠近顶部有一小段黑的东西，这时吸样、注射会感到吃力。清洗方法是将针杆拔出，注入一点水，将针杆插到有污染的位置反复推拉，一次不行再注入水直到将污染物弄掉，这时会看到注射器内的水变混浊，将针杆拔出用滤纸擦一下，再用酒精洗几次。

图 6—1—14 为平面六通阀（又称旋转六通阀）的进样、取样位置示意图。进样体积是由定量管的内径和长度控制的。改变进样量时须更换定量管，常见的定量管有 0. 25 mL、0. 5 mL、1 mL、3 mL、5 mL 等规格。采样时试样由阀接头 1 引入，通过接头 6 进入定量管，多余的试样通过接头 3 连接 2 排出。气相色谱载气则通过接头 5 到 4，然后直接进入色谱柱。

进样时，阀的转子转动 60°，这样就使原来相通的两接头断开，并使原来断开的两接头连通。载气通过定量管将试样带入色谱系统进行分离。

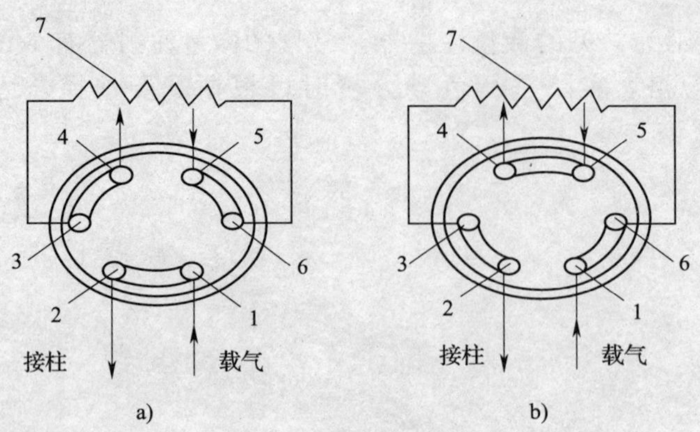

图 6—1—14 平面六通阀的采样、进样位置示意图

a）采样位置 b）进样位置

当进样阀与色谱系统相连时，根据色谱柱的不同，连接方式也有区别。如果采用填充柱分析，进样阀应接在填充柱进样口与填充柱之间。即用一根细的不锈钢管，一头接在进样口出口（原来连接色谱柱的接头），另一端接在阀的载气入口，用另一根不锈钢管将阀的载气出口与色谱柱相连。当用毛细管分流/不分流进样口时，进样阀应接在进样口之前的载气气路上，且阀体与进样口之间的连接管越短越好。

六通阀在使用时应绝对避免带有小颗粒固体杂质的气体进入，否则，在转动阀盖时，固体颗粒会擦伤阀体，造成漏气。另外六通阀使用久了，应该按照结构装卸要求卸下进行清洗。

现在许多高档的气相色谱仪都会配置自动进样器。

（2）手动进样应注意的问题

1）注射速度快 注射速度慢会使试样的汽化过程变长，导致试样进入色谱柱的初始谱带变宽。

2）取样准确而重现 取样量要准确，抽取样品的速度要重现，以保证进样的重现性。特别是黏度大的样品，要避免在注射器中形成气泡。

3）避免试样之间的相互干扰 充分洗针避免试样的残留组分影响以后的测定。

4）选用合适的注射器 气相色谱分析最常用的是 10 μL 微量注射器，其进样量一般不应小于 1 μL。如果进样量要控制在 1 μL 以下，就应采用 5 μL 或1 μL的注射器。5 μL 或 1 μL的注射器是将试样抽在针尖内，观察不到针管中的液面，取样时要反复推拉针芯，以确保针尖内没有气泡。

（3）气相色谱常见的进样口

1）填充柱进样口 填充柱进样口如图 6—1—15 所示。该进样口的作用就是提供一个样品汽化室，所有汽化的样品都被载气带入色谱柱进行分离。进样口可配置隔垫吹扫装置。可连接玻璃或不锈钢填充柱，还可连接大口径毛细管柱作直接进样分析。

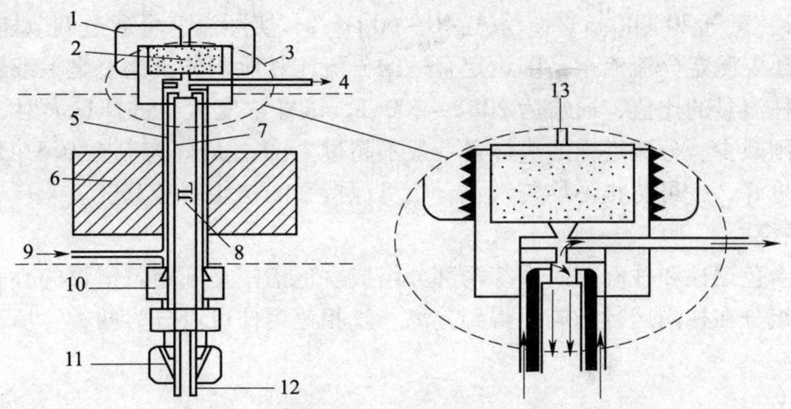

图 6—1—15　填充柱进样口结构及隔垫吹扫原理示意图

1—固定隔垫的螺母　2—隔垫　3—隔垫吹扫装置　4—隔垫吹扫气出口

5—汽化室　6—加热块　7—玻璃衬管　8—石英玻璃毛

9—载气入口　10—柱连接固定螺母　11—色谱柱固定螺母

12—色谱柱　13—3 的放大图

当采用不锈钢柱时，应在汽化室安装玻璃衬管，以避免极性组分分解和吸附，在日常分析工作中要及时更换和清洗衬管；为了消除进样时可能带入的杂质和避免隔垫高温时分解、释放出的杂质进入色谱柱，通常进样口要设置隔垫吹扫，流量设置一般为 1 ~ 5 mL/min。

2）分流/不分流进样口。分流/不分流进样口是毛细管气相色谱最常用的进样口，它既可用做分流进样，也可用做不分流进样。图 6—1—16 是典型的分流/不分流进样口示意图。

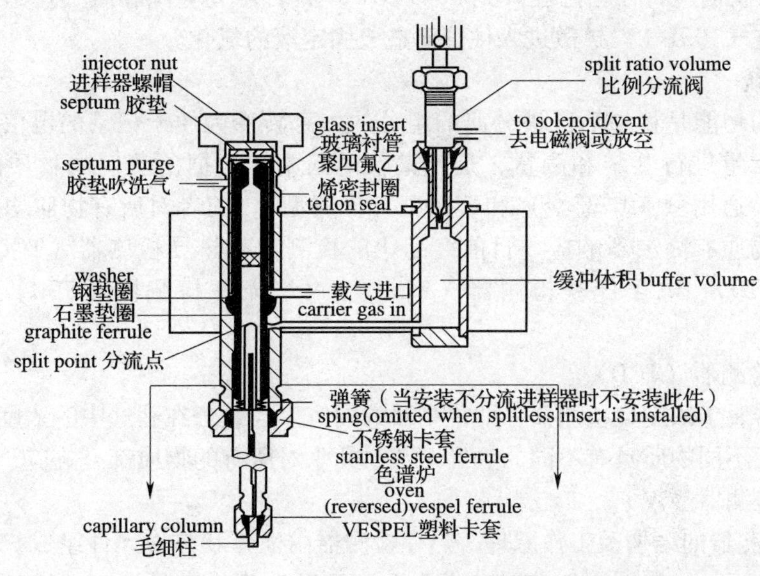

图 6—1—16　典型的分流/不分流进样口示意图

分流/不分流进样口是毛细管气相色谱的首选进样方式，其柱内载气线流速一般为：氦气30～50 cm/s，氮气20～40 cm/s，氢气40～60 cm/s，实际流速可通过调节柱前压来控制。另外分流进样还要测定分流流量，即设定合适的分流比。所谓分流比就是毛细管柱流量、分流流量的和与柱流量的比值，通常为20:1～200:1，试样浓度大或进样量大时，分流比可相应增大，反之则减少。分流进样的进样量一般不超过2 μL，最好控制在0.5 μL以下。进样速度应当越快越好，一可防止不均匀汽化，二可保持窄的初始谱带宽度。

3. 分离系统

分离系统由色谱柱和柱温控制系统两部分组成。色谱柱是气相色谱仪的心脏，它的功能是使试样中各组分在柱内运行的同时得到分离。气相色谱柱可以分为两类：填充柱和毛细管柱。

（1）填充柱

填充柱是将固定相填料填充在柱管内的色谱柱。由于填充柱的制备和使用方法都比较容易掌握，而且有多种填料可供选择，能满足一般试样的分析要求，因此，填充柱是应用最普遍的一种色谱柱。填充柱的材料常用不锈钢管和玻璃管制成。其缺点是渗透性差，传质阻力较大，柱子不能过长，故其分离效果受到一定限制。

（2）毛细管柱

毛细管柱又称弹性石英毛细管柱，柱内径通常为0.1～0.5 mm，柱长10～50 m，其分离效率比填充柱要高得多，可分为开管毛细管柱、填充毛细管柱等，后者目前使用较多。与填充柱相比，毛细管柱具有更高的分离度，试样用量少，同时还具有一定的强度和柔性。

气相色谱柱使用过程中要注意：柱的使用温度要尽量比柱的耐热温度低；要彻底除去载气中的氧，特别是在使用极性柱时；操作中不要使难于挥发的成分进入色谱柱内；暂时不用的色谱柱从仪器上卸下后，柱两端应当用硅橡胶堵上，并放在相应的柱包装盒中，以免柱头被污染；每次关机前应将柱箱温度降到50℃以下，然后再关电源和载气。温度高时切断载气，可能会因空气（氧气）扩散进入柱管而造成固定液的氧化分解。

4. 检测系统

检测系统的功能是将柱后已被分离的组分的信息转变为便于记录的电信号，然后对各组分的组成和含量进行鉴定和测量，是色谱仪的眼睛。根据所测定的物质的范围，检测器可分为两类：通用型（广谱型）和选择型（专属型），前者对所有物质均有响应，而后者则只对特定物质有高灵敏响应。目前商品化的检测器有热导检测器（TCD）、氢火焰离子化检测器（FID）、电子俘获检测器（ECD）、火焰光度检测器（FPD）、氮磷检测器（NPD）等。

（1）热导检测器（TCD）

热导检测器属于浓度型检测器，即检测器的响应值与组分在载气中的浓度成正比。它的基本原理是基于不同物质具有不同的热导系数，几乎对所有的物质都有响应，是目前应用最广泛的通用型检测器。

1）热导检测器的结构及工作原理　热导检测器由池体和热敏元件组成。池体一般用不锈钢制成，热敏元件一般由电阻率高、电阻温度系数大且价廉易加工的钨丝、铼钨丝等制成。图6—1—17所示为TCD工作原理图，其中下部为TCD与进样器及色谱柱的连接示意图，上部为惠斯顿电桥检测电路图。载气流经参考池腔、进样器、色谱柱，从测量池腔排出。R1、R2 为固定电阻（$R_1 = R_2$）；R3、R4（$R_3 = R_4$）分别为测量臂和参考臂热丝。注意：参考臂连接在色谱柱之前，而测量臂则连接在色谱柱之后。

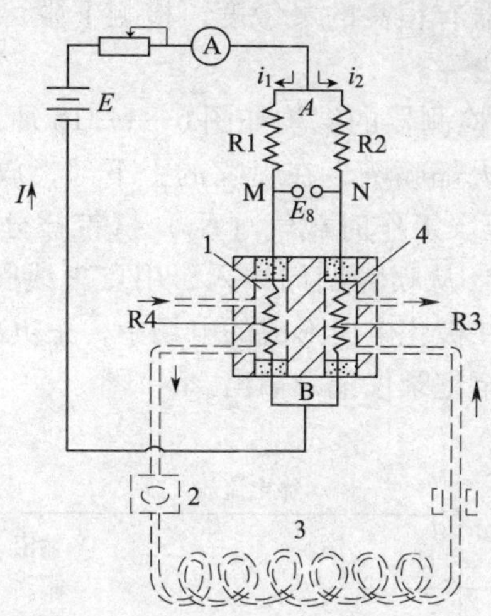

图 6—1—17　TCD 工作原理图

1—参考池腔　2—进样器　3—色谱柱　4—测量池腔

当调节载气流速、桥电流及 TCD 温度至一定值后，TCD 处于工作状态。这时，两个热丝均处于被加热状态。当只有载气通过测量臂和参考臂时，由于二臂气体组成相同，从热丝向池壁传导的热量相等，故热丝温度保持恒定，电阻值不变，这时电桥处于平衡状态。M、N 二点电位相等，电位差为零，无信号输出。当从 2 进样，经柱分离，从柱后流出组分进入测量臂时，由于这时的气体是载气和组分的混合物，其热导系数不同于纯载气，从热丝向池壁传导的热量也就不同，从而引起两臂热丝温度不同，进而使两臂热丝电阻值不同，电桥平衡被破坏。M、N 二点电位不等，产生电位差，输出信号。

2）影响热导池检测器灵敏度的因素

①桥路电流　增加桥路电流，可以提高热丝的温度，加大热丝与池体之间的温差，有利于热传导，从而提高热导池的灵敏度。但是桥电流增加后，会使噪声增大，基线不稳，而且热丝易氧化烧断。通常用 H_2 作载气时，桥电流可选 150 ~ 200 mA；用 N_2 作载气时，桥电流应选 80 ~ 120 mA。在满足灵敏度的要求时，尽量选择较低的桥电流，可以延长热丝的使用寿命。

②池体温度　热丝与池体间的温差越大，热导池的灵敏度越高。但池体温度即检测器温度也不能太低，否则试样组分会在热导池中冷凝，污染检测器。通常池体温度应高于试样组分的平均沸点。

③载气的热导率、纯度及流速　载气与组分的热导率相差越大，灵敏度越高。因此用 H_2 或 He 作载气，灵敏度最高；N_2 作载气时灵敏度低。载气的纯度也影响检测器的灵敏度和稳定性，高纯氢的灵敏度比普通氢要高。载气流速要保持稳定，流速波动会使噪声增大。

3）热导检测器使用注意事项。避免热丝温度过高而烧断；避免固定液或样品带来的异常；确保载气净化系统正常。

（2）氢火焰离子化检测器（FID）

氢火焰离子化检测器是利用氢火焰作电离源，使有机物电离，产生微电流而响应的检测器，它是众多气相电离检测器之一，是典型的破坏性的质量型检测器。它对大多数的有机化合物具有很高的灵敏度，但是对无机气体、水、四氯化碳等含氢少或不含氢的物质灵敏度低或不响应。氢火焰离子化检测器有很高的灵敏度，检测下限可达 10^{-12} g/g，并且结构简单，稳定性好，是最常用的检测器之一。

1）检测原理及结构　FID 检测器的结构如图 6—1—18 所示。它的主要部件是离子室，在离子室下部有气体入口和氢火焰喷嘴，在喷嘴的上下部，放有一对电极（收集极和极化极），在两极上施加一定的电压。工作时载气（N_2）携带被分析组分和可燃气（H_2）从喷嘴进入检测器，助燃气（空气）从喷嘴四周导入，用点火线圈通电，点燃氢焰。被测组分在火焰中被解离成正负离子，在极化电压形成的电场中，正负离子向两极移动，从而形成离子流，这些离子流经放大后送至记录仪记录输出。

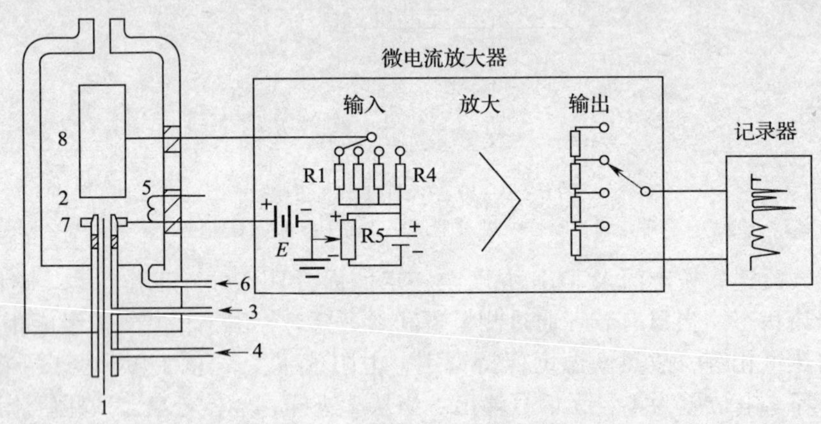

图 6—1—18　FID 系统示意图

1—毛细管柱　2—喷嘴　3—氢气入口　4—尾吹气入口

5—点火线圈　6—空气入口　7—极化极　8—收集极

2）喷嘴和收集极的清洗　氢火焰离子化检测器使用一段时间后，遇到点不着火（如果不是气体流速问题或空气中含水量大）、分析运行中途自动熄火或试样信号明显变小（即灵敏度下降）的问题，说明需要清洗检测器中喷嘴和收集极。先将这些部件拆下，用金属通丝穿过喷嘴的小孔，将喷嘴浸泡在正已烷溶液中片刻，再浸泡在 1∶1（体积比）丙酮乙醇溶液中，最后用低速干燥空气吹干收集极和喷嘴，放烘箱中以 110℃烘干，重新装上即可使用。

3）FID 使用注意事项　FID 虽然是准通用型检测器，但有些物质在此检测器上响应值很小或无响应。载气多用 N_2，流速通常根据分离要求调节。在接毛细管色谱柱时，通常柱后要加尾吹气。作常量分析时，载气、氢和空气纯度在 99.9% 以上即可，但在作痕量分析时，一般要求气体的纯度达 99.999% 以上，空气中总烃应小于 0.1 μL/L。另外 FID 的灵敏度与氢气、空气和氮气的比例有直接关系，因此要注意优化，一般三者的比例应接近或等于 1∶10∶1。为了保证 FID 的正常点火，点火时，检测器温度必须在 120℃以上，同时检测器温度设置也不应低于色谱柱实际工作的最高温度，以防止检测器被污染。为防止水和其他柱流出物在 FID 中冷凝，注意关机时先关氢气、空气、汽化室和色谱加热器等，最后关 FID 加热和整个色谱系统。

（3）电子捕获检测器（ECD）

电子捕获检测器是利用电负性物质捕获电子的能力，通过测定电子流进行检测。ECD具有灵敏度高、选择性好的特点。它是一种专属型检测器，是目前分析痕量电负性有机化合物最有效的检测器，元素的电负性越强，检测器灵敏度越高，对含卤素、硫、氧、羰基、氨基等的化合物有很高的响应，对大多数的烃类物质则没有响应。电子捕获检测器已广泛应用于有机氯和有机磷农药残留量、金属配合物、金属有机多卤或多硫化合物等的分析测定，尤其是农副产品、食品及环境中农药残留量的测定。它可用氮气或氩气作载气，最常用的是高纯氮。ECD 检测器的结构如图 6—1—19 所示。

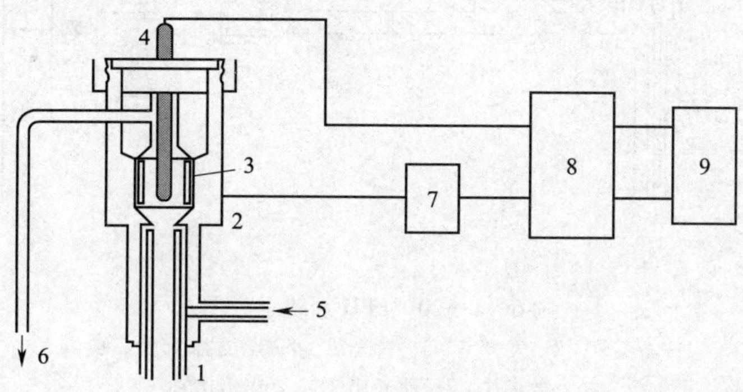

图 6—1—19　ECD 系统示意图

1—色谱柱　2—阴极　3—放射源　4—阳极　5—吹扫气　6—气体出口
7—直流或脉冲电源　8—微电流放大器
9—记录器或数据处理系统

在使用 ECD 时要注意以下几点。

1）载气纯度对灵敏度影响很大，要用高纯氮（纯度 >99.999%）作载气，还要外加净化器，除去多余的氧气和水。气路系统密封性要好，不使用时气路系统的进口和出口都应密闭。使用时载气要一直保持正压，如中途短时间停机，不要关掉载气。

2）通常填充柱载气流速为 20 ~ 50 mL/min，毛细管柱为 0.1 ~ 10 mL/min。不同型号仪器说明书中均有 ECD 的最佳流速，可参照该推荐值，增减 2% ~ 4% 的流速，以使峰形变宽最小，灵敏度最高。

3）检测器的温度应保持在柱温以上，以防止样品或流失的固定液冷凝在检测器里，常用温度范围为 250 ~ 300℃。无论柱温多低，ECD 的温度均不应低于 250℃。

4）要防止放射性污染。检测器出口一定要用管道接到室外，最好接到通风出口，要遵循实验室有关放射性管理的条例，至少每 6 个月应测试一次有无放射性泄漏。

（4）火焰光度检测器（FPD）

火焰光度检测器是分析硫、磷化合物的高灵敏度、高选择性的气相色谱检测器。广泛应用于环境、食品中硫、磷农药残留物的检测。检测器主要由火焰喷嘴、滤光片、光电倍增管等构成，其结构如图 6—1—20 所示。

当含硫、磷的化合物在富氢焰中燃烧时，伴有化学发光效应，分别发射出 350 ~ 480 nm 和 480 ~ 600 nm 的一系列特征波长光，其中 394 nm 和 526 nm 分别为含硫和含磷化合物的特征波长。光信号经滤波后照射到光电倍增管的阴极，经过多个倍增电极将微弱的光电流放大

$10^5 \sim 10^8$倍，再经放大器放大，即可送到记录器或显示器。以前一直将FPD作为含硫和含磷化合物的专用检测器，后由于氮磷检测器（NPD）对磷的灵敏度高于FPD，而且更可靠，因此FPD现今多只作为含硫化合物的专用检测器。

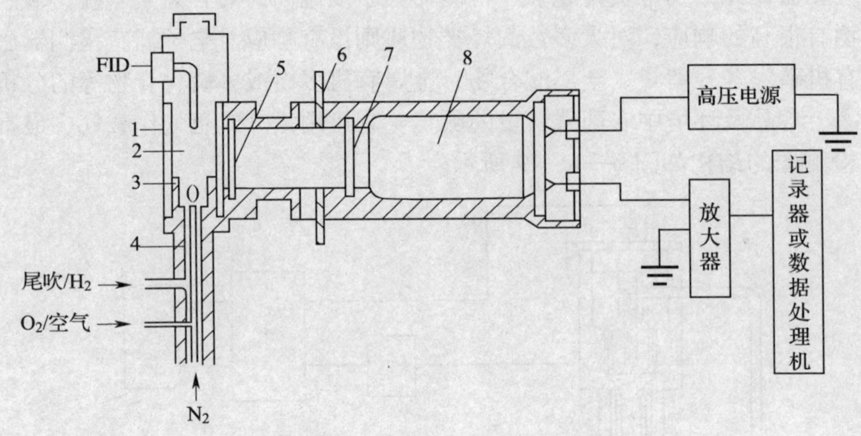

图6—1—20　FPD系统示意图

1—石英管　2—发光室　3—遮光罩　4—燃烧器　5—石英窗
6—散热片　7—滤光片　8—光电倍增管

5. 温度控制系统

控制温度主要指对色谱柱箱、汽化室、检测器三处的温度控制。色谱柱的温度控制方式有恒温和程序升温两种。对于沸点范围很宽的混合物，往往采用程序升温法进行分析。程序升温指在一个分析周期内柱温随时间由低温向高温作线性或非线性变化，以达到用最短的时间获得最佳分离效果的目的。

6. 数据处理系统

检测器产生的响应信号，经放大器放大后，送到记录显示装置，再经过一系列转换和处理后，才能得到色谱峰和分析结果。常见的数据处理系统有记录器、积分仪和色谱工作站。而目前被广泛采用的是色谱工作站。

色谱工作站配有专用的分析软件，可以同时接收多台色谱仪的信号，等峰出完后再调节参数，对谱图进行处理；色谱图可以放大、缩小，可以相加、相减；能储存大量数据和谱图。通过工作站还能调节控制色谱仪的操作参数，如色谱柱、检测器温度、载气流速等。当前色谱工作站都配有CRT显示屏，能随时了解色谱仪的运行情况，另外它也可以当做一台普通计算机用。

三、气相色谱仪的使用方法

气相色谱仪是结构比较复杂的分析仪器，使用时要分别控制气体流路的压力、流量参数和汽化室、色谱柱箱、检测器室的温度参数；要使用多种进样技术；要尽量满足检测器的最佳检测条件，以获得快速、灵敏和准确的分析结果。

1. 色谱仪的安装

（1）对色谱仪操作室的要求

操作室周围不得有磁场，不得有易燃及强腐蚀性气体；室内环境温度应为5～35℃，湿度小于等于85%（相对湿度），且室内应保持空气流通。有条件的最好安装空调；准备好能承受整套仪器质量，宽高适中，便于操作的工作平台。一般以水泥平台较佳（高0.6～0.8 m)，平台不能紧靠墙，应离墙0.5～1.0 m，便于接线及检修。供仪器使用的电力线路容量应在10 kV·A左右，而且仪器使用电源应尽可能不与大功率耗电设备或经常大幅度变化的用电设备共用一条线。电源必须接地良好，建议电源和外壳都接地，效果更好。

（2）外气路的连接

1）减压阀的安装　所用的是2只氧气、1只氢气减压阀。将2只氧气减压阀、1只氢气减压阀分别装到氮气、空气和氢气钢瓶上（注意氢气减压阀螺纹是反向的，并在接口处加上所附的O形塑料垫圈，以便密封)，旋紧螺帽后关闭减压阀调节手柄（即旋松)，打开钢瓶高压阀，此时减压阀高压表应有指示，关闭高压阀后，其指示压力不应下降，否则有漏气，应及时排除（用垫圈或生料带密封)，有时力过高也会漏气。然后旋动调节手柄将余气排掉。

2）外气路连接法　把钢瓶中的气体引入色谱仪中，有的采用不锈钢管，有的采用耐压塑料管。若用塑料管，在接头处就要有不锈钢衬管和一些密封用的塑料等材料。从钢瓶到仪器的塑料管的长度视需要而定，不宜过短，然后用塑料管把气源和仪器（气体进口）连接起来。

3）外气路的检漏　把主机气路面板上的载气、氢气、空气的阀旋钮关闭，然后开启各路钢瓶的高压阀，调节减压阀上低压表输出压力，使载气、空气压力为0.4 MPa，氢气压力为0.3 MPa，然后关闭高压阀，此时减压阀上低压表指示值不应下降，如下降，则说明连接气路中有漏气，应予排除。

（3）色谱仪气路气密性检查

气密性检查方法是打开色谱柱箱盖，把柱子从检测器上拆下，将柱口堵死，然后开启载气流路，调低压输出压力为0.30～0.50 MPa，打开主机面板上的载气旋钮，此时压力表应有指示。最后将载气旋钮关闭，半小时内其柱前压力指示值不应有下降，若有下降则有漏气，应予排除。若是主机内气路有漏气，则拆下主机有关侧板，用肥皂水（最好是十二烷基磺酸钠溶液）逐个接头检漏（氢、空气也可如此检漏)，最后将肥皂水擦干。

2. 气相色谱仪的使用

（1）开启气相色谱仪时，首先接通载气气路，打开稳压阀和稳流阀，调节至所需的流量。

（2）先打开主机总电源开关，再分别打开汽化室、柱恒温箱、检测器室的电源开关，并设置相应的预设温度。

（3）待汽化室、柱温箱、检测器室达到设置温度后，可打开热导池检测器电源，调节好设定的桥流值，再调节平衡旋钮、调零旋钮至基线稳定，即可进行分析。

（4）每次进样前应调整好数据处理系统，使其处于备用状态，进样后由绘出的色谱图和各种数据获得分析结果。

（5）分析结束后，先关闭燃气、助燃气气源，再依次关闭检测器桥路或放大器电源，汽化室、柱恒温箱、检测器室的控温电源，仪器的总源，待仪器加热部件冷却至室温后，最后关闭载气气源。

项目实施　丁醇异构体混合物的色谱分析

实施指南

熟悉气相色谱法进样的基本操作；掌握FID检测器的基本操作；掌握校对校正因子的测定操作；能使用归一化法对试样进行定性定量测定。

一、测定仪器

气相色谱仪；填充色谱柱（PEG－20M，2 m×3 mm）；色谱工作站；电子天平；微量注射器（1 μL）；试样瓶。

二、测定试剂

异丁醇、仲丁醇、叔丁醇、正丁醇标样（均为GC级）；丁醇试样（上述4种醇的混合物）；蒸馏水。

三、测定步骤

1. 准备工作

（1）测试标样的配制

取一干燥洁净的样品瓶，吸取3 mL水，再分别加入100 μL叔丁醇、仲丁醇、异丁醇与正丁醇标样（GC级），准确称其质量（精确至0.2 mg），摇匀备用，此为丁醇测试标样。

（2）测试样的准备

另取一个干燥洁净的样品瓶，加入约3 mL丁醇试样，备用。

2. 气相色谱仪开机及参数设置

（1）打开载气钢瓶总阀，调节输出压力为0.4 MPa，调节载气柱前压为0.1 MPa，控制载气流量为约30 mL/min。

（2）打开气相色谱仪电源开关，设置柱温为90℃、汽化室温度为160℃、检测器温度为140℃。

3. FID检测器的基本操作

待柱温、汽化室温度和检测器温度到达设定值并稳定后，打开空气压缩机，调节空气流量为200 mL/min。打开氢气钢瓶，调节其流量为约60 mL/min。按“点火”点燃氢火焰。缓缓将氢气压力降至0.1 MPa，控制其流量为30 mL/min。让气相色谱走基线，待基线稳定。

4. 试样的定性定量分析

（1）取两支1 μL微量注射针，以溶剂（如无水乙醇）清洗完毕后，备用。

（2）打开色谱工作站，待基线稳定后，准确吸取1 μL该标样按规范进样，绘制色谱图，完毕后停止数据采集。

（3）按相同方法再测定2次丁醇测试标样与3次丁醇试样，记录各主要色谱峰的峰面积。

（4）在相同色谱操作条件下分别以叔丁醇、仲丁醇、异丁醇与正丁醇标样（GC级）（用蒸馏水稀释至适当浓度）进样分析，以各标样出峰时间（即保留时间）确定丁醇测试标样与丁醇试样中各色谱峰所代表的组分名称。

5. 结束工作

实验完毕后按规范分别关闭氢气、空气气源。设置汽化室温度、柱温在室温以上约10℃，检测室温度为120℃，待温度达到设定值时关闭色谱仪电源开头。关闭载气钢瓶和减压阀，关闭载气净化器开关。清理台面，填写仪器使用记录。

四、测定记录与结果

1. 记录色谱操作条件。
2. 利用工作站对每一次进样分析的色谱图进行适当优化处理。
3. 记录优化后的色谱图上显示出的各峰的峰面积。
4. 根据丁醇测试标样的色谱图计算各异构体的相对校正因子。
5. 根据丁醇试样的色谱图，用归一化法计算各同分异构体的质量分数（%），并计算其平均值与相对平均偏差（%）。

五、注意事项

1. 注射器使用前应先用丙酮或无水乙醇抽洗15次左右，然后再用所要分析的样品抽洗15次左右。
2. 在定性操作时，要注意进样与色谱工作站采集数据在时间上的一致性。
3. 氢气是一种危险气体，使用过程中一定要按规范操作，而且色谱实验室一定要有良好的通风设备。
4. 实验过程中注意防止高温烫伤。

六、思考题

1. 使用FID时，如何确定是否点着火？
2. 使用FID时，为了确保安全，实际操作中应注意什么？
3. 归一化法对操作条件有何要求？
4. 实验结束时，应如何正常关机？
5. 本实验如用DNP柱分离伯丁醇、仲丁醇、叔丁醇、异丁醇时，出峰顺序如何？有什么规律吗？

项目二　乙醇中微量水的测定

能力目标

能熟练操作TCD检测器；能用外标法对试样中的待测组分进行定性定量测定。

知识目标

了解外标法标准系列溶液的配制方法及要求；了解气相色谱工作站的使用方法；掌握外标法的基本原理及特点。

项目相关知识　定量分析方法（外标法）

学习指南

学习外标法的原理和操作方法。

外标法也称为已知样校正法或标准曲线法。这是在色谱定量分析中，特别是高效液相色谱（HPLC）定量分析中较常用的方法，是一种简便、快速的绝对定量方法。

首先用标准试样配制成不同浓度的标准系列，在与欲测组分相同的色谱条件下，等体积准确测量进样，测量各峰的峰面积或峰高，用峰面积或峰高对样品浓度绘制标准工作曲线，此标准工作曲线应是通过原点的直线。若标准工作曲线不通过原点，说明测定方法存在系统误差。标准工作曲线的斜率即为绝对校正因子。然后，用与绘制标准工作曲线完全相同的色谱条件作出待测试样中组分的峰面积或峰高，根据峰面积和峰高在标准工作曲线上直接查出进入色谱柱中样品组分的浓度，依据试样处理条件及进样量来计算原样品中该组分的含量。

当欲测组分含量变化不大，并已知这一组分的大致含量时，也可以采用直接比较法或单点校正法。即配制一个与被测组分含量接近的标样、进相同体积的标样和试样后，直接比较试样和标样中被测组分的峰面积。由于进样量相同，校正因子相同，所以峰面积之比等于其含量之比。

$$c_x = \frac{A_x}{A_s}c_s \tag{6—2—1}$$

式中　c_x、c_s——试样和标样中被测组分的浓度；

A_x、A_s——试样和标样中被测组分的峰面积。

外标法由于不使用校正因子，因此准确性较高，适用于大批量试样的快速分析。但是操作条件的变化对结果准确性影响较大，所以每次试样分析的色谱条件（检测器的响应性能、柱温、流动相流速及组成、进样量、柱效等）应尽可能相同，尤其是对进样量的准确性控制要求较高。

项目实施　乙醇中微量水的测定

实施指南

熟悉气相色谱仪的操作；掌握用外标法对试样进行定性定量分析。

一、测定仪器

气相色谱仪；GDX－102 不锈钢填充柱（柱长 2 m）；色谱工作站；微量注射器(1 μL)；容量瓶；10 mL 吸量管。

二、测定试剂

无水乙醇（分析纯或化学纯、试样）；无水甲醇（分析纯，内标物）。

三、测定步骤

1. 准备工作

在教师指导下开启色谱仪和色谱工作站。

2．色谱操作条件

TCD 检测器，桥电流 160 mA；柱温 140℃；汽化室温度 150℃；检测室温度 140℃；氢气作载气，流速 30 mL/min；进样量 0.1 μL。

3．溶液配制

按表 6—2—1 要求称取一定质量的纯水，用无水乙醇稀释为不同的浓度。

表 6—2—1　　标准样品的配制

标准样品号	1	2	3	4	5
浓度　g/mL	5.0	10.0	15.0	20.0	25.0

4．定量测定

由计算机调出色谱操作系统，按照要求进行界面设定。基线稳定后，依次注射标准样品和样品（样品重复进样 3 次），由计算机打出相应组分的 A_i 或 h_i。测定完毕后依次关闭热导池电流开关、主机开关。冷却系统 10 min 后关闭载气。

5．结束工作

实验结束后清洗注射针，正确关闭气相色谱仪气源，同时清理台面，填写仪器使用记录。

四、测定记录与结果

1．根据标样浓度与相应的峰面积绘制标准曲线。

2．根据试样中水的峰面积在标准曲线中查出乙醇试样中水的浓度（mg/mL），并写出试验报告。

五、注意事项

1．进样量要准确，进样速度要快，针尖在汽化室停留时间要短且统一，否则工作曲线线性较差。

2．取样以及整个分析过程中要尽量保证容量瓶的密封性，防止样品挥发。

六、思考题

1．你认为外标法定量操作的关键是什么？

2．单点校正法定量应如何进行？什么情况下适用？

项目三　毛细管色谱法分析白酒主要成分

能力目标

能正确安装毛细管色谱柱；会配制内标法标准溶液及试样溶液；能用内标法对试样中的待测组分进行定性定量分析。

知识目标

掌握分流比的概念及设定原则；熟悉毛细管色谱法的气路系统；了解气相色谱工作站的

使用方法；掌握内标法的基本原理及特点。

项目相关知识　定量分析方法（内标法）

学习指南

学习内标法的原理和操作方法。

内标法是在未知试样中加入已知浓度的标准物质（内标物），然后比较内标物和被测组分的峰面积，从而确定被测组分的含量。

内标法的关键是选择合适的内标物，对内标物的要求是试样中不含有内标物质；与被测组分性质比较接近；与样品能互溶但不与试样组分发生化学反应；出峰位置位于被测组分附近，且无组分峰影响；必须是纯物质，如果没有纯品也可用已知含量的物质，但内标物的质量要乘以其质量分数；加入量要合适，其峰面积与待测组分相差不太大。

具体做法是准确称取一定量（m）的试样 i，加入一定量的内标物 m_s，混合均匀后进样，测量内标物和被测组分的峰面积，它们质量之比等于校正后的峰面积之比，即

$$\frac{m_i}{m_s} = \frac{f_i \cdot A_i}{f_s \cdot A_s} \tag{6—3—1}$$

$$m_i = \frac{m_s \cdot f_i \cdot A_i}{f_s \cdot A_s} \tag{6—3—2}$$

$$w_i\% = \frac{m_i}{m} \times 100 = \frac{m_s \cdot f_i \cdot A_i}{m \cdot f_s \cdot A_s} \times 100 \tag{6—3—3}$$

由于内标法中以内标物为基准，所以 $f_s = 1$。

也可采用内标标准曲线法。用标准试样配制一不同浓度的标准系列，选择一内标物质，以固定的浓度加入标准溶液中，以抵消实验条件和进样量变化带来的误差。测量各峰的峰面积，然后用 A_i/A_s 对待测组分浓度（x_i）作图，其中 A_i 是标准系列待测组分的浓度，A_s 为其中内标物的峰面积。如图 6—3—10 所示。在待测样品中准确加入相同量的内标物，用相同的色谱条件测定 A_x/A_s，在标准曲线上直接查出进入色谱柱中样品组分的浓度。

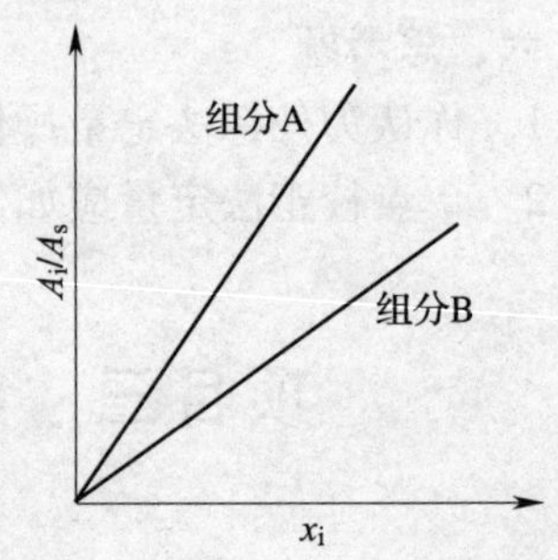

图 6—3—1　内标法校准曲线

内标法定量的准确性较高，操作条件和进样量的稍许变动对定量结果的影响不大，特别是在试样前处理前加入内标物，然后再进行前处理时，可部分补偿待测组分在试样前处理时的损失。适用于混合组分不能全部出峰或者前后分离不完全无法定量测定的分析，尤其适用于对微量杂质的检查。

标准加入法是一种特殊的内标法，是在选择不到合适的内标物时，以欲测组分的纯物质为内标物，加入待测试样中，然后在相同的色谱条件下，测定加入欲测组分的纯物质前后欲测组分的峰面积（或峰高），从而计算欲测组分在样品中的含量的方法。

首先在一定的色谱条件下做出欲分析试样的色谱图，测定其中欲测组分（i）的峰面积

A_i（或峰高 h_i），然后在该试样中准确加入一定量待测组分的纯物质（其浓度增量为 Δw_i），在完全相同的色谱条件下，绘制已加入待测组分纯物质后的试样的色谱图，测定这时待测组分的峰面积 A_i'（或峰高 h_i'）。

$$w_i = \frac{\Delta w_i}{\dfrac{A_i'(h_i')}{A_i(h_i)} - 1} \tag{6—3—4}$$

标准加入法不需要另外的标准物质作内标物，只需欲测组分的纯物质，进样量不必十分准确，操作简单。若在试样的前处理之前就加入已知准确量的欲测组分，则可以完全补偿欲测组分在前处理过程中的损失，是色谱分析中较常用的定量分析方法。但是标准加入法要求加入欲测组分前后两次色谱测定的色谱条件完全相同，以保证两次测定时的校正因子完全相等，否则将引起分析测定的误差。

项目实施　毛细管色谱法分析白酒主要成分

实施指南

学习外标法的原理和操作方法。

一、测定仪器

气相色谱仪；交联石英毛细管柱（冠醚 + FFAP 30 m × 0.25 mm，也可用 SE - 54）；色谱工作站；微量注射针（1 μL）；进样瓶；容量瓶。

二、测定试剂

乙醛、甲醇、乙酸乙酯、正丙醇、仲丁醇、乙缩醛、异丁醇、正丁醇、丁酸乙酯、乙酸正丁酯（内标物）、异戊醇、戊酸乙酯、乳酸乙酯、己酸乙酯（均为 GC 级）；市售白酒一瓶；乙醇（无甲醇）。

三、测定步骤

1. 准备工作

在教师指导下开启色谱仪和色谱工作站。

2. 色谱操作条件

检测器：FID；载气：N_2，8 ~ 10 cm/s；分流比 1∶100；柱温：50℃恒温 6 min 后，以速率4℃/min程序升温至 220℃，在 220℃保持 10 min；汽化室温度 250℃。

3. 标样的分析

待基线平稳后，依次用微量注射针吸取乙醛、甲醇、乙酸乙酯、正丙醇、仲丁醇、乙缩醛、异丁醇、正丁醇、丁酸乙酯、异戊醇、戊酸乙酯、乳酸乙酯、己酸乙酯标样溶液 0.2 μL，进样分析。

4. 白酒试样的分析

分别用微量注射针吸取混合标样和白酒试样 0.2 μL，进样分析，分别重复两次。

5. 结束工作

实验完成后，在 240℃柱温下老化 2 h 后，按规范分别关闭氢气、空气。待温度降至室温后关闭气相色谱仪总电源开关；最后关闭载气。清理实验台面，填写仪器使用记录。

四、测定记录与结果

1. 定性

测定酒样中各组分的保留时间，求出各组分对标准物异戊醇的相对保留时间，将酒样中各组分的相对保留值与标样的相对保留值进行比较定性。也可以用在酒样中加入纯组分，使被测组分峰高增大的方法来进一步证实和定性。

2. 根据测得的实验数据计算出各个物质的相对校正因子。

3. 根据内标法计算酒样中各物质的质量浓度。

五、注意事项

1. 毛细管柱易碎，安装时要特别小心。

2. 进样量不宜太大，一般不易超过 1 μL。

3. 根据实际分析情况调节合适的分流比，一般为（1∶50）～（1∶100）。

六、思考题

1. 白酒分析时为什么用 FID，而不用 TCD？

2. 程序升温的起始温度如何设置？升温速率如何设置？

3. 分流比如何调节？

项目四　芳香族混合物的气相色谱分析

能力目标

能正确设置色谱柱升温程序；能用内标法对试样中的待测组分进行定性定量分析。

知识目标

了解内标法标准溶液及试样溶液的配制方法及要求；掌握内标法的基本原理及特点。

一、测定仪器

气相色谱仪；SE－54（或 OV－1）弹性石英毛细管色谱柱（柱长 30 m）；微量注射针（0.1 μL）；容量瓶（25 mL）。

二、测定试剂

甲苯、乙苯、正丙苯、正丁苯、联苯、萘、蒽、芴及 2－甲基萘（内标物）（均为 GC 级的）；苯（GC 级）。

三、测定步骤

1. 准备工作

在教师指导下开启色谱仪和色谱工作站。

2. 色谱操作条件

检测器：FID；载气：N_2，8 ~ 10 cm/s；分流比 1∶30 ~ 1∶40；柱温：50℃恒温 5 min 后，以速率 10℃/min 程序升温至 320℃，保持 5 min；汽化室温度 350℃。

3. 溶液配制

（1）标准溶液

准确称取甲苯、乙苯、正丙苯、正丁苯、联苯、萘、蒽、芴及 2 – 甲基萘（内标物）各约1.000 0 g，用色谱纯苯稀释至 25 mL 容量瓶中。

（2）样品溶液

1）采用（1）中除内标物以外的芳香烃，以色谱纯苯为溶剂配制。

2）含内标物的试样溶液：在 25 mL 容量瓶中准确称取 2 – 甲基萘（内标物）约 1.000 0 g 及适量芳香族混合物样品（根据样品中各组分的含量确定称量质量），用色谱纯苯稀释至刻度。

4. 色谱工作站基本操作

将色谱工作站定量方法设定为内标法，在指定色谱条件下用微量注射器进 0.5 μL 标准溶液，同步启动数据采集，绘制色谱图。在色谱工作站内标定量法的组分表中分别输入各色谱峰所对应的标准物质的名称及折合质量，并指定 2 – 甲基萘为内标物。输入试样溶液中内标物折合质量及试样称量质量。

5. 试样分析

在相同色谱条件下重复进 0.5 μL 标准溶液，停止数据采集后，让色谱工作站计算各物质的校正因子。

（2）在相同色谱条件下进 0.5 μL 含内标物的样品溶液，停止数据采集后，让色谱工作站计算各物质的质量百分含量并打印计算结果。

6. 结束工作

实验完成后，按规范分别关闭氢气、空气。待温度降至室温后关闭气相色谱仪总电源开关，最后关闭载气。清理实验台面，填写仪器使用记录。

四、测定记录与结果

1. 测定各组分的保留时间，并进行定性。
2. 根据测得的实验数据在工作站上计算出各物质的相对校正因子。
3. 根据内标法利用色谱工作站计算各物质的质量百分含量。

五、注意事项

1. 工作站的组分表上，内标物要写在第一行的位置。
2. 标准物如果没有 GC 级，可以用已知准确浓度的溶液代替。

六、思考题

1. 对宽沸程试样的分析采用程序升温操作有何优点？
2. 在几种定量方法中，哪种定量方法受进样体积影响较小？
3. 选用内标物时需满足哪些条件？

思考与练习

一、选择题

1. 气相色谱的主要部件包括（　　）。

A. 载气系统、分光系统、色谱柱、检测器

B. 载气系统、进样系统、色谱柱、检测器

C. 载气系统、原子化装置、色谱柱、检测器

D. 载气系统、光源、色谱柱、检测器

2. 火焰光度检测器对下列哪些物质检测的选择性和灵敏度较高（　　）。

A. 含硫磷化合物　B. 含氮化合物　C. 含氮磷化合物　D. 硫、氮

3. 在毛细管色谱中，应用范围最广的柱是（　　）。

A. 玻璃柱　B. 石英玻璃柱

C. 不锈钢柱　D. 聚四氟乙烯管柱

4. 下列哪些情况发生后，应对色谱柱进行老化（　　）。

A. 每次安装了新的色谱柱后

B. 色谱柱使用一段时间后

C. 分析完一个样品后，准备分析其他样品之前

D. 更换了载气后

5. 使用热导检测器时，为了使检测器有较高的灵敏度，应选用的载气是（　　）。

A. N_2　B. H_2　C. Ar　D. N_2-H_2混合气

6. 气相色谱谱图中，与组分含量成正比的是（　　）。

A. 保留时间　B. 相对保留值　C. 峰高　D. 峰面积

7. 范第姆特方程式主要说明（　　）。

A. 板高的概念

B. 色谱峰的扩张

C. 柱效降低的影响因素

D. 组分在两相间的分配情况

8. 气相色谱分析腐蚀性气体宜选用（　　）。

A. 101 白色载体　B. GDX 系列载体　C. 6201 红色载体　D. 13X 分子筛

9. 气相色谱的定性参数有（　　）。

A. 保留值　B. 相对保留值　C. 保留指数　D. 峰高或峰面积

10. 如果样品比较复杂，相邻两峰间距离太近或操作条件不易控制稳定，要准确测量保留值有一定困难时，可采用（　　）。

A. 相对保留值进行定性

B. 加入已知物以增加峰高的办法进行定性

C. 文献保留指数进行定性

D. 利用选择性检测器进行定性

11. 衡量色谱柱总分离效能的指标是（　　）。

A. 塔板数　　B. 分离度　　C. 分配系数　　D. 相对保留值

12. 下列方法中，不属于气相色谱定量分析方法的是（　　）。

A. 峰面积测量　　B. 峰高测量

C. 标准曲线法　　D. 相对保留值测量

13. 下列气相色谱操作条件中，正确的是（　　）。

A. 载气的热导系数尽可能与被测组分的热导系数接近

B. 在使最难分离的物质对能很好分离的前提下，尽可能采用较低的柱温

C. 汽化温度越高越好

D. 检测器温度应低于柱温

二、简答题

1. 简述气相色谱分析的流程及气相色谱仪的主要构件。
2. 简述热导检测器的工作原理和影响灵敏度的因素。
3. 简述热导检测器的使用和操作注意事项。
4. 简述氢火焰离子化检测器的使用注意事项。
5. 由色谱流出曲线可获得哪些重要信息？
6. 气液色谱固定相是如何组成的？各起何种作用？
7. 简述气相色谱柱的老化方法。
8. 气相色谱分析中常用的保留值有哪几种？如何表达？
9. 在气相色谱分析中常用哪些定性分析方法？
10. 何谓绝对校正因子？何谓相对校正因子？二者应如何进行测定？
11. 何谓外标法、内标法、归一化法？它们的应用范围和优缺点各是什么？

三、计算题

1. 在一张色谱图上有 1、2、3 三个色谱峰，其峰高 h 分别为 10 cm，10 cm，8 cm；另已知基线宽度（W_b）与峰高（h）的比值分别为 0.2、0.4 和 0.125，试计算每个色谱峰的基线宽度（W_b）和半峰宽（$W_{1/2}$），并比较三个组分柱效的高低。

2. 用热导池检测器分析下述组分，测得保留时间 t_R 为：

组分	空气	环己烷	苯	甲苯	乙苯	苯乙烯
t_R　s	20	70	110	140	180	260

试计算各组分对甲苯（标准物）的相对保留值。

3. 在 SE－30 柱，柱温 150℃，使用氢火焰离子化检测器，已知甲烷、正十三烷、正十五烷的保留时间 t_R 分别为 25 s、72 s 和 381 s。试计算正十七烷的调整保留时间。

4. 准确称取苯、正丙苯、正己烷、邻二甲苯四种纯化合物，配制成混合溶液，进行气相色谱分析，得到如下数据：

组分	m　g	A　cm^2	组分	m　g	A　cm^2
苯	0.435	3.96	正己烷	0.785	8.02
正丙苯	0.864	7.48	邻二甲苯	1.760	15.0

求正丙苯、正已烷、邻二甲苯三种化合物以苯为标准时的相对校正因子。

5. 在一定条件下分析只含有二氯乙烷、二溴乙烷和四乙基铅的样品，得到如下数据：

组分	二氯乙烷	二溴乙烷	四乙基铅
峰面积 A	1.50	1.01	2.82
f_i	1.00	1.65	1.75

试计算各组分的质量分数。

6. 在一定的气相色谱分析条件下，用内标法测环氧丙烷中的水含量，取0.011 5 g甲醇作内标物，加到2.267 g环氧丙烷样品中，进行两次分析，测得分析数据为：

	1	2
水的峰高 mm	150	148.8
甲醇的峰高 mm	174	172.3

已知水和甲醇对苯的相对质量校正因子分别为1.42和1.34，试取两次测得的平均值来计算样品中水的含量。

7. 分析燕麦敌1号试样中燕麦敌含量时，采用内标法，以正十八烷为内标物。称取燕麦敌试样8.12 g，加入内标物1.88 g，色谱分析测得峰面积为$A_{燕麦敌}=68.0\ mm^2$，$A_{正十八烷}=87.0\ mm^2$。已知燕麦敌以正十八烷为标准的相对质量校正因子为2.40。求样品中燕麦敌的质量分数。

8. 分别取0.10 μL、0.20 μL、0.30 μL、0.40 μL、0.50 μL的苯胺标准溶液（533 mg/L水溶液），在一定的色谱条件下注入色谱仪，测得苯胺峰高如下：

苯胺标准溶液 μL	0.10	0.20	0.30	0.40	0.50
苯胺进样量 mg	0.053	0.107	0.160	0.213	0.267
苯胺峰高 cm	4.4	8.9	13.3	17.7	22.1

试绘制出峰高—进样量曲线。分析未知水样时，将水样浓缩50倍，取得浓缩液0.30 μL注入色谱仪，测得其峰高为13.8 cm，计算水样中苯胺的浓度（以mg/L表示）。

模块七　高效液相色谱法

项目一　汽水、果汁中糖精钠的含量测定

能力目标

能熟练使用液相色谱仪；会测定汽水、果汁等饮料中的糖精钠含量。

知识目标

了解液相色谱仪的基本构造；熟悉液相色谱中的固定相、流动相的类型和选择方法；掌握液相色谱法中常用的检测器类型和结构。

项目相关知识一　高效液相色谱的分析方法

学习指南

掌握高效液相色谱法的相关知识；了解定性分析方法；掌握归一化法、外标法和内标法等定量分析方法。

高效液相色谱法高效液相色谱法（High Performance Liquid Chromatography，HPLC）是指流动相为液体的色谱分离技术，它是在经典的液相色谱法基础上发展起来的，在20世纪60年代以后，随着气相色谱法的迅速发展，借鉴和引用了气相色谱法的基本理论，在技术上采用了高压泵输送流动相、新型高效固定相和高灵敏度检测器，克服了经典液相色谱法的缺点和不足，实现了分析速度快、分离效率高和操作自动化。高效液相色谱分析技术包括液—固吸附色谱、液—液分配色谱、离子交换色谱和体积排阻色谱等，已成为化学，生化、医药、生命科学和环境保护等领域中重要的分离分析技术。

一、高效液相色谱法的相关知识

1. 高效液相色谱法的类型

根据色谱分离机理不同，高效液相色谱法可分为液—固吸附色谱、液—液分配色谱、键合相色谱、凝胶色谱、离子交换色谱等。

2. 高效液相色谱法的原理

（1）液—固吸附色谱（LSC）

液—固吸附色谱法的流动相为液体，固定相为吸附剂。吸附剂通常是多孔性的固体颗粒

物质，它们的表面存在吸附中心。分离实质是利用组分在吸附剂（固定相）上吸附能力的不同而获得分离，因此称为吸附色谱法。

分离原理是当流动相通过吸附剂时，在吸附剂表面发生了溶质分子取代吸附剂上的溶剂分子的吸附作用。试样各组分的分离效果取决于组分分子和吸附剂之间作用力的强弱，也取决于组分分子与流动相分子之间作用力的强弱。组分中的基团对吸附剂表面亲和力的大小，决定了它的保留时间的长短。

溶质在浓度低时被吸附剂吸附得较牢，浓度高时吸附作用相对减弱。高浓度组分色谱峰的中心部分较早出现，而谱峰后面部分由于吸附较牢固而延迟流出，形成拖尾峰。为了得到较好的峰形，应选择较小的进样量。

液—固吸附色谱法使用的固定相主要有硅胶、氧化铝、硅藻土等，其中前两种应用最为广泛，硅胶约占70%，氧化铝约占20%。

液—固色谱法适用于分离相对分子质量中等（$200 < M < 300$），且能溶于非极性或中等极性溶剂（如已烷、二氯甲烷、氯仿或乙醚）的脂溶性试样，特别是在同组分分离和同分异构体的分离中有独特的作用。

（2）液—液分配色谱（LLC）

在液—液分配色谱法中，流动相和固定相均为液体，作为固定相的液体涂在很细的惰性载体上。液—液分配色谱的分离原理基本与液—液萃取相同，是基于试样组分（溶质）在固定相和流动相之间的相对溶解度的差异而使组分在两相之间的分配系数不同，进而进行分离。二者的区别在于，液—液色谱的分配是在柱中进行的，使这种分配可以反复多次进行。当被分配的试样进入色谱柱后，各组分按照它们各自的分配系数，很快地在两相间达到分配平衡，这种分配平衡导致各组分随流动相前进的迁移速度不同，从而实现组分的分离。

分配色谱法中的固定相由两部分组成，一部分是惰性载体，另一部分是涂在载体上的固定液。固定液的选择原则是对极性样品选择极性固定液和非极性流动相，对非极性样品选择非极性固定液和极性流动相。常用的固定液有强极性β，β’-氧二丙腈、中等极性聚乙二醇、非极性的角鲨烷等。固定液易被流动相洗脱而导致柱效能下降，利用前置柱虽能减少固定液流失，但不能完全克服。

液—液色谱中使用溶剂作为流动相，溶剂洗脱组分的能力与溶剂的极性有关。极性增大，溶剂的洗脱强度也会增大，通过组成混合溶剂来改善分离的选择性。溶解样品的溶剂，一般采用与流动相（用固定液饱和）相同的溶剂，若试样不溶，就只能使用与固定液饱和的极性较小的溶剂。在分配色谱中的流动相要尽可能不与固定液互溶。

依据流动相和固定相的相对极性不同，分配色谱法可分为正相分配色谱法和反相分配色谱法。在正相分配色谱法中，固定相载体上涂布的是极性固定液，流动相是非极性溶剂。它可用来分离极性较强的水溶性试样，组分中非极性组分先洗脱出来。正相色谱中的固定液主体为已烷、庚烷，可加入20%的极性改性剂，如1-氯丁烷、异丙烷、二氯甲烷、氯仿、乙酸乙酯、四氢呋喃、乙腈等。在反相分配色谱中，固定相载体上涂布极性较弱或非极性的固定液，而用极性较强的溶剂做流动相。它可用来分离油溶性试样，其洗脱顺序与正相液—液色谱相反，即极性组分先被洗脱，非极性组分后被洗脱。反相色谱中的固定液主体为水，可加入一定量的改性剂，如乙二醇、甲醇、异丙醇、丙酮、乙腈等。

液—液分配色谱法既能分离极性化合物，又能分离非极性化合物，如烷烃、芳烃、稠环化合物、甾族化合物等。

（3）键合相色谱（CBPC）

液—液色谱的流动相、固定相均为液体，流动相与固定相之间应互不相溶，固定液在流动相中部分溶解从而无法稳定地保持在惰性载体上，造成固定液的流失，减小柱的使用寿命，同时也给操作带来不便。为了解决这一问题，现在多使用键合固定相，即把固定液的有机基团通过化学反应键合在担体的表面上，从而克服了固定液的流失现象，这种固定相称为化学键合固定相，使用这类固定相的色谱也称为键合相色谱。

化学键合固定相能耐受各种溶剂的淋洗，无流失现象，柱系统稳定性好，可用于梯度洗脱，且传质速度快，自20世纪70年代以来，液相色谱法有70% ~80%是在化学键合固定相上进行的。不仅用于反相色谱法、正相色谱法，还部分用于离子交换色谱法、离子对色谱法等色谱技术中。由于键合到担体表面的官能团可以是各种极性的，因此它适用于多种试样的分离。

1）正相键合相色谱法　是指固定相极性大于流动相极性的色谱体系，用于分离极性化合物，被分离组分根据分子的极性大小实现分离。这种方法通常把极性的有机基团键合在硅胶表面作为固定相，在非极性或极性小的溶剂（如烃类）中加入适量的极性溶剂（如氯仿、醇、乙腈等）作为流动相。正相键合相色谱法适用于反相键合相色谱法很难分离的异构体（以硅胶为固定相），可根据被分离样品的极性差别进行逐类分析，易于对水解样品进行分离分析，也适用于极性有机溶液中溶解度很小的高脂溶性试样的分离分析。

2）反相键合相色谱法　与正相键合相色谱法相反，采用流动相极性大于固定相极性的色谱体系。这种方法的固定相采用极性较小的键合固定相，如硅胶 - $C_{18}H_{37}$、硅胶 - 苯基等；流动相采用极性较强的溶剂，如甲醇、乙腈 - 水、水和无机盐的缓冲溶液等。反相键合相色谱法具有柱效高、能获得无拖尾峰的优点。从一般小分子有机物到药物、农药、氨基酸、低聚核苷酸、肽及蛋白质等大分子均可使用反相色谱法。

3）离子型键合相色谱法　当以薄壳型或全多孔微粒型硅胶为基质，化学键合各种离子交换基团时，就形成了离子型键合相色谱的固定相，其分离原理与离子交换色谱类同。

（4）空间排阻色谱（SEC）

溶质分子在多空填料表面上受到排斥作用称为排阻。空间排阻色谱（也称为体积排阻色谱）法是以化学惰性的多孔物质作为固定相，试样组分受固定相孔径大小的影响，按分子体积大小进行分离的方法。因为固定相通常采用多孔的凝胶，所以这种方法又称为凝胶色谱法。

空间排阻色谱法包括两种技术，一种是凝胶渗透色谱法，即以有机溶剂作为流动相的空间排阻色谱法，主要用于高分子领域；另一种是凝胶过滤色谱法，即以水或水溶液作为流动相的空间排阻色谱法，主要用于生化领域。

空间排阻色谱法的分离原理和其他液相色谱法不同，溶质在两相之间不是依据相互作用力的大小进行分离，而是按分子体积的大小进行分离。SEC 凝胶颗粒含有很多不同尺寸的孔穴，这些孔穴对于流动相（溶剂）分子来说是很大的，溶剂分子可以自由地出入；对于被分离的高分子化合物而言，体积较大的分子只能占据较大的孔穴，小孔穴对体积大的分子有排阻作用，因此体积大的分子先流出色谱柱，而体积较小的分子可以占据较小的孔穴而进入凝胶更深，因此后流出色谱柱。

空间排阻色谱法的特点是试样峰全部在溶剂的保留时间前出峰，它们在柱内停留时间短，故柱内峰扩展就比其他分离方法小得多，所以峰通常也较窄，有利于检测，且固定相和流动相的选择较为简便，适用于分离相对分子质量大（通常大于 2 000）的化合物。空间排阻色谱法只能分离相对分子质量差别在 10% 以上的分子，不能用来分离大小相似、相对分子质量接近的分子（如异构体）等。

（5）离子交换色谱（IEC）

离子交换色谱法是利用离子交换原理和液相色谱技术结合来测定溶液中阳离子和阴离子的一种液相色谱方法。凡在溶液中能够电离的物质，通常都可以用离子交换色谱法进行分离。它不仅适用于无机离子的分离，也可用于有机物的分离。随着各种新型离子交换材料的出现，离子交换色谱法在化工、医药、生化、冶金、食品等领域获得了广泛的应用。

离子交换色谱的固定相是离子交换剂，它是一类带有离子交换功能基团的固体色谱填料，是在交联的高分子骨架上结合的可解离的无机基团。在离子交换过程中，离子交换剂的本体结构不发生明显的变化，而其上带有的离子与外界同电性的离子发生等物质的量的离子交换。目前，使用最广泛的离子交换剂是离子交换树脂，以硅胶为骨架的各种键合型离子交换树脂居多。如树脂上面键合 $-SO_3H$ 基团（树脂 $-SO_3H$），表示其表面的可交换基团为 H^+，试样组分中若含有带正电荷的离子（如 Na^+、Ca^{2+} 等），则因其与树脂上面的 $-SO_3^-$ 基团发生正、负电荷相互吸引，样品能与树脂上的 H^+ 发生阳离子交换而结合到树脂上。

试样中不同离子均能与树脂发生离子交换而结合，但不同试样离子与离子交换树脂结合力不同，相互作用强度不同，在洗脱时可以借助逐渐升高离子浓度（即离子梯度）的方式，使结合力弱的离子先流出，结合力强的后洗脱，从而实现彼此分离。

二、高效液相色谱的分析方法

1. 高效液相色谱法的条件选择

应用高效液相色谱法对试样进行分离分析方法的选择，既要考虑每种分析类型的特点及应用范围，又要考虑试样本身的性质（相对分子质量、分子结构、极性、溶解度等化学性质和物理性质）、实验条件（仪器、色谱柱等）等。

（1）试样的性质

1）根据试样的相对分子质量选择　对于相对分子质量小且容易挥发，加热又不易分解的试样，适宜用气相色谱分析。相对分子质量为 200 ~ 2 000 的，适宜用液—固色谱、液—液色谱、空间排阻色谱进行分析。相对分子质量大于 2 000 的适宜用空间排阻色谱分析。

2）根据试样的分子结构（或官能团）选择　化合物中有能解离的官能团（如有机酸、碱）可用离子交换色谱来分离。脂肪族或芳香族可以用分配色谱、吸附色谱来分离。一般用液—固色谱来分离异构体，用液—液色谱来分离同系物。

3）根据试样的溶解度选择　凡能溶解于烃类（如苯或异辛烷）的物质可用液 - 固色谱分离，一般芳香族化合物在苯中溶解度高，脂肪族化合物在异辛烷中有较大的溶解度。如果试样溶于二氯甲烷则多用常规的分配色谱和吸附色谱进行分析。试样如果不溶于水但溶于异丙醇，常用水和异丙醇混合液作液 - 液分配色谱的流动相，用憎水性化合物作固定相。空间排阻色谱对溶解于任何溶剂的物质都适用。

试样的高效液相色谱分离类型的选择如图 7—1—1 所示。

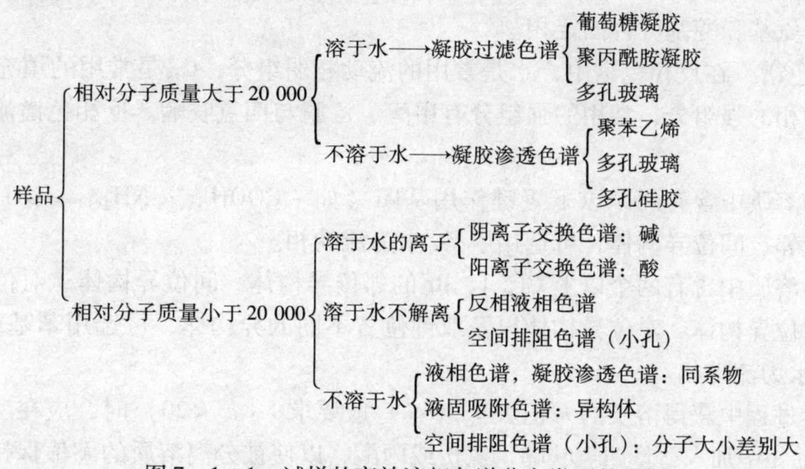

图 7—1—1　试样的高效液相色谱分离类型的选择

（2）检测器的选择

不同的分离目的对检测器的要求不同，如测单一组分，理想的检测器应仅对所测成分响应，而其他任何成分均不出峰。如目的是定性分析或是制备色谱，则最好用通用型检测器，以便能检测到混合物中的各种成分。检测器灵敏度越高，最低检出量越小。

应尽量使用紫外检测器（UV），它使用方便且受外界影响小。如被测化合物没有足够的 UV 生色团，则应考虑使用其他检测手段，如示差折光检测器、荧光检测器、电化学检测器等。如果找不到合适的检测器，可以考虑将试样衍生化为有 UV 吸收或有荧光的产物，然后再用 UV 或荧光器检测。

（3）分离模式的选择

在充分考虑试样的溶解度、相对分子质量、分子结构和极性差异的基础上，确定高效液相色谱的分离模式，其选择指南如图 7—1—2 所示。

（4）固定相和流动相的选择

在实际分析过程中，确立了分离模式之后，应该选择合适的固定相与流动相。

1）硅胶吸附色谱　在硅胶吸附色谱中，对保留值和选择性起主导作用的是溶质与固定相的作用，流动相的作用主要是调节溶质的保留值在一定范围内。在吸附色谱中，流动相的弱组分是正己烷，可根据溶质所包含的官能团信息，选择适当的流动相的强组分。

①试样中只含有 $-OH$、$-COOH$、$-NH_2$、$-NH-$ 这类质子给予体基团时，可选用异丙醇作为流动相的强组分。

②试样中的溶质中含有 $-COO-$、$-CO-$、$-NO_2$ 和 $-C=O$ 这类只接受质子的基团时，可选用乙酸乙酯、丙酮或乙腈作为流动相的强组分。

③试样的溶质中只含有 $-O-$ 和苯基这类极性作用较弱的基团时，可选用乙醚作为冲洗剂的强组分。

2）正相键合相色谱　正相键合相色谱的分离机理与硅胶吸附色谱相似，流动相的选择可引用硅胶吸附色谱中的规则，固定相的选择原则如下。

①若试样溶质中含有 $-COO-$、$-NO_2$、$-CN$ 等具有质子接受体的基团，则可选用氨

基、二醇基等具有质子给予能力的固定相。

②若试样溶质中含有 $-NH_2$、$-NH-$、OH、$-COOH$ 等具有质子给予能力的基团，则可选用腈基、氨基和醇基键合固定相。

3）反相色谱　在反相色谱中，水是常用的流动相弱组分，C_{18}是常用的填充载体，重要的是选择流动相的强组分，常用的强组分有甲醇、乙腈与四氢呋喃。反相色谱流动相的选择规则如下。

①若试样溶质中含有两个以下氢键作用基团（如 $-COOH$、$-NH_2$、$-OH$ 等）的芳香烃邻、对位或邻、间位异构体，可选用甲醇/水为流动相。

②若试样溶质中含有两个以上 Cl、I、Br 的邻位异构体、间位异构体、对位异构体或极性取代基的间位异构体、对位异构体以及双键位置不同的异构体，可选用苯基或 C_{18} 键合固定相、乙腈/水为流动相。

③当实际过程中获得溶质的 k' 值大于 30（一般要求 $1<k'<20$）时，应在反相色谱系统的甲醇/水流动相中加入适量四氢呋喃、氯仿或丙酮，以使被分离溶质的 k' 值保持在适当范围内。当然，也可以通过减少固定相表面键合碳链浓度或缩短碳链长度来达到减小 k' 值的目的。

④若试样溶质中含有 $-NH_2$、$-NH-$ 或 $>N-$ 这一类基团时，应在反相色谱的流动相中加入适量添加剂有机胺来提高样品保留值的重现性和色谱峰的对称性。

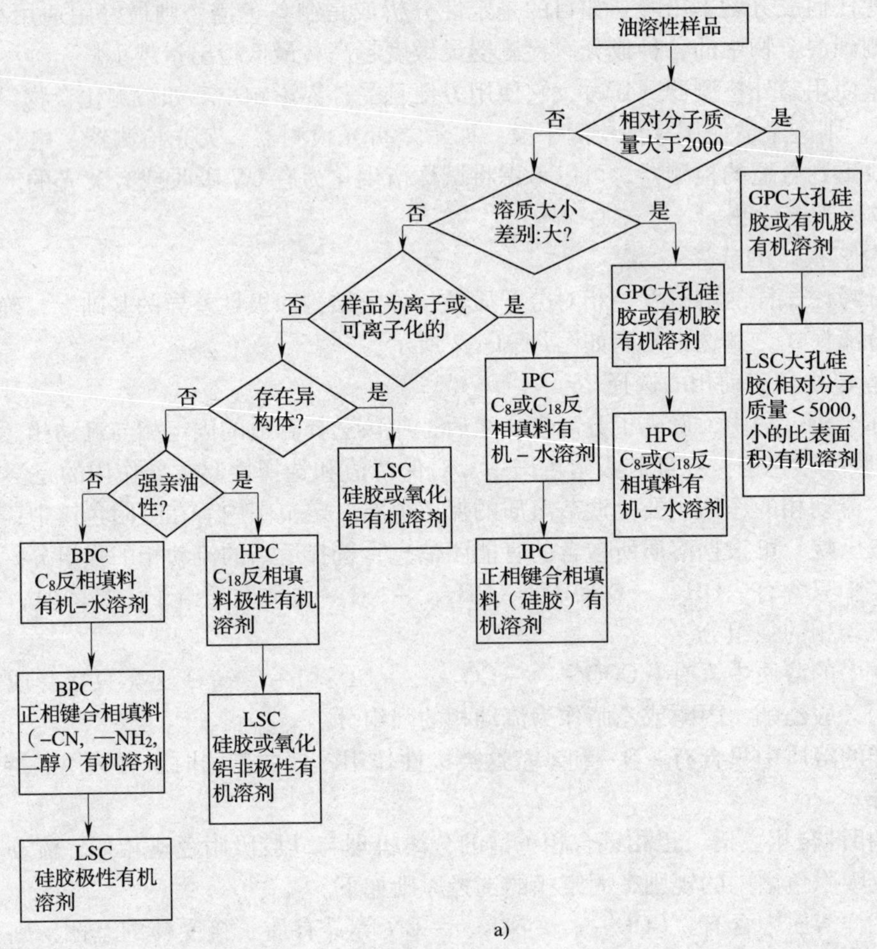

a)

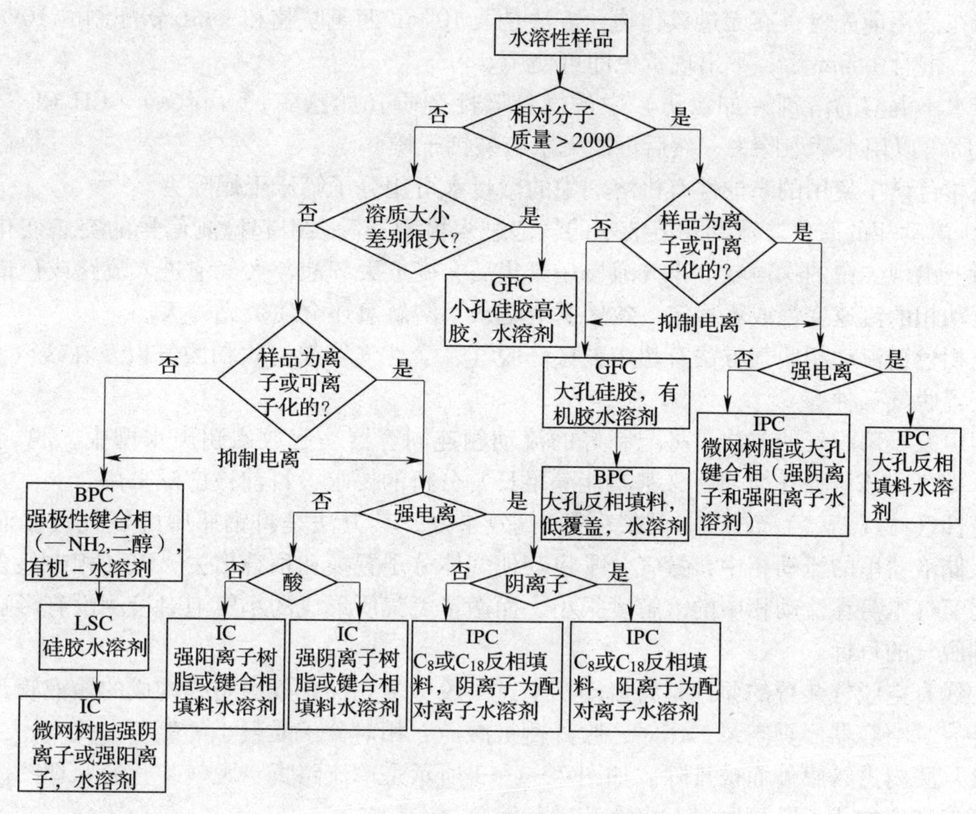

图7—1—2　高效液相色谱分离方法选择图

a）油溶性样品　b）水溶性样品

LSC—液固吸附色谱法　BPC—键合相色谱　IC—离子色谱法

IPC—离子对色谱法　GPC—凝胶渗透色谱法　GFC—凝胶过滤色谱法

4）凝胶色谱　凝胶是凝胶色谱的核心，是产生分离作用的基础，进行凝胶色谱实验的重要一环是选择和搭配具有不同的孔径的性能良好的凝胶。生物大分子分离的传统方法多采用多糖聚合物软胶GPC填料，这种填料只能在低压、慢速操作条件下使用，目前在很大程度上已被微粒型交联亲水硅胶和亲水性键合硅胶取代。填料具有一定的孔径尺寸分布，随孔径大小的差别，分离相对分子质量范围为1万～200万。对于实验室分析或小规模制备，平均粒度为3～13 μm的填料，一般有良好的柱效和分离能力。

2. 液相色谱操作方法

（1）溶剂处理

1）溶剂的纯化　分析纯和优级纯溶液在很多情况下可以满足色谱分析的要求，但不同的色谱柱和检测方法对溶剂的要求不同，如用紫外检测器检测时溶剂中就不能含有在检测波长下有吸收的杂质。目前“色谱纯”溶剂常用甲醇，其余多为分析纯，有时要进行除去紫外杂质、脱水、重蒸等纯化操作。

乙腈溶剂含有少量的丙酮、丙烯腈、丙烯醇和噁唑等化合物，可采用活性炭或酸性氧化铝吸附纯化，也可采用高锰酸钾/氢氧化钠氧化裂解与甲醇共沸的方法进行纯化。

四氢呋喃中的抗氧化剂BHT（3，5－二特丁基－4－羟基甲苯）可以通过蒸馏除去。四氢呋喃在使用前先检查有无过氧化物，方法是取 10 mL 四氢呋喃和 1 mL 新配制的 10% 碘化钾溶液，混合 1 min 后，不出现黄色即可使用。

与水不混溶的溶剂（如氯仿）中的微量极性杂质（如乙醇），卤代烃（CH_2Cl_2）中的 HCl 杂质可以用水萃取除去，然后再用无水硫酸钙干燥。

正相色谱中使用的亲油性有机溶剂中的微量水可用分子筛床干燥除去。

2）流动相的脱气。流动相溶液中的气泡进入检测器后会引起检测信号的突然变化，在色谱图上出现尖锐的噪声峰。小气泡慢慢聚集后会变成大气泡，大气泡进入流路或色谱柱中会使流动相的流速变慢或不稳定，致使基线起伏。溶解氧还会使荧光猝灭。

液相色谱流动相脱气方法有超声波振荡脱气、惰性气体鼓泡吹扫脱气以及在线（真空）脱气装置脱气三种。

超声波振荡脱气的方法是将配制好的流动相连同容器一起放入超声水槽中，脱气 10 ~ 20 min 即可。该法操作简便，又基本能满足日常分析的要求，目前被广泛采用。

惰性气体（氦气）鼓泡吹扫脱气的脱气效果好，其方法是将钢瓶中的氦气缓慢而均匀地通入储液器里的流动相中，氦气分子将其他气体分子置换和顶替出去，流动相中只含有氦气。因氦气本身在流动相中的溶解度很小，而微量氦气所形成的小气泡对检测没有影响，从而达到脱气的目标。

在线真空脱气装置的原理是将流动相通过一段由多孔性合成树脂膜构成的输液管，该输液管外有真空容器。真空泵工作时，膜外侧被减压，相对分子质量小的氧气、氮气、二氧化碳就会从膜内进入膜外而被排除。如图 7—1—3 所示是单流路真空脱气装置的原理图。在线真空脱气装置的优点是可同时对多个流动相溶剂进行脱气。

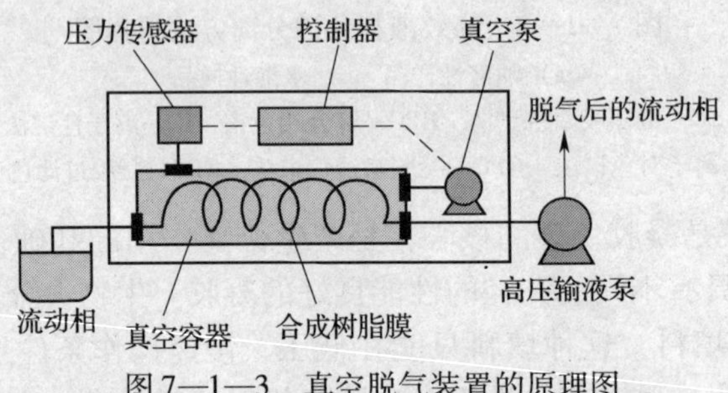

图 7—1—3　真空脱气装置的原理图

3）流动相的过滤　过滤是为了防止不溶物堵塞流路或色谱柱入口处的微孔垫片。流动相过滤常使用 G_4 微孔玻璃漏斗，可除去 4 μm 以下的固态杂质。严格地讲，流动相都应该采用特殊的流动相过滤器，用 0.45 μm 以下微孔滤膜进行过滤后才可使用。滤膜分有机溶剂专用和水溶液专用两种。

（2）色谱柱的制备

1）干法　原则上大于 20 μm 的填料可以用这个方法填充液相色谱柱。具体方法为将填料通过漏斗加入垂直放置的柱管中，同时敲打或振动柱管，以得到填充紧密而均匀的色谱柱。

2）匀浆填充法　又称湿法装柱，无论大粒径还是小粒径固定相均可采用此法装柱，具体方法是以一种或数种溶剂配制成密度与固定相相近的溶液，经超声处理使填料颗粒在此溶液中高度分散，呈现乳浊液状态，即制成匀浆。然后用加压介质（己烷或甲醇等）在高压下将匀浆压入柱管中，便制成具有均匀、紧密填充床的高效液相色谱柱。

匀浆填充法的关键是匀浆的制备，并需要一台性能优良的大流量泵。

(3) 梯度洗脱技术

梯度洗脱技术可以改进复杂样品的分离，改善峰形，减少脱尾并缩短分析时间，而且还能降低最小检测量和提高分离精度。梯度洗脱对复杂混合物，特别是对保留值相差较大的混合物的分离是极为重要的手段。

在进行梯度洗脱时，要注意溶剂的互溶性，不相混溶的溶剂不能用做梯度洗脱的流动相。梯度洗脱对所用的溶剂纯度要求更高，以保证良好的重现性。混合溶剂的黏度常随组成而变化，因而在梯度洗脱时常出现压力的变化。每次梯度洗脱之后必须对色谱柱进行再生处理，使其恢复到初始状态。需让 10 ~ 30 倍柱容积的初始流动相流经色谱柱，使固定相与初始流动相达到完全平衡。

(4) 衍生化

所谓衍生化就是将用通常检测方法不能直接检测或检测灵敏度比较低的物质与某种试剂（即衍生化试剂）反应，使之生成易于检测的化合物。按衍生化的方法可以分为柱前衍生化和柱后衍生化。

柱前衍生化是指将被检测物转变成可检测的衍生物后，再通过色谱柱分离。这种衍生化可以是在线衍生化，即将被测物和衍生化试剂分别通过两个输液泵送到混合器里混合并使之立即完成反应，随后进入色谱柱；也可以先将被测物和衍生化试剂反应，再将衍生化产物作为样品进样；或者在流动相中加入衍生化试剂，进样后，让被测物与流动相直接发生衍生化反应。

柱后衍生化是指先将被测物分离，再将从色谱柱流出的溶液与反应试剂在线混合，生成可检测的衍生物，然后导入检测器。按生成衍生物的类型又可分为紫外可见光衍生化、荧光衍生化、拉曼衍生化和电化学衍生化。

紫外衍生化是指将紫外吸收弱或无紫外吸收的有机化合物与带有紫外吸收基团的衍生化试剂反应，使之生成可用紫外光检测的化合物。如胺类化合物容易与卤代烃、羰基、酰基类衍生试剂反应。可见光衍生化有两个主要的应用，一是用于过渡金属离子的检测，即将过渡金属离子与显色剂反应，生成有色的配合物、螯合物或离子缔合物后用可见光检测；二是用于有机离子的检测，即在流动相中加入被测离子的反离子，使之形成有色的离子对化合物后，进行分离、检测。

荧光衍生化是指将被测物质与荧光衍生化试剂反应后生成具有荧光的物质进行检测。有的荧光衍生化试剂本身没有荧光，而其衍生物却有很强的荧光。

衍生化技术不仅使高效液相色谱分析体系复杂化，而且会消耗较多时间，增加分析成本，有的衍生化反应还需要严格的反应条件。只有在找不到方便而灵敏的检测方法，或为了提高分离和检测的选择性时才考虑用衍生化技术。

(5) 样品处理

液相色谱样品预处理的目的是去除基体中干扰样品分析的杂质，提高被测定化合物检测的灵敏度和检测的准确度，改善定性定量分析的重复性。

用于液相色谱样品预处理的方法有浓缩、稀释、超滤、微渗析等。

微渗析技术是利用渗析原理动态测定活体中细胞外化学过程的新兴技术，常用做液相色谱分析的试样预处理技术。其基本原理是利用两相中试样浓度的差别使试样通过渗析膜从一相传质到另一相，一般用于去除试样溶液中盐和低相对分子质量化合物，也可用于从被测定的低相对分子质量试样中去除高分子的干扰物。具有简单、快速且可适用于微量试样的处理等优点，适于细胞培养液和体外复杂生物试样中小分子目标化合物的预处理。

3. 定性分析

由于液相色谱过程中影响溶质迁移的因素较多，同一组分在不同色谱条件下的保留值相差很大，即便在相同的操作条件下，同一组分在不同色谱柱上的保留值也可能有很大差别，因此液相色谱与气相色谱相比，定性的难度更大。

（1）利用已知标准样品定性

由于每一种化合物在特定的色谱条件下（流动相组成、色谱柱、柱温等相同）其保留值具有特征性，因此可以利用保留值进行定性。如果在相同的色谱条件下被测化合物与标样的保留值一致，就可以初步认为被测化合物与标样相同。若流动相组成经多次改变后，被测化合物的保留值仍与标样的保留值一致，就能进一步证实被测化合物与标样为同一化合物。

（2）利用检测器的选择性定性

同一种检测器对不同种类的化合物的响应值是不同的，而不同的检测器对同一种化合物的响应也是不同的。所以当某一被测化合物同时被两种或两种以上检测器检测时，两检测器或几个检测器对被测化合物检测灵敏度的比值与被测化合物的性质密切相关，可以用来对被测化合物进行定性分析，这就是双检测器定性体系的基本原理。

如两种检测器中的一种是非破坏型的，则可采用简单的串联连接方式，方法是将非破坏型检测器串接在破坏型检测器之前。若两种检测器都是破坏型的，则需采用并联方式连接，方法是在色谱柱的出口端连接一个三通，分别连接到两个检测器上。在液相色谱中最常用于定性鉴定工作的双检测体系是紫外检测器（UV）和荧光检测器（FL）。

（3）利用紫外检测器全波长扫描功能定性

紫外检测器是液相色谱中使用最广泛的一种检测器。全波长扫描紫外检测器可以根据被检测化合物的紫外光谱图提供一些有价值的定性信息。

传统的方法是在色谱图上某组分的色谱峰出现极大值，即最高浓度时，通过停泵等手段，使组分在检测池中滞留，然后对检测池中的组分进行全波长扫描，得到该组分的紫外可见光谱图，再取可能的标准样品按同样方法处理，对比两者光谱图即能鉴别出该组分与标准样品是否相同。对于某些有特殊紫外光谱图的化合物，也可以通过对照标准谱图的方法来识别化合物。

此外，利用二极管阵列检测器得到的包括有色谱信号、时间、波长的三维色谱光谱图，其定性结果与传统方法相比具有更大的优势。

4. 定量分析

高效液相色谱的定量方法与气相色谱定量方法类似，主要有归一化法、外标法和内标法。

（1）归一化法

归一化法要求所有组分都能分离并有响应，其基本方法与气相色谱中的归一化法类似。由于液相色谱所用检测器为选择性检测器，对很多组分没有响应，因此液相色谱法较少使用归一化法。

（2）外标法

外标法是以待测组分纯品配制标准试样和待测试样，同时对它们进行色谱分析来做比较而定量的，可分为标准曲线法和直接比较法。具体方法可参阅气相色谱的外标法定量。

（3）内标法

内标法是比较精确的一种定量方法。它是将已知量的参比物（称内标物）加到已知量的试样中，试样中参比物的浓度为已知，在进行色谱测定之后，待测组分峰面积和参比物峰面积之比应该等于待测组分的质量与参比物质量之比，先求出待测组分的质量，进而求出待测组分的含量。

三、高效液相色谱的特点

高效液相色谱特别适合于分离分析高沸点、热稳定性差、高极性、高相对分子质量以及离子型的各种物质，只要被分析对象在流动相中可以溶解且适合于检测器，就可以直接进行分析。某些目前尚不能被直接检测，或检测灵敏度较低的物质，也可以采用各种衍生技术，实现对这些物质的检测。

1. 可以分离分析高沸点的有机物。

2. 高柱压。高效液相色谱柱的阻力较大，一般色谱柱进口压力为 15 ~ 3 MPa。

3. 高柱效。由于高效液相色谱使用了许多新型的固定相，高效液相色谱柱的柱效可达每米 5 000 塔板，因为分离效能高，故高效液相色谱柱的长度就短，目前多采用 10 ~ 30 cm，最短的柱子只有 3 cm 长，板数可达每米 3 000 ~ 4 000 塔板。

4. 高分析速度。高效液相色谱配备了高压输液设备，载液流速一般为 1 ~ 10 mL/min，分析样品只需要几分钟或几十分钟，一般小于 1 h。

5. 高灵敏度。高效液相色谱已广泛采用高灵敏度检测器，如紫外检测器、荧光检测器等，大大提高了检测的灵敏度，检出限可达 10^{-11} g。

项目相关知识二　高效液相色谱仪的使用

学习指南

了解高效液相色谱仪的组成；掌握高效液相色谱仪的使用方法。

一、高效液相色谱仪的组成部分

1. 工作流程

高效液相色谱仪一般由高压输液系统、进样系统、分离系统、检测和记录系统构成。为了适应多功能的要求，往往配有梯度洗脱装置、馏分收集器、自动进样、数据处理等辅助系统。如图 7—1—4 所示，储液器中储存的流动相经脱气过滤之后用高压泵输送到色谱柱入口，当采用梯度洗脱时一般需用双泵（或多泵）系统来完成；样品由进样阀注入进样系统，而后送到色谱柱进行分离；分离后的组分由检测器检测，输出信号供给记录仪或数据处理装置。如果需收集馏分作进一步分析，则在色谱柱一侧的出口将样品馏分收集起来。

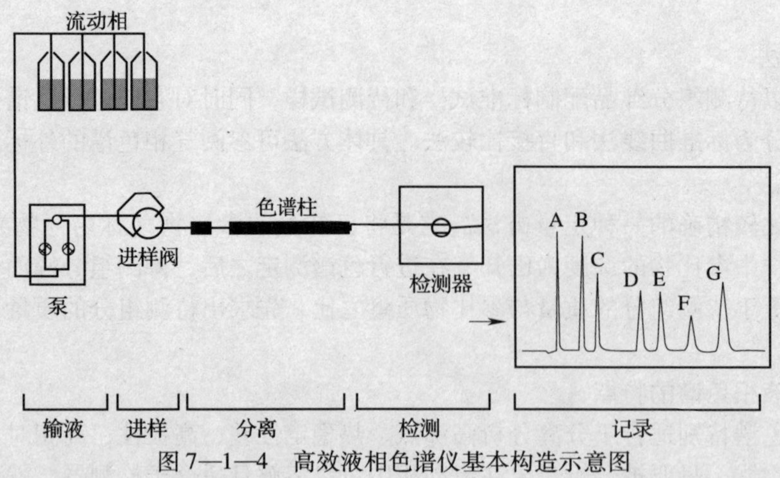

图 7—1—4　高效液相色谱仪基本构造示意图

2. 高压输液系统

高效液相色谱的固定相颗粒极细，对流动相的阻力很大，为使流动相有较大的流速，必须配备高压输液系统。高压输液系统以高压泵为核心，由溶剂储液器、脱气装置、过滤器、梯度洗脱装置等组成。它的作用是向柱子提供压力高、流速稳定的流动相。

（1）储液器

储液器的作用是用来储存足够数量符合分析要求的流动相。溶剂储液器必须有足够的容积，以在重复分析时保证供液；脱气方便；能耐一定的压力；所选用的材质对所使用的溶剂都是惰性的。储液器的常用材质为玻璃、不锈钢或表面喷涂聚四氟乙烯的不锈钢，容积一般为0.5～2 L。

（2）脱气装置

溶剂在进入高压泵前应预先脱气。色谱柱带压操作，而检测器在常压下工作，柱后压力下降会使溶解在流动相中的空气自动逸出形成气泡，从而影响检测器的正常工作，造成检测器噪声增大，基线不稳。目前高效液相色谱流动相脱气使用较多的是离线超声波振荡脱气、在线惰性气体鼓泡吹扫脱气和在线真空脱气。

（3）高压输液泵

高压输液泵是高效液相色谱仪中最关键的部件，它将流动相在高压下以稳定的流速或压力连续不断地输送到柱系统，使样品在色谱柱中完成分离过程。要求输送的流动相压力稳定、流速恒定（±1%）、耐高压（30～60 MPa）、耐腐蚀、流量可调、适用于梯度洗脱等。

（4）梯度洗脱装置

试样是含有不同种类组分的复杂混合物，采用一种纯的或固定组成的混合溶剂难以实现令人满意的分离。需要不断调整混合溶剂的组成，改变溶剂的强度或溶剂的选择性。如果溶剂组成随洗脱时间按一定规律变化，则称这种洗脱过程为梯度洗脱。它类似于气相色谱的程序升温。采用梯度洗脱技术可以提高分离度，缩短分析时间，降低最小检测量和提高分析精度。梯度洗脱对于复杂混合物，特别是保留性能相差较大的混合物的分离是极为重要的手段。

梯度洗脱有高压梯度（内梯度）和低压梯度（外梯度）两种方式。高压梯度是按预先设计的程序分别用两台高压泵把两种溶剂输入一个混合器，待混合均匀后再输入色谱柱。低压梯度是将两种溶剂按一定程序混合，再用一台高压泵输入色谱柱。这两种装置各有优缺点，前者价格贵，准确度高，后者成本低廉，方便使用。

3. 进样装置

进样装置是将分析样品引入色谱柱的装置。高效液相色谱要求进样装置设计要耐高压、重复性好、死体积小、保证中心进样与溶剂接触的部分具有很好的耐腐蚀性，进样时要求色谱柱系统流量波动要小，便于实现自动化等。高效液相色谱中，进样方式有注射器进样、停流进样、阀进样和自动进样等。

（1）六通阀进样

六通阀进样是目前最常用的手动进样方式，如图 7—1—5 所示，其结构和作用原理与气相色谱中所用的六通阀相同。

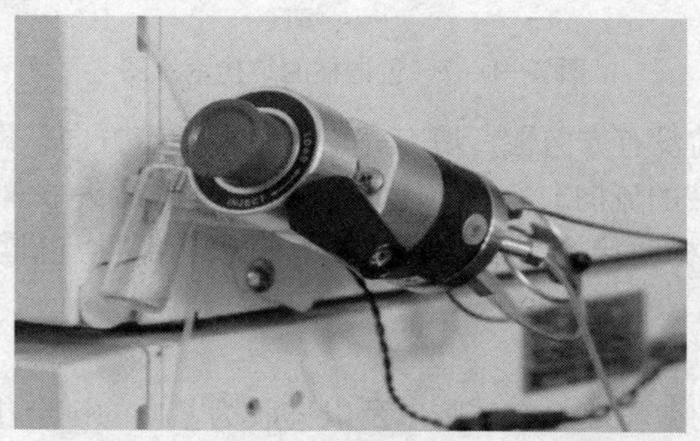

图 7—1—5　LC－10A 高效液相色谱仪——旋转式六通阀

图 7—1—6 所示为六通阀的采样和进样过程。在采样后将阀旋转 60°，成为进样状态，试样被流动相带入色谱柱。进样阀的内部通道是很细的，所以试样液中绝对不能带有固体微粒，以免堵塞通道。试样液的浓度也不宜太高，防止其在进样阀内结晶析出。应经常清洁进样阀的通道以保持其畅通。清洁时阀的扳手应扳到进样位置，使得冲洗液从废液口 5 流出。试样环无须清洁，因为流动相会不断流过试样环，相当于进行了清洗。

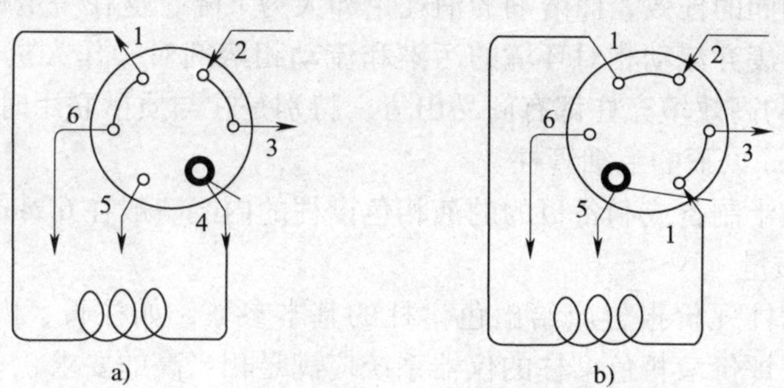

图 7—1—6　六通阀进样

a）取样　b）进样

1、4—定量管　2 —泵　3—色谱柱　5、6 —废液口

（2）自动进样器进样

自动进样器是由计算机自动控制定量阀，按预先编制好的程序进行进样，可自动完成几十或上百个试样的分析。在进行大量试样的分析时，使用自动进样器操作可节省大量人力和时间，但此装置成本较高。

4. 色谱柱

色谱柱是高效液相色谱仪的核心部件，要求分离效能高，选择性好，分析速度快，这些性能不仅与柱中的固定相有关，还与外部结构、装填及使用技术等有关。

（1）结构

色谱柱由柱管、螺帽、密封环（垫圈）、过滤片、柱接头等组成，其结构如图 7—1—7 所示。

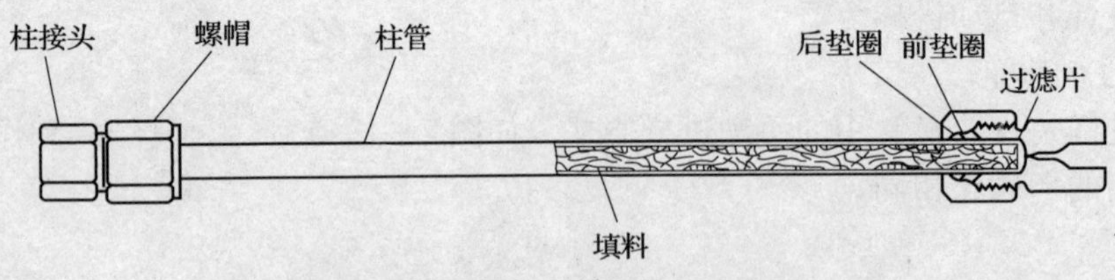

图 7—1—7　色谱柱的结构示意图

色谱柱在装填料之前没有方向性，填充完毕的色谱柱有方向，即流动相的方向应与柱的填充方向（装柱时填充液的流向）一致。色谱柱的管外以箭头显著地标示该柱的使用方向（气相色谱的色谱柱两头标明接检测器或进样器），安装和更换色谱柱时一定要使流动相能按箭头所指方向流动。

（2）种类

市售的用于 HPLC 的微粒填料有硅胶以及以硅胶为基质的键合相、氧化铝、有机聚合物微球（包括离子交换树脂）等，其粒度一般为 3 μm、5 μm、7 μm、10 μm 等，其柱效的理论值可达 5 000 ~ 16 000/m 理论塔板数。对于一般的分析任务，只需要 500 塔板数即可，对于较难分离物可采用高达 2 万理论塔板数柱效的柱子。实际应用中一般用 100 ~ 300 mm 的柱长就能满足复杂混合物分析的需要。

常用的液相色谱柱的内径有 4. 6 mm 或 3. 9 mm 两种规格，国内有 4 mm 和 5 mm 内径的。随着柱技术的发展，细内径柱受到人们的重视，内径 2 mm 柱已作为常用柱，细内径柱可获得与粗柱基本相同的柱效，而溶剂的消耗量却大为下降，这在一定程度上除减少了实验成本以外，也降低了废弃流动相对环境的污染和流动相溶剂对操作人员健康的损害。目前，1 mm 甚至更细内径的高效填充柱都有商品出售，特别是在与质谱联用时，为减小溶剂用量，常采用内径为 0. 5 mm 以下的毛细管柱。

实际应用中用做半制备或制备目的的液相色谱柱的内经一般在 6 mm 以上。

（3）色谱柱的质量

一个合格的色谱柱评价报告应给出色谱柱的基本参数，如柱长、内径、填充载体的种类、粒度、柱效等。评价液相色谱柱的仪器系统应满足相当高的要求，一是液相色谱仪器系统的死体积应尽可能小，二是采用的试样及操作条件应当合理，在此合理的条件下，评价色谱柱的试样可以完全分离并有适当的保留时间。

（4）保护柱

所谓保护柱，即在分析柱的入口端装设的与分析柱有相同固定相的短柱（5 ~ 30 mm），可以防止来自流动相和试样中不溶性微粒堵塞色谱柱，可以经常而且方便地更换，起到保护和延长分析柱寿命的作用。缺点是增加峰的保留时间，会降低保留值较小组分的分离效率。

（5）控温装置

提高柱温有利于降低溶剂黏度和提高试样溶解度，改变分离度，也是保留值重复稳定的必要条件，特别是对需要高精度测定保留体积的试样分析而言尤为重要。

恒温装置有水浴式、电加热式和恒温箱式三种。实际恒温过程中要求最高温度不超过100℃，否则流动相汽化会使分析工作无法进行。

5. 检测器

HPLC 检测器是用于连续监测被色谱系统分离后的柱流出物组成和含量变化的装置。其作用是将柱流出物中试样组成和含量的变化转化为可供检测的信号，完成定性定量分析的任务。

（1）检测器的要求

具有高灵敏度和可预测的响应；对试样所有组分都有响应，或具有可预测的特异性，适用范围广；温度和流动相流速的变化对响应没有影响；响应与流动相的组成无关，可作梯度洗脱；死体积小，不造成柱外谱带扩展；使用方便，可靠、耐用，易清洗和检修；响应值随试样组分量的增加而线性增加，线性范围宽；不破坏试样组分；能对被检测的峰提供定性和定量信息；响应时间足够短。

应根据不同的分离目的对以上要求予以取舍，选择合适的检测器。

（2）检测器的分类

1）按原理可分为光学检测器（如紫外、荧光、示差折光、蒸发光散射）、热学检测器（如吸附热）、电化学检测器（如极谱、库仑、安培）、电学检测器（电导、介电常数、压电石英频率）、放射性检测器（闪烁计数、电子捕获、氦离子化）以及氢火焰离子化检测器。

2）按测量性质可分为通用型和专用型。通用型检测器测量的是一般物质均具有的性质，它对溶剂和溶质组分均有反应，如示差折光、蒸发光散射检测器。通用型的灵敏度一般比选择型的低，而且不能进行梯度洗脱。专用型检测器只能检测某些组分的某一性质，这类检测器对外界环境的波动不敏感，具有很高的灵敏度，但只对某些特定的物质有响应，因而应用范围窄。如紫外、荧光检测器，它们只对有紫外吸收或荧光发射的组分有响应。

3）按检测方式分为浓度型和质量型。浓度型检测器的响应与流动相中组分的浓度有关，质量型检测器的响应与单位时间内通过检测器的组分的量有关。

4）检测器还可分为破坏样品和不破坏样品两种。

（3）检测器的性能

1）噪声和漂移　在仪器稳定之后，记录基线 1 h，基线带宽为噪声，基线在 1 h 内的变化为漂移。它们反映检测器电子元件的稳定性及其受温度和电源变化的影响，如果有流动相从色谱柱流入检测器，那么它们还反映流速（泵的脉动）和溶剂（纯度、含有气泡、固定相流失）的影响。噪声和漂移都会影响测定的准确度，应尽量减小。

2）灵敏度　表示一定量的样品物质通过检测器时所给出的信号大小。对浓度型检测器，它表示单位浓度的样品所产生的电信号的大小，单位为 mV · mL/g。对质量型检测器，它表示在单位时间内通过检测器的单位质量的样品所产生的电信号的大小，单位为 mV · s/g。

3）检测限　检测器灵敏度的高低，并不等于它检测最小样品量或最低样品浓度能力的高低，因为在定义灵敏度时，没有考虑噪声的大小，而检测限与噪声的大小是直接相关的。

检测限指恰好产生可辨别的信号（通常用 2 倍或 3 倍噪声表示）时进入检测器的某组分的量（对浓度型检测器指在流动相中的浓度，注意与分析方法检测限的区别，单位 g/mL

或 mg/mL；对质量型检测器指的是单位时间内进入检测器的量，单位 g/s 或 mg/s)，又称为敏感度，计算公式为：

$$D = 3N/S \qquad (7—1—1)$$

式中　N——噪声；

　　S——灵敏度。

通常是把一个已知量的标准溶液注入检测器来测定其检测限的大小。

检测限是检测器的一个主要性能指标，其数值越小，检测器性能越好。值得注意的是，分析方法的检测限除了与检测器的噪声和灵敏度有关外，还与色谱条件、色谱柱和泵的稳定性及各种柱外因素引起的峰展宽有关。

4）线性范围　指检测器的响应信号与组分量成直线关系的范围，即在固定灵敏度下，最大与最小进样量（浓度型检测器为组分在流动相中的浓度）之比。

线性范围一般可通过实验确定。检测器的线性范围尽可能大些，能同时测定主成分和痕量成分。此外还要求池体积小，受温度和流速的影响小，能适合梯度洗脱检测等。

5）池体积　大多数 HPLC 检测器的池体积都小于 10 μL。在使用细管径柱时，池体积应减少到 1 ~ 2 μL 甚至更低，否则检测系统带来的峰扩张会很严重。

（4）常用检测器

1）紫外吸收检测器（UVD）　又称紫外可见吸收检测器、紫外吸收检测器，或直接称为紫外检测器，其使用率为 70% 左右，对占物质总数约 80% 的有紫外吸收的物质均有影响，既可检测 190 ~ 350 nm 范围（紫外光区）的光吸收变化，也可向可见光范围（350 ~ 700 nm）延伸。

紫外 - 可见光检测器的工作原理，是对于给定的检测池，在固定波长下，紫外 - 可见光检测器可输出一个与样品浓度成正比的光吸收信号——吸光度（A）。

光电二极管阵列检测器（PDA）与普通紫外检测器的区别主要在于，进入流通池的不再是单色光，获得的检测信号不再是单一波长，而是在全部紫外波段上的色谱信号。因此 PDA 得到的不是一般意义上的色谱图，而是具有三维空间的立体色谱光谱图，如图 7—1—8 所示。

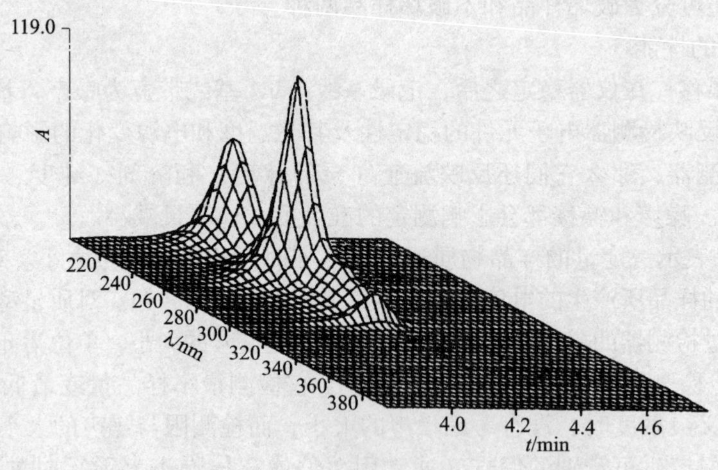

图 7—1—8　PDA 测定菲的色谱光谱图

PDA 不仅可用于被测组分定性检测，还可得到被测组分的光谱定性信息，其全部检测过程均由计算机控制完成。

2）示差折光检测器（RID）　示差折光检测器是一种浓度型检测器，它是通过连续监测参比池和测量池中溶液的折射率之差来测定试样浓度的检测器。

光从一种介质进入另一种介质时，由于两种物质的折射率不同会产生折射。只要样品组分与流动相的折光指数不同，就可被检测，在一定浓度范围内，检测器的输出与溶质浓度成正比。原则上凡是与流动相光折射率有差别的试样都可用它来测定，其检测限可达（10^{-7} ~ 10^{-6}）g/mL。表 7—1—1 列出了常用溶剂在 20℃时的折射率。

表 7—1—1　常用溶剂在 20℃时的折射率

溶剂	折射率	溶剂	折射率
水	1.333	苯	1.501
乙醇	1.362	甲苯	1.496
丙酮	1.358	己烷	1.375
四氢呋喃	1.404	环己烷	1.462
乙烯乙二醇	1.427	庚烷	1.388
四氯化碳	1.463	乙醚	1.353
氯仿	1.446	甲醇	1.329
乙酸乙酯	1.370	乙酸	1.329
乙腈	1.344	苯胺	1.586
异辛烷	1.404	氯代苯	1.525
甲基异丁酮	1.394	二甲苯	1.500
氯代丙烷	1.389	二乙胺	1.387
甲乙酮	1.381	溴乙烷	1.424

示差折光检测器按其工作原理，可分偏转式、反射式和干涉式三种。偏转式折光检测器一般只在制备色谱和凝胶渗透色谱时使用。通常 HPLC 都使用反射式，因其池体积很小（一般为 5 μL 左右），可获得较高灵敏度，图 7—1—9 显示了这种检测器的光路示意图。

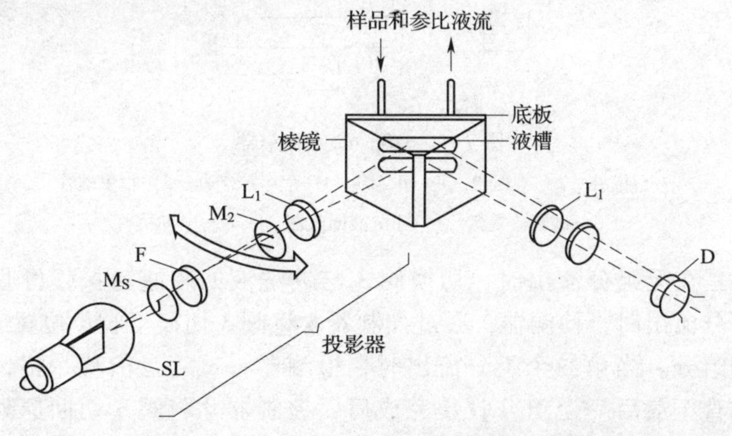

图 7—1—9　反射式示差折光检测器的光路图

示差折光检测器对温度的变化很敏感，使用时温度变化要求保持在 ±0.001℃ 范围内。此检测器对流动相流量变化也敏感，要求流动相组成完全恒定，稍有变化都会对测定产生明显的影响，因此一般不宜做梯度洗脱。示差折光检测器灵敏度较低，不宜用做痕量分析。

示差折光检测器是一种通用型检测器，也属于浓度敏感型检测器和非破坏型检测器。它对没有紫外吸收的物质，如高分子化合物、糖类、脂肪烷烃等都能够进行检测。

3）电导检测器（ECD） 电导检测器可检测溶液中的离子型化合物，如有机或无机酸、碱和盐。采用高电导率的溶剂，灵敏度可达 10^{-9} g/mL，这时检测器特性呈总体参数型；用差分法测量时，灵敏度还可以进一步提高。采用低电导率溶剂（如去离子水），灵敏度可达 10^{-9} ~ 10^{-8} g/mL，呈溶质参数型。池体积很小，一般为数微升，有的可以小于 1 μL。温度对电导率的影响较大，达到 2%/°C，因此需要良好的温度控制，一般不能用于梯度洗脱。

4）荧光检测器（FD） 荧光检测器利用某些溶质在受紫外光激发后，能发射荧光的性质进行检测。不发荧光的物质可以通过衍生化技术使之发出荧光，再进行检测。荧光检测器是一种选择性很强的检测器，它适合于稠环芳烃、甾族化合物、酶、氨基酸、维生素、色素、蛋白质等荧光物质的测定。它灵敏度高，检出限可达 10^{-13} ~ 10^{-12} g/mL，比紫外检测器高出 2~3 个数量级，适用于痕量组分的分析，也可用于梯度洗脱。它的线性范围较窄，应用范围有一定的局限性，测定中能使荧光猝灭的溶剂不能作为流动相。

6. 馏分收集器

对于以分离为目的的制备色谱，馏分收集器是必不可少的。现代的馏分收集器，可以按样品分离后组分流出的先后次序，或按时间、按色谱峰的起止信号，根据预先设定好的程序，自动完成收集工作。图 7—1—10 是馏分收集器的结构流程示意图。

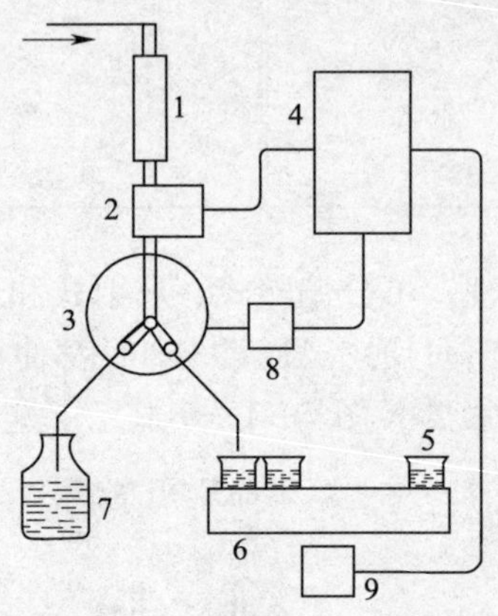

图 7—1—10 馏分收集器

1—色谱柱 2—检测器 3—切换阀 4—程序控制器 5—收集试管

6—试管放置盘 7—冲洗液回收瓶 8、9—电动机

其工作原理是在无组分流出时，切换阀 3 与冲洗液回收瓶连接，可收回一部分冲洗剂。当第一个组分流出时，检测器 2 通过控制器 4 将阀 3 切换至收集位置，令试管盘前移一格，收集一个组分。当第二个组分流出时，检测器将试管盘前移一格，收集第二个组分，依次重复，直至最后一个组分收集完成后，控制器才将阀 3 切回原处，完成一个试样的收集工作。

7. 色谱工作站

色谱工作站多采用16位或32位高档微型计算机，如HP1100高效液相谱仪配备的色谱工作站，CPU为PⅢ450，内存64 MB，3.0～6.4 GB的硬盘及打印机，其主要功能如下。

（1）自行诊断功能

可对色谱仪的工作状态进行自我诊断，并能用模拟图形显示诊断结果，可帮助色谱工作者及时判断仪器故障并予以排除。

（2）全部操作参数控制功能

色谱仪的操作参数，如柱温、流动相流量、梯度洗脱程序、检测器灵敏度、最大吸收波长、自动进样器的操作程序、分析工作日程等，全部可以预先设定，并实现自动控制。

（3）智能化数据处理和谱图处理功能

可由色谱分析获得色谱图，打印出各个色谱峰的保留时间、峰面积、峰高、半峰宽，并可按归一化法、内标法、外标法等进行数据处理，打印出分析结果。谱图处理功能包括谱图的放大、缩小，峰的合并、删除，多重峰的叠加等。

（4）进行计量认证的功能

工作站储存有对色谱仪器性能进行计量认证的专用程序，可对色谱柱控温精度、流动相流量精度、氘灯和氙灯的光强度及使用时间、检测器噪声等进行监测，并可判定是否符合计量认证标准。

工作站还具有控制多台仪器的自动化操作功能、网络运行功能，还可运行多种色谱分离优化软件、多维色谱系统操作参数控制软件等，详细情况可参阅有关专著。

二、高效液相色谱仪的使用方法

HPLC仪器的型号虽然繁多，实际操作步骤几乎都是相同的，以LC－2000为例说明其使用方法。

1. 仪器安装后检查是否存在漏液现象，压力是否稳定，柱子是否装反。检查完毕后，打开计算机和LC－2000工作站电源开关后，再打开泵电源开关、控制面板上泵开关。

2. 先用色谱纯甲醇冲洗柱子，等待机器平稳后，再打开检测器电源开关、控制面板上检测器开关。30 min后方可进针做实验。

3. 打开计算机桌面上的LC－2000在线工作站，选择通道，设定保存路径、波长（注意控制面板上同样需要设置）等实验信息。

4. 设定完毕后，点击“数据采集”，查看基线、零点校正后，注意观察计算机屏幕左下角显示的电压值、时间值波动是否正常。如电压不对先看灯是否开启，如果灯已开启还有问题，应重新开启工作站或检测器。时间不对应调节采样频率（应为10帧/s）

5. 配制流动相，每次临用前需要用纯水清洗玻璃仪器和容器，再用无水乙醇冲洗三次，阴（烤）干、冷却后方可使用，先抽滤，后超声（10～15 min）。

6. 试样进样前先混匀，再用0.45 μm滤膜过滤，混匀后进样。对照品与样品进样量要尽量保持一致，样品峰面积与对照品峰面积尽量保持一致（不要超过一倍，可适当调整进样量或稀释倍数）。注意系统评价理论板数（达到标准要求）、分离度（大于1.5）、拖尾因子（0.95～1.05）。平行进针要求RSD＜2%。进样针每次改进不同样品或对照品时，需用色谱纯甲醇涮洗 5 次以上，涮洗位置要超过进样量位置。

7．实验完毕后可用色谱纯甲醇冲洗 1 h，如果流动相中含有酸或缓冲盐，则应先用新鲜纯水冲洗 0.5 h，再用色谱纯甲醇冲洗 1 h。

8．注意机器是否有异常情况（声音），压力是否过高（超过 2×10^7 Pa 不可再做实验），流动相是否流空，废液瓶是否已满等。

项目实施　汽水、果汁中糖精钠的含量测定

实施指南

熟练使用高效液相色谱仪；能应用高效液相色谱解决实际问题。

试样加温除去二氧化碳和乙醇，调 pH 值至近中性，过滤后进高效液相色谱仪，经反相色谱分离后，根据保留时间和峰面积进行定性和定量。

糖精钠学名邻磺酰苯酰亚胺钠，是最古老的甜味剂，于 1878 年被美国科学家发现。它的甜度为蔗糖的 300 倍到 500 倍，不被人体代谢吸收，在各种食品生产过程中都很稳定。糖精钠是有机化工合成产品，是食品添加剂而不是食品，除了在味觉上引起甜的感觉外，对人体无任何营养价值。相反，当食用较多的糖精时，会影响肠胃消化酶的正常分泌，降低小肠的吸收能力，使食欲减退。

我国《食品添加使用卫生标准》（GB 2760—2011）规定，糖精钠用于饮料、酱菜类、复合调味料、蜜饯、雪糕、配制酒、冰棒、糕点、饼干、面包等食品，最大使用量（以糖精计）为 0.15 g/kg；高糖果汁（果味）饮料按稀释倍数的 80% 加入，瓜子的最大使用量为 1.2 g/kg；话梅、陈皮梅等的最大使用量为 5.0 g/kg。

我国国家标准（GB/T 5009.28—2003）中规定食品中糖精钠的检测方法，常用的有高效液相色谱法、薄层色谱法、离子选择性电极测定法。

一、测定仪器

高效液相色谱仪；紫外检测器。

二、测定试剂

甲醇：经 0.5 μm 滤膜过滤；氨水（1∶1，体积比）：氨水加等体积水混合；乙酸铵溶液（0.02 mol/L）：称取 1.54 g 乙酸铵，加水至 1 000 mL 溶解，经 0.45 μm 滤膜过滤；糖精钠标准储备溶液：准确称取 0.085 1 g 经 120℃烘干 4 h 后的糖精钠（$C_6H_4CONNaSO_2\cdot2H_2O$），加水溶解定容至 100 mL，糖精钠含量 1.0 mg/mL，作为储备溶液；糖精钠标准使用溶液：吸取糖精钠标准储备液 10 mL 放入 100 mL 容量瓶中，加水至刻度，经 0.45 μm 滤膜过滤，该溶液每毫升相当于 0.10 mg 的糖精钠。

三、测定步骤

1．试样处理

（1）汽水

称取 5.00～10.00 g，放入小烧杯中，微温搅拌除去二氧化碳，用氨水（1∶1，体积比）

调 pH 值至约 7。加水定容至适当的体积，经 0.45 μm 滤膜过滤。

(2) 果汁类

称取 5.00 ~ 10.00 g，用氨水（1:1，体积比）调 pH 值至约 7，加水定容至适当的体积，离心沉淀，上清液经 0.45 μm 滤膜过滤。

2. 高效液相色谱参考条件

(1) 柱

250 mm × 4.6 mm（id）不锈钢柱，内装 YWG − C_{18}（10 μm）填充物。

(2) 流动相

甲醇：乙酸铵溶液（mol/L）(5∶95，体积比)。

(3) 流速

1 mL/min。

(4) 检测器

紫外检测器，230 nm 波长，0.2AUFS。

3. 测定

取处理液和标准使用液各 10 μL（或相同体积）注入高效液相色谱仪进行分离，以其标准溶液峰的保留时间为依据进行定性，以其峰面积求出样液中被测物质的含量。

四、测定记录与结果

1. 测定标准样的保留时间（进样标记至色谱峰顶尖的时间），以此为依据进行定性分析。

2. 根据样品中糖精钠色谱峰的峰面积，计算各饮料中糖精钠的含量。

$$X = \frac{A \times 1\,000}{m \times \frac{V_2}{V_1} \times 1\,000} \qquad (7—1—2)$$

式中 X——试样中糖精钠含量，g/kg；

A——进样体积中糖精钠的质量，mg；

V_2——进样体积，mL；

V_1——试样稀释液总体积，mL；

m——试样质量，g。

计算结果保留三位有效数字。

五、注意事项

1. 碳酸型饮料类样品一定要先除净二氧化碳。

2. 对于基体较复杂的样品，可采用中性氧化铝层析柱净化分离。

项目二 可乐、咖啡、茶叶中咖啡因含量的测定

能力目标

能熟练使用高效液相色谱仪；能熟练用标准曲线法对咖啡因进行定量分析。

知识目标

熟悉高效液相色谱仪的结构以及反相 HPLC 的原理和应用；掌握标准曲线定量方法。

样品在碱性条件下，用氯仿定量提取，采用 C_{18} 反相液相色谱柱进行分离，以紫外检测器进行检测，以咖啡因标准系列溶液的色谱峰面积对其浓度做工作曲线，再根据样品中的咖啡因峰面积，由工作曲线算出其浓度。

咖啡因又称咖啡碱，属黄嘌呤衍生物，化学名称为 1，3，7，－三甲基黄嘌呤，是可由茶叶或咖啡中提取而得的一种生物碱。它能兴奋大脑皮层，使人精神振奋。咖啡中咖啡因含量为 1.2% ~1.8%，茶叶中咖啡因含量为 2.0% ~4.7%，可乐和茶饮料中均含咖啡因。咖啡因分子式为 $C_8H_{10}O_2N_4$。

一、测定仪器

HP1100 液相色谱仪或其他品牌液相色谱仪；色谱柱：C_{18} 反相液相色谱柱；进样器：六通阀，配 10 μL 定量管；超声清洗器；混纤微孔滤膜。

二、测定试剂

甲醇（色谱纯）；二次蒸馏水；三氯甲烷（A. R.）；乙腈（色谱纯）；NaOH 溶液（1 mol/L）；NaCl（A. R.）；无水 Na_2SO_4（A. R.）；咖啡因（A. R.）；可口可乐；咖啡；茶叶。咖啡因标准储备溶液（1 000 mg/L）：将咖啡因在 110℃下烘干 1 h，准确称取0. 100 0 g 咖啡因，用氯仿溶解，定量转移至 100 mL 容量瓶中，用氯仿稀释至刻度。

三、测定步骤

1. 样品处理

（1）可乐型饮料

1）脱气　试样用超声清洗器在 40℃下超声 5 min。

2）过滤　取脱气试样 10. 0 mL 通过混纤微孔滤膜过滤，弃去最初的 5 mL，保留后 5 mL 备用。

（2）咖啡、茶叶及其制成品

称取 2 g 已经粉碎且小于 30 目的均匀试样或液体试样放入 150 mL 烧杯中，先加 2 ~3 mL 超纯水，再加 50 mL 三氯甲烷，摇匀，在超声处理机上萃取 1 min（两次，每次 30 s），静置 30 min，分层。将萃取液倾入另一 150 mL 烧杯。在试样中再加 50 mL 三氯甲烷，重复上述萃取操作步骤，弃去试样，合并二次萃取液，加入少无水硫酸钠和 5 mL 饱和氯化钠，过滤，滤入 100 mL 容量瓶中，用三氯甲烷定容至 100 mL。最后取 10 mL 滤液按上述步骤 2）进行操作。

2. 色谱条件

流动相：甲醇：乙腈：水 =57∶29∶14（体积比），每升流动相中加入 0. 8 mol/L 乙酸液 50 mL；流动相的流速：1. 5 mL/min；进样量：可乐型饮料 10 μL，茶叶咖啡及其制成品 5 ~20 μL。

3. 标准曲线的绘制

用甲醇配制成咖啡因浓度分别为 0 μg/mL、20 μg/mL、50 μg/mL、100 μg/mL、

150 μg/mL的标准系列，然后分别进样 10 μL 于 $\lambda_{286\ nm}$测量峰面积，做峰面积—咖啡因浓度的标准曲线或求出直线回归方程。

4. 试样测定

从试样中吸取可乐饮料 10 μL 或咖啡、茶叶及其制品 10 μL 进样，于 286 nm 处测其峰面积，然后根据标准曲线（或直线回归方程）得出试样的峰面积相当于咖啡因的浓度 c（μg/mL）。同时作试剂空白。

四、测定记录与结果

1. 测定每一个标准样的保留时间（进样标记至色谱峰顶尖的时间）。

2. 根据咖啡因标准溶液的色谱图，绘制咖啡因峰面积 A（mV · s）与其浓度（mg/L）的标准曲线。

3. 根据试样中咖啡因色谱峰的峰面积，由标准曲线计算各饮料中咖啡因的含量。

序号	标样浓度 μg/mL	保留时间 t_R	色谱峰面积 A	色谱峰高度 h
1	20			
2	40			
3	60			
4	80			
5	速溶咖啡			
6	茶叶			
7	可乐			

五、注意事项

1. 测定咖啡因的传统方法是先经萃取，再用分光光度法测定。由于一些具有紫外吸收的杂质会同时被萃取，所以，测定结果有一定的误差。液相色谱法先经色谱柱高效分离后再检测分析，测定结果准确。

2. 不同牌号的咖啡中咖啡因含量不相同，称取的试样量可酌量增减。

3. 若试样和标准溶液需保存，应置于冰箱中。

4. 为获得良好结果，标准和样品的进样量要严格保持一致。

六、思考题

1. 用外标法定量的优缺点是什么?

2. 在样品干过滤时，为什么要弃去前过滤液？这样做会不会影响实验结果？为什么？

思考与练习

一、选择题

1. 液相色谱适宜的分析对象是（　　）。

A. 低沸点小分子有机化合物　　B. 高沸点大分子有机化合物

C. 所有有机化合物　　D. 所有化合物

2. HPLC 与 GC 的比较，可忽略纵向扩散项，这主要是因为（　　）。

A. 柱前压力高　　B. 流速比 GC 的快

C. 流动相黏度较小　　D. 柱温低

3. 液相色谱定量分析时，不要求混合物中每一个组分都出峰的是（　　）。

A. 外标标准曲线法　　B. 内标法

C. 面积归一化法　　D. 外标法

4. 在液相色谱中，为了改善分离的选择性，下列措施有效的是（　　）?

A. 改变流动相种类　　B. 改变固定相类型

C. 增加流速　　D. 改变填料的粒度

5. 在分配色谱法与化学键合相色谱法中，选择不同类别的溶剂（分子间作用力不同），以改善分离度，主要是（　　）。

A. 提高分配系数比　　B. 增大容量因子

C. 增长保留时间　　D. 提高色谱柱柱效

6. 分离结构异构体，在下述四种方法中最适当的选择是（　　）。

A. 吸附色谱　　B. 反离子对色谱

C. 亲和色谱　　D. 空间排阻色谱

7. 在液相色谱中，梯度洗脱适用于分离（　　）。

A. 异构体　　B. 沸点相近，官能团相同的化合物

C. 沸点相差大的试样　　D. 极性变化范围宽的试样

8. 吸附作用在下面哪种色谱方法中起主要作用（　　）。

A. 液—液色谱法　　B. 液—固色谱法

C. 键合相色谱法　　D. 离子交换法

9. 在液相色谱中，提高色谱柱柱效的最有效途径是（　　）。

A. 减小填料粒度　　B. 适当升高柱温

C. 降低流动相的流速　　D. 增大流动相的流速

10. 在正相色谱中，若适当增大流动相极性则（　　）。

A. 样品的 k 降低，t_R 降低　　B. 样品的 k 增加，t_R 增加

C. 相邻组分的 α 增加　　D. 对 α 基本无影响

11. 如果样品比较复杂，相邻两峰间距离太近或操作条件不易控制稳定，要准确测量保留值有一定困难时，可选择（　　）定性。

A. 利用相对保留值　　B. 加入已知物增加峰高的办法

C. 利用文献记载的保留值数据　　D. 与化学方法配合进行

12. 液相色谱中通用型检测器是（　　）。

A. 紫外吸收检测器　　B. 示差折光检测器

C. 热导池检测器　　D. 荧光检测器

13. 在液相色谱中，下列检测器可在获得色谱流出曲线的基础上，同时获得被分离组分的三维彩色图形的是（　　）。

A. 光电二极管阵列检测器　　B. 示差折光检测器

C. 荧光检测器　　D. 电化学检测器

14. 在液相色谱中，常用做固定相又可用做键合相基体的物质是（　　）。

A. 分子筛　　B. 硅胶

C. 氧化铝　　D. 活性炭

15. 在液相色谱中，固体吸附剂适用于分离（　　）。

A. 异构体　　B. 沸点相近，官能团相同的颗粒

C. 沸点相差大的试样　　D. 极性变换范围

二、简答题

1. 简述高效液相色谱法和气相色谱法的主要异同点。
2. 流动相使用前为什么要脱气？
3. 液相色谱中最常用的检测器是什么检测器，它适合哪些物质的检测？
4. 什么叫正相色谱？什么叫反相色谱？各适用于分离哪些化合物？
5. 何谓键合固定相？请查阅资料了解 C_{18} 键合固定相的制备与性能特点。
6. 简述建立高效液相色谱分析方法的一般步骤。

三、计算题

1. 核苷经液相色谱柱分离，用紫外检测器测得各个色谱峰，经鉴定为下列组分：

组分	死时间	尿核苷	肌苷	鸟苷	腺苷	胞啶
t_R—min	4.0	30	43	57	71	96

如果在另一色谱柱中填充相同固定相，但柱的尺寸不同，测得死时间为 5 min，尿核苷为 53 min，某组分洗脱时间为 100 min，试说明这个组分是什么物质。

2. 在某反相液相色谱柱上，测得以下数据：

组分	t_R/min
香草醛苯羟基酸	3.23
去甲变肾上腺素	3.87
变肾上腺素	5.81
3—甲氧基酪胺	7.31
高香草酸	11.70

如果不被保留组分的 $t_M = 33$ s，计算每一组分对 3－甲氧基酪胺的相对保留值。

模块八　质　谱　法

项目一　茶叶中稀土元素的测定

能力目标

能熟练使用质谱分析仪；会测定茶叶中稀土元素的含量。

知识目标

了解质谱分析的基本原理；掌握质谱分析方法；掌握质谱仪的使用方法。

项目相关知识一　质谱的分析方法

学习指南

学习质谱法的相关知识，了解质谱法的基本原理；掌握质谱图和离子类型；掌握质谱的定性分析和质谱的定量分析。

一、质谱法的相关知识

质谱法是通过将试样分子转化为运动的气态离子，然后按质荷比（质量与电荷的比值，*m/z*）大小顺序进行分离和记录的分析方法。所得结果即为质谱图（即质谱，MS）。根据质谱图峰的位置信息，可以进行多种有机物及无机物的定性定量分析、复杂化合物的结构分析、试样中各种同位素比的测定以及固体表面的结构和组成的分析等。

从 J. J. Thomson 制成第一台质谱仪，到现在已有近 90 年了，早期的质谱仪主要用来进行同位素测定和无机元素分析，20 世纪 40 年代以后开始用于有机物分析，20 世纪 60 年代出现了气相色谱—质谱联用仪，使质谱仪的应用领域大大扩展，开始成为有机物分析的重要仪器。计算机的应用又使质谱分析法发生了飞跃性的发展，使其技术更加成熟，使用更加方便。目前质谱法与红外光谱、核磁共振谱、紫外及可见光谱结合，构成解决分子结构的必要手段之一，已广泛地应用于石油、化工、化工、材料、环境、食品、地质、能源、药物、刑侦、农业、生命科学、运动医学等各个领域。

1. 质谱分析的基本原理

质谱法是将样品分子置于高真空中（小于 10^{-3} Pa），在受到高速电子流或强电场等作用下，失去外层电子而生成分子离子，或化学键断裂生成各种碎片离子，然后将带正电的分子离子和碎片离子引入到一个强的电场中，在加速电场中获得电势能 eV 加速后，带单位正电荷的离子获得的动能为 $1/2mv^2$，电势能转化为动能，二者相等，即

$$eV = \frac{1}{2}mv^2 \tag{8—1—1}$$

$$v = \sqrt{\frac{2eV}{m}} \tag{8—1—2}$$

式中 e——离子电荷数；

V——加速电压；

m——离子质量；

v——离子获得的速度。

由于动能达数千电子伏特（eV），可以认为此时各种带单位正电荷的离子都有近似相同的动能。但是，不同质荷比的离子具有不同的速度，利用离子不同质荷比及其速度差异，质量分析器可将其分离。

在垂直于运动方向的磁场 H 作用下，正离子受磁场引力（向心力）$F_M = Hev$ 作用偏离了直线行进的方向而做圆周运动，设圆周运动的曲率半径为 R，则平衡离心力为 $F_C = mv^2/R$，当正离子在圆周轨迹上运动时，由于磁场力与离心力相等 $F_C = F_M$，因此，

$$Hev = \frac{mv^2}{R} \tag{8—1—3}$$

由式 8—1—1 和式 8—1—3，可得

$$\frac{m}{e} = \frac{H^2R^2}{2U} \tag{8—1—4}$$

式 8—1—4 是质谱的基本方程，m/e 为质荷比。

由此可见，离子在磁场中运动的轨道半径 R 是由 H、U 和 m/e 三者决定的，要将各种 m/e 的离子分开，可以采用以下两种方式。

（1）固定 H 和 V，改变 R

如果仪器所用的磁场和加速电压是固定的，那么，离子轨道半径就仅仅与离子本身的质荷比有关。也就是说，不同质荷比的离子，经过磁场后，由于运动半径不同而彼此被分开。

（2）固定 R，连续改变 H 或 V

如果仪器离子接收器是固定的，即离子的轨道半径 R 是固定的，故一般采取固定加速电压 V，连续改变磁场强度 H（称为磁场扫描）的方法，或固定磁场强度 H，连续地改变加速电压 U（称为电压扫描），使不同质荷比的离子依次通过狭缝，到达收集器，从而获得质谱图。

2. 质谱图

质谱法的主要应用是鉴定复杂分子并阐明其结构、确定元素的同位素质量及分布等。一般质谱的表示方法有三种：质谱图、质谱表和元素图。质谱图有两种：峰形图（见图 8—1—1）和条图（见图 8—1—2）两种，目前常采用条图表示。条图是以质荷比（m/e）为横坐标，用相对丰（强）度为纵坐标。所谓丰度，就是用图谱中的最高峰为基峰，并令其强度为 100，而将其他峰都与基峰相比较后所得的强度。质谱表是用表格形式表示的质谱数据，质谱表中有两项即质荷比及相对强度。从质谱图上可以很直观地观察到整个分子的质

谱全貌，而质谱表则可以准确地给出精确的 m/z 值及相对强度值，有助于进一步分析。元素图是由高分辨率质谱计所测得的数据，经一定程序运算直接得到的，由元素图可以了解每个离子的元素组成。

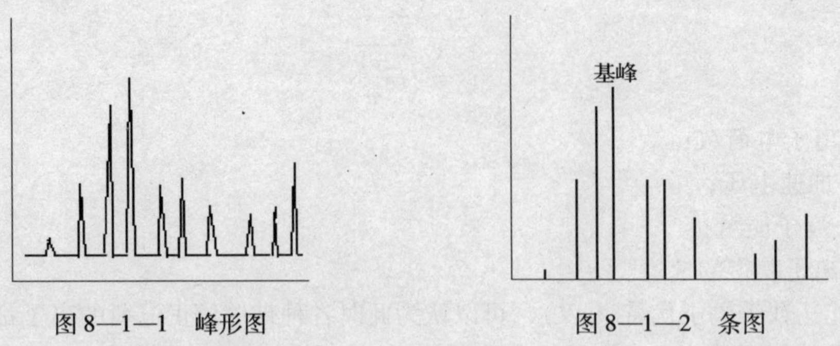

图 8—1—1　峰形图　　　　图 8—1—2　条图

质谱还可以用表格的形式表示。目前文献中也常以表格的形式发表质谱数据。

3. 离子类型

在质谱中出现的离子有分子离子、碎片离子、同位素离子、重排离子、亚稳态离子等。

（1）分子离子

分子丢失一个外层价电子而形成的带正电荷的离子，称为分子离子或称为母体离子（常用 M 表示）：$M + e \rightarrow M^+ + 2e$。

质谱图中相应的峰称为“分子离子峰”或“母峰”常用 M^+ 表示。形成分子离子所需的能量较低，一般有机分子的电离电位为 7 ~ 15 eV。分子离子峰是除了同位素峰之外质量数最大的质谱峰。因为多数分子易失去一个电子而带一个正电荷，所以分子离子峰的质荷比就等于相对分子质量，因此实际过程中往往利用分子离子峰来测定有机化合物的相对分子质量。

在质谱中，分子离子峰的强度和化合物的结构有关。环状化合物比较稳定，不易碎裂，因而分子离子峰较强。支链较易碎裂，分子离子峰就弱，有些稳定性差的化合物经常看不到分子离子峰。一般规律是，化合物分子稳定性差，键长，分子离子峰弱，有些酸、醇及支键烃的分子离子峰较弱甚至不出现，相反，芳香族化合物往往都有较强的分子离子峰。分子离子峰强弱的大致顺序是：芳环 > 共轭烯 > 烯 > 酮 > 不分支烃 > 醚 > 酯 > 胺 > 酸 > 醇 > 高分支烃。

（2）碎片离子

碎片离子是由分子离子进一步产生键的断裂而形成的，峰称为碎片峰，由于键断裂位置不同，同一个分子离子可产生不同大小的碎片离子，而其相对量与键断裂的难易有关，即与分子结构有关。因此掌握各种类型有机分子的开裂方式，就可以根据质谱峰来推测分子结构。根据质谱中几个主要的碎片离子峰，可以粗略地推测化合物的大致结构。

（3）同位素离子

组成有机化合物常见的十几种元素除 P、F、I 外，如 C、H、O、N、S、Cl、Br 等都有同位素，由这些同位素组成的离子所形成的峰称为同位素离子峰。它们的天然丰度见表 8—1—1。同位素峰的强度比与同位素的丰度比是相当的。从表 8—1—1 可看到，其中丰度比很小，但在分子中含有较多数目如 C、H、O、N 等的同位素产生的同位素峰很小；而 S、

Si、Cl、Br 等元素的同位素丰度高，因此含有 S、Cl 和 Br 的分子离子碎片离子其 M+2 峰的强度较大，可根据 M 和（M+2）两个峰的强度比判断化合物中是否有 S、Cl 和 Br 的元素，以及含有几个这样的原子。

表 8—1—1　　常见元素的天然同位素丰度

元素	同位素	最大丰度同位素	丰度比×100%
氢	^{1}H、^{2}H	^{1}H	$^{2}H/^{1}H=0.016$
碳	^{12}C、^{13}C	^{12}C	$^{13}C/^{12}C=1.08$
氮	^{14}N、^{15}N	^{14}N	$^{15}N/^{14}N=0.37$
氧	^{16}O、^{17}O、^{18}O	^{16}O	$^{17}O/^{16}O=0.04$　$^{18}O/^{16}O=0.20$
硫	^{32}S、^{33}S、^{34}S	^{32}S	$^{33}S/^{32}S=0.78$　$^{34}S/^{32}S=4.40$
氯	^{35}Cl、^{37}Cl	^{35}Cl	$^{37}Cl/^{35}Cl=32.5$
溴	^{79}Br、^{81}Br	^{79}Br	$^{81}Br/^{79}Br=98.0$

（4）亚稳态离子

在电离、裂解等过程中所产生的离子，都有一部分处于亚稳态，这种亚稳态离子形成的峰称为亚稳态离子峰。亚稳态离子峰通常很弱并且很宽呈扩散型，一般要跨 2～5 个质量单位，其质荷比一般不是整数，因而容易识别。通过亚稳态峰的质荷比可以推测和判定碎片离子的开裂方式，从而有助于推断化合物的结构。

二、质谱的定性分析

1. 相对分子质量的测定

在质谱中分子离子峰所对应的质量就是该化合物的相对分子质量，这是质谱解析的独特优点，它比经典的相对分子质量测定方法（如冰点下降法，沸点上升法，渗透压力测定等）更迅速和准确，且所需试样量少（一般 0.1 mg）。由于在质谱中最高质荷比的离子峰不一定是分子离子峰，有些化合物的分子离子峰稳定性较差、峰很弱或者根本看不到，这给分子离子峰的正确识别带来了困难。因此，测定未知物质相对分子质量的关键是分子离子峰的判断。在判断分子离子峰时应注意以下几点。

（1）分子离子稳定性的一般规律

分子离子的稳定性与分子结构有关。一般说来，碳数较多，碳链较长和有支链的分子，分裂几率较高，其分子离子的稳定性差；而有 π 键的芳香族化合物和共轭链烯，分子离子稳定定性高，分子离子峰大。分子离子稳定性的一般规律为：

芳香环＞共轭链烯＞脂环化合物＞直链烷烃＞酮＞胺＞酯＞醚＞分支多的烷烃＞醇。

（2）分子离子峰的质量数的规律

分子离子峰的质量数的规律必须符合氮律，即由 C、H、O 的有机化合物，若有偶数（包括 0）个氮原子存在，分子离子峰的质量一定是偶数，若有奇数个氮组成的分子则相对分子质量为奇数。而由 C、H、O、N 组成的化合物，含奇数个氮，分子离子峰的质量数是奇数；含偶数个氮，分子离子峰的质量则是偶数。这一规律称为氮律。凡不符合氮律者，就不是分子离子峰。

（3）分子离子峰与邻近峰的质量差是否合理

如果有不合理的碎片峰，就不是分子离子峰。例如，分子离子峰不可能裂解出两个以上氢原子和小于一个甲基的基团，故分子离子峰的左边，不可能出现比分子离子峰质量小13～14个质量单位的峰；若出现质量差15或18，这是由于裂解出 · CH_3或一分子 H_2O，因此这些质量差是合理的。

（4）M+1峰和M-1峰

某些化合物如醚、酯、胺、酰胺等形成的分子离子不稳定，分子离子峰很小，甚至不出现。但M+1峰却相当大，这是由于分子离子在离子源中捕获一个H而形成的。有些化合物没有分子离子峰，但M-1峰却较大，醛就是一个典型的例子。

因此在判断分子离子峰时，应注意形成M+1或M-1峰的可能性。

2. 化学式的确定

在确定了分子离子峰并知道了化合物的相对分子质量后，就可以确定化合物的部分或整个化学式，利用质谱法确定化合物的化学式有两种方法，即高分辨率质谱仪确定化学式和同位素丰度比求化学式。

求出含碳、氢、氧和氮的各种组合的质量和同位素丰度比，可以推断出未知物质的结构式。因为不同的化学式其（M+1）/M和（M+2）/M的百分比不同，若以质谱法测定分子离子峰及分子离子的同位素峰（M+1，M+2）的相对强度，就能根据（M+1）/M和（M+2）/M的百分比来确定分子式。

例8—1—1 如某化合物根据其质谱图，已知其相对分子质量为150，由质谱测定，*m/z*150、151和152的强度比为：M（150）100%；M+1（151）9.9%；M+2（152）0.9%，则此化合物的化学式。

解：从（M+2）/M=0.9%可见，该化合物不含S、Br或Cl。在Beynon的表中相对分子质量为150的分子式共29个，其中（M+1）/M的百分比为9%～11%的分子式有如下7个：

分子式	M+1	M+2
（1）$C_7H_{10}N_4$	9.25	0.38
（2）$C_8H_8NO_2$	9.23	0.78
（3）$C_8H_{10}N_2O$	9.61	0.61
（4）$C_8H_{12}N_3$	9.98	0.45
（5）$C_9H_{10}O_2$	9.96	0.84
（6）$C_9H_{12}NO$	10.34	0.68
（7）$C_9H_{14}N_2$	10.71	0.52

此化合物的相对分子质量是偶数，根据前述氮律，可以排除上列第（2）、（4）、（6）三个分子式，剩下四个分子式中，M+1与9.9%最接近的是第（5）式（$C_9H_{10}O_2$），这个式子的M+2也与0.9很接近，因此分子式应为$C_9H_{10}O_2$。

质谱法还可用于分子结构的鉴定、混合物的定量分析以及无机痕量分析。有时也可以用稳定同位素来“标记”各种化合物，用它作为示踪物，通过测定质谱中碎片离子和分子离子同位素的量，以此来确定化学反应中有关化合物的变化情况。

3. 根据裂解模型鉴定化合物和确定结构

在用质谱法鉴定纯化合物的结构时，应首先与标准谱图进行对照，以核对该化合物的结构。各种化合物在一定能量的离子源中按照一定的规律进行裂解而形成各种碎片离子，表现为一定的质谱图，通过质谱图中各碎片离子、亚稳离子、分子离子的化学式、相对峰高、质荷比等信息，找出各碎片离子产生的途径，从而确定整个分子结构。许多现代质谱仪都配有计算机质谱图库，工作站软件的谱库检索功能，大大方便了对有机分子结构的确定。

4. 图谱解析

质谱图可提供有关分子结构的许多信息，可以比较方便地测出未知分子的相对分子质量、化学式和结构式，因此，质谱分析的定性能力特别强。下面举例说明质谱解析。一未知物质谱图如图 8—1—3 所示，经初步鉴定是一种酮。

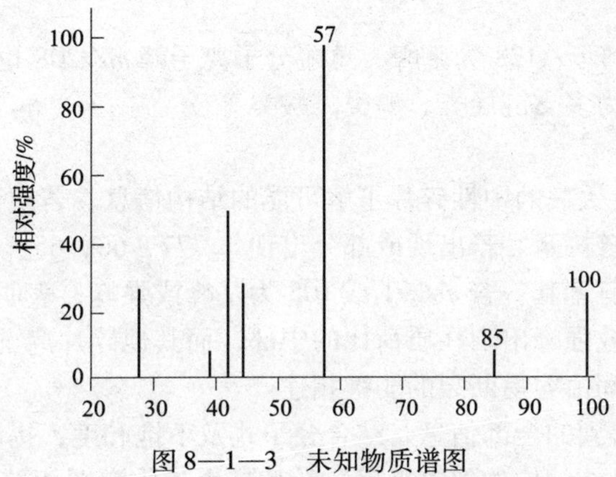

图 8—1—3　未知物质谱图

图 8—1—3 中分子离子峰质荷比为 100，因此该化合物相对分子质量为 100。$m/z=85$ 的碎片离子，是由分子断裂 CH_3（$M=15$）碎片后形成的。$m/z=57$ 的碎片离子，则可认为是再断裂一个 CO（$M=28$）碎片后形成的。$m/z=57$ 的碎片离子峰丰度很高，是标准峰，表示它很稳定，也说明此碎片和分子的其余部分是比较容易断裂的，这个碎片很可能是：$(CH_3)_2C{-}CH_3^+$（CH_3^+、CH_3、CH_3 连于 C 上），故整个断裂过程可表示为：

$$\text{未知物}\xrightarrow{\rightarrow CH_3}\text{碎片离子}\xrightarrow{-CO}C(CH_3)_2CH_3^+$$

$M=100$　　　$m/z=85$　　　$m/z=57$

故这个酮的可能结构是：$CH_3{-}\overset{\overset{O}{\|}}{C}{-}(CH_3)_3$。

解析未知样的质谱图，大致按以下程序进行。

（1）解析分子离子区

1）标出各峰的质荷比数，尤其注意高质荷比区的峰。

2）识别分子离子峰。首先在高质荷比区假定分子离子峰，判断该假定分子离子峰与相邻碎片离子峰的关系是否合理，然后判断其是否符合氮律。若两者均相符，可认为是分子离子峰。

3）分析同位素峰簇的相对强度比及峰与峰间的距离值，判断化合物是否含有 Cl、Br、S、Si 等元素及 F、P、I 等无同位素的元素。

4）推导分子式，计算不饱和度。由高分辨质谱仪测得的精确分子量或由同位素峰簇的相对强度计算分子式。若两者均难以实现时，则由分子离子峰丢失的碎片及主要碎片离子推导，或与其他方法配合。

5）由分子离子峰的相对强度了解分子结构的信息。分子离子峰的相对强度由分子的结构所决定，结构稳定性大，相对强度就大。对于相对分子质量约 200 的化合物，若分子离子峰为基峰或强峰，谱图中碎片离子较少，表明该化合物是高稳定性分子，可能为芳烃或稠环化合物。

例如：萘分子离子峰 *m/z*128 为基峰，蒽醌分子离子峰 *m/z*208 也是基峰。分子离子峰弱或不出现，化合物可能为多支链烃类、醇类、酸类等。

（2）解析碎片离子

1）由特征离子峰及丢失的中性碎片了解可能的结构信息。若质谱图中出现系列C_nH_{2n+1}峰，则化合物可能含长链烷基。若出现或部分出现 *m/z*77，66，65，51，40，39 等弱的碎片离子峰，表明化合物含有苯基。若 *m/z*91 或 105 为基峰或强峰，表明化合物含有苄基或苯甲酰基。若质谱图中基峰或强峰出现在质荷比的中部，而其他碎片离子峰少，则化合物可能有两部分结构较稳定，其间由容易断裂的弱键相连。

2）综合分析以上得到的全部信息，结合分子式及不饱和度，提出化合物的可能结构。

3）分析所推导的可能结构的裂解机理，看其是否与质谱图相符，确定其结构，并进一步解释质谱，或与标准谱图比较，或与其他谱图配合，确证结构。

三、质谱的定量分析

质谱法是基于质谱峰高（或乳胶板上的黑度）与组分的分压（含量）有正比关系来进行定量分析的。要求被测组分必须至少有一个与其他组分明显不同的峰，各组分的裂解状态应有重现性，每种组分对峰的贡献必须呈线性加和性，那么如果所分析的混合物的质谱图中找不到单组分峰，需要用解多元联立方程方法来完成。

1. 无机痕量分析

火花源质谱仪可以分析无机固体试样，它已成为金属、合金、矿石和超导体中痕量元素分析的重要方法。通过对离子峰相对强度的测量可进行质谱定量分析。该方法的特点是灵敏度高，对元素的检出限约为纳克每克数量级（ng/g）。由于质谱图简单，并且各元素峰强度大致相当，应用很方便。

2. 同位素的测定

质谱定量分析最早用于同位素丰度的研究。稳定的同位素可以用来“标记”各种化合物，例如确定氘化苯 C_6D_6的纯度，通常可用 C_6D_6与 $C_6D_5H^+$、$C_6D_4H_2{}^+$等分子离子峰的相对强度进行定量分析。

3. 混合物中的定量分析

混合物的质谱定量分析，目前常用于多组分气体和石油中挥发性烷烃的分析。通过计算机求解数个联立方程，得到各组分含量。

四、常见的质谱图

1. 烷烃

以正癸烷质谱图为例说明，如图 8—1—4 所示。

（1）分子离子

C_1（100%）、C_{10}（6%）、C_{16}（小）、C_{45}（0）。

（2）有 m/z

29、43、57、71、…C_nH_{2n+1}系列峰（σ－断裂）。

（3）有 m/z

27、41、55、69、…C_nH_{2n-1}系列峰，$C_2H_5^+$（$m/z=29$）$\rightarrow C_2H_3^+$（$m/z=27$）$+H_2$。

（4）有 m/z

28、42、56、70、…C_nH_{2n}系列峰（四元环重排）。

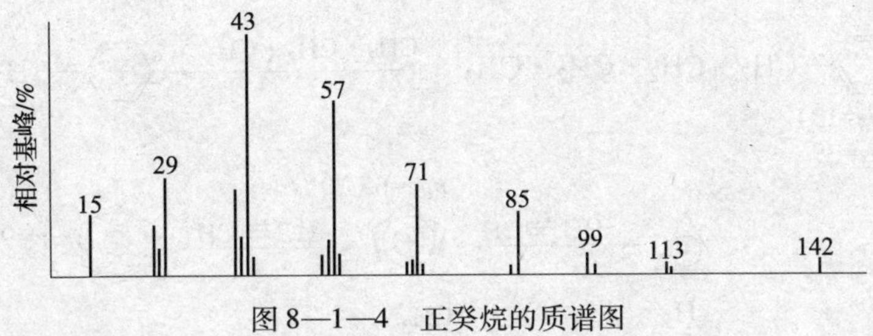

图 8—1—4　正癸烷的质谱图

2. 不饱和烃的质谱图

3－甲基－2－戊烯质谱图，如图 8—1—5 所示。

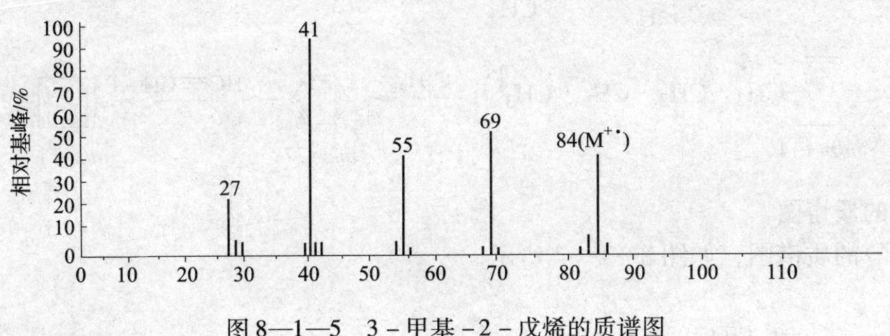

图 8—1—5　3－甲基－2－戊烯的质谱图

有关分子离子形成如下：

$$\left[H_3C-CH=\overset{\displaystyle CH_3}{\overset{|}{C}}-CH_2-CH_3\right]^{+\cdot}$$

$$\xrightarrow{-\cdot CH_2-CH_3}\ \underset{m/z=55}{H_3C-CH=\overset{\displaystyle CH_3}{\overset{|}{C}}{}^{+}} \qquad \xrightarrow{-\cdot CH_3}\ \underset{m/z=69}{H_3C-\overset{+}{C}H-\overset{\displaystyle CH_3}{\overset{|}{C}}=CH_2}$$

3. 芳烃的质谱图

丁苯的质谱图，如图 8—1—6 所示。

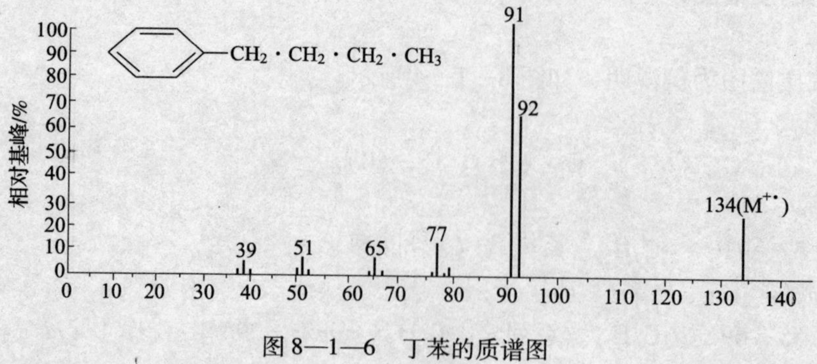

图 8—1—6　丁苯的质谱图

有关分子离子形成如下：

$C_6H_5-CH_2 \cdot CH_2 \cdot CH_2 \cdot CH_3]^{+\cdot}$ $\xrightarrow{CH_2 \cdot CH_2 \cdot CH_3}$ $C_6H_5-\overset{+}{C}H_2$

$m/z=134$　　$m/z=91$

$m/z=39$

$\xleftarrow{HC\equiv CH}$ $m/z=65$ $\xleftarrow{HC\equiv CH}$ $m/z=91$

H_2C, $CH_2]^{+\cdot}$, CH, H, CH_3 $\xrightarrow{-HC(=CH_2)CH_3}$ $CH_2]^{+\cdot}$, H, H　$m/z=92$

3

$-CH_2 \cdot CH_2 \cdot CH_2 \cdot CH_3]^{+\cdot}$ $\xrightarrow{\cdot C_4H_9}$ $C_6H_5^+$ + $\xrightarrow{HC\equiv CH}$ $]^+$

$m/z=134$　　$m/z=77$　　$m/z=51$

4. 醇的质谱图

1－戊醇的质谱图，如图 8—1—7 所示。

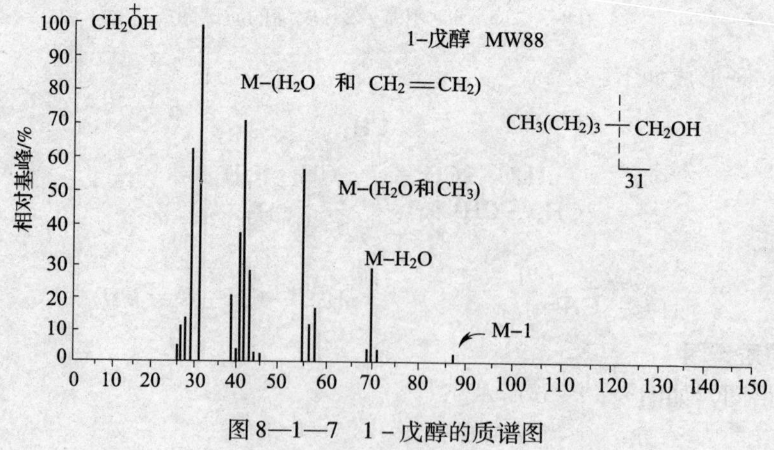

图 8—1—7　1－戊醇的质谱图

5. 醚的质谱图

乙基异丁醚的质谱图，如图 8—1—8 所示。

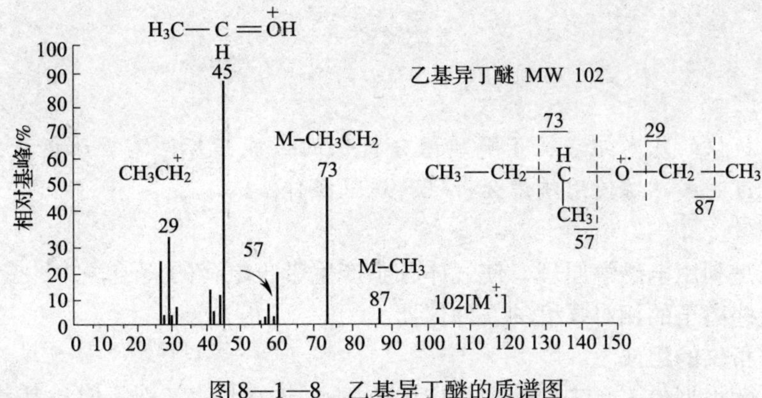

图 8—1—8 乙基异丁醚的质谱图

6. 醛的质谱图

壬醛的质谱图，如图 8—1—9 所示。

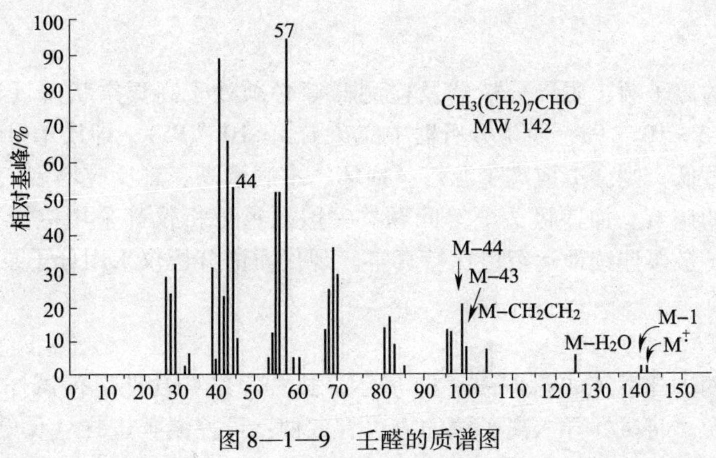

图 8—1—9 壬醛的质谱图

7. 酮的质谱图

对氯二苯甲酮的质谱图，如图 8—1—10 所示。

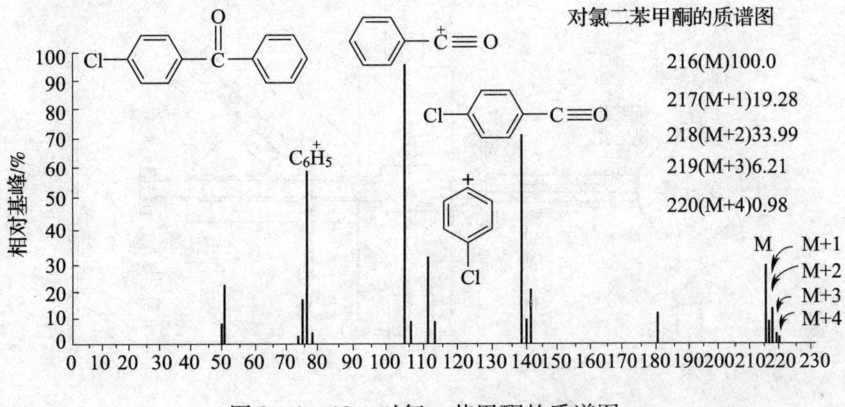

图 8—1—10 对氯二苯甲酮的质谱图

项目相关知识二　质谱分析仪的使用

学习指南

学习质谱分析仪的基本组成；了解质谱分析仪的性能指标；掌握质谱分析仪的工作过程；能根据使用说明书熟练使用质谱分析仪，规范操作。

质谱分析仪是利用电磁学原理，使气体分子产生带正电荷的离子，并且按质荷比进行分离，同时记录这些离子的相对强度的一种仪器。

一、质谱分析仪的组成

质谱分析仪的类型较多，工作原理和应用范围也有较大的区别，但是其基本组成相同，都有将试样分子离子化的电离装置，将不同质荷比的离子分开的质量分析装置，以及可以得到试样质谱图的检测器。一般质谱分析仪包括真空系统、进样系统、离子源、质量分析器、离子检测器。

1. 真空系统

质谱分析仪的离子源、质量分析器及检测器等必须处于高真空状态（离子源真空度应达 $1.3\times10^{-5}\sim1.3\times10^{-4}$ Pa，质量分析器中应达 1.3×10^{-6} Pa），即质谱分析仪必须有真空系统。若真空度过低，则会造成离子源灯丝损坏、本底增高、副反应增多，从而使图谱复杂化、干扰离子源的调节、加速极放电等问题。一般质谱分析仪都采用机械真空泵预抽真空后，再用高效率扩散泵连续地运行以保持真空。现代质谱分析仪采用分子泵可获得更高的真空度。

2. 进样系统

质谱分析仪的进样系统如图 8—1—11 所示。进样系统的功能是使试样在不破坏真空的情况下进入离子源。将试样导入离子源的方法有三种：可控漏孔进样（储罐进样）、插入式直接进样杆（探头）和色谱法。进样方法的选择取决于试样的熔点、纯度等物理化学性质，及所采用的离子化方式。

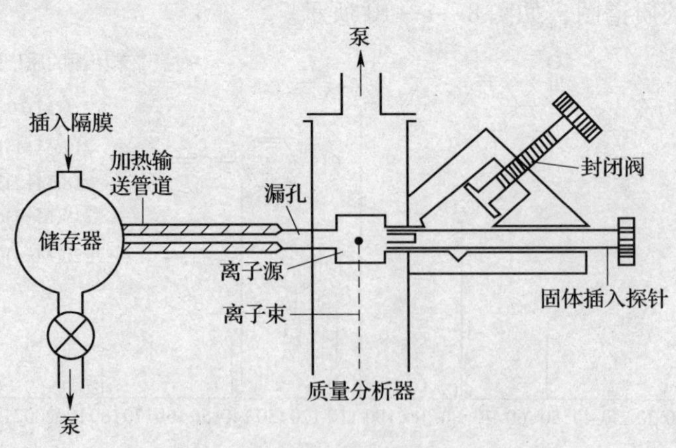

图 8—1—11　质谱分析仪的进样系统

若试样是气体或挥发性液体，可将样品用微量注射器注入储样器中，储样器内的压力约为1 Pa，在低真空下加热使样品立即汽化，由于储样室的压力比电离室内压力高1～2个数量级，部分样品就通过漏孔渗入离子源中。因此，样品便从储样器部分通过隔膜扩散进入电离室。

对于非挥性或热不稳定的试样可用探针杆（一种直径为6 mm，长为250 cm的不锈钢杆，其末端有盛放样品的石英毛细管、细金属丝或小的铂坩埚）通过真空锁直接插入离子源，根据不同样品调节加热温度，使之汽化进行电离。对于极易分解的化合物，用探针进样往往不能得到完整的质谱图，一般需采用衍生化的方法，将其转变为易挥发且稳定的化合物后，再进行质谱分析。

3. 离子源

离子源的功能是使待测试样离子化，并起聚焦和准直的作用，使离子会聚成有一定几何形状和能量的离子束。它的性能对质谱分析仪和分辨本领等有很大的影响。质谱分析仪的离子源很多，常用有电子轰击离子源、化学电离源、大气压化学电离源、快原子轰击离子源、场致电离源和高频火花离子源等。如图8—1—12所示为电子轰击离子源。

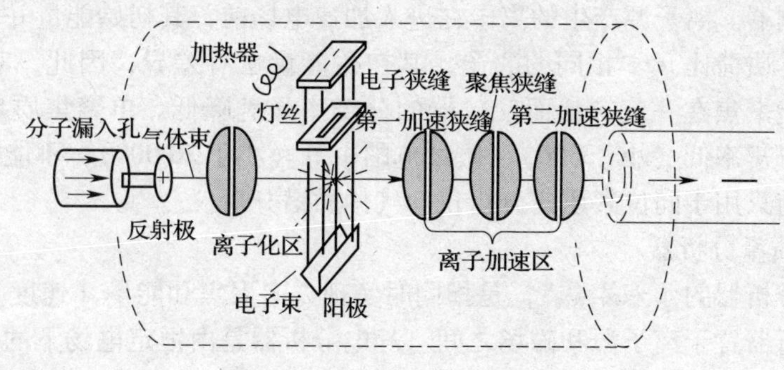

图8—1—12　电子轰击离子源

（1）电子轰击离子源（EI）

电子轰击离子源是应用最广泛的离子源，主要用于挥发性试样的电离。在外电场作用下，用铼或钨丝产生的热电子流（8～100 eV）去轰击样品，产生各种离子，这是最常用的一种方法。由色谱法或直接进样杆导入的试样分子，以气态形式进入离子源中，被电加热铼或钨的灯丝到2 000℃，产生高速电子束，其能量为10～70 eV。高速电子与分子发生碰撞，若电子的能量大于试样分子的电离电位，试样分子电离，当电子轰击源具有足够的能量时，有机分子不仅失去一个电子形成分子离子，而且有可能进一步发生键的断裂，形成大量的各种低质量数的碎片正离子，可用于化合物结构鉴定。对于不稳定的化合物在70eV电子的轰击下很难得到分子离子。

（2）化学电离源（CI）

化学电离源与电子流轰击离子源相比，是在真空度相对较低（0.1～100 Pa）的条件下工作的。化学电离源工作过程中将反应气体（如甲烷、氨气、异丁烷等）预先电离，生成分子离子（$CH_4^{+\cdot}$），然后再与试样分子发生作用，生成高度活性的二级离子 CH_5^+，CH_5^+ 再与样品进行离子—分子反应。

因为化学电离源采用能量较低的二次离子，是一种软电离方式，化学键断裂的可能性减小，峰的数量随之减小。有些用电子流轰击离子源得不到分子离子的试样，改用化学电离源后可以得到准分子离子，因而可以求得相对分子质量。

电子轰击离子源和化学电离源适用于易挥发的有机试样分析，主要用于气相色谱—质谱联用仪。

4．质量分析器

质量分析器又称离子分离器，是质谱仪的主体，其功能是将离子室产生的离子按质荷比大小顺序分离，相当于光谱仪中的单色器。质量分析器种类较多，磁分析器（单聚焦质量分析器和双聚焦质量分析器）应用较广泛，常用的还有四极杆质量分析器、飞行时间质量分析器、离子阱质量分析器等。

（1）单聚焦质量分析器

单聚焦质量分析器的形状像一把扇子，故又称磁扇形质量分析器，其主体是处在磁场中的扇形真空腔体。离子进入质量分析器后，由于磁场的作用，其运动轨道发生偏转改做圆周运动。

单聚焦质量分析器一般是方向（角度）聚焦，能把质荷比相同而入射方向不同的离子聚焦最后到达检测器。离子源产生的离子在进入加速电场前，其初始能量并不为零，且能量各不相同，即使是质荷比 m/e 相同的离子，其初始能量也有差异，因此，对于 m/e 相同的离子，最后也不能聚焦在一起，从而使仪器的分辨率显著降低。单聚焦质量分析器结构简单、操作方便、分辨率低（小于500）、质量范围中等（小于20 000），不能满足有机化合物的分析要求，目前只用于同位素质谱分析仪和气体质谱分析仪。

（2）双聚焦质量分析器

双聚焦质量分析器的“双聚焦”，是指同时实现方向聚焦和能量（速度）聚焦。该仪器是将一静电场分析器置于离子源和磁场之间。静电分析器是由恒定电场下的一个固定半径的管道构成的。如图 8—1—13 所示，加速的离子束进入静电场后，只有动能与其曲率半径相应的离子才能通过狭缝 β 进入磁分离器，进入磁分离器之后，再将具有相同的质荷比而能量不同的离子束进行再一次分离。这样，在方向聚焦之前，实现了能量聚焦。

双聚焦质量分析器可以把质荷比相同而能量不同的离子实现聚焦，解决离子能量分散的问题，有更高的分辨本领。进行固体微量分析时，这种方法能准确测定原子的质量，相对灵敏度可达 10^{-10}，广泛应用于有机质谱仪中，该仪器的最大优点是分辨本领高，质量范围中等（小于20 000），缺点是扫描速度慢，操作、调整比较困难，价格昂贵，维护困难。双聚焦质量分析器广泛用于气相色谱—质谱联用仪。

（3）四极杆质量分析器

四极杆质量分析器示意图如图 8—1—14 所示。由四根棒状电极，组成四极场，其中 1，3 棒：$(V_{dc}+V_{rf})$；2，3 棒：$-(V_{dc}+V_{rf})$。在一定的 V_{dc}、V_{rf} 下，只有一定质量的离子可通过四极场，到达检测器。在一定的 V_{dc}、V_{rf} 下，改变 V_{rf} 可实现扫描。其特点是扫描速度快、灵敏度高，适用于 GC－MC。

5．离子检测器

离子检测器的作用是接收被分离的离子，放大和测量离子流的强度，然后送到显示单元和计算机数据处理系统，得到所要分析的谱图和数据。常用的离子检测器有电子倍增器、筒状或平板金属电极检测器和感光板检测器。

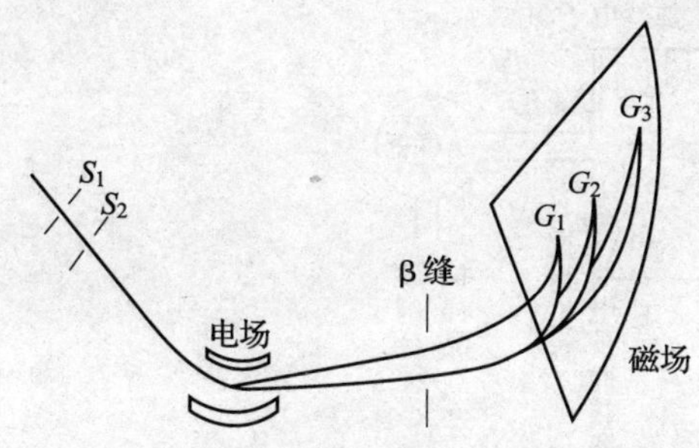

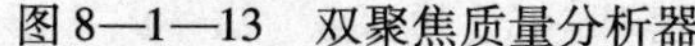

图 8—1—13　双聚焦质量分析器

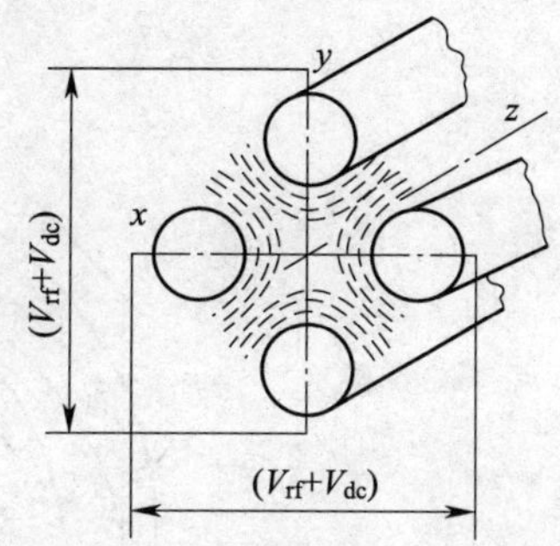

图 8—1—14　四极杆质量分析器示意图

电子倍增器运用从质量分析器出来的离子轰击电子倍增管的阴极表面，使其发射出二次电子，再用二次电子依次轰击一系列电极，使二次电子获得能量不断倍增，最后由阳极接受电子流，使离子束信号得到放大。电子倍增器中电子通过的时间很短，利用电子倍增器可以实现高灵敏度、快速测定。

二、质谱分析仪的工作过程

质谱仪工作原理方框图如图 8—1—15 所示。单聚焦质谱仪工作原理如图 8—1—16 所示，其工作过程是通过进样系统，使微摩尔或更少的试样蒸发，并使其缓慢地进入电离室。电离室内的压力约为 10^{-3} Pa。在电离室内，由热丝阴极向阳极发射电子流，轰击气态样品分子使之电离为正、负离子。在推斥极板 A 与栅极 B 之间保持一小电压，用以将离子源中生成的离子推向栅极 B。因为一般分析的是正离子，所以推斥极 A 相对于栅极 B 为正电位，于是正离子被推斥极推向栅极 B。栅极 B 和 C 的电位逐步为负，借助于 B、C 间几百至几千伏的电压，将正离子加速通过栅极 C 进入质量分析器中。负离子则被排斥极 A 吸引，游离基和中性分子不被加速，由真空泵抽走。

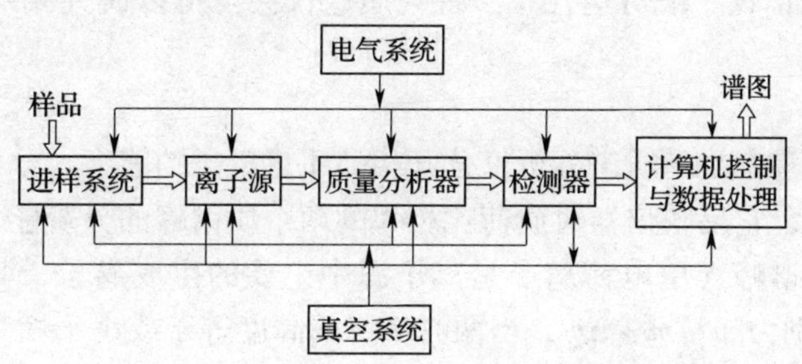

图 8—1—15　质谱仪工作原理方框图

分离管为一定半径的圆形管道，在其垂直方向上装有磁铁，以产生均匀且稳定的磁场。在分离管内压力一般为 10^{-4} ~ 10^{-3} Pa，这样可减少离子与残留气体分子碰撞的损失。在分离管中，离子在磁场的作用下，其运动由直线变为弧形轨道运动。根据离子质荷比的不同，其偏转角度也不同，质荷比大的偏转角度小，质荷比小的偏转角度大，从而使质量不同的离子在此得到分离。若改变粒子的速度或磁场的强度，就可将不同质量的粒子依次聚焦在出射狭缝上。通过出射狭缝的离子流，碰撞到收集极上，在收集电路中产生电流，经放大器放大后，由记录器记录，即可得质谱图。

质谱图上信号的强度，与到达收集极上的离子数成正比。

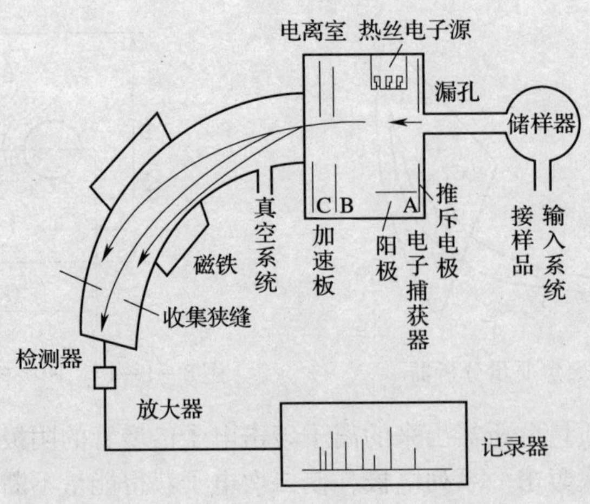

图 8—1—16 单聚焦质谱仪工作原理图

三、质谱分析仪的性能指标

质谱分析仪的种类不同，其性能指标的表示方法也不尽相同。衡量其性能好坏的指标包括质量范围、分辨率、灵敏度、质量稳定性等。

1. 质量范围

质谱分析仪的质量范围表示质谱分析仪所能够进行分析的离子质荷比的范围，即试样的相对原子质量（或相对分子质量）范围，通常用原子质量单位进行度量。质量范围的大小取决于质量分析器，四级杆分析器的质量范围上限一般在 1 000 左右，有的也可达 3 000，飞行时间质量分析器可达几十万。不同分析器的质量范围不同，了解一台仪器的质量范围，主要是了解分析试样的相对分子质量的范围。测定气体用的质谱分析仪，一般质量测定范围在 2 ~ 100，而有机质谱仪一般可达几千，现代质谱仪甚至可以研究相对分子质量达几十万的生化样品。

2. 分辨率

质谱分析仪的分辨率是指质谱分析仪分开相邻质量离子的能力。分辨率（R）是质谱仪性能的一个重要指标，它反映仪器对质荷比相邻的两个质谱峰的分辨能力。对质荷比相邻的两个单电荷离子的质谱峰（单电荷离子是离子源中主要的生成离子，其质荷比数值与其质量相同），其质量分别为 m、$m+\Delta m$，当两峰峰谷的高度等于或小于峰高的 10% 时，这两个峰即认为可以被区分开。分辨率通常表示为：

$$R = \frac{m}{\Delta m}(\Delta m \leqslant 1) \qquad (8—1—5)$$

在实际工作中，很难找到相邻的且峰高相等的两个峰，同时峰谷又为峰高的 10%。在这种情况下，可任选一单峰，测其峰高 5% 处的峰宽 $W_{0.05}$，即可当做上式中的 Δm，此时分辨率定义为：

$$R = \frac{m}{W_{0.05}} \qquad (8—1—6)$$

分辨率为 500 左右的质谱仪可以满足一般有机分析的要求，而 $R \geqslant 10^4$ 时为高分辨率质谱仪，高分辨率质谱仪可测量离子的精确质量。

3. 灵敏度

质谱仪的灵敏度有绝对灵敏度、相对灵敏度和分析灵敏度等几种表示方式。绝对灵敏度指仪器可以检测到的最小样品量；相对灵敏度指仪器同时检测的大组分和小组分的含量之比；分析灵敏度指输入仪器的样品量与仪器输出信号之比。

4. 质量稳定性和质量精度

质量稳定性是指质谱分析仪在工作时质量稳定的情况，用一定时间内质量漂移的质量单位来表示。如质谱分析仪的质量稳定性为0.1/12 h，是指该质谱分析仪在12 h之内，质量漂移不超过0.1。

质量精度是指质量测量的精确程度，常用相对百分比表示。如化合物的质量为152.047 3，用质谱分析仪多次测定该化合物，测得的质量与该化合物的理论质量之差在0.003之内，则该质谱仪的质量精度为百万分之二十（20）。质量精度是高分辨质谱分析仪的一项重要指标，对低分辨率质谱分析仪没有太大的意义。

项目实施　茶叶中稀土元素的测定

实施指南

掌握质谱分析仪的操作条件；掌握茶叶中稀土元素的测定方法。

试样经处理后，待测液进入电感耦合等离子体质谱仪，在等离子体的高温作用下，经去溶剂化、原子化、离子化后进入质谱检测器，其 *CPS*（countper second）值与试样中被测物的浓度成正比，通过测定 *CPS* 值来测定试样待测液中各稀土元素含量。

一、测定仪器

电感耦合等离子体质谱仪；高温马弗炉；可调式电热板；粉碎设备。

二、测定试剂

所用的玻璃器皿均需用20%硝酸浸泡过夜，用水反复冲洗干净。所有试验用水均为一级水。

硝酸（优级纯）；硝酸溶液（体积分数为2%）：取20 mL浓硝酸，用水稀释至1 000 mL；硝酸溶液（1:1，体积比）：取50 mL浓硝酸加入到50 mL水中；盐酸（优级纯）；盐酸溶液（1:1，体积比）：取50 mL浓盐酸加入到50 mL水中；稀土元素（共含16种元素：Sc、Y、La、Ce、Pr、Nd、Sm、Eu、Gd、Tb、Dy、Ho、Er、Tm、Yb、Lu）混合标准储备液（10 mg/L）；铟（In）标准溶液（1 000 mg/L）；铑（Rh）标准溶液（1 000 mg/L）；铼（Re）标准溶液（1 000 mg/L）；In、Rh、Re混合内标储备液（10.0 mg/L）：分别吸取1.00 mL In标准溶液、Rh标准溶液、Re标准溶液，置于100 mL容量瓶中，同时加入4 mL的硝酸溶液（1:1，体积比），用水稀释至刻线，摇匀；稀土元素标准使用液（共含16种元素，1.00 mg/L）：吸取10.0 mL稀土元素混合标准溶液，置于100 mL容量瓶中，同时加入4 mL的硝酸溶液（1:1，体积比），用水稀释至刻度，摇匀；In、Rh、Re混合内标使用液（1.00 mg/L）：吸取10.0 mL混合内标储备液于100 mL容量瓶中，同时加入4 mL的硝酸溶液（1:1，体积比），用水稀释至刻度，摇匀；质谱调谐液：推荐选用锂（Li）、钇（Y）、铈（Ce）、铊（Tl）、钴（Co）为质谱调谐液，混合溶液 Li、Y、Ce、Tl、Co 的浓度为10 ng/mL。

三、测定步骤

1. 试样处理

准确称取1.00～2.00 g试样于瓷坩埚中，在可调式电热板上炭化至无烟后，移入马弗炉550℃灰化6～8 h，冷却后取出，加1 mL盐酸溶液（1∶1，体积比）在可调式电热板上加热、小火蒸干，取下冷却后，用1 mL硝酸溶液（1∶1，体积比），将试样溶液洗入25 mL容量瓶中，加入1.00 mL混合内标使用液，用水稀释至刻度，摇匀，待测。同时做试剂空白。

2. 标准系列的制备

吸取0 mL、0.20 mL、0.50 mL、1.00 mL、2.00 mL、5.00 mL、10.00 mL、20.00 mL稀土标准使用液，分别置于100 mL容量瓶中，同时加入4.00 mL混合内标使用液，用2%硝酸溶液稀释至刻度，混匀。根据待测元素的实际含量，可在0.002～0.200 μg/mL范围内选取合适的工作曲线的范围。

3. 测定

使用调谐液调整仪器各项指标，使灵敏度、氧化物、双电荷、分辨率等各项指标达到测定要求后，编辑测定方法，选择测定元素及内标元素，分别测定空白溶液、标准系列、试样待测液。选择各元素内标，输入各参数，绘制标准曲线，计算回归方程。根据试样待测液中各稀土元素的信号强度 *CPS*，计算出试样待测液中各稀土元素的含量。待测元素及内标元素测定推荐质量数见表8—1—2，仪器工作参考条件见表8—1—3。

表8—1—2　　元素测定推荐质量数

稀土元素	Sc	Y	La	Ce	Pr	Nd	Sm	Eu
质量数	45	89	139	140	141	146	147	153
选用内标元素	Rh^{103}	Rh^{103}	In^{115}	In^{115}	In^{115}	In^{115}	In^{115}	In^{115}
稀土元素	Gd	Tb	Dy	Ho	Er	Tm	Yb	Lu
质量数	157	159	163	165	166	169	172	175
选用内标元素	In^{115}	In^{115}	In^{115}	Re^{185}	Re^{185}	Re^{185}	Re^{185}	Re^{185}

表8—1—3　　电感耦合等离子体质谱仪（ICP－MS）的参考工作条件及参数

参数	数值	参数	数值
等离子体流量	15.0 L/min	采样温度	7.0 mm
载气流速	1.10 L/min	测定点数	3
射频功率	1 350 W	分析时间	0.1 s
雾化室温度	2℃	重复次数	3

四、测定记录与结果

试样中第 i 个稀土元素含量的计算见式（8—1—7）。

$$X_i = \frac{(c_i - c_{i0}) \times V \times 1\,000}{m \times 1\,000} \qquad (8\text{—}1\text{—}7)$$

式中　X_i——试样中第 i 个稀土元素含量，mg/kg；

c_i——试样待测液中第 i 个稀土元素含量，μg/mL；

c_{i0}——试剂空白液中第 i 个稀土元素含量，μg/mL；

V——试样待测液的定容体积，mL；

m——试样的质量，g。

试样中所测稀土元素的氧化物含量的计算见式（8—1—8）。

$$Y_i = K_i \times X_i \tag{8—1—8}$$

式中 Y_i——试样中所测稀土元素的氧化物含量，mg/kg；

K_i——第 i 个稀土元素与该元素氧化物的换算系数（各稀土元素 K 值见表 8—1—4）。

计算结果保留三位有效数字。

表 8—1—4　　稀土元素 *K* 值表

稀土元素	Sc	Y	La	Ce	Pr	Nd	Sm	Eu
K 值	1.533	1.270	1.173	1.229	1.208	1.167	1.160	1.158
稀土元素	Gd	Tb	Dy	Ho	Er	Tm	Yb	Lu
K 值	1.153	1.176	1.148	1.145	1.144	1.142	1.139	1.137

五、思考题

1. 简述质谱仪的使用方法。
2. 简述做试剂空白的目的。
3. 简述试样的制备方法。

项目二　蜂蜜中甲硝唑、洛硝哒唑、二甲硝咪唑残留量的测定

能力目标

能熟练使用质谱—液相色谱分析仪；会测定蜂蜜中甲硝唑、洛硝哒唑、二甲硝咪唑的残留量。

知识目标

了解质谱—液相色谱联用技术；掌握蜂蜜中甲硝唑、洛硝哒唑、二甲硝咪唑残留量的测定方法。

项目相关知识　质谱—色谱联用

学习指南

学习气相色谱—质谱、液相色谱—质谱联用仪组成、工作原理；了解串联质谱仪；了解

GC－MS 的质谱谱库和计算机检索方法。

质谱分析仪是一种出色的定性分析仪器，但对混合物的分析无能为力。色谱仪是一种出色的分离仪器，但定性分析能力较差。如果把质谱和色谱联用，则能发挥它们各自的特长，使分离和定性分析同时进行，方法的灵敏度达皮克和纳克级，另外增加了获得数据的维数，提供了更多的分析信息。

一、质谱—气相色谱联用

质谱—气相色谱联用（简称气—质联用，GC－MS）既发挥了气相色谱法的高分辨率，又发挥了质谱法的高鉴别能力，这种技术适合于多组分混合物中未知组分的定性鉴定，可以判断化合物的分子结构，准确地测定未知组分的相对分子质量，测定混合物中不同组分的含量，研究有机化合物的反应机理，修正色谱分析的错误判断，鉴定出部分分离甚至未分离开的色谱峰等。

气相色谱仪可分离样品中的各组分，起到样品制备的作用。接口把气相色谱分离出的各组分送入质谱仪进行检测，起到气相色谱和质谱之间适配器的作用，质谱仪对接口引入的各组分依次进行分析，成为气相色谱仪的检测器。计算机系统交互式地控制气相色谱、接口和质谱仪，进行数据的采集和处理，是 GC－MS 的中心控制单元。

质谱—气相色谱联用仪主要由三部分组成：色谱仪、质谱分析仪和数据处理系统，如图 8—2—1 所示。色谱仪部分和一般色谱仪基本相同，有柱箱、汽化室和载气系统，也带有分流—不分流进样系统，程序升温系统、压力和流量自动控制系统等，一般不再有色谱检测器，而是利用质谱分析仪作为色谱的检测器。在色谱仪部分，混合试样在合适的色谱条件下被分离成单个组分，然后进入质谱仪进行鉴定。色谱仪在常压下工作，而质谱仪需要高真空，如果色谱仪使用填充柱，必须经过一种接口装置，将色谱载气去除，使试样气进入质谱仪。如果色谱仪使用毛细管，则可以将毛细管直接插入质谱仪离子源，因为毛细管载气流量比填充质谱小得多，不会破坏质谱仪真空。

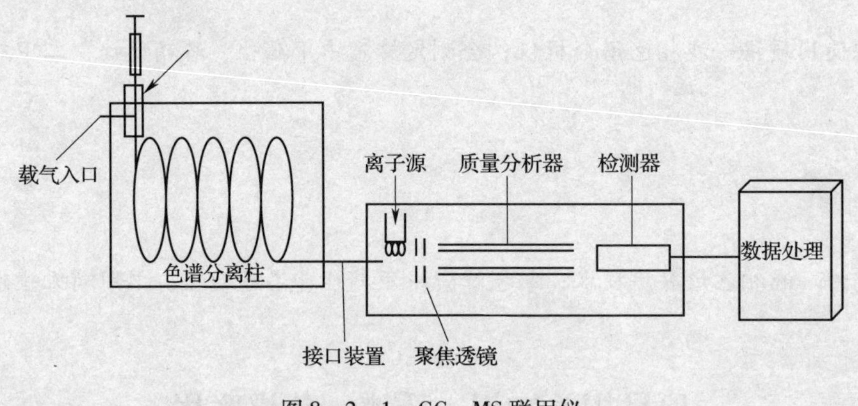

图 8—2—1　GC－MS 联用仪

质谱仪部分可以是磁式质谱仪、四极杆质谱仪，也可以是飞行时间和离子阱质谱仪。目前使用最多的是四极杆质谱仪。离子源主要是 EI 源和 CI 源。

GC－MS 的另外一个组成部分是计算机系统。由于计算机技术的提高，GC－MS 的主要操作都由计算机控制进行，这些操作包括利用标准试样（一般用 FC－43）校准质谱仪、设置色谱和质谱的工作条件、数据的收集和处理以及库检索等。这样，一个混合物试样进入色谱仪后，在适合的色谱条件下，被分离成单一组分并逐一进入质谱仪，经离子源电离得到具有试样信息的离子，再经分析器、检测器即得每个化合物的质谱。这些信息都由计算机储存，根据需要，可以得到混合物的色谱图。单一组分的质谱图和质谱的检索结果等。根据色谱图还可以进行定量分析，因此 GC – MS 是有机物定性、定量分析的有力工具。

作为 GC – MS 的附件，还可以有直接进样杆。直接进样杆主要是分析高沸点的纯试样，不经过 GC 进样，而是直接送到离子源，加热汽化后，由 EI 源电离。另外，GC – MS 的数据处理系统可以有几套数据库。

GC – MS 仪器按照仪器的机械尺寸，可以分为大型、中型、小型气质联用仪；按照仪器的性能，可分为高档、中档、低档气质联用仪，或研究级和常规检测级联用仪；按照质谱技术，GC – MS 通常是指四极杆质谱或磁质谱，GC – MS 通常是指气相色谱—离子阱质谱，GC – TOFMS 是指气相色谱—飞行时间质谱等；按照质谱仪的分辨率，可以分为高分辨（通常分辨率高于 5 000）、中分辨（通常分辨率为 1 000 ~ 5 000）、低分辨（通常分辨率低于 1 000）三类。

GC – MS 最主要的定性方式是库检索。由总离子色谱图可以得到任意一组分的质谱图，由质谱图可以利用计算机在数据库中检索。检索结果可以给出几种最有可能的化合物，包括化合物名称、分子式、相对分子质量、基峰及可靠程度。常用质谱谱库有 NIST 库、NIST/EPA/NIH 库、Wiley 库、农药库、药物库、挥发油库等。在这六个质谱谱库中，前三个是通用质谱谱库，一般的 GC – MS 联用仪上配有其中的一个或两个谱库。目前使用最广泛的是 NIST/EPA/NIH 库。后三个是专用质谱谱库，根据工作的需要可以选择使用。

GC – MS 法定量分析类似于色谱法定量分析。由 GC – MS 得到的总离子色谱图或质量色谱图，其色谱峰面积与相应组合的含量成正比，若对某一组分进行定量测定，可以采用色谱分析法中的归一化法、外标法、内标法等不同方法进行。这时，GC – MS 法可以理解为将质谱仪作为色谱仪的检测器，其余均与色谱图进行定量，这样可以最大限度地去除其他组分干扰。值得注意的是，质量色谱图由于是用一个离子的质量作出的，其峰面积与总离子色谱图有较大差别，在进行定量分析过程中，峰面积和校正因子等都要使用质量色谱图。

二、质谱—液相色谱联用

质谱—液相色谱联用（简称液 – 质联用，LC – MS），20 世纪 80 年代以后，LC – MS 的研究出现大气压化学电离（APCI）接口、电喷雾电离（ESI）接口、粒子束（PB）接口等技术后，才有了成熟的商品液相色谱—质谱联用仪。由于有机化合物中的 80% 不能汽化，只能用液相色谱分离，液相色谱与质谱的联用比气相色谱与质谱的联用更有实际的价值。LC – MS 已经成为生命科学、医药、临床医学、化学和化工领域中最重要的工具之一。它的应用正迅速向环境科学、农业科学等众多方向发展。

LC – MS 工作原理是从 LC 柱出口流出液，先通过一个分离器，如果所用的 HPLC 柱是微孔柱（1.0 mm），全部流出液可以直接通过接口，如果用标准孔径（4.6 mm）HPLC 柱，流出液被分开，仅有约 5% 流出液被引进电离源内，剩余部分可以收集在馏分收集器内，当流出液经过接口时，接口将承担除去溶剂和离子化的功能。产生的离子在加速电压的驱动下，进入质谱仪的质量分析器。整个系统由计算机控制。

与 LC 联机的质量分析器有四极杆、离子阱、飞行时间及 FT – ICR 池子。离子阱、飞行时间分析器的灵敏度很高，而 FT - ICR 池子分析器可以测定的质量精度很高。

质谱—液相色谱联用仪主要由高效液相色谱、接口装置（同时也是离子源）、质谱仪构成，如图 8—2—2 所示。高效液相色谱与一般相色谱相同，其作用是将混合物试样分离后进入质谱仪。下面仅介绍其接口装置和质谱仪部分。

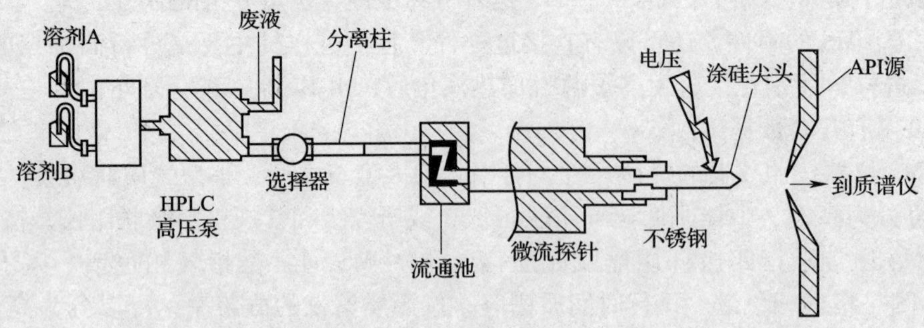

图 8—2—2　质谱—液相色谱联用仪

1. 接口装置

LC - MS 的关键部分是 LC 和 MS 之间的接口装置，其主要作用是去除溶剂并使试样离子化。早期曾经使用过的接口装置有传送带接口、热喷雾接口、粒子束接口等 10 余种，这些接口装置都存在一定的缺点，因而都没有得到广泛推广。目前几乎所有的 LC - MS 联用仪都使用大气压离子源作为接口装置和离子源。大气压离子源包括电喷雾离子源和大气压化学电离源两种，其中电喷雾离子源应用最为广泛。

电喷雾接口的结构如图 8—2—3 所示。接口主要由大气压离子化室和离子聚焦透镜组件构成。喷口一般由双层同心管组成，外层通入氮气作为喷雾气体，内层输送流动相及样品溶液。某些接口还增加了“套气”设计，其主要作用为改善喷雾条件以提高离子化效率。

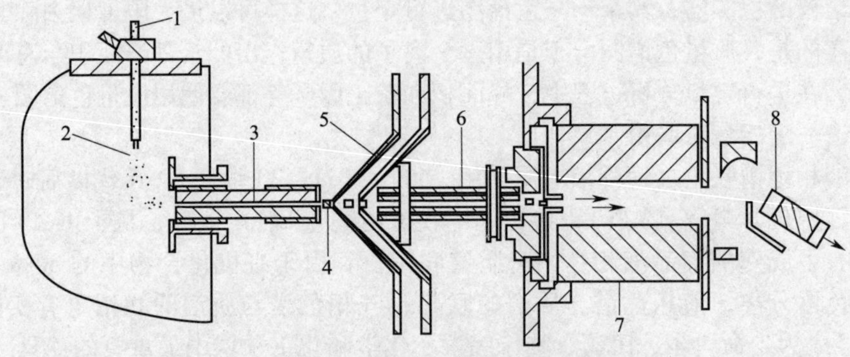

图 8—2—3　电喷雾接口的结构示意图

1—液相入口；2—雾化喷口；3—毛细管；4—CID 区；5—锥形分离器；6—八极杆；7—四极杆；8—HED 检测器

离子化室和聚焦单元之间由一根内径为 0.5 mm 的，带惰性金属（金或铂）包头的玻璃毛细管相通。它的主要作用为形成离子化室和聚焦单元的真空差，造成聚焦单元对离子化室的负压，传输由离子化室形成的离子进入聚焦单元并隔离加在毛细管入口处的 3 ~ 8 kV 的高电压。此高电压的极性可通过化学工作站方便地切换以造成不同的离子化模式，适应不同的需要。离子聚焦部分一般由两个锥形分离和静电透镜组成，并可以施加不同的调谐电压。

以一定流速进入喷口的样品溶液及液相色谱流动相，经喷雾作用被分散成直径为 1 ~ 3 μm 的细小的液滴。在喷口和毛细管入口之间设置的几千伏特的高电压的作用下，这些液滴由于表面电荷的不均匀分布和静电引力而被破碎成为更细小的液滴。在加热的干燥氮气的作用下，液滴中的溶剂被快速蒸发，直至表面电荷增大为库仑排斥力大于表面张力而爆裂，产生带电的子液滴。子液滴中的溶剂继续蒸发引起再次爆裂。此过程循环往复直至液滴表面形成很强的电场，而将离子由液滴表面排入气相中。进入气相的离子在高电场和真空梯度的作用下进入玻璃毛细管，经聚焦单元聚焦，被送入质谱离子源进行质谱分析。

在没有干燥气体设置的接口中，离子化过程也可进行，但流量必须限制在每分钟几微升，以保证足够的离子化效率。如接口具备干燥气体设置，则此流量可大到每分钟数百及至 1 000 微升以上，这样的流量可满足常规液相色谱柱良好分离的要求，实现与质谱的在线联机操作。

电喷雾接口的主要缺点是它只能接受非常小的液体流量（1 ~ 10 μL/min），这一缺点可以通过采用最新研制出来的离子喷雾接口（ISP）所克服。

电喷雾接口的应用极为广泛，它可用于小分子药物及其各种体液内代谢产物的测定，农药及化工产品的中间体和杂质的鉴定，大分子蛋白质和肽类分子量的测定，氨基酸测序及结构研究以及分子生物学等许多重要的研究和生产领域。

除了电喷雾和大气压化学电离两种接口装置外，极少数仪器还使用粒子束喷雾和电子轰击相结合的电离方式，这种接口装置可以得到标准质谱图，可以库检索，但只适用于小分子，应用不普遍。

2. 质谱仪部分

由于接口装置同时也是离子源，因此这里只介绍质量分析器。作为 LC – MS 联用仪的质量分析器种类很多，最常用的是四极杆分析器（Q），其次是离子阱质量分析器和飞行时间质量分析器。由于 LC – MS 主要提供相对分子质量的信息，为了增加结构信息，LC – MS 大多采用具有串联质谱功能的质量分析器，如 Q – Q – Q，Q – TOF 等。

LC – MS 通过采集质谱得到总离子流色谱图。但是由于电喷雾是一种软电离源，通常不产生或产生很少碎片，谱图中只有准分子离子，因此，单靠 LC – MS 很难作定性分析，利用高分辨率质谱仪（FTMS 或 TOFMS）可以得到未知化合物的组成，对定性分析非常有利。为了得到未知化合物的碎片结构信息，必须使用串联质谱仪。

LC – MS 定量分析基本方法与普通液相色谱法相同。但是由于色谱分离方面的问题，一个色谱峰可能包含几种不同的组分，如果仅靠峰面积定量，会给定量分析造成误差。因此，对于 LC – MS 定量分析不采用总离子流色谱图，而是采用与待测组分相对应的特征离子的质量色谱图。此时，不相关的组分不出峰，可以减少组分间的互相干扰。然而，有时样品体系十分复杂，即使利用质量色谱图，仍然有保留时间相同、相对分子质量也相同的干扰组分存在。为了消除其干扰，最好是采用串联质谱的多反应监测（MRM）技术。

三、串联质谱仪

在双聚焦质谱仪中设计了各种各样的磁场和电场联动扫描方式，以求得到子离子、母离子和中性碎片丢失。尽管亚稳离子能提供一些结构信息，但是由于亚稳离子形成的几率小，亚稳峰太弱，不容易检测，而且仪器操作困难，因此，后来发展成在磁场和电场间加碰撞活化室，人为地使离子碎裂，设法检测子离子、母离子，进而得到结构信息。这是早期的质谱—质谱串联方式，随着仪器的发展，串联的方式越来越多。

1. 串联方式

串联质谱仪可以分为两类：空间串联型和时间串联型。空间串联质谱仪是两个以上的质量分析器联合使用，两个分析器间有一个碰撞活化室，目的是将前级质谱仪选定的离子打碎，由后一级质谱仪分析。而时间串联质谱仪只有一个分析器，前一时刻选定离子，在分析器内打碎后，后一时刻再进行分析。

（1）空间串联型

空间串联型又可分为磁扇型串联、四极杆串联、混合型串联等。如果用 B 表示扇形磁场，E 表示扇形电场，Q 表示四极杆，TOF 表示飞行时间质量分析器，则

磁扇型串联：BEB，EBE，BEBE 等；四极杆串联：Q－Q－Q；混合型串联：BE－Q，Q－TOF，EBE－TOF，TOF－TOF。

（2）时间串联型

时间串联质谱仪有离子阱质谱仪和回旋共振质谱仪。

2. 碰撞活化分解

利用软电离技术（如电喷雾和快电子轰击）作为离子源时，所得到的质谱主要是准分子离子峰，碎片离子很少，因而也就没有结构信息。为了得到更多的信息，最好的办法是把准分子离子“打碎”之后测定其碎片离子。在串联质谱中采用碰撞活化分解（CAD）技术把离子“打碎”。碰撞活化分解也称为碰撞诱导分解（CID），在碰撞室内进行，其原理是带有一定能量的离子进入碰撞室后，与室内情性气体分子或原子发生碰撞，离子发生碎裂。为了使离子碰撞碎裂，必须使离子具有一定的动能，对于磁式质谱仪离子加速电压可以超过 1 000 V，而对于四极杆、离子阱等，加速电压不超过 100 V，前者称为高能 CAD，后者称为高能 CAD。二者得到的离子谱是有差别的。

项目实施　蜂蜜中甲硝唑、洛硝哒唑、二甲硝咪唑残留量的测定

实施指南

掌握质谱—液相色谱仪的操作条件；掌握蜂蜜中甲硝唑、洛硝哒唑、二甲硝咪唑残留量的测定方法。

蜂蜜中三种硝基咪唑类药物残留用乙酸乙酯提取，提取液浓缩后，经过固相萃取柱净化，液相色谱—串联质谱仪测定，外标法定量。

一、实验仪器

液相色谱—串联质谱仪（配有电喷雾离子源）；分析天平（感量 0.1 mg 和 0.01 g）；液体混匀器；固相萃取真空装置；振荡器；具塞玻璃离心管（50 mL）；真空泵（真空应达到 80 kPa）；离心机；旋转蒸发器；刻度试样管；梨形瓶（150 mL）；筒形漏斗。

1. 液相色谱条件

色谱柱：AtlantisdC_{18}，3 μm，150 mm × 2.1 mm（内径）或相当者；流动相：乙腈 +

0.1%甲酸水（30+70）；流速：200 μL/min；柱温：30℃；进样量：20 μL。

2. 质谱条件

离子源：电喷雾离子源（EST）；扫描方式：正离子扫描；检测方式：多反应监测；电喷气压力：5 500 V；雾化气压力：0.069 MPa；气帘气压力：0.069 MPa；辅助气流速：6 L/min；离子源温度：700℃；定性离子对，定量离子对，去簇电压和碰撞能量见表8—2—1。

表8—2—1　　三种硝基咪唑药物的质谱参数

中文名称	英文名称	定性离子对（*m/z*）	定量离子对（*m/z*）	去簇电压/V	碰撞能量/V
甲硝唑	meteronidazole	172.1/128.1 172.1/128.1	172.1/128.1	30 30	19 34
洛硝哒唑	ronidazole	201.1/140.2 201.1/140.2	201.1/140.2	26 26	14 20
二甲硝咪唑	dimetridazole	142.2/96.1 142.2/96.1	142.2/96.1	40 40	22 40

二、实验试剂

一级水；甲醇、乙腈、乙酸乙酯：色谱纯；甲酸：优级醇；无水硫酸钠：分析纯，在650℃马弗炉中灼烧6h，储存于干燥器中；洗脱剂：甲醇：乙腈：0.1%甲醇水=40：18：42（体积比）；甲硝唑，洛硝哒唑、二甲硝咪唑标准物质：纯度≥98%；甲硝唑，洛硝哒唑、二甲硝咪唑标准储备溶液（1.0 mg/mL）：准确称取适量的甲硝唑、洛硝哒唑、二甲硝咪唑标准物质，分别用甲醇配成标准储备液。储备液在低于4℃时可保存两个月；甲硝唑、洛硝哒唑、二甲硝咪唑混合标准工作溶液A和B：根据需要吸取适量甲硝唑，洛硝哒唑、二甲硝咪唑标准储备溶液，用甲醇稀释成甲硝唑溶液1.0 μg/mL，洛硝哒唑和二甲硝咪唑均为2.0 μg/mL的混合标准工作溶液A，再吸取适量标准工作溶液A用甲醇稀释成甲硝唑为0.010 μg/mL，洛硝哒唑和二甲硝咪唑均为0.020 μg/mL的混合标准工作溶液B，混合标准工作溶液A和B应现用现配；甲硝唑，洛硝哒唑、二甲硝咪唑混合基质标准工作溶液：根据需要吸取适量甲硝唑、洛硝哒唑、二甲硝咪唑混合标准工作溶液A和B，用空白试样提取液稀释成浓度分别为0.25 ng/mL、0.50 ng/mL、1.00 ng/mL、5.00 ng/mL的混合基质标准工作溶液，混合基质标准工作溶液应现用现配；BAKERBOND Carboxylic Acird固相萃取柱或相当者：500 mg，3 mL，使用前用4 mL乙酸乙酯预处理，保持柱体湿润；滤膜：0.2 μg。

三、实验步骤

1. 试样的制备

对无结晶的实验室试样，将其搅拌均匀。对有结晶的试样，在密闭情况下，置于不超过60℃的水浴中温热，振荡，待试样全部溶化后搅匀，迅速冷却至室温。分出0.5 kg作为试样。制备好的试样置于试样瓶中，密封，并做上标记。

将试样于常温下保存。

2. 提取

称取10 g试样（精确到0.01 g）置于50 mL具塞玻璃离心管中，加入10 mL水，在液体混匀器上混匀，加入 20 mL 乙酸乙酯，于振荡器上振荡 20 min，以 3 000 r/min 离心 5 min，取上清液过盛有 25 g 无水硫酸钠筒形漏斗至梨形瓶中。再用 20 mL 乙酸乙酯提取一次，过无水硫酸钠筒形漏斗，合并上清液，用旋转发器于 45℃ 水浴上减压蒸发至约 2 mL，待净化。

3. 净化

将上述浓缩液移至 Carboxylic Acird 固相萃取柱中，在分别用 4 mL 乙酸乙酯和 4 mL 乙腈洗涤梨形瓶和萃取柱，弃去全部流出液。在 65 kPa 的负压下，减压抽干萃取柱 2 min，用 2 mL 洗脱剂以≤3 mL/min 流速洗脱，收集洗脱液于 5 mL 刻度试样管中，用洗脱剂定容至 2 mL，过 0. 2 μg 滤膜，供液相色谱—串联质谱仪测定。

4. 测定

在仪器最佳条件下，用甲硝唑、洛硝哒唑、二甲硝咪唑混合基质标准工作溶液分别进样，以峰面积为纵坐标，混合基质标准工作浓度为横坐标绘制标准工作曲线，用标准工作曲线对试样进行定量，试样溶液中甲硝唑，洛硝哒唑、二甲硝咪唑的响应值均应在仪器测定的线性范围内。在上述色谱条件下甲硝唑，洛硝哒唑、二甲硝咪唑的参考保留时间见表 8—2—2。

表 8—2—2　三种硝基咪唑药物的参考保留时间

中文名称	保留时间/min
甲硝唑	2. 80
洛硝哒唑	3. 12
二甲硝咪唑	3. 57

按以上步骤，对同一试样进行平行试验测定。

除不称取试样外，均按上述步骤同时完成空白试验。

四、测定记录与结果

结果按式（8—2—1）计算：

$$X = c \times \frac{V}{m} \times \frac{1\,000}{1\,000} \qquad (8—2—1)$$

式中 X——试样中被测组分残留量，μg/kg；

c——从标准工作曲线得到的被测组分溶液浓度，ηg/mL；

V——试样溶液最终体积，mL；

m——试样溶液所代表最终试样的质量，g。

五、思考题

1. 如何控制质谱—液相色谱仪的操作条件？
2. 简述蜂蜜中甲硝唑、洛硝哒唑、二甲硝咪唑残留量的提取方法。

思考与练习

一、选择题

1. 质谱法的主要应用是鉴定复杂分子并阐明其结构，确定元素的同位素质量及分布等，一般质谱的表示方法有（　）。

A. 质谱图　　B. 质谱表

C. 元素图　　D. 三种都是

2. 不属于质谱分析仪的组成部分的是（　）。

A. 离子源　　B. 质量分析器

C. 离子检测器　　D. 空心阴极灯

3. 如果把质谱和色谱联用，则能发挥质谱和色谱的特长，使分离和定性分析（　）进行。

A. 同时　　B. 单独

C. 以色谱为主　　D. 以质谱为主

二、简答题

1. 质谱仪主要由哪几个部件组成？各部件作用如何？

2. 试说明质谱仪的工作流程。

3. 简述质谱分析的基本原理。

4. 解释下列名词：分子离子、碎片离子、同位素离子。

5. 如何确定分子离子峰？试说明分子离子峰的特点。

6. 质谱仪的质量分析器有哪些？

7. 质谱分析法中被测组分转变为带电离子，一般出现的离子有哪些？如何确定分子离子峰？

8. 质谱图的解析方法？

9. 质谱定性定量的依据是什么？

10. 质谱的定量分析方法有哪些？

11. 简述相对分子量的测定方法。

12. GC－MS 联用系统一般由哪几个部分组成？

13. 下图是2－甲基丁醇（$M=88$）的质谱图，试根据谱图确定—OH 的位置（提示：注意 =73，59 的峰）。

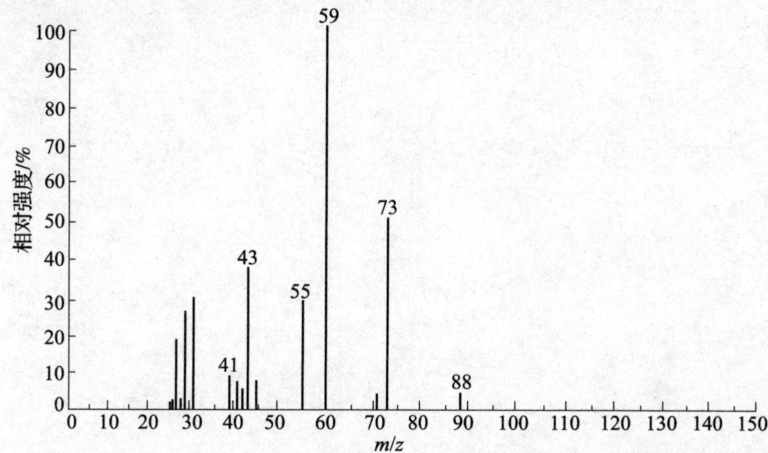

14．某溴代烷类的质谱图如下，试解析该化合物的结构。

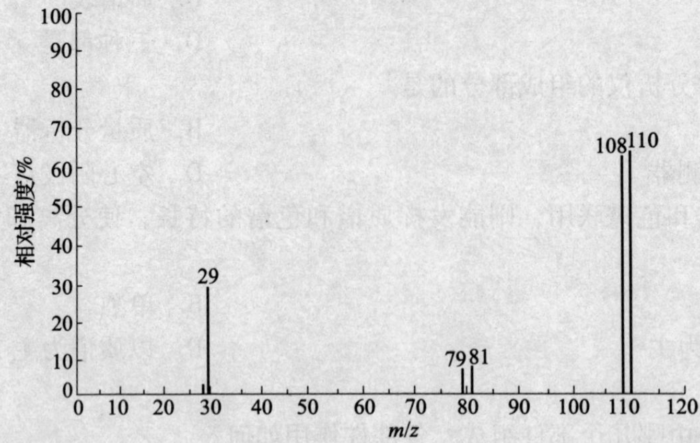

附录

附录一　相对原子质量表

原子序数	元素名称	符号	相对原子质量	原子序数	元素名称	符号	相对原子质量
1	氢	H	1.007 94	34	硒	Se	78.96
2	氦	He	4.002 602	35	溴	Br	79.904
3	锂	Li	6.941	36	氪	Kr	83.80
4	铍	Be	9.012 182	37	铷	Rb	85.467 8
5	硼	B	10.811	38	锶	Sr	87.62
6	碳	C	12.011	39	钇	Y	88.905 85
7	氮	N	14.006 74	40	锆	Zr	91.224
8	氧	O	15.999 4	41	铌	Nb	92.906 38
9	氟	F	18.998 403 2	42	钼	Mo	95.94
10	氖	Ne	20.179 7	43	锝	Tc	98.906 2
11	钠	Na	22.989 768	44	钌	Ru	101.07
12	镁	Mg	24.305 0	45	铑	Rh	102.905 50
13	铝	Al	26.981 539	46	钯	Pd	106.41
14	硅	Si	28.085 5	47	银	Ag	107.868 2
15	磷	P	30.973 762	48	镉	Cd	112.411
16	硫	S	32.066	49	铟	In	114.82
17	氯	Cl	35.452 7	50	锡	Sn	118.710
18	氩	Ar	39.948	51	锑	Sb	121.75
19	钾	K	39.098 3	52	碲	Te	127.60
20	钙	Ca	40.078	53	碘	I	126.904 47
21	钪	Sc	44.955 910	54	氙	Xe	131.29
22	钛	Ti	47.88	55	铯	Cs	132.905 43
23	钒	V	50.941 5	56	钡	Ba	137.327
24	铬	Cr	51.996 1	57	镧	La	138.905 5
25	锰	Mn	54.938 05	58	铈	Ce	140.115
26	铁	Fe	55.847	59	镨	Pr	140.907 65
27	钴	Co	58.933 20	60	钕	Nd	144.24
28	镍	Ni	58.69	61	钷	Pm	〔145〕
29	铜	Cu	63.546	62	钐	Sm	150.36
30	锌	Zn	65.39	63	铕	Eu	151.965
31	镓	Ga	69.723	64	钆	Gd	157.25
32	锗	Ge	72.61	65	铽	Tb	158.925 34
33	砷	As	74.921 59	66	镝	Dy	162.50

续表

原子序数	元素名称	符号	相对原子质量	原子序数	元素名称	符号	相对原子质量
67	钬	Ho	164. 930 32	80	汞	Hg	200. 59
68	铒	Er	167. 26	81	铊	Tl	204. 383 3
69	铥	Tm	168. 934 21	82	铅	Pb	207. 2
70	镱	Yb	173. 40	83	铋	Bi	208. 980 37
71	镥	Lu	174. 967	84	钋	Po	〔210〕
72	铪	Hf	178. 49	85	砹	At	〔210〕
73	钽	Ta	180. 947 9	86	氡	Rn	〔222〕
74	钨	W	183. 85	87	钫	Fr	〔223〕
75	铼	Re	186. 207	88	镭	Ra	226. 025 4
76	锇	Os	190. 2	89	锕	Ac	227. 027 8
77	铱	Ir	192. 22	90	钍	Th	232. 038 1
78	铂	Pt	195. 08	91	镤	Pa	231. 035 88
79	金	Au	196. 966 54	92	铀	U	238. 028 9

附录二　标准电极电位表（18～25℃）

电极反应	$\varphi_A^\ominus$/V	电极反应	$\varphi_A^\ominus$/V
$Li^+ + e^- \rightarrow Li$	−3.040 3	$2H^+ + 2e^- \rightarrow H_2$	0
$Cs^+ + e^- \rightarrow Cs$	−3.02	$[Ag(S_2O_3)_2]^{3-} + e^- \rightarrow Ag + 2S_2O_3{}^{2-}$	0.01
$Rb^+ + e^- \rightarrow Rb$	−2.98	$AgBr + e^- \rightarrow Ag + Br^-$	0.071 16
$K^+ + e^- \rightarrow K$	−2.931	$S_4O_6{}^{2-} + 2e^- \rightarrow 2S_2O_3{}^{2-}$	0.08
$Ba^{2+} + 2e^- \rightarrow Ba$	−2.912	$S + 2H^+ + 2e^- \rightarrow H_2S$	0.142
$Sr^{2+} + 2e^- \rightarrow Sr$	−2.899	$Sn^{4+} + 2e^- \rightarrow Sn^{2+}$	0.151
$Ca^{2+} + 2e^- \rightarrow Ca$	−2.868	$SO_4^{2-} + 4H^+ + 2e^- \rightarrow H_2SO_3 + H_2O$	0.172
$Na^+ + e^- \rightarrow Na$	−2.71	$AgCl + e^- \rightarrow Ag + Cl^-$	0.222 16
$Mg^{2+} + 2e^- \rightarrow Mg$	−2.372	$Hg_2Cl_2 + 2e^- \rightarrow 2Hg + 2Cl^-$	0.267 91
$H_2 + e^- \rightarrow 2H^-$	−2.23	$VO^{2+} + 2H^+ + e^- \rightarrow V^{3+} + H_2O$	0.337
$Sc^{3+} + 3e^- \rightarrow Sc$	−2.077	$Cu^{2+} + 2e^- \rightarrow Cu$	0.341 7
$[AlF_6]^{3-} + 3e^- \rightarrow Al + 6F^-$	−2.069	$[Fe(CN)_6]^{3-} + e^- \rightarrow [Fe(CN)_6]^{4-}$	0.358
$Be^{2+} + 2e^- \rightarrow Be$	−1.847	$[HgCl_4]^{2-} + 2e^- \rightarrow Hg + 4Cl^-$	0.38
$Al^{3+} + 3e^- \rightarrow Al$	−1.662	$Ag_2CrO_4 + 2e^- \rightarrow 2Ag + CrO_4{}^{2-}$	0.446 8
$Ti^{2+} + 2e^- \rightarrow Ti$	−1.37	$H_2SO_3 + 4H^+ + 4e^- \rightarrow S + 3H_2O$	0.449
$[SiF_6]^{2-} + 4e^- \rightarrow Si + 6F^-$	−1.24	$Cu^+ + e^- \rightarrow Cu$	0.521
$Mn^{2+} + 2e^- \rightarrow Mn$	−1.185	$I_2 + 2e^- \rightarrow 2I^-$	0.535 3
$V^{2+} + 2e^- \rightarrow V$	−1.175	$MnO_4{}^- + e^- \rightarrow MnO_4{}^{2-}$	0.558
$Cr^{2+} + 2e^- \rightarrow Cr$	−0.913	$H_3ASO_4 + 2H^+ + 2e^- \rightarrow H_3AsO_3 + H_2O$	0.560
$TiO^{2+} + 2H^+ + 4e^- \rightarrow Ti + H_2O$	−0.89	$Cu^{2+} + Cl^- + e^- \rightarrow CuCl$	0.56
$H_3BO_3 + 3H^+ + 3e^- \rightarrow B + 3H_2O$	−0.870 0	$Sb_2O_5 + 6H^+ + 4e^- \rightarrow 2SbO^+ + 3H_2O$	0.581
$Zn^{2+} + 2e^- \rightarrow Zn$	−0.760 0	$TeO_2 + 4H^+ + 4e^- \rightarrow Te + 2H_2O$	0.593
$Cr^{3+} + 3e^- \rightarrow Cr$	−0.744	$O_2 + 2H^+ + 2e^- \rightarrow H_2O_2$	0.695
$As + 3H^+ + 3e^- \rightarrow AsH_3$	−0.608	$H_2SeO_3 + 4H^+ + 4e^- \rightarrow Se + 3H_2O$	0.74
$Ga^{3+} + 3e^- \rightarrow Ga$	−0.549	$H_3SbO_4 + 2H^+ + 2e^- \rightarrow H_3SbO_3 + H_2O$	0.75
$Fe^{2+} + 2e^- \rightarrow Fe$	−0.447	$Fe^{3+} + e^- \rightarrow Fe^{2+}$	0.771
$Cr^{3+} + e^- \rightarrow Cr^{2+}$	−0.407	$HgO_2{}^{2-} + 2e^- \rightarrow 2Hg$	0.797 1
$Cd^{2+} + 2e^- \rightarrow Cd$	−0.403 2	$Ag^+ + e^- \rightarrow Ag$	0.799 4
$PbI_2 + 2e^- \rightarrow Pb + 2I^-$	−0.365	$2NO_3^- + 4H^+ + 2e^- \rightarrow N_2O_4 + 2H_2O$	0.803
$PbSO_4 + 2e^- \rightarrow Pb + SO_4{}^{2-}$	−0.359 0	$Hg^{2+} + 2e^- \rightarrow Hg$	0.851
$Co^{2+} + 2e^- \rightarrow Co$	−0.28	$HNO_2 + 7H^+ + 6e^- \rightarrow NH_4{}^+ + 2H_2O$	0.86
$H_3PO_4 + 2H^+ + 2e^- \rightarrow H_3PO_3 + H_2O$	−0.276	$NO_3^- + 3H^+ + 2e^- \rightarrow NHO_2 + H_2O$	0.934
$Ni^{2+} + 2e^- \rightarrow Ni$	−0.257	$NO_3^- + 4H^+ + 3e^- \rightarrow NO + 2H_2O$	0.957

续表

电极反应	$\varphi_A^{\ominus}/V$	电极反应	$\varphi_A^{\ominus}/V$
$CuI + e^- \rightarrow Cu + I^-$	-0.180	$HIO + H^+ + 2e^- \rightarrow I^- + H_2O$	0.987
$AgI + e^- \rightarrow Ag + I^-$	-0.152 41	$HNO_2 + H^+ + e^- \rightarrow NO + H_2O$	0.983
$GeO_2 + 4H^+ + 4e \rightarrow Ge + 2H_2O$	-0.15	$VO_4^{3-} + 6H^+ + e - \rightarrow VO^{2+} + 3H_2O$	1.031
$Sn^{2+} + 2e^- \rightarrow Sn$	-0.137 7	$N_2O_4 + 4H^+ + 4e^- \rightarrow 2NO + 2H_2O$	1.035
$Pb^{2+} + 2e^- \rightarrow Pb$	-0.126 4	$N_2O_4 + 2H^+ + 2e^- \rightarrow 2HNO_2$	1.065
$WO_3 + 6H^+ + 6e^- \rightarrow W + 3H_2O$	-0.090	$Br_2 + 2e^- \rightarrow 2Br^-$	1.066
$[HgI_4]^{2-} + 2e^- \rightarrow Hg + 4I^-$	-0.04	$IO_3^- + 6H^+ + 6e^- \rightarrow I^- + 3H_2O$	1.085
$SeO_4^{2-} + 4H^+ + 2e^- \rightarrow H_2SeO_3 + H_2O$	1.151	$SO_4^{2-} + H_2O + 2e^- \rightarrow SO_3{}^{2-} + 2OH^-$	-0.93
$ClO_4^- + 2H^+ + 2e^- \rightarrow ClO_3{}^- + H_2O$	1.189	$P + 3H_2O + 3e^- \rightarrow PH_3 + 3OH^-$	-0.87
$IO_3{}^- + 6H^+ + 5e^- \rightarrow 1/2I_2 + 3H_2O$	1.195	$Fe(OH)_2 + 2e^- \rightarrow Fe + 2OH^-$	-0.877
$MnO_2 + 4H^+ + 2e^- \rightarrow Mn^{2+} + 2H_2O$	1.224	$2NO_3^- + 2H_2O + 2e^- \rightarrow N_2O_4 + 4OH^-$	-0.85
$O_2 + 4H^+ + 4e^- \rightarrow 2H_2O$	1.229	$[Co(CN)_6]^{3-} + e^- \rightarrow [Co(CN)_6]^{4-}$	-0.83
$Cr_2O_7{}^{2-} + 14H^+ + 6e^- \rightarrow 2Cr^{3+} + 7H_2O$	1.232	$2H_2O + 2e^- \rightarrow H_2 + 2OH^-$	-0.827 7
$2HNO_2 + 4H^+ + 4e^- \rightarrow N_2O + 3H_2O$	1.297	$AsO_4^{3-} + 2H_2O + 2e^- \rightarrow AsO_2{}^- + 4OH^-$	-0.71
$HBrO + H^+ + 2e^- \rightarrow Br^- + H_2O$	1.331	$AsO_2^- + 2H_2O + 3e^- \rightarrow As + 4OH^-$	-0.68
$Cl_2 + 2e^- \rightarrow 2Cl^-$	1.357 93	$SO_3^{2-} + 3H_2O + 6e^- \rightarrow S^{2-} + 6OH^-$	-0.61
$ClO_4^- + 8H^+ + 7e^- \rightarrow 1/2Cl_2 + 4H_2O$	1.39	$[Au(CN)_2]^- + e^- \rightarrow Au + 2CN^-$	-0.60
$IO_4{}^- + 8H^+ + 8e^- \rightarrow I^- + 4H_2O$	1.4	$2SO_3^{2-} + 3H_2O + 4e^- \rightarrow S_2O_3{}^{2-} + 6OH^-$	-0.571
$BrO_3^- + 6H^+ + 6e^- \rightarrow Br^- + 3H_2O$	1.423	$Fe(OH)_3 + e^- \rightarrow Fe(OH)_2 + OH^-$	-0.56
$ClO_3^- + 6H^+ + 6e^- \rightarrow Cl^- + 3H_2O$	1.451	$S + 2e^- \rightarrow S^{2-}$	-0.476 44
$PbO_2 + 4H^+ + 2e^- \rightarrow pb^{2+} + 2H_2O$	1.455	$NO_2^- + H_2O + e^- \rightarrow NO + 2OH^-$	-0.46
$ClO_3^- + 6H^+ + 5e^- \rightarrow Cl_2 + 3H_2O$	1.47	$[Cu(CN)_2]^- + e^- \rightarrow Cu + 2CN^-$	-0.43
$HClO + H^+ + 2e^- \rightarrow Cl^- + H_2O$	1.482	$[Co(NH_3)_6]^{2+} + 2e^- \rightarrow Co + 6NH_3\ (aq)$	-0.422
$2BrO_3^- + 12H^+ + 10e^- \rightarrow Br_2 + 6H_2O$	1.482	$[Hg(CN)_4]^{2-} + 2e^- \rightarrow Hg + 4CN^-$	-0.37
$Au^{3+} + 3e^- \rightarrow Au$	1.498	$[Ag(CN)_2]^- + e^- \rightarrow Ag + 2CN^-$	-0.30
$MnO_4^- + 8H^+ + 5e^- \rightarrow Mn^{2+} + 4H_2O$	1.507	$NO_3^- + 5H_2O + 6e^- \rightarrow NH_2OH + 7OH^-$	-0.30
$NaBiO_3 + 6H^+ + 2e^- \rightarrow Bi^{3+} + Na^+ + 3H_2O$	1.60	$Cu(OH)_2 + 2e^- \rightarrow Cu + 2OH^-$	-0.222
$2HClO + 2H^+ + 2e^- \rightarrow Cl_2 + 2H_2O$	1.611	$PbO_2 + 2H_2O + 4e^- \rightarrow Pb + 4OH^-$	-0.16
$MnO_4^- + 4H^+ + 3e^- \rightarrow MnO_2 + 2H_2O$	1.679	$CrO_4^{2-} + 4H_2O + 3e^- \rightarrow Cr(OH)_3 + 5OH^-$	-0.13
$Au^+ + e^- \rightarrow Au$	1.692	$[Cu(NH_3)_2]^+ + e^- \rightarrow Cu + 2NH_3\ (aq)$	-0.11
$Ce^{4+} + e^- \rightarrow Ce^{3+}$	1.72	$O_2 + H_2O + 2e^- \rightarrow HO_2^- + OH^-$	-0.076
$H_2O_2 + 2H^+ + 2e^- \rightarrow 2H_2O$	1.776	$MnO_2 + 2H_2O + 2e^- \rightarrow Mn(OH)_2 + 2OH^-$	-0.05
$Co^{3+} + e^- \rightarrow Co^{2+}$	1.92	$NO_3^- + H_2O + 2e^- \rightarrow NO_2{}^- + 2OH^-$	0.01
$S_2O_8^{2-} + 2e^- \rightarrow 2SO_4{}^{2-}$	2.010	$[Co(NH_3)_6]^{3+} + e^- \rightarrow [Co(NH_3)_6]^{2+}$	0.108
$O_3 + 2H^+ + 2e^- \rightarrow O_2 + H_2O$	2.076	$2NO_2^- + 3H_2O + 4e^- \rightarrow N_2O + 6OH^-$	0.15
$F_2 + 2e^- \rightarrow 2F^-$	2.866	$IO_3^- + 2H_2O + 4e^- \rightarrow IO^- + 4OH^-$	0.15

续表

电极反应	$\varphi_A^\ominus$/V	电极反应	$\varphi_A^\ominus$/V
$Mg(OH)_2 + 2e^- \to Mg + 2OH^-$	-2.690	$Co(OH)_3 + e^- \to Co(OH)_2 + OH^-$	0.17
$Al(OH)_3 + 3e^- \to Al + 3OH^-$	-2.31	$IO_3^- + 3H_2O + 6e^- \to I^- + 6OH^-$	0.26
$SiO_3^{2-} + 3H_2O + 4e^- \to Si + 6OH^-$	-1.697	$ClO_3^- + H_2O + 2e^- \to ClO_2^- + 2OH^-$	0.33
$Mn(OH)_2 + 2e^- \to Mn + 2OH^-$	-1.56	$Ag_2O + H_2O + 2e^- \to 2Ag + 2OH^-$	0.342
$As + 3H_2O + 3e^- \to AsH_3 + 3OH^-$	-1.37	$ClO_4^- + H_2O + 2e^- \to ClO_3^- + 2OH^-$	0.36
$Cr(OH)_3 + 3e^- \to Cr + 3OH^-$	-1.48	$[Ag(NH_3)_2]^+ + e^- \to Ag + 2NH_3$ (aq)	0.373
$[Zn(CN)_4]^{2-} + 2e^- \to Zn + 4CN^-$	-1.26	$O_2 + 2H_2O + 4e^- \to 4OH^-$	0.401
$Zn(OH)_2 + 2e^- \to Zn + 2OH^-$	-1.249	$2BrO^- + 2H_2O + 2e^- \to Br_2 + 4OH^-$	0.45
$N_2 + 4H_2O + 4e^- \to N_2H_4 + 4OH^-$	-1.15	$NiO_2 + 2H_2O + 2e^- \to Ni(OH)_2 + 2OH^-$	0.490
$PO_4^{3-} + 2H_2O + 2e^- \to HPO_3^{2-} + 3OH^-$	-1.05	$IO^- + H_2O + 2e^- \to I^- + 2OH^-$	0.485
$[Sn(OH)_6]^{2-} + 2e^- \to H_2SnO_2 + 4OH^-$	-0.93	$ClO_4^- + 4H_2O + 8e^- \to Cl^- + 8OH^-$	0.51
$2ClO^- + 2H_2O + 2e^- \to Cl_2 + 4OH^-$	0.52	$BrO^- + H_2O + 2e^- \to Br^- + 2OH^-$	0.761
$BrO_3^- + 2H_2O + 4e^- \to BrO^- + 4OH^-$	0.54	$ClO^- + H_2O + 2e^- \to Cl^- + 2OH^-$	0.81
$MnO_4^- + 2H_2O + 3e^- \to MnO_2 + 4OH^-$	0.595	$N_2O_4 + 2e^- \to 2NO_2^-$	0.867
$MnO_4^{2-} + 2H_2O + 2e^- \to MnO_2 + 4OH^-$	0.60	$HO_2^- + H_2O + 2e^- \to 3OH^-$	0.878
$BrO_3^- + 3H_2O + 6e^- \to Br^- + 6OH^-$	0.61	$FeO_4^{2-} + 2H_2O + 3e^- \to FeO_2^- + 4OH^-$	0.9
$ClO_3^- + 3H_2O + 6e^- \to Cl^- + 6OH^-$	0.62	$O_3 + H_2O + 2e^- \to O_2 + 2OH^-$	1.24
$ClO_2^- + H_2O + 2e^- \to ClO^- + 2OH^-$	0.66		

附录三　部分氧化还原电对的条件电位

半反应	$\varphi^{\ominus}$/V	介　质
Ag（Ⅱ）$+e^- \rightarrow Ag^+$	1.927	4 mol/L HNO_3
Ce（Ⅳ）$+e^- \rightarrow$ Ce（Ⅲ）	1.70 1.61 1.44 1.28	1 mol/L $HClO_4$ 1 mol/L HNO_3 0.5 mol/L H_2SO_4 1 mol/L HCl
$Co^{3+}+e^- \rightarrow Co^{2+}$	1.85	3 mol/L HNO_3
Co（乙二胺）$_3{}^{3+}+e^- \rightarrow$ Co（乙二胺）$_3^{2+}$	-0.2	0.1 mol/L KNO_3 +0.1 mol/L 乙二胺
Cr（Ⅲ）$+e^- \rightarrow$ Cr（Ⅱ）	-0.40	5 mol/L HCl
$Cr_2O_7^{2-}+14H^++6e^- \rightarrow 2Cr^{3+}+7H_2O$	1.025 1.08 1.05 1.15	1 mol/L $HClO_4$ 3 mol/L HCl 2 mol/L HCl 4 mol/L H_2SO_4
Fe（Ⅲ）$+e^- \rightarrow$ Fe（Ⅱ）	0.767 0.71 0.68 0.46 0.51	1 mol/L $HClO_4$ 0.5 mol/L HCl 1 mol/L H_2SO_4 2 mol/L H_3PO_4 1 mol/L HCl +0.25 mol/L H_3PO_4
Fe（EDTA）$^-+e^- \rightarrow$ Fe（EDTA）2$^-$	0.12	0.1 mol/L EDTA pH4 ~6
[Fe（CN）$_6$]$^{3-}+e^- \rightarrow$ Fe（CN）$_6^{4-}$	0.48 0.56 0.71 0.72	0.01 mol/L HCl 0.1 mol/L HCl 1 mol/L HCl 1 mol/L $HClO_4$
$H_3AsO_4+2H^++2e^- \rightarrow H_3AsO_3+H_2O$	0.557 0.557	1 mol/L HCl 1 mol/L $HClO_4$
I_2（水）$+2e^- \rightarrow 2I^-$	0.628	1 mol/L H^+
$I_3+2e^- \rightarrow 3I^-$	0.545	1 mol/L H^+
$MnO_4^-+8H^++5e^- \rightarrow Mn^{2+}+4H_2O$	1.45 1.27	1 mol/L $HClO_4$ 8 mol/L H_3PO_4
$SnCl_6^{2-}+2e^- \rightarrow SnCl_4^{2-}+2Cl^-$	0.14	1 mol/L HCl
$Sn^{2+}+2e^- \rightarrow Sn$	-0.16	1 mol/L $HClO_4$

续表

半反应	$\varphi^{\ominus}$/V	介　质
Sb（Ⅴ）$+2e^- \to$ Sb（Ⅲ）	-0.75	3.5 mol/L HCl
$[Sb(OH)_6]^- + 2e^- \to SbO_2^- + 2OH^- + 2H_2O$	-0.428	3 mol/L NaOH
$SbO_2^- + 2H_2O + 3e^- \to Sb + 4OH^-$	-0.675	10 mol/L KOH
Ti（Ⅳ）$+e^- \to$ Ti（Ⅲ）	-0.01	0.2 mol/L H_2SO_4
	0.12	2 mol/L H_2SO_4
	-0.04	1 mol/L HCl
	-0.05	1 mol/L H_3PO_4
Pb（Ⅱ）$+2e^- \to$ Pb	-0.32	1 mol/L NaAc
	-0.14	1 mol/L $HClO_4$

附录四　常用缓冲溶液

组　成	pH	配制方法
HCl	1.0	0.1 mol/L HCl
HCl	2.0	0.01 mol/L HCl
NaAc－HAc	3.6	取NaAc 4.8 g溶于适量水中，加6 mol/L HAc 134 mL，用水稀释至500 mL
NaAc－HAc	4.0	取NaAc 16 g和60 mL冰醋酸溶于100 mL水中，用水稀释至500 mL
$KHC_8H_4O_4$	4.01	称取115±5℃下烘干2~3小时的$KHC_8H_4O_4$10.21 g，溶于蒸馏水，在容量瓶中稀释至1 L
NaAc－HAc	4.3	取NaAc20.4 g和25 mL冰醋酸溶于适量水中，用水稀释至500 mL
NaAc－HAc	4.5	取NaAc30 g和30 mL冰醋酸溶于适量水中，用水稀释至500 mL
NaAc－HAc	5.0	取NaAc60 g和30 mL冰醋酸溶于适量水中，用水稀释至500 mL
六次甲基四胺	5.4	取六次甲基四胺40 g溶于90 mL水中，加入20 mL 6 mol/L HCl
NaAc－HAc	5.7	取NaAc60.3 g溶于适量水中，加6 mol/L HAc13 mL，用水稀释至500 mL
$Na_2HPO_4-KH_2PO_4$	6.86	称取（115±5）℃下烘干2~3小时的Na_2HPO_4 3.55 g和3.40 g KH_2PO_4溶于蒸馏水，在容量瓶中稀释至1 L
NH_4Ac	7.0	取NH_4Ac 77 g溶于适量水中，用水稀释至500 mL
$NH_4Cl-NH_3\cdot H_2O$	7.5	取NH_4Cl 66 g溶于适量水中，加浓氨水1.4 mL，用水稀释至500 mL
$NH_4Cl-NH_3\cdot H_2O$	8.0	取NH_4Cl 50 g溶于适量水中，加浓氨水3.5 mL，用水稀释至500 mL
$NH_4Cl-NH_3\cdot H_2O$	8.5	取NH_4Cl 40 g溶于适量水中，加浓氨水8.8 mL，用水稀释至500 mL
$NH_4Cl-NH_3\cdot H_2O$	9.0	取NH_4Cl 35 g溶于适量水中，加浓氨水24 mL，用水稀释至500 mL
$Na_2B_4O_7\cdot 10H_2O$	9.18	称取$Na_2B_4O_7\cdot 10H_2O$ 3.81 g（注意不能烘），溶于蒸馏水，在容量瓶中稀释至1 L
$NH_4Cl-NH_3\cdot H_2O$	9.5	取NH_4Cl 30 g溶于适量水中，加浓氨水65 mL，用水稀释至500 mL
$NH_4Cl-NH_3\cdot H_2O$	10.0	取NH_4Cl 27 g溶于适量水中，加浓氨水175 mL，用水稀释至500 mL
$NH_4Cl-NH_3\cdot H_2O$	11.0	取NH_4Cl 3 g溶于适量水中，加浓氨水207 mL，用水稀释至500 mL
NaOH	12.0	0.01 mol/L NaOH
NaOH	13.0	0.1 mol/L NaOH

附录五　常用溶液的配制方法

1．酸溶液

名称	化学式	浓　度	配制方法
硝酸	HNO_3	16 mol/L	浓硝酸
		6 mol/L	取 16 mol/L 硝酸 375 mL，用水稀释至 1 L
		1 mol/L	取 16 mol/L 硝酸 63 mL，用水稀释至 1 L
		0.1 mol/L	取 16 mol/L 硝酸 6.3 mL，用水稀释至 1 L
盐酸	HCl	12 mol/L	浓盐酸
		6 mol/L	取 12 mol/L 盐酸与等体积水混合
		3 mol/L	取 12 mol/L 盐酸 250 mL，用水稀释至 1 L
		2 mol/L	取 12 mol/L 盐酸 167 mL，用水稀释至 1 L
		0.1 mol/L	取 12 mol/L 盐酸 8.3 mL，用水稀释至 1 L
		10%	取 12 mol/L 盐酸 237 mL，用水稀释至 1 L
硫酸	H_2SO_4	18 mol/L	浓硫酸
		3 mol/L	取 18 mol/L 硫酸 167 mL，缓缓倒入 833 mL 水中
		2 mol/L	取 18 mol/L 硫酸 111 mL，缓缓倒入 888 mL 水中
乙酸	HA_C	17 mol/L	浓乙酸
		1∶1，体积比	取 17 mol/L 乙酸与等体积水混合
		1 mol/L	取 17 mol/L 乙酸 58 mL，用水稀释至 1 L
硫磷混酸	$H_2SO_4^-H_3PO_4$		取 700 mL 水加入 150 mL 浓磷酸，再缓缓加入 150 mL 浓硫酸
硫磷混酸	$H_2SO_4^-H_3PO_4$		将浓磷酸与 1∶1 硫酸等体积混合

2．碱溶液

名称	化学式	浓　度	配 制 方 法
氢氧化钠	NaOH	6 mol/L	取 240 g 氢氧化钠溶于适量水中，用水稀释至 1 L
		2 mol/L	取 80 g 氢氧化钠溶于适量水中，用水稀释至 1 L
		0.5 mol/L	取 20 g 氢氧化钠溶于适量水中，用水稀释至 1 L
		0.1 mol/L	取 4 g 氢氧化钠溶于适量水中，用水稀释至 1 L
		20%	取 20 g 氢氧化钠溶于适量水中，用水稀释至 100 mL
		10%	取 10 g 氢氧化钠溶于适量水中，用水稀释至 100 mL
氢氧化钾	KOH	2 mol/L	取 112 g 氢氧化钾溶于适量水中，用水稀释至 1 L
氨　水	$NH_3 \cdot H_2O$	1∶1，体积比	取浓氨水与等体积水混合
		3 mol/L	取浓氨水 200 mL 用水稀释至 1 L

3. 盐溶液

名称	化学式	浓 度	配 制 方 法
碘化钾	KI	20%	取碘化钾 20 g 溶于适量水中，用水稀释至 100 mL
高锰酸钾	$KMnO_4$	4%	取高锰酸钾 4 g 溶于适量水中，用水稀释至 100 mL
		0.005%	取高锰酸钾 0.005 g 溶于适量水中，用水稀释至 100 mL
溴酸钾—溴化钾	$KBrO_3-KBr$	0.1 mol/L	取溴酸钾 3 g 和溴化钾 15 g 溶于适量水中，用水稀释至 1 L
铬酸钾	K_2CrO_4	5%	取铬酸钾 5 g 溶于适量水中，用水稀释至 100 mL
硫化钠	Na_2S	5%	取硫化钠 5 g 溶于适量水中，用水稀释至 100 mL
钨酸钠	Na_2WO_4	2.5%	取 5% 钨酸钠与 15% 磷酸等体积混合
醋酸钠	NaAc	1 mol/L	取乙酸钠 136 g 溶于适量水中，用水稀释至 1 L
硫氰化铵	NH_4CNS	20%	取硫氰化铵 20 g 溶于适量水中，用水稀释至 100 mL
		10%	取硫氰化铵 10 g 溶于适量水中，用水稀释至 100 mL
氟氢化铵	NH_4HF_2	20%	取氟氢化铵 20 g 溶于适量水中，用水稀释至 100 mL
铁铵矾	$NH_4Fe(SO_4)_2\cdot 12H_2O$	10%	取 $NH_4Fe(SO_4)_2\cdot 12H_2O$ 10 g 溶于 10 mL 3 mol/L H_2SO_4 中并用水稀释至 100 mL
氯化钡	$BaCl_2\cdot 2H_2O$	0.5 mol/L	取 $BaCl_2\cdot 2H_2O$ 122 g 溶于适量水中，用水稀释至 1 L
硝酸银	$AgNO_3$	1%	取硝酸银 1 g 溶于适量水中，用水稀释至 100 mL
硫酸铜	$CuSO_4\cdot 5H_2O$	0.4%	取 $CuSO_4\cdot 5H_2O$ 0.4 g 溶于适量水中，用水稀释至 100 mL
氯化亚锡	$SnCl_2\cdot 2H_2O$	15%	取 $SnCl_2\cdot 2H_2O$ 15 g 加入 6 mol/L HCl 40 mL，加热溶解、放入几粒锡粒，用水稀释至 100 mL
三氯化钛	$TiCl_3$	6%	取 40 mL 15% $TiCl_3$ 溶解加入 20 mL 浓 HCl，加水稀释至 100 mL，加入 3 粒无砷锌，放置过夜使用

参 考 文 献

1. 朱明华．仪器分析（第三版）．北京：高等教育出版社，1999
2. 汪正范．色谱定性与定量．北京：化学工业出版社，2000
3. 汪正范，杨树民，吴侔天，岳卫华．色谱联用技术．北京：化学工业出版社，2001
4. 丁明玉，田松柏．离子色谱原理与应用．北京：清华大学出版社，2001
5. 陈立仁，蒋生祥，刘霞，侯经国．高效液相色谱基础与实践．北京：科学出版社，2001
6. 何华，倪坤仪．现代色谱分析．北京：化学工业出版社，2004
7. 于世林．高效液相色谱方法及其应用．第2版．北京：化学工业出版社，2005
8. 李彤，张庆合，张维冰．高效液相色谱仪器系统．北京：化学工业出版社，2005
9. 魏培海，曹国庆．仪器分析．北京：高等教育出版社，2006
10. 黄一石，吴朝华，杨小林编．仪器分析（第二版）．北京：化学工业出版社，2008
11. 高晓松，张惠，薛富．仪器分析．北京：科学出版社，2009
12. 曹国庆，钟彤．仪器分析技术．北京：化学工业出版社，2009
13. 王炳强．仪器分析－光谱和电化学分析技术．北京：化学工业出版社，2010
14. 王炳强．仪器分析－色谱分析技术．北京：化学工业出版社，2011